全国统一市政工程预算定额与工程量清单计价应用系列手册

通用项目工程预算定额与工程量清单计价应用手册

栋梁工作室　编

中国建筑工业出版社

图书在版编目(CIP)数据

通用项目工程预算定额与工程量清单计价应用手册/栋梁工作室编．—北京：中国建筑工业出版社，2004
(全国统一市政工程预算定额与工程量清单计价应用系列手册)
ISBN 7-112-06466-X

Ⅰ．通…　Ⅱ．栋…　Ⅲ．①市政工程—建筑预算定额—手册②市政工程—工程造价—手册
Ⅳ．TU723.3-62

中国版本图书馆 CIP 数据核字(2004)第 033169 号

全国统一市政工程预算定额与工程量清单计价应用系列手册
通用项目工程预算定额与工程量清单计价应用手册
栋梁工作室　编
*
中国建筑工业出版社出版、发行(北京西郊百万庄)
新　华　书　店　经　销
北京云浩印刷有限责任公司印刷
*
开本：787×1092 毫米　1/16　印张：21¼　字数：528 千字
2004 年 7 月第一版　2005 年 1 月第二次印刷
印数：3501—6000 册　定价：**27.00** 元
ISBN 7－112－06466－X
F·551 (12480)

(邮政编码 100037)
本社网址：http://www.china-abp.com.cn
网上书店：http://www.china-building.com.cn

本手册内容分三部分，第一部分为总说明；第二部分系统介绍通用项目工程说明应用释义、工程量计算规则应用释义、定额应用释义以及定额交底资料；第三部分介绍通用项目工程定额预算（含工程量计算、定额使用以及分项工程预算的编制）与工程量清单计价编制实例及对照应用实例。全书取材精炼，内容翔实，实用性强，可供市政工程预算人员、审计人员、有关技术人员以及大专院校相关师生使用，对建设单位，资产评估部门，施工企业的各经济管理人员都有非常大的使用价值。

*　　*　　*

责任编辑：时咏梅　张礼庆
责任设计：崔兰萍
责任校对：张　虹

主　编　栋梁工作室

参　编　李百华　付文华　袁　超　付红玉

李必红　文红霞　莫立兰　陈静珍

张书香　胡迎霞　余西雅　黄天琪

崔　洋　刘　叶　陈　椰　马艳艳

王璐璐　朱艳春　赵炳云　易　旦

易永才　刘　俊　甚　冲　盛德红

吴　兵　孟德志　晏美琼　晏立交

胡南轩　吴友金　匡　帆　胡奥博

前　言

为了方便市政工程预算工作者执行《全国统一市政工程预算定额》（第一册通用项目GYD—301—1999）及《建设工程工程量清单计价规范》（GB 50500—2003）附录D市政工程工程量清单项目及计算规则D.1土石方工程与D.8拆除工程，提高定额预算与工程量清单计价的编制质量和工作效率，现根据各市政定额专业的特点，并结合广大市政工程预算人员在实际工作中的需要，编写了《通用项目工程定额应用手册》，供大家参考使用。

本书严格按照《全国统一市政工程预算定额》（第一册通用项目GYD—301—1999）的实际操作体系，针对定额中的说明及工程量计算规则，定额所列分部分项工程，定额中的人工、材料、机械项目，进行了全面细致的应用分析与释义。另外，为了帮助从事市政工程预算工作者提高实际操作的动手能力，解决工作中遇到的实际问题，本书还特编写了市政工程预算工作有关的各种图例、符号以及定额预算与工程量清单计价实例及对照应用实例。

本书编写力求实现以下宗旨：

一、求“实际操作性”，即一切从预算工作者实际操作的需要出发，一切为预算员着想。在编写过程中，我们一直设身处地把自己看成实际操作者，实际操作需要什么，我们就编写什么，总结出释义，力求解决问题。

二、求“新”，即一切以建设部最新颁布《全国统一市政工程预算定额》（第一册通用项目GYD—301—1999）及《建设工程工程量清单计价规范》（GB 50500—2003）为准绳，把握本定额最新动向，对定额中出现的新情况，新问题加以剖析，开拓实际工作者的新思路，使预算工作者能及时了解实际操作过程中定额的最新发展情况。

三、求“全”，即将市政工程预算领域涉及到的设计、施工和组织管理的最新技术、方法与实际操作动手能力的需要很系统地结合起来，为《全国统一市政工程预算定额》及《建设工程工程量清单计价规范》（GB 50500—2003）的编制说明、工程量计算规则、定额分部分项工程及定额项目的人工、材料、机械的释义服务。

本系列手册在编写过程中，得到国内许多同行的多方帮助。同时，参考了国内大量的相关文献，在此一并致谢！由于时间仓促，作者水平有限，本书难免有疏忽、遗漏、不妥之处，敬请读者批评指正。

作　者

目　　录

第一部分　总 说 明

第二部分　定额应用

第一部分

总 说 明

第一分部 应用释义

一、《全国统一市政工程预算定额》共分九册，包括：第一册“通用项目”；第二册“道路工程”；第三册“桥涵工程”；第四册“隧道工程”；第五册“给水工程”；第六册“排水工程”；第七册“燃气与集中供热工程”；第八册“路灯工程”；第九册“地铁工程”。

［应用释义］ 1990年建设部标准定额研究所编写《市政工程预算定额》一书，这次修订重版为《全国统一市政工程预算定额》，不言而喻，意味着本定额为全国通用，不再由各地编制，各地可根据本定额换算价格，编制单位估价表，对各地特殊情况，可编制补充定额及估价表。同时在市政定额的编制上强调“统一”二字，将有利于全国统一市场的建立、有利于市场竞争、有利于国家对市政工程造价的宏观调控、有利于规范工程计价依据和计价行为。

《全国统一市政工程预算定额》的第一册“通用项目”——土石方工程与《全国统一建筑工程基础定额》的第一章——土石方工程，尽管隶属于两个定额，但是从定额项目所包含内容看，有很多的共性，各地所编估价表在价格上也相差不大。

市政定额的第二册“道路工程”、第三册“桥涵工程”、第四册“隧道工程”，划分上隶属于市政工程，这与土建工程的内含与外延是一致的，国际上也一般都列为土建工程。从2000年修订的《全国造价工程师执业资格考试培训教材》上看，其第三册《建设工程技术与计量（土建部分）》同样把道路工程、桥梁、涵洞和隧道工程列入土建工程部分。

园林工程，有人认为应单独成为一项，这与近来人们重视园林发展有一定关系，北京市2001年预算定额中就把园林工程、绿化工程、庭园工程列入市政工程定额分册。

当然，市政定额的给水工程、排水工程等个性突出的项目还是列入了《全国统一市政工程预算定额》内容，这与安装定额有严格区别，见2000年颁布的《全国统一安装工程预算定额》。

本次《全国统一市政工程预算定额》与1990年《市政工程预算定额》从内容上看，增加了《路灯工程》、《地铁工程》分册，去掉了《防洪堤防工程》分册。《地铁工程》分册，因没有颁布，暂未编写。

二、《全国统一市政工程预算定额》（以下简称本定额）是完成规定计量单位工程所需的人工、材料、施工机械台班的消耗量标准；是统一全国市政工程预算工程量计算规则，项目划分、计量单位的依据；是编制市政工程地区单位估价表、编制概算定额及投资估算指标、编制招标工程标底、确定工程造价的基础。

［应用释义］ 本条文讲的是《全国统一市政工程预算定额》（以下简称本定额）的作用。

首先指出本定额是完成规定计量单位分项工程所需人工、材料、施工机械台班的消耗量标准，强调了定额的统一性。一般情况下，分项工程的基价都是由人工费、材料费、机械费所组成，相应作为全国统一定额，分项工程所构成的均为人工消耗量、材料消耗量、施工机械消耗量。试想，如果没有一个消耗量标准，那么定额基价就很难确定，也就很难达到统一。由于基价等于消耗量乘以地区价格，这强调各地要编制地区单位估价表。在同样条件下，应该采用全国统一市政工程预算定额的消耗量标准。

其次指出本定额是统一全国市政工程预算工程量计算规则、项目划分、计量单位的依据，这里的“依据”二字显得特别重要。各地编制单位估价表必须有一个依据，没有计算规则的统一依据，各地在比较分部分项工程造价上有活口、不一致，也就无法相比较，造成不利于国内承包商使用比较定额、不能打破地方市政工程市场保护主义、不利于市场竞争的后果。现在市政工程市场发展的方向就是要施工单位优胜劣汰。随着国际市场开放，中国加入世贸组织，中国承包商要出去，外国承包商要进来，为了适应市场经济和对外开放，统一工程量计算规则，与国际市政工程接轨是必然的发展方向。在项目划分上全国统一，这是很重要的一方面。翻开定额既有分部分项工程的划分，又有分部分项工作内容的划分和施工标准的划分。而项目划分越细，在执行定额时就越准确，甲乙双方争议的问题就越少，这无疑与国际上流行的实物量报价法相吻合。在计量单位上，有了统一的依据，标底更趋于准确。像一个工程量，如果精确到百位（单位取 100 单位）与精确到个位（单位取 1 单位）后再乘以基价得出来的价格就不一样，这就强调统一单位的重要性。有的定额明确指出，除另有规定外，工程量计量单位按下列规定计算：①以体积计算的为立方米；②以面积计算的为平方米；③以长度计算的为米；④以件计算的为件。汇总工程量时，其准确度取值：立方米、平方米、米以下取两位；吨以下取三位；千克、件取整数。

再次指出本定额是编制市政工程地区单位估价表、编制概算定额及投资估算指标、编制招标工程标底、确定工程造价的基础，这里强调“基础”二字，“基础”和“依据”是有区别的。编制工程预算与工程投标报价（或招标编制标底）两者有一定区别，编制工程预算定额是依据，而编制工程投标报价定额却是基础。为什么？因为编制投标报价（或者招标编制标底），按定额编出来后，可根据市场情况、当时的特定环境上下浮动一定额度，但作为编制工程预算的，定额就是依据，没有别的。在某种意义上讲，可以用价格与价值关系来说明，价格围绕价值上下波动，而不是价值围绕价格上下波动。说明编制市政工程地区单位估价表、编制概算定额及投资估算指标、编制招标工程标底、确定工程造价都是以《全国统一市政工程预算定额》为基础的。

单位估价表是以货币形式表示预算定额中分项工程或结构构件的预算价值的计算表，所以又称市政工程预算定额单位估价表，简称单价表。分项工程的单价表是预算定额规定的分项工程的人工、材料和施工机械台班消耗指标，分别乘以相应地区的工资标准、材料预算价格和施工机械台班费，算出的人工费、材料费及施工机械费并加以汇总而成。

概算定额也叫做扩大结构定额，具体规定了完成一定计量单位的扩大结构构件或扩大分项工程的人工、材料和机械台班消耗数量的标准。概算定额是由预算定额综合而成的，即将预算定额中有联系的若干个分项工程项目综合为一个概算定额项目。

三、本定额适用于城镇建设管辖范围内的新建、扩建市政工程。

[应用释义]　定额适用城镇建设管辖范围指与农村新建、扩建有区别，更不是矿山、丘岭、沙漠、高原新建、扩建的市政工程。

这里没有提到改建工程，原因在于改建范围较大，可以是局部范围小修小改，也可整体改建，因此，应注意改建工程与新建、扩建工程的区别。

新建工程：指新项目从无到有，平地起家，即新开始建设的项目。

扩建工程：原有企业内扩大生产场所的建设，即"外延"性工程。

改建工程：原有企、事业单位在已建工程基础上，进行填平、补齐、增建一些附属、辅助或非生产性工程，但并不增加本单位主要生产能力或效益的工程。

四、本定额是按照正常的施工条件、目前多数企业的施工机械装备程度、合理的施工工期、施工工艺、劳动组织编制的，反映了社会平均消耗水平。

[应用释义] 本条文说明的是本定额的编制原则是根据正常的施工条件、多数施工企业的装备程度、合理的施工组织和工艺工期条件下的社会平均消耗水平编制的，既反映当前设计、施工和管理的实际，又有利于促进技术进步和管理水平的提高，它最主要的特点是反映了社会平均先进水平，照顾了多数施工企业。

本定额反映了社会平均消耗水平，指在正常施工条件下，大多数企业能完成市政产品，必须消耗人工、材料、机械的标准，因各地情况不一样，机械化装备也不一样，所以很难统一。在这种情况下，采用实际调查方式编制定额。像脚手架部分，各地使用竹木脚手架与钢管脚手架比例绝对不一样，尽管全国定额分别列出竹木脚手架与钢管脚手架项目，但实际施工中，企业也不是按定额列出的项目进行施工，可能有混合使用的情况；另外，在脚手架制定中，住宅、学校、仓库、车间所用脚手架是按比例调查加权数来考虑，各地具体施工又不可能都要按比例施工，这样，就脚手架编制来源看，国家制定定额是按正常施工条件下编制，采用社会平均消耗水平。

五、本定额是依据现行有关执行国家产品标准、设计规范和施工验收规范、质量评定标准、安全技术操作规程编制的，并适当参考了行业、地方标准，以及有代表性的工程设计、施工资料和其他资料。

[应用释义] 本条文说明的是本定额的编制依据，主要有以下依据：

1. 国家现行规范、规程、质量评定标准；

2. 国家现行标准图集、通用图集及有关省、自治区、直辖市的标准图集和做法。

这里想说明的是要根据国家设计规范、施工验收规范、质量评定标准、安全技术操作规程产品标准编制定额。这是由于近几年市政产品不合格、工地伤亡事故发生争论，尽管定额是按施工及验收规范编制的，也都知道合格的市政产品需要合格的材料，但真正上了法庭，通过法庭来解决，执法人员从本总说明中可查到"市政产品是合格产品，其使用材料必须合格……按正常的安全操作规程来进行施工"等有关条文，同时对有代表性的工程设计、施工资料也作了参考，这强调了特殊行业性工程都应执行国家有关规范，这些有关规范具有法律条文效应。

六、关于人工工日消耗量：本定额人工不分工种、技术等级，均以综合工日表示。内容包括基本用工、超运距用工、人工幅度差和辅助用工。

[应用释义] 根据以上规定定额人工合计工日数按下式计算：

合计工日＝Σ(劳动定额基本用工＋超运距用工＋辅助用工)×(1＋人工幅度差率)

基本用工以1997年市政工程劳动定额的劳动组织和时间定额为基础按工序计算。凡依据劳动定额的时间定额计算用工数者，均应按规定计入人工幅度差；根据施工实际采用估工增加的辅助用工，不计算人工幅度差。

人工幅度差其主要内容如下：

人工幅度差指定额项目以外所必须增加的直接生产用工附加额。

1. 在正常施工组织情况下，工程间的工序搭接及工种之间的正常交叉配合所需的停歇时间；

2. 施工机械在场内单位工程间变换位置和临时水电线路在施工过程中移动时所发生的不可避免的工人操作间歇时间；

3. 工程质量检查及隐蔽工程验收而影响工人的操作时间；

4. 现场内单位工程之间操作地点转移影响工人的操作时间；

5. 施工过程中工程之间交叉作业造成损坏所需的修理用工；

6. 施工中难以预见的少数零星用工。

一般情况下，人工工日消耗量均按规定计入人工幅度差，或者用下种简明方式说明人工幅度差：

1. 工序交叉、搭接停歇的时间损失；

2. 机械临时维修、小修、移动不可避免的时间损失；

3. 工程检验影响的时间损失；

4. 施工收尾及工作面小影响的时间损失；

5. 施工用水、电管线移动影响的时间损失；

6. 工程完工、工作面转移造成的时间损失。

机械幅度差是指在规定的机械台班产量内未包括的而机械在施工现场的一些必要停歇时间，以及一些不便计算的非直接的机械台班消耗量，在确定预算定额机械台班使用量时，另需增加的附加额度。

包括以下内容：

1. 施工机械转移工作面及配套机械相互影响损失的时间；

2. 在正常施工情况下，机械施工中不可避免的工序间歇；

3. 工程结尾工作不饱满所损失的时间；

4. 检查工程质量影响机械操作时间；

5. 临时水电线路在施工过程中移动所发生的不可避免的工序间歇，以及临时停电停水所发生的工作间歇；

6. 冬期施工期间发动机械所需时间；

7. 不同规格、型号机械工效差；

8. 配合机械的人工在人工幅度差范围内的工作间歇从而影响工作的时间。

或者用以下几种简明方式说明机械幅度差：

1. 配套机械相互影响的时间损失；

2. 工程开工或结尾工作量不饱满的损失时间；

3. 临时停水停电影响的时间；

4. 检查工程质量影响的时间；

5. 施工中不可避免的故障排除、维修及工序间交叉影响的时间间歇。

由上述人工幅度差和机械幅度差可知：在计算综合工日时，无论是定额所需综合人工或是机械台班中所需人工，均应考虑其相应人工幅度差，用公式表示为：

合计工日＝Σ(劳动定额基本用工＋超运距用工＋辅助用工)×(1＋人工幅度差率)

有的工程量计算是根据具体施工组织设计而进行，计算人工工日时，除根据施工实际需要计算的人工工日外，还要增加实际需要的人工工日幅度差；但根据施工实际采用估工方式增加的辅助用工，不计算人工幅度差。

定额的基本用工是按 1997 年市政工程劳动定额的劳动组织和时间定额为基础按工序计算的，1997 年市政工程劳动定额发布后与 1985 年劳动定额水平对比基本持平。作为全国统一市政工程预算定额，编制基本用工是按整体考虑的，而劳动定额允许各地因其特殊情况而进行调整的，本定额未予考虑。

同时要注意劳动定额水平用工与预算定额水平用工是有区别的。劳动定额水平是社会平均先进水平；预算定额水平是社会平均水平，故在编制预算定额人工消耗量时，还应考虑两者的人工消耗水平差。

七、关于材料消耗量：

1. 本定额中的材料消耗包括主要材料、辅助材料，凡能计量的材料、成品、半成品均按品种、规格逐一列出用量并计入了相应的损耗，其损耗的内容和范围包括：从工地仓库、现场集中堆放地点或现场加工地点至操作或安装地点的现场运输损耗、施工操作损耗、施工现场堆放损耗。

2. 混凝土、沥青混凝土、砌筑砂浆、抹灰砂浆及各种胶泥等均按半成品消耗量以体积（m^3）表示，各省、自治区、直辖市可按当地配合比情况确定材料用量。混凝土消耗量按现场拌合考虑，采用预拌（商品）混凝土的，可由各省、自治区、直辖市进行调整。定额中混凝土的养护，除另有说明者外，均按自然养护考虑。

3. 本定额中的周转性材料已按规定的材料周转次数摊销计入定额内。

4. 组合钢模板、复合木模板等的回库维修费已计入其预算价格内。

5. 用量少、价值小的材料合并为其他材料费，以占材料费（其中不包括未计价材料和其他材料费本身）的百分数表示。

[应用释义] 材料消耗量可由如下公式确定：

材料消耗量＝Σ主要材料×(1＋损耗率)＋Σ次要材料×(1＋损耗率)＋Σ零星材料×(1＋损耗率)＋其他材料费。

其中材料损耗包括：从工地仓库或现场集中堆放地点至现场加工地点或操作地点以及加工地点至安装地点的运输损耗、施工操作损耗、施工现场堆放损耗。其他材料费则由该项目材料费之和乘以费率来计取。

混凝土、砂浆及各种胶泥等均按半成品消耗量以体积计算，其配合比按现行的规范规定计算。但由于全国各地温度、湿度等条件差异较大，各地材料的容重、相对密度、砂的细度模数也不一样，故各省、自治区、直辖市可按当地材料质量情况调整其配合比和材料用量。

一次使用量也称材料计算量，是在不重复使用的情况下对周转性材料的计算量。例如：对于捣制混凝土构件模板：

一次使用量＝单位工程混凝土模板接触面×每平方米接触面需模量

一次使用量在定额中相应的章节后的附录列出。

一次摊销量可用如下公式计算：

$$一次摊销量 = \frac{一次回收数量 \times 回收残值的百分率}{K}$$

式中　K——周转次数。

定额中没有考虑施工工具、用具性材料的消耗，这些费用将在工程费用中的其他直接费中的生产工具、用具使用费中计取。

主要材料：指经过施工后能构成工程实体的各种材料（包括外构件、成品、半成品），例如钢材、水泥、木材、砖、瓦、石灰、砂、石等。

辅助材料：区别于主要材料的辅助材料，指经过施工后不构成工程实体，但属实体形成不可缺少的各种材料，如燃料、油料和其他辅助材料。

周转性材料：周转性材料亦称“周转使用材料”，是指建筑安装工程在施工过程中能够多次重复周转使用的材料，如金属脚手架、扣件、木脚手架、跳板、安全网、模板、挡土板等。周转性材料的价值应按规定的摊销办法计算，一般定额附表后均有周转性材料耐用期表、周转次数表。

施工工具、用具性材料：指施工、生产所需不属于固定资产的生产工具、检验、试验用具等的购置、摊销和维修费以及支付给工人自备工具的补贴费。

定额中混凝土、砌筑砂浆、抹灰砂浆只列半成品消耗量，不能列明细消耗量，其原因是全国各地湿度条件差异较大，故砂浆、混凝土等混合材料配合比全国很难统一制定。

八、关于施工机械台班消耗量：

1. 本定额的施工机械台班用量包括了机械幅度差内容。

2. 本定额未包括随工人班组配备并依班组产量计算的单位价值 2000 元以下的小型施工机械或工具使用费，价值 2000 元以下的小型施工机械或工具使用费列入其他直接费中生产工具用具使用费项下。

3. 定额中均包括材料、成品、半成品从工地仓库、现场集中堆放地点或现场加工地点至操作安装地点的水平和垂直运输所需要的人工和机械消耗量。如需要再次搬运的，应在二次搬运费项下列支。

[应用释义]　施工机械按机械、容量或性能及工作对象或按单机或主机与配合辅助机械，分别以台班消耗量表示，并包括机械幅度差。机械幅度差的内容包括：

(1) 配套机械相互影响的损失时间；

(2) 工程开工或结尾工作量不饱满的损失时间；

(3) 临时停水、停电影响的时间；

(4) 检查工程质量影响的时间；

(5) 施工中不可避免的故障排除、维修及工序间交叉影响的时间间歇；

(6) 冬期施工期间发动机械所需时间；

(7) 不同规格型号机械工效差。

各省、自治区、直辖市、国务院有关部门采用新型机械时，可按选用的机型、规格调整台班消耗量。材料、成品、半成品从工地仓库、现场集中堆放地或现场加工地至操作安装地点的水平和垂直运输，所需人工和机械，定额中均已考虑，不必另行计取机械费。但如果发生二次搬运，则应在工程取费时在其他直接费中二次搬运费项下计取。

在计取机械台班费用时，如在二次搬运中所发生的机械台班费，不单列机械费用，可在二次搬运费项下计取。

材料二次搬运费指因场地狭小等特殊情况而发生的材料二次搬运费。

凡符合下列三项条件之一者，可计取二次搬运费。

(1) 单位工程外边线有一长边不能堆放材料（即外墙外边线往外推移小于 3m）或单位工程四周外边线往外推移平均小于 5m 者；

(2) 在城镇市区内施工，由于场地狭小，通道无法通过载重汽车时，施工材料需用人工或人力车二次搬运到单位工程现场者；

(3) 由于工程急需，进场材料较多，施工现场堆放不下，经建设单位同意发生了二次搬运者。

大型机械进出场费、施工机械安装拆除费尽管隶属于机械费范围，但应列入直接费用的施工机械使用费项下。

九、本定额提供人工单价、材料预算价格、机械台班价格以北京市价格为基础，不足部分参考了部分省市的价格，各省、自治区、直辖市可结合当地的价格情况，调整换价。

［应用释义］　本定额已列出价格是以北京市价格为基础。作为全国统一市政工程预算定额，从理论上讲应该和全国统一建筑工程基础定额一样，只列人工、材料、机械台班消耗数量，各地根据这个数量标准，套用本地区价格，编制本地区单位估价表，供本地区使用。既然本定额已明确表明其价格按北京市列入，实际使用中，各地就要与本定额价格作对比，结合当地实际情况，调整换价。

一般情况下，建设部颁布定额后，各地均根据新定额，套用当地价格，编制当地使用的单位估价表，但人工、材料、机械消耗量不会变更太大。各省、自治区、直辖市造价管理机构应担当此职能。

十、本定额施工用水、电是按现场有水、电考虑，如现场无水、电时，可由各省、自治区、直辖市制定有关调整办法。

［应用释义］　施工条件指一平三通——“场地平整、水通、电通、路通”。在以上水、电、场地均达到条件的情况下，制定本定额标准。如若无水、电，施工单位要为水、电接通而工作，由此而带来费用，提高成本，影响施工。这种情况发生后，与执行本定额有缺口，可由各省、自治区、直辖市制定有关调整办法。

同时，水、电已列入定额基价，施工单位在施工时，由于管理原因造成浪费，实际用水、电数量与定额不符，按实际发生水电数额支付工程水电费。

十一、本定额的工作内容中已说明了主要的施工工序，次要工序虽未说明，均已考虑在定额内。

［应用释义］ 本定额编制时，主要工序和次要工序的人工、材料、机械均已考虑在定额内，不必另行计算次要工序的人工、材料、机械台班消耗。

工序：工序是指在组织上不可分开、技术操作上属于同一类型的施工过程，特点是工人、工具及材料均不发生变化。在工作时，若其中一个条件有了改变，那就表明，由一个工序转入了另一个工序。

从劳动过程看，每个工序由若干个操作组成，而操作又是由一系列连续的动作所组成。工作动作是工序中最小的、一次性的运动。

如对捣制钢筋混凝土，工作内容已经说明含有钢筋的制作、绑扎、安装主要工序，但像拿起钢筋、走向弯筋机、将钢筋放在弯筋机上等次要工序虽没说明，但均已考虑在定额内。

十二、本定额适用于海拔高程2000m以下，地震设防烈度7度以下地区，超过上述情况时，可结合高原地区的特殊情况和地震设防烈度要求，由各省、自治区、直辖市制定调整办法。

［应用释义］ 本定额在编制时，是根据海拔高程2000m以下，地震设防烈度7度以下的地区，在超过上述情况时，各地可结合自身的特殊情况和地震设防烈度要求，由所在各省、自治区、直辖市或者国务院有关部门制定调整办法。

海拔高程：我国取青岛黄海的平均海水面作为大地水准面，这是我国高程的统一起算面或称基准面，对应的高程系称为黄海高程系。地面上某点至大地水准面的铅垂距离称为该点的绝对高程，简称高程，通称海拔。海拔高程2000m以下，意为某点至大地水准面的铅垂距离在2000m内的距离。

地震设防烈度是指某一地区地面和各类建筑物遭受一次地震影响的强弱程度。地震设防烈度一般是依据人的感觉、器物的反应、建筑物的破坏程度以及地表变化等宏观影响来确定，可分为1～12度。地震设防烈度7度以下，震度相对低，可查当地设防烈度作参考。

十三、本定额与其他全国统一工程预算定额的关系，凡本定额包含的项目，应按本定额项目执行；本定额缺项部分，可按有关章节说明执行。

［应用释义］ 本定额与其他全国统一定额（指《全国统一建筑工程基础定额》、《全国统一安装工程基础定额》）凡有交叉，不能执行其中之一定额，要按本定额（《全国统一市政工程预算定额》）执行。

如若本定额有缺项部分，可按有关定额章节套用，按其说明执行。

十四、本定额中用“（　　）”表示的消耗量，均未计入基价。

［应用释义］ 本定额中用“（　　）”表示的消耗量，均未计入基价。基价中不包括其价格，是供参考用的数量，在执行中如遇规格、型号、材质不同时，可按实调整，按地

区价格计算。其调整办法按各地造价管价管理部门有关规定执行。

十五、本定额中注有“×××以内”或“×××以下”者均包括×××本身，“×××以外”或“×××以上”者，则不包括×××本身。

[应用释义] 这是区分不同规格的分界线标准，是各类预算定额的通用条文，目的在于确定一个范围便于执行和管理。像钢筋 ϕ25 以内、ϕ25 以外项目，它表示以 ϕ25 规格作为分界线，ϕ25 应该列入哪个项目？由上规则可知，ϕ25 以内或 ϕ25 以下者，均包括 ϕ25 本身，那么 ϕ25 应列入 ϕ25 以内这个定额项目，按 ϕ25 定额基价取定额直接费。

第二分部　1988年版定额交底资料

1. 市政工程定额适用于什么范围?

答: 市政工程定额适用于城镇管辖范围内的新建、扩建市政工程。

2. 市政工程定额的编制原则是什么?

答:(1) 定额水平以符合社会必要的劳动量为原则。严格控制定额水平，搞好调查研究，在广泛收集统计分析和技术测定等资料的基础上，结合各地情况，经过筛选分析，确定合理的施工方法、机械化水平和生产力水平，使定额水平反映正常生产条件下一般市政、仿古建筑及园林工程的生产技术和管理水平。所指正常条件主要是:

①材料、构件等质量合格，合乎设计要求，适应进度要求。

②施工环境、温度、气候正常，无有害气体影响。

③现场运输条件及施工技术装备合乎多数企业的正常情况。

④施工操作正常，项目工序之间的衔接正常。

在不具备上述基本正常条件的情况下，发挥人的主观积极性采取其他措施进行施工时，所发生的额外工料、机械消耗量或费用，按定额有关说明或其他有关规定执行。

(2) 定额的编制贯彻简明适用的原则。定额项目力求齐全，粗细适合，适当综合扩大，并尽可能不留或少留活口，以达到水平合理，使用方便，为有效控制工程造价提供依据。

(3) 市政工程预算定额共性较强，各地需要统一，且又有一定统一条件的项目。地方性强的项目，可由各省、自治区、直辖市有关部门补充。

3. 市政工程定额的编制依据是什么?

答:(1) 现行的设计、施工标准规范、规程。有国家标准的，均以国家标准为准，无国家标准的参照有关部的标准执行。

(2) 现行的标准通用图和应用范围广的设计图纸或图集。

(3) 已推广使用的新技术、新结构、新材料资料。

(4) 有科学试验、测定、统计和分析测算的施工资料。

(5) 现行的《全国市政工程统一劳动定额》。

(6) 各省、自治区、直辖市现行的市政工程预算定额及其编制基础资料。

(7) 其他有关资料。

4. 市政工程管道定额与全国统一安装工程管道定额以什么划分?

答: 住宅区和厂区的给水，有水表井的以水表井为界，排水以第一个污水井为界；燃气有总表的以总表为界，集中供热自热源厂第一块流量孔板至采暖用户的第一个阀门，市政工程管道定额与全国统一安装工程管道定额的界限均以两者碰头点为界。

5. 市政工程中人工幅度差是指什么? 其系数如何取定?

答: 人工幅度差是指劳动定额内未包括而现场实际发生的用工，如工种之间的工序搭接、交叉配合的间断时间；施工机械的转移或排除故障所发生的工作间歇；操作地点转移和临时移动水、电源所发生的间歇；施工过程中不可避免的行车干扰对工人操作的影响，以及配合安全质量检查和处理隐蔽工程等的零星用工。人工幅度差系数除特殊情况外，一般燃气、热力、给水、排水、隧道、通用等工程按15%计算，道路工程按12%计算，堤防工程按10%计算，桥涵按15%计算。

6. 市政工程的定额人工包括哪些用工？

答：定额人工包括基本用工和其他用工，其他用工包括人工幅度差和超运距用工。

7. 市政工程主要材料损耗率如何取定？

答：见市政工程主要材料损耗率表。

市政工程主要材料损耗率表

材料名称	规格	计量单位	损耗率（%）
钢筋		t	2.5
预应力钢筋		t	6.0
高强钢丝、钢铰线		t	10.0
中厚钢板	4.5～15	t	6.0
中厚钢板（作连接板作用）	4.5～15	t	20.0
型钢		t	5.0
钢管（室内、丝接）		m	2.0
钢管（室外、丝接）		m	1.5
钢管（室内焊接）		m	2.0
钢管（室外焊接）		m	1.5
镀锌钢管（室外）		m	1.5
螺纹钢管（室外）		m	2.0
钢板卷管（室外）		m	2.0（给水1.5）
铸铁管		m	1.0
镀锌薄钢板		m^2	2.0
镀锌钢丝		kg	3.0
圆钉		kg	2.0
螺栓		kg	2.0
钢丝绳		kg	2.5
钎件		kg	1.0
钢纤		kg	20.0
焊条		kg	10.0
水泥		t	2.0
水泥（管道接口）		t	10.0
普通砂	粗、中	m^3	4.0
细砂		m^3	4.0
级配砂石	自然级配	m^3	2.0
砂砾		m^3	2.0

续表

材料名称	规格	计量单位	损耗率（%）
碎石		m^3	2.0
卵石		m^3	2.0
块石		m^3	2.0
料石		m^3	1.0
石屑		m^3	3.0
矿渣		m^3	2.0
煤渣		m^3	3.0
生石灰	二、八灰	t	3.0
石粉	白云石粉	t	3.0
黏土		m^3	5.0
机砖	黏土红	千块	3.0
机瓦	黏土红	千块	3.0
煤渣砖		千块	3.0
石棉水泥瓦	大、中、小波	千块	4.0
盖板石	花岗石料	m^3	1.0
粉煤灰		m^3	3.0
水碎渣		m^3	4.0
小青瓦		万块	5.0
石灰膏		t	1.0
礓石		m^3	2.0
碎砖		m^3	3.0
锯材		m^3	5.0
桩木	杉木	m^3	5.0
枕木		m^3	5.0
木模板	一般	m^3	5.0
毛竹	中径10cm以下，长7m以下	根	5.0
毛竹	中径10～15cm 长10m以下	根	4.0
毛竹	中径15cm以上 长10m以上	根	3.0
麻竹	中径5cm以上 长5m以上	根	5.0
竹片		百片	3.0
竹篦		百根	5.0
石油沥青	普通	t	3.0
沥青混凝土		m^3	1.5
沥青石屑		m^3	1.5
沥青砂		m^3	1.5
黑色碎石		m^3	2.0

续表

材料名称	规格	计量单位	损耗率（%）
渣油		kg	9.0
煤沥青		kg	5.0
汽油		t	3.0
柴油	轻、重质	t	5.0
机油	液压用	t	3.0
调合漆	Y03～1　T03～1	kg	2.5
防锈漆	Y53～1、2　F53～1、2、3	kg	2.5
环氧树脂漆	H52～3	kg	2.5
滑石粉	150～325	t	1.0
铅油		kg	2.5
石膏		kg	5.0
煤油		t	3.0
桐油		kg	4.0
硝铵类炸药		kg	1.0
雷管	电、火雷管	个	3.0
导火索	5.0～5.5mm	m	6.0
电石		kg	10.0
环氧树脂		kg	2.0
硫磺	粉、块状99.5%	kg	2.0
氧气	工业用	m^3	10.0
防水粉		kg	2.0
石棉	温、青石棉	kg	2.0
石棉绳	13～25	kg	2.5
石棉灰	碳酸钙	kg	2.5
麻绳		kg	2.0
麻丝		kg	2.0
麻袋		条	1.0
油麻		kg	0.5
草帘		个	2.0
草袋		个	4.0
沥青伸缝板		m^2	2.0
橡胶支座		块	2.0
玻璃钢伸缩缝板		m^2	5.0
玻璃		m^2	15.0
油纸		张	2.0
油毡	石油沥青、煤沥青	m^2	2.0

续表

材料名称	规格	计量单位	损耗率（%）
木炭		kg	3.0
焦炭		kg	5.0
预应力钢筋混凝土管		m	1.0
钢筋混凝土管		m	1.0
水泥混凝土大、小方砖		千块	3.0

第二部分

定 额 应 用

第一分部　应用释义

第一章　土石方工程

第一节　说明应用释义

一、本章定额均适用于各类市政工程（除有关专业册说明了不适用本章定额外）。

［应用释义］　定额就是生产产品和生产消耗之间的数量关系的标准。具体地说，在工程施工过程中，为完成某一项合格产品，就要消耗一定的人工、材料、机械设备和资金。这些消耗因技术水平、组织管理水平及其客观条件的影响而不同。因此，为了统一考核消耗水平，就需要一个统一的消耗标准，就是在正常的生产条件下，完成合格单位产品所必须的人工、材料、机械设备及其资金消耗的标准数量，这个标准数量就称为定额。

定额作为一种组织生产、管理企业的科学方法，是随生产力的发展、现代经济管理水平的提高而产生并不断修改的。在资本主义社会，资本家为赚取更多的利润和加强在竞争中的地位，巧妙地利用定额千方百计降低单位产品的人力、物力和资金的消耗，成倍地获取利润，所以，定额在资本主义社会就成了一种压榨工人、剥削工人剩余价值的工具。

在社会主义制度下，由于劳动性质的根本性改变，社会主义企业实行定额的目的是为了加强企业管理，充分利用和节约劳动时间、缩短生产周期，保证生产过程各个环节的相互协调，不断地提高劳动生产率，促进生产的发展。

定额的性质是由社会主义制度决定的。在社会主义制度下，生产资料为全民和集体所有，定额已成为调动企业和职工的积极性，促进生产的发展，加快四化建设，增加社会物质财富，以及满足社会不断增长的物质文化生活需要的一种管理手段。因此，它具有科学性、法令性和广泛的群众性。

1. 定额的科学性

定额是在认真研究客观规律的基础上，遵循客观规律的要求，运用科学的方法制定的。是在总结广大工人生产经验的基础上，根据技术测定和统计分析等材料，并经过综合的分析研究后制定的。定额还考虑了已经成熟推广的先进技术和先进的操作方法。因此，它能正确地反映当前生产力水平的单位产品所需的生产消耗量，有利于发挥广大职工的积极性，挖掘生产潜力，提高管理水平，避免浪费现象，促进生产发展，为社会创造更多的物质财富。

2. 定额的法令性

表现为当各种定额经国家或授权单位批准颁发后，就具有法令的性质，各地区各有关单位，都必须严格遵守和执行，不得随意变更定额的内容和水平。这种法令性保证了统一的造价与核算尺度，使国家对设计的经济效果和施工管理水平，能进行统一考核和有效监督。

3. 定额的群众性

是指定额来自群众，又贯彻于群众，定额的制定和执行，具有广泛的群众基础。定额的制定是在广泛听取群众意见并在群众直接参与下制定的。这样，定额就能从实际水平出发，并能保持一定的先进性，又能把群众的长远利益和当前利益，劳动效率和工作质量，国家、企业和个人三者的利益结合起来。充分调动广大职工的积极性，完成和超额完成任务。

这三种性质的关系是：定额的科学性是定额法令性的客观依据，定额的法令性是定额贯彻执行的保证，定额的群众性则是定额科学性和法令性的深厚基础。

在市政工程中，定额的作用是巨大的。

1. 市政工程在基本建设中的地位

市政工程是国家的基本建设，是组成城市的重要部分。市政工程包括：城市的道路、桥涵、隧道、给排水、防洪堤坝、燃气、集中供热及绿化等工程，这些工程都是国家投资（包括地方政府投资）兴建的，是城市的设施，是供城市生产和人民生活的公用工程，故又称城市公用设施工程，由有关事业单位管理。

市政工程有着建设的先行性、服务性和开放性等特点。在国家经济建设中起重要的作用，它不但解决城市交通运输、排泄水问题，促进工农业生产，而且大大改善了城市环境卫生，提高了城市的文明建设。有的国家称市政工程为支柱工程、骨干工程。我们认为市政工程是血管工程，它既输送着经济建设中的养料，又排除废物，沟通着城乡物质交流。对于促进工农业生产以及科学技术的发展，改变城市面貌，对国家经济建设和人民物质文化生活的提高，都起着极为重要的作用。

解放后人民政府认真贯彻“四服务”的方针，大量投资兴建市政工程，不仅使城市林荫大道成为网状，给排水管道成为系统，绿地成片，水源开扩，电源充足，堤防巩固，而且逐步兴建煤气、暖气管道，集中供热、供气，使市政工程起到了为工农业生产服务，为人民生活服务，为交通运输服务，为城市文明建设服务的作用，有效地促进了工农业生产的发展，改善了城市环境、美化了市容，使城市面貌焕然一新，经济效益、环境效益和社会效益不断提高。

2. 市政工程建设的特点

（1）单项工程投资大，一般工程在千万元左右，较大工程要在亿元以上。

（2）产品具有固定性，工程建成后不能移动。

（3）工程类型多，工程量大。如道路、桥梁、隧道、防洪堤坝、建房等类工程都有，而且工程量很大；又如高速公路、千米桥梁逐渐增多，土石方数量也很大。

（4）点、线、片形工程都有，如道路、管道是线形工程，桥梁、泵站是点形工程，工业区、住宅区是片形工程。

（5）结构复杂而且单一。每个工程的结构不尽相同，特别是桥梁，污水处理厂等工程更是复杂。

（6）干、支线配合、系统性强。如道路、管网等工程的干线要解决支线流量问题，而且成为系统，否则互相堵截排流不畅。

3. 市政工程施工特点

（1）施工生产的流动性。

（2）施工生产的一次性。产品类型不同，设计形式和结构不同，再次施工生产各有不同。

（3）工期长，工程结构复杂，工程量大，投入的人力、物力、财力多。由开工到最终完成交付使用的时间较长，一段工程要施工几个月，长的要施工几年才能完成。

（4）施工的连续性。开工后，各个工序必须根据生产程序连续进行，不能间断，否则会造成很大的损失。

（5）协作性强。需有地上地下工程的配合，材料、供应、水源、电源、运输以及交通的配合与工程附近工厂、市民的配合，彼此需要协作支援。

（6）露天作业。由于产品的特点，施工生产均在露天作业。

（7）季节性强。气候影响大，春、夏、秋、冬，雨、雾、风以及气温低、气温高，都会对施工带来很大困难。

总之，由于市政工程的特殊性，必须尊重市政工程的客观规律，在基本建设项目的安排或是施工操作方面，特别是在制定工程投资或造价方面都必须尊重客观规律，要严格按照程序办事。

4. 市政工程定额的作用

（1）定额是计划管理的基础。所有计划的编制，都必须是以定额为依据的，以确定计划完成任务量，劳动生产率，工期和人力、物力、机械、资金等的需要数量。

（2）定额是评价设计方案和确定工程造价的基础。同一工程项目，投资多少，是使用定额指标在对不同设计方案进行技术经济分析比较后确定的。因而定额是衡量设计方案经济合理的尺度。工程造价是根据设计规定的工程标准和工程数量，并依据定额指标规定的劳动力、材料、机械台班数量，单位价值和各种费用标准来确定的，因此定额是确定工程造价的基础。

（3）定额是施工企业科学管理和组织施工的必要手段。市政工程施工是多个单位，多个工种，共同协作进行的生产活动，是以施工为中心的多方经济联系整体。在各种指挥和协调活动、经济活动之中，定额起着十分重要的作用，各个部门都必须依据它作标准，展开工作。

（4）定额是贯彻增产节约原则的有效工具。定额作为消耗的数量标准，被用来计划、监督和控制投资和劳动力、材料、机械的使用，并以此制定节约措施、衡量企业的经济效益、消耗水平、企业的劳动生产率、工人的劳动效率，使其不超过或不会降低定额规定标准等，从而贯彻了增产节约的原则。

（5）定额是施工企业职工实行按劳分配的依据。施工企业中，衡量职工的贡献大小主要以其工作情况为标准，而衡量工作情况差别的尺度，主要是看其完成定额程度。因此，定额成了按劳分配不可缺少的依据，是调节个人、企业和国家利益关系的最基本标准。

5. 市政工程定额的分类

市政工程根据生产条件和情况以及不同用途的需要，一般作以下分类：

(1) 按生产因素分类：生产因素包括劳动力，劳动手段和劳动对象三个部分。劳动力就是工人，劳动手段就是工具、机械、设备等，劳动对象是指建筑材料、预制构件等。为了适应生产的需要，市政工程定额按这三部分分为：劳动定额、设备利用定额和材料消耗定额。

劳动定额：也称人工定额，它主要表示生产效率的高低以及劳动力的合理运用，一方面表示劳动力和产品的关系（每个工人在一定时间内应该生产的产品的数量）；另一方面，也表示劳动力组合情况。劳动定额由于表示方法不同，又分为下列两种：工时定额又称时间定额，是指企业部门在先进的生产方法、科学的劳动组合与合理的生产组织条件下，规定工人完成质量合格的单位产品所需的工作时间，工作定额中只包括必然消耗时间（定额时间），而损失时间（非定额时间）并不包括在定额之中。工时定额不论在个人生产过程中或在小组生产过程中，都是以“日时”或“工日”来表示的，在小组生产过程中的工时定额，就是全小组成员为完成单位产品而消费的时间数值。产量定额：指的是企业部门在先进的生产方法、科学的劳动组合与合理的生产组织条件下，在单位时间内规定工人应完成质量合格产品的数量。小组生产量定额是表示在单位时间内小组中全部成员必须生产产品的数量。

设备利用定额：又称机械台班使用定额，它是指在正常施工条件下，在合理的劳动组织和使用机械的条件下，完成单位合格产品所必须的机械工作时间。包括准备和结束时间、基本生产时间、不可避免的中断时间及工人必须休息的时间。设备利用定额和劳动定额以“台班”、“台时”为单位。

材料消耗定额：就是在合理的使用材料的条件下，生产单位产品所必须消耗的材料数量。

(2) 按用途性质分类，可分为施工定额、预算定额和概算定额。

施工定额：是直接用于基层施工管理中的定额，它一般由劳动定额、材料消耗定额和机械台班定额三部分组成。

根据施工定额，可以估算不同工程项目的人工、材料和机械台班的需用量。

预算定额：是确定一定计量单位的分项工程或结构的人工、材料（包括成品、半成品）和施工机械台班的需用量以及费用标准。

概算定额和概算指标：概算定额是预算定额的扩大和合并。它确定一定计量单位扩大分项工程的人工、材料和施工机械台班的需要量，以及费用标准。概算指标是以整个构筑物为对象或以一定数量的面积（长度）为单位，而规定人工、机械和材料的耗用量，及其费用标准。概算定额是介于预算定额与概算指标之间的定额。

(3) 按执行范围分类，有全国统一定额，地区统一定额与企业补充定额。全国统一定额是根据全国市政工程各专业工程的生产技术与组织管理的一般情况而编制的在全国范围内使用的定额。地区统一定额是参照全国统一定额或根据国家有关统一规定结合本地区情况制定的在本地区范围内使用的定额。企业补充定额是施工企业根据现行定额项目，不能满足生产施工需要，而必须根据实际情况编制补充的定额，如对统一定额缺项或某些特种项目编制的补充定额。但这些定额均应符合规定并履行报批手续。

定额测定的基本方法：

市政工程定额目前测定的基本方法有经验估算法，统计分析法，类推比较法及技术测定法四种。

(1) 经验估算法：是由定额管理人员、技术人员和工人相结合，根据设计图纸、操作规程和生产实物，考虑到使用的设备，原材料及其他生产技术组织条件，凭实践经验，参照有关的资料和依据，直接估算制定定额。

这种方法简便易行，工作量小，制定定额的过程比较短，定额制定比较及时，能满足工程需要。缺点是由于参加估算人员的经验水平有一定的局限性，同时也易受定额人员主观因素的影响，由于技术依据不足，容易出现定额偏高或偏低的现象，科学性和准确性差。

(2) 统计分析法：是根据生产同类产品各工序的实际工料、机械的消耗统计资料，经过整理，结合当前的劳动组织和技术状况以及施工条件，进行分析和对比制定定额。这种方法的优点是有较多的资料依据，方法比较简单，适宜用于施工条件比较正常，生产固定，统计工作比较健全的单位。这种方法的缺点是根据过去的统计资料，难免包含一些不合理因素，影响定额的准确性。

(3) 类推比较法：是以某种同类型或相似类型的产品或工序的定额作为依据，经过分析比较，推算出另一种产品或工序定额的一种方法。

(4) 技术测定法：是制定定额中经常采用的一种重要方法，是根据先进的施工技术，合理的劳动组织和正常的施工条件，对施工过程的各个组成部分，通过实地测定，分析计算后制定定额。采用技术测定法来制定定额通常又称之为技术定额。这种方法比较科学，有一定的准确性和技术依据，但制定定额的过程复杂，工作量较大，常用于对新定额项目和典型定额项目的制定。

以上测定定额的四种基本方法，各有优缺点，所以测定定额的精度不尽相同。由于定额水平是国家和企业对工人在单位时间内劳动数量、质量的综合要求，也是企业在一定的时间内，一定的施工条件下，管理水平、施工技术水平和职工思想觉悟水平的综合反映，所以定额水平定得过高或过低，都将不利于调动工人的生产积极性和促进生产的发展，因此在确定定额水平时，应从实际出发，考虑到已经达到的水平，也要反映出施工技术的先进因素，做到实事求是。为此在测定定额时，必须根据现有的技术水平，生产情况，选用适宜的定额测定方法。由于定额的技术测定法，具有科学性和一定的准确性等优点，所以多为制定定额单位所采用。

综合上面所述，本章有关土石方的内容均适用于各类市政工程。除非另外的专业册上说明不能采用本章定额外。

二、干、湿土的划分首先以地质勘察资料为准，含水率≥25%为湿土；或以地下常水位为准，常水位以上为干土，以下为湿土。挖湿土时，人工和机械乘以系数1.18，干、湿土工程量分别计算。采用井点降水的土方应按干土计算。

[应用释义] 为了能明确读懂勘察报告，先要对土的基本性质作了解，对土的三相——土粒（固相）、土中水（液相）和土中气（气相）的组成情况进行数量上的研究。土的三相组成部分的质量和体积之间的比例关系，随着各种条件变化而改变。例如，地下水位的升高或降低，都改变土中水的含量；经过压实的土，其孔隙体积将减小。这些变化都可以通过相应指标的具体数字反映出来。表示土的三相组成的比例关系的指标，包括土粒自重（土粒相对密度），含水量、密度孔隙比、孔隙率、饱和度等。为了便于说明和计

算，用如图 2-1 所示的土的三相组成示意图来表示各部分之间的数量关系，图中符号的意义如下：

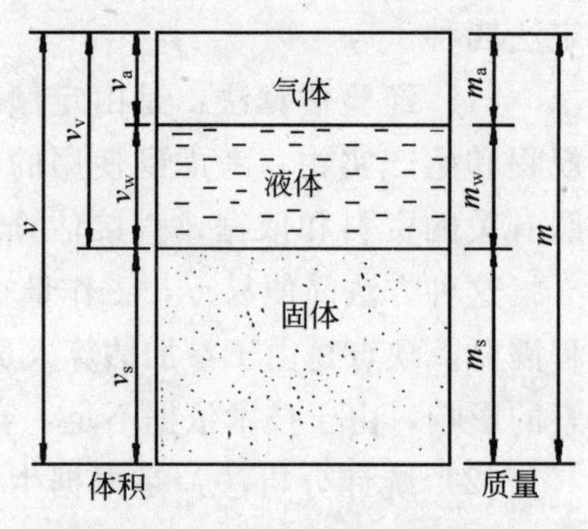

图 2-1 土的三相示意图

m_s——土粒质量；

m_w——土中水质量；

m——土的总质量，$m=m_s+m_w$；

v_s——土粒体积；

v_w——土中水体积；

v_a——土中气体积；

v——土的总体积，$v=v_s+v_w+v_a$；

v_v——土中孔隙体积，$v_v=v_w+v_a$。

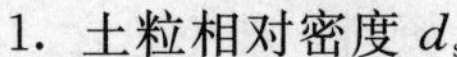

1. 土粒相对密度 d_s

土粒质量与体积相同的 4℃时纯水的质量之比，称为土粒相对密度（无量纲），即：

$$d_s=\frac{m_s}{v_s}\cdot\frac{1}{\rho_{w1}}=\frac{\rho_s}{\rho_{w1}} \tag{2-1}$$

式中 ρ_s——土粒密度，g/cm^3；

ρ_{w1}——纯水在 4℃时的密度（单位体积的质量），等于 1g/cm^3 或 1t/m^3。

实际上，土粒相对密度在数值上就等于土粒密度。土粒相对密度决定于土的矿物成分，它的数值一般为 2.6～2.8；有机质土为 2.4～2.5；泥炭土为 1.5～1.8。同一种类的土，其相对密度变化幅度很小。

土粒相对密度可在试验室内用比重瓶法测定。由于相对密度变化幅度不大，相对密度参照值见表2-1。

土粒相对密度参考值 **表 2-1**

土的名称	砂土	粉土	黏性土	
			粉质黏土	黏土
土粒相对密度	2.65～2.69	2.70～2.71	2.72～2.73	2.74～2.76

2. 土中的含水量 w

土中水的质量与土粒质量之比，称为土的含水量，以百分数计，即：

$$w=\frac{m_w}{m_s}\times100\% \tag{2-2}$$

含水量 w 是标志土的湿度的一个重要物理指标。天然土层的含水量变化范围很大，它与土的种类、埋藏条件及其所处的自然地理环境等有关。一般干的粗砂土，其值接近零，而饱和砂土，可达 40%，坚硬的黏性土的含水量约小于 30%，而饱和状态的软黏性土（如淤泥），则可达到 60%或更大。一般说来，同一类土，当其含水量增大时，其强度就降低。

土的含水量一般用“烘干法”测定。先称小块原状土样的湿土质量，然后置于烘箱内维持 100～105℃烘至恒重，再称干土质量，湿、干土质量之差与干土质量的比值，就是土的含水量。

3. 土的密度 ρ

土单位体积的质量称为土的密度（单位为 g/cm^3 或 t/m^3），即：

$$\rho=\frac{m}{v} \tag{2-3}$$

天然状态下土的密度变化幅度较大。一般黏性土 $\rho=1.8\sim2.0g/cm^3$；砂土 $\rho=1.6\sim2.0g/cm^3$；腐殖土为 $\rho=1.5\sim1.7g/cm^3$。

土的密度一般用“环刀法”测定，用一个圆环刀（刀刃向下）放在削平的原状土样面上，徐徐削去环刀外围的土，边削边压，使其保持天然状态下的土样压满环刀内，称为环刀内土样质量，求得它与环刀容积之比值即为其密度。

4. 土的干密度 ρ_d，饱和密度 ρ_{sat} 和有效密度 ρ'

土中单位体积固体颗粒部分的质量，称为土的干密度 ρ_d，即：

$$\rho_d=\frac{m_s}{v} \tag{2-4}$$

在工程上常把干密度作为评定土体紧密程度的标准，以控制填土工程的施工质量。土中孔隙水充满时的单位体积质量，称为土的饱和密度 ρ_{sat}，即：

$$\rho_{sat}=\frac{m_s+v_v\rho_w}{v} \tag{2-5}$$

式中 ρ_w——水的密度，近似等于 $\rho_{w1}=1g/cm^3$。

在地下水位下，单位土体积中土粒的质量扣除同体积水的质量后，即为单位土体积中土粒的有效质量，称为土的有效密度 ρ'，即：

$$\rho'=\frac{m_s-v_s\rho_w}{v} \tag{2-6}$$

在计算自重应力时，须采用土的重力密度，简称重度。土的湿重力密度 r，干重力密度 r_d、饱和重力密度 r_{sat}，有效重力密度 r' 分按下列公式计算：$r=\rho\cdot g$，$r_d=\rho_d\cdot g$，$r_{sat}=\rho_{sat}\cdot g$，$r'=\rho'\cdot g$，式中 g 为重力加速度，各指标的单位为 kN/m^3。

5. 土的孔隙比 e 和孔隙率 n

土的孔隙比是土中孔隙体积与土粒体积之比，即：

$$e=\frac{v_v}{v_s} \tag{2-7}$$

孔隙比用小数表示。它是一个重要的物理性指标，可以用来评价天然土层的密实程度。一般 $e<0.6$ 的土是密实的低压缩性土，$e>1.0$ 的土是疏松的高压缩性土。

土中孔隙率是土中孔隙所占体积与总体积之比，以百分数表示，即：

$$n=\frac{v_v}{v}\times100\% \tag{2-8}$$

6. 土的饱和度 s_r

土中被水充满的孔隙体积与孔隙总体积之比，称为土的饱和度，以百分率计，即：

$$s_r=\frac{v_w}{v_v}\times100\% \tag{2-9}$$

砂土根据饱和度 s_r 的指标值分为稍湿、很湿和饱和三种湿度状态，其划分标准见表2-2。

砂土湿度状态的划分　　**表 2-2**

砂土湿度状态	稍湿	很湿	饱和
饱和度 s_r（%）	$s_r \leqslant 50$	$50 < s_r \leqslant 80$	$s_r > 80$

三相指标的换算：

上述土的三相比例指标中，土粒相对密度 d_s、含水量 w 和密度 ρ 三个指标是通过试验测定的。在测定这三个基本指标后，可以导出其余各个指标。

令 $\rho_{w1}=\rho_w$，并令 $v_s=1$，则 $v_v=e$，$v=1+e$，$m_s=v_s d_s \rho_w = d_s \rho_w$，$m_w = w m_s = w d_s \rho_w$，$m = d_s(1+w)\rho_w$。

推导：

$$\rho=\frac{m}{v}=\frac{d_s(1+w)\rho_w}{1+e}$$

$$\rho'=\frac{m_s}{v}=\frac{d_s\rho_w}{1+e}=\frac{\rho}{1+w}$$

由上式：$e=\dfrac{d_s\rho_w}{\rho'}-1=\dfrac{d_s(1+w)\rho_w}{\rho}-1$

$$\rho_{sat}=\frac{m_s+v_v\rho_w}{v}=\frac{(d_s+e)\rho_w}{1+e}$$

$$\rho'=\frac{m_s-r_s\rho_w}{v}=\frac{m_s-(v-v_v)\rho_w}{v}=\frac{m_s+v_v\rho_w-v\rho_w}{v}$$

$$=\rho_{sat}-\rho_w=\frac{(d_s-1)\rho_w}{1+e}$$

$$n=\frac{v_v}{v}=\frac{e}{1+e}$$

$$s_r=\frac{v_w}{v_v}=\frac{m_w}{v_v\rho_w}=\frac{wd_s}{e}$$

土的三相比例指标换算公式　　**表 2-3**

名　称	符　号	三相比例表达式	常用换算公式	单　位	常见的数值范围
土粒相对密度	d_s	$d_s=\frac{m_s}{v_v\rho_{w1}}$	$d_s=\frac{s_r e}{w}$		黏性土 2.72～2.75 黏土 2.70～2.71 砂类土 2.65～2.69
含水量	w	$w=\frac{m_w}{m_s}\times 100\%$	$w=\frac{s_r e}{d_s}$ $w=\frac{\rho}{\rho_d}-1$		20%～60%
密度	ρ	$\rho=\frac{m}{v}$	$\rho=\rho_d(1+w)$ $\rho=\frac{d_s(1+w)}{1+e}\rho_w$	g/cm³	1.6～2.0g/cm³
干密度	ρ_d	$\rho_d=\frac{m_s}{v}$	$\rho_d=p/(1+w)$ $\rho_d=d_s\rho_w/(1+e)$	g/cm³	1.3～1.8g/cm³
饱和密度	ρ_{sat}	$\rho_{sat}=\frac{m_s+v_v\rho_w}{v}$	$\rho_{sat}=\frac{d+e}{1+e}\rho_w$	g/cm³	1.8～2.3g/cm³

续表

名 称	符 号	三相比例表达式	常用换算公式	单 位	常见的数值范围
有效密度	ρ'	$\rho'=\frac{m_s-v_v\rho_w}{v}$	$\rho'=\rho_{sat}-\rho_w$ $\rho'=\frac{d_s-1}{1+e}\rho_w$	g/cm^3	$0.8\sim1.3g/cm^3$
重力密度	r	$r=\frac{m}{v}\cdot g=\rho\cdot g$	$r=\frac{d_s(1+w)}{1+e}r_w$	kN/m^3	$1.6\sim20kN/m^3$
干重力密度	r_d	$r_d=\frac{m_s}{v}\cdot g=\rho_d g$	$r_d=\frac{d_s r_w}{1+e}$	kN/m^3	$13\sim18kN/m^3$
饱和重力密度	r_{sat}	$r_{sat}=\frac{m_s+v_v\rho_w}{v}g$ $=\rho_{sat}\cdot g$	$r_{sat}=\frac{d_s+e}{1+e}r_w$	kN/m^3	$18\sim23kN/m^3$
有效重力密度	r'	$r'=\frac{m_s-v_s\rho_w}{v}\cdot g$ $=\rho'\cdot g$	$r'=\frac{d_s-1}{1+e}r_w$	kN/m^3	$8\sim13kN/m^3$
孔隙比	e	$e=\frac{v_v}{v_s}$	$e=\frac{d_s\rho_w}{\rho_d}-1$ $e=\frac{d_s(1+w)}{\rho}-1$		黏性土和粉土：0.40～1.20 砂类土：0.30～0.90
孔隙率	n	$n=\frac{v_v}{v}\times100\%$	$n=\frac{e}{1+e}$ $n=1-\frac{\rho_d}{d_s\rho_w}$		黏性土和粉土：30%～60% 砂类土：25%～45%
饱和度	s_r	$s_r=\frac{v_w}{v_v}\times100\%$	$s_r=\frac{wd_s}{e}$ $s_r=\frac{w\rho_d}{n\rho_w}$		0～100%

注：水的重力密度 $r_w=\rho_w\cdot g=1t/m^3\times9.807m/s^2=9.807\times10^3\approx10kN/m^3$。

人工土方定额是按干土编制的，按土的类别和挖土深度划分定额子目。不仅挖土方，而且挖地槽、地坑、山坡切边土均以天然湿度的干土为准编制统一定额。挖湿土时，由于湿土粘附挖掘、运输等工具，故在人工挖湿土时，定额套用时将相应项目乘以系数1.18。

干、湿土的划分应根据地质勘察部门提供的详细地质勘察资料，以地下常水位为准划分界线，而不是以承压水位为划分界线。通常地下常水位以上为干土，常水位以下部分为湿土。地下常水位的确定：地下常水位由地质勘测资料提供或实际测定，凡在地下常水位以下挖土，均按湿土计算。在同一槽内或坑内，有干、湿土时，应分别计算工程量，但使用定额时仍须按槽坑全深计算。可按下述方法进行：

第一步：将同一槽（坑）内干、湿土的体积分别计算出来；

第二步：将湿土乘以系数后加上干土的体积按该槽坑的全深计算。

例题：有一长22m，宽2m，深1.5m泥炭土，地下水位在地面下1m深处，试计算挖土方工程量，并计算预算基价［采用《全国统一市政工程预算定额》（第一册通用项目GYD—301—1999)］

解：①人工挖干土土方量为：

$$22\times2\times1=44m^3\text{（长×宽×干土厚）}$$
$$=0.44(100m^3)$$

由地槽全深为1.5m套用定额1—4，则预算值（即直接费）：

$$0.44\times808.92=355.92\text{(元)}$$

②人工挖湿土土方量为：

$$22\times2\times0.5=22m^3\text{（长×宽×湿土厚）}$$
$$=0.22(100m^3)$$

仍套用定额1—4，则预算基价：

$$0.22\times1.18\times808.92\text{(工程量×系数×定额基价)}=209.99\text{(元)}$$

采用井点降水的土方按干土计算。井点降水是一种人工降低地下常水位，做法是沿基坑的四周或一侧埋入深于基坑底的井点滤水管或管井，以总管连接抽水，使地下水位低于基坑底，以便在无水的情况下挖土。此时的土方开挖是以干土计算的。

三、人工夯实土堤、机械夯实土堤执行本章人工填土夯实平地、机械填土夯实平地子目。

[应用释义]　从古到今，夯实和碾压向来都是修路、筑堤、加固地基表层最常用的简易处理方法。通过夯锤或机械，夯击或碾压填土或疏松土层，使其孔隙体积减少，密实程度提高，这种作用称为压实。压实能降低土的压缩性、提高其抗剪强度、减小弱土的透水性，使经过处理的表层弱土成为能承担较大荷载的地基持力层。本部分简述土的压实原理和夯实碾压方法。

1. 土的压实原理

大量工程实践和试验研究表明，控制土的压实效果的主要因素是：土的含水量，压实机械及其压实功能和添加料等。这些因素对压实效果的影响关系就是压实工程的基本原理。

土的压实效果常用干密度 ρ_d（单位土体积内土粒的质量）来衡量。未压实松散土的干密度一般约为1.1～1.3g/cm^3，经压实后可达1.55～1.8g/cm^3，一般填土约为1.6～1.7g/cm^3。

(1) 最优含水量

实践表明，对黏性土，当压实功能和条件相同时，土的含水量过小，土体不易压实，反之，过湿则出现软弹现象（俗称"橡皮土"），土也压实不了，只有把土的含水量调整到某一适宜值时，方能收到最佳的压实效果。在一定压实机械的功能条件下，土最容易被压实，并能达到最大密度时的含水量，称为最优含水量 W_{op}，相应的干密度则称为最大密度 ρ_{dmax}。

土的最优含水量可在试验室内进行击实实验测得。试验时将同一种配制成若干份不同含水量的试样，用同样的压实方法分别对每一份试样进行击实，然后测定各试样击实后的含水量 w 和干密度 ρ_d，从而绘出含水量与干密度关系曲线，称为压实曲线。曲线表明了压实效果随含水量的变化规律，相应于干密度峰值（即最大干密度 ρ_{dmax}）的含水量就是最优含水量 w_{op}。

关于土的压实机理有很多假说，但以普洛特（Proctor）的假说流行较广。他认为，含水量较小的，土粒表面结合水膜很薄（主要是强结合水），颗粒间很大的分子力阻碍着土的压实；含水量增大时，结合水膜增厚，粒间连接力减弱，水起着润滑的作用，使土粒易于移动形成最优的密实排列，压实效果就变好；但当含水量继续增大，以致土中出现了自由水，压实时，孔隙水不易排出，形成较大的孔隙压力，势必阻止土粒的靠拢，所以压实效果反而下降。

试验统计证明：最优含水量 w_{op} 与土的塑限 w_p 有关，大致为 $w_{op}=w_p+21\%$。土中黏土矿物含量大，则最优含水量大。

(2) 压实功能

夯击的压实功能与夯锤的重量、落高、夯击次数以及被夯击土的厚度等有关；碾压的压实功能则与碾压机具的重量、接触面积、碾压遍数以及土层的厚度等有关。

对于同类土，随着压实功能大小的变化，最大干密度和最优含水量也随之变化。当压实功能较小时，土压实后的最大干密度较小，对应的最优含水量则较大，反之，干密度较大，对应的最优含水量则较小。所以在压实工程中，若土的含水量较小，则需选用夯实功能较大的机具，才能把土压实至最大干密度；在碾压过程中，如未必能将土压至最密实的程度，则须增大压实功能（选用功能较大的机具或增加碾压遍数等）；若土的含水量较大，则应选用压实功能较小的机具，否则会出现“橡皮土”现象。因此，若要把土压实到工程要求的干密度，则必须合理控制压实时土的含水量，选用合适的压实功能，才能获得预期的效果。

(3) 压实条件

这是指压实时被压实土层的特点，所采用压实机械的功能和性能，压实的方法和方式等。压实条件不同，例如选择填土与天然地基土、夯击与碾压、振动碾压与压路机碾压等，其压实效果是不同的。室内击实试验与现场夯击或碾压试验的压实条件也是不同的，所以指导工程实践的最优含水量应通过现场压实试验确定，室内击实试验的结果只能作为工程实践的参考。

(4) 其他因素

土的颗粒粗细、级配、矿物成分和添加的材料因素对压实效果是有影响的。颗粒越粗，就越能在低含水量时获得最大的干密度；颗粒级配越均匀，压实曲线的峰值范围就越宽广、平缓；对于黏性土，其压实效果与其中的矿物成分含量有关，添加木质素和铁基材料可改善土的压实效果。

重锤夯实法：重锤夯实法是利用起重机将重锤提高到一定高度，然后使其自由落下，重复夯打，把地基表层夯实。这种方法可用于处理非饱和黏性土或杂填土，提高其强度，减少其压缩性和不均匀性，也可用于处理湿陷性黄土，消除其湿陷性。

重锤夯实法的主要机具是起重机和重锤。重锤为一截头的圆锥体，锤重大于或等于15kN，锤底的直径约为0.7～1.5m。

重锤夯实的效果与锤重、锤底的直径、落距、夯击的遍数、夯实土的种类和含水量有密切关系。合理选定上述参数与控制土的含水量，才能达到最好的夯实效果。因此在施工时，一方面控制含水量，使土在最优含水量条件下夯实；另一方面，若夯实土的含水量发生变化，则可以调节夯实功的大小，使夯实功适应土的实际含水量。一般情况下，增大夯实功或增加夯击的遍数可以提高夯实的效果。但是当土夯实达到某一密实度时，再增大夯实功和夯击遍数，土的密度却不再增大了，甚至有时会使土的密实度降低。夯实功和夯击遍数，一般通过现场试验确定。根据实践经验，夯实的影响深度约为重锤底直径的一倍左右；夯实后杂填土地基的承载力基本值一般可以达到100～150kPa。对于地下水位离地表很近或软弱层埋置很浅的情况，重锤夯实可能产生“橡皮土”的不良的效果，所以要求重锤夯实的影响高出地下水位0.8m以上，且不宜存在饱和软土层。

人工夯实土堤、机械夯实土堤，都是应用上述的原理。人工夯实土堤适用于小规模的工程或不适宜于机械夯实的地方，为一种高强度的、人数众多的施工条件，既费工又费时，是一种不提倡的施工方法。

机械夯实土堤是目前使用最多的施工方法，多用于大规模大工程量的市政工程，必须事先做好工程前的准备工作，使击实试验的结果尽量与实际工程相近，才能找到最优含水量和最大干密度，以期能达到最好压实效果。

四、挖土机在垫板上作业，人工和机械乘以系数1.25，搭拆垫板的人工、材料和辅机摊销费另行计算。

[应用释义]　本条定额说明中“人工和机械乘以系数1.25……”所指的机械单指挖掘机械，并不包含定额子项目中其他辅助机械如推土机。铺设垫板、机械消耗按设计要求另行计算。

挖掘机挖土是土方开挖中常用的一种机械，根据机械工作装置的不同，可分为正铲、反铲、拉铲和抓铲四种挖土机，铲斗容量包括：0.25m^3、0.5m^3、0.75m^3、1.0m^3等几个型号。挖土机挖土预算定额中的工作内容主要包括挖土机械就位，开挖工作面，将土推置一边；工作面内排水沟的修建与维护等；挖土机所挖土的运输由自卸汽车配合进行联合作业。挖土机所挖土、自卸车运土项目工作内容包括：挖土、装车、汽车运土（运距在1km以内）卸土及空回，并用推土机推平。挖土机挖土、自卸汽车运土，机械台班基本用量计算公式为：

挖土机台班使用量＝单位工程量÷台班产量×幅度差系数

自卸汽车台班使用量＝单位工程量÷台班产量×幅度差系数

推土机台班使用量按挖土机台班使用量的91%计算。履带式挖土机挖土方，其机械台班用量计算公式为：

挖掘机台班使用量＝单位工程量÷台班产量×幅度差系数

推土机台班使用量按挖土机台班的10%计算。

机械幅度差：是指在合理的施工组织条件下，机械的停歇时间主要包括：

1. 施工中作业区之间的转移及配套机械相互影响所损失的时间。
2. 施工初期限于条件所造成的工效差，结尾时工程量不饱满所造成的损失时间。
3. 临时停电停水所发生的工作间歇。
4. 挖土机只能向一侧装车，且无循环路线，挖土机必须等待汽车调车的间歇时间。
5. 汽车装车或卸土倒车距离过长所影响的时间。
6. 工程质量检查时间。
7. 在计算机械台班消耗量指标时，机械幅度差以系数表示：土方工程及自卸汽车运渣机械幅度差按25%计算，挖土机挖渣及推渣机械幅度差按33%计算。

下面再来说明一下挖土机械设备。

在市政工程中，土方工程是施工条件复杂、工程量大、工期又较长的工程之一。如何根据具体情况制定最佳的施工方案，正确选择理想的土方机械，对于提高劳动生产率，加快施工进度，保证施工质量，降低施工成本，有着十分重要的意义。

土方工程施工的主要程序是铲、挖、运、填、压等。根据施工程序的要求，土方机械按其工作性质和用途的不同，它可分为挖掘机械，如单斗挖土机，振动式压实机，碾压式压实机等。除此之外，还有一些辅助性的土方机械。

1. 单斗挖掘机

单斗挖掘机是用于开挖和装载土石方的主要机械之一，它可以挖 IV 级以下的土和爆破后Ⅴ～Ⅵ级的岩石，并且挖掘能力较大。据统计，一台斗容量为 1m^3 的单斗机，当挖掘Ⅳ级以下土时，每班生产率相当于 300～400 个工人一天的工作量。在现代施工中，整个土石方工程约有 55％～60％的任务是由它完成的，故它的使用范围十分广泛。

单斗挖掘机的种类很多，市政工程上用的挖土机按动力传动的不同，它可分为机械式和液压式两类。在中小型单斗挖掘机中，前者由于自身重量大等因素将逐渐被淘汰，而后者正在大力发展。

（1） 单斗液压式挖掘机的类型和分级

单斗液压式挖掘机是采用容积式液压传动，驱动工作装置，并用一个铲斗进行挖掘工作的机械，按其工作装置的不同，它有反铲、正铲或装载、抓铲和起重四种主要形式。

按工作装置的结构不同，它可分为铰接式和伸缩臂式两种，前者应用广泛，而后者仅可用于平整场地，清理场地和坡道作业等。

按行走机构的不同，液压挖土机可分为履带式、轮胎式、汽车式、悬挂式及拖式等形式，其中履带式具有良好的通用性，轮胎式具有良好的越野性，而后三者以汽车或拖拉机为基础机械（底盘），其优点是结构简单，成本低。

按主要传动机构是否采用液压驱动来分，又可分为全液压式或半液压式两种，前者的工作装置、回转机构及行走机构都采用液压传动；后者的行走机构则采用机械传动。

我国单斗挖掘机的规格主要以斗容量的大小来分级。目前国产的单斗容量（单位：m^3）有 0.1、0.15、0.25、0.4、0.6、1.0、1.6、2.0、2.5 等，为满足大型土方工程的需要，现在正在开发容量更大的挖掘机。

（2） 单斗液压挖掘机的基本组成及传动

单斗液压挖掘机的基本组成由挖掘装置、回转机构和行走机构三大部分。当然还有动力和液压装置。

发动机（通常采用柴油机）驱动两个液压泵，把压力油输送到两个换向阀。操作换向阀，将压力油送往有关液压执行元件中，驱动相应的机构进行工作。

作业时，操作换向阀，接通回转机构的液压马达，转动转台，使工作装置转到挖掘地点，同时操作换向阀，使动臂下降至铲斗接触挖掘工作面，然后操作换向阀使斗杆液压油缸和铲斗液压油缸大腔进油，迫使活塞伸出，铲斗进行挖掘。斗满后，将油缸关闭，操作换向阀使油缸（另外一油缸）大腔进油，动臂离开工作面，随后操作换向阀接通回转液压马达，让斗转到卸载地点，再操作换向阀使油缸活塞杆收缩，使铲斗反转卸土，卸完后，将工作装置转至挖掘地点，再进行第二次循环挖掘工作。

(3) 单斗挖掘机的生产率

单斗挖掘机的生产率指的是在单位时间内，从工作面挖出并卸到运输车上的土方量，通常以“m^3/h”为单位。

影响实际生产率的因素很多，除挖掘机本身的技术性能外，与司机操作的熟练程度、施工组织管理水平的高低等有关系。其生产率 Q 的大小一般用下列公式计算：

$$Q=\frac{3600V}{T}\cdot\frac{K_{比}}{K_{松}}\cdot K_1\cdot K_2 \tag{2-10}$$

式中 V——铲斗的几何容量，m^3；

T——每一次循环所用时间总量，s；

$K_{比}$——铲斗装满系数，斗内土的体积与铲斗几何容积之比；

$K_{松}$——土的松散系数；

K_1——按施工定额确定的机器利用系数；

K_2——司机操作影响系数，一般取 0.8～0.98。

从式 (2-10) 可知，生产率 Q 主要取决于每斗的装土量和每斗作业的循环延续时间。为了提高挖掘机的生产率，除了工作面的条件必须满足铲斗的要求之外，还要考虑挖掘方式和运土机械的配合，尽量减少回转角度，缩短每次循环的延续时间。

2. 装载机

装载机是一种作业效率较高的铲运机械，按工作方式的不同，可分为间断循环工作的单斗装载机和连续作业的链式与轮式装载机两种。前者是一种在履带式拖拉机或轮胎式基础车上，装有一个装载斗进行循环作业的机械。

(1) 单斗装载机的应用和分类

单斗装载机主要用于对松散物料进行铲装、短距离搬运、卸载及平整作业，此外也可以对原土进行轻度的挖掘工作。若换装上相应的工作装置，可以进行推土、起重等作业。由于它的用途较大，因此在建筑、铁路、公路、水电、港口、矿山、农田基本建设及国防等工程中都大量采用。

单斗装载机的分类方式很多，如按行走装置的不同，有轮胎式和履带式两种。前者行驶速度快，机动灵活，且轮胎不破坏路面。后者的越野性和稳定性比前者好，但行驶速度慢，且又会破坏路面，故前者用得较多。

按车身结构形式分类，有铰接车架式和整体车架式两种。铰接车架式目前应用较广。

按底盘传动形式分类，单斗装载机有机械式和液压式两种。后者的发展速度相对于前者愈来愈快，并有取代前者的趋势。

按装载斗回转程度来分类，单斗装载机有全回转式、半回转式和非回转式三种。

(2) 单斗装载机的工作装置和工作过程

根据铲斗是否有托架，其工作装置可分为有托式和无托式两种。

有托式的动臂和连杆的前端与铲斗托架铰接，其后端分别与车架支座铰接，托架上部与铲斗油缸的缸体铰接，托架下部与铲斗铰接，铲斗油缸的活塞杆与铲斗上另一点铰接。托架、动臂、连杆及车架支座组成平行四连杆机构。当动臂提升，铲斗油缸封闭时，铲斗始终保持平移，斗内物料不会撒落。由于铲斗油缸及铲斗都是直接铰接在托架上的，铲斗的转动角较大，所以使用灵活。

托架结构虽然简单，但因动臂的前端装有比较重的托架，因而减少了铲斗的载重量。无托架的优缺点则与其相反。

单斗装载机是由铲装、收斗提升、卸料和返回四个过程构成一个工作循环。

(3) 单斗装载机的生产率

单斗装载机的生产率是指在单位时间内装载物料的重量，单位为 t/h。生产率 Q 一般用式 (2-11) 进行计算，计算式为：

$$Q=\frac{3600VK_{充}RK_{时}}{T} \tag{2-11}$$

式中　V——铲斗容量；

$K_{充}$——铲斗填充系数，它反映不同物料能装满铲斗的程度，一般取 0.5～1.25；

R——物料的密度，t/m^3；

$K_{时}$——时间利用系数，工作时间与实际运转时间之比，一般取 0.75～0.85；

T——每一个工作循环所需用的总时间，s。

影响装载机生产率的主要因素有两个方面：一是现场、工作方法、操作技术等影响；二是装载机自身技术性能因素的影响。

五、推土机推土或铲运机铲土的平均土层厚度＜30cm 时，其推土机台班乘以系数 1.25，铲运机台班乘以系数 1.17。

［应用释义］　当土层厚度小于 30cm 时，推土机推土或铲运机铲土工作效率降低，不能达到定额规定的正常情况下的台班产量，故须进行定额换算。推土机台班用量乘以系数 1.25，铲运机台班用量乘以系数 1.17。

1. 推土机

(1) 推土机的应用范围和类型

推土机是一种既能浅挖又能短距离推土方的机械，对平整场地特别能发挥优越性。运距在 100m 之内生产效率最高，尤其是在 75m 以内短距离转运土方最为经济，被广泛地使用在基坑的开挖、管沟的回填等市政工程中，并能协助处理工地的现场清除、场地平整等作业，在修堤坝等大规模的土方施工中，又能协助其他施工机械工作，如顶替推铲运机协助铲土等；在矿产地和砂石场，推土机可进行集料作业。因此在土建、交通、水利、采矿和国防等各部门的大型工地上都得到广泛的应用。

推土机虽然都是在拖拉机的前方安装一种工作装置而构成，但类型很多。按照行走装置的不同，有轮胎式和履带式两种形式，后者是液压式推土机。它的牵引力大，对各种地面的适应性好，即通用性能好，但行走速度慢。前者为轮胎式，则优缺点与此相反。

按工作装置的构成不同来区分，推土机有固定式和回转式两种。前者的推土铲与主机纵轴线固定为 90°角，回转式推土铲可以在水平面上回转一定角度，一般能左右回转的角度约 25°，也可在垂直面内倾斜一定角度，约 8°～12°；此外，它能视不同的土质条件改变切削角。因此，回转式适应较多的工况而获得广泛使用。

按工作装置的操作系统来分，推土机可分为机械式和液压式两种。前者靠钢丝绳来牵制工作装置的升起和降落。结构简单，动作迅速可靠，但不能强制铲刀切土，对稍硬的土质工作时，完成较困难，作业质量也难以保证。此类型已趋于淘汰。后者液压式则操作灵活可靠，在液压油缸的作用下，可使刀片强制切土，因而作业效率高、质量好而得到广泛的应用。

(2) 工作装置和工作过程

推土机的工作装置就是推土装置，将此装置安装在拖拉机的前端即可工作，为了使铲刀在前进时减少土从两侧漏失，直形铲刀两侧都焊有较宽的侧板。

推土机工作时，将铲刀切入土中，依靠主机（拖拉机）的前进动力，铲起一层土，并逐渐堆满在推土板前，土堆满以后，将铲刀稍稍提升到适合于运行的位置时，将土推送到卸土处，提升铲刀进行卸土，然后循环其过程。

(3) 推土机的生产率

推土作业生产效率的计算，要考虑的因素很多，依照普通的推土机的铲前力的积土，按公式（2-12）计算为：

$$Q=\frac{3600H^2 \cdot L \cdot K \cdot K_{时} \cdot K_{失}}{2\tan\varphi_0 \cdot K_{松} \cdot T} \tag{2-12}$$

式中　H——推土板高度，m；

L——推土板长度，m；

K——荷载系数，$K=h/H$，h为刀前实际推土高度；

$K_{时}$——时间利用系数（0.75～0.85）；

$K_{松}$——土的松散系数（1.80～1.35）；

φ_0——土的自然堆积角度（砂$\varphi_0=35°$，黏土$\varphi_0=35°\sim45°$，种植土$\varphi_0=25°\sim40°$）；

T——每一次工作循环所延续的时间，s；

$K_{失}$——土在途中的损失系数（0.75～0.95）。

生产率的提高，一方面是考虑如何使每次都能达到机械的设计能力，即达到或超过铲刀的几何容量，例如利用有利地形进行下坡推土；另一方面则要根据施工对象采用正确的施工组织，缩短每一次工作循环所用的时间，从而增加每小时的循环次数，例如推土机在回程中采用高速倒退行驶。

2. 铲运机

(1) 铲运机的应用

铲运机是一种独立的，综合完成铲装、运输、卸土三个工序的土方机械。运距也较远（自行式铲运机的运距有的长达5000m），铲斗容量也较大（目前最大的有30m³以上），操作人员少，一般铲运机仅需一名司机，在大型土石方工程的施工中具有较高的效率和较好的经济性而得到广泛使用。据统计，在一些工业发达的国家中，每年由铲运机完成的土方量约占总土方量的40%，可见它在土石方工程中所占的地位及所起的作用。

铲运机适用于大型工业建筑、公路、矿山及水利等大量土方的挖填和运输工作中。特别是在地形起伏不大，坡度在20°以内的大面积场地的平整、土在Ⅰ～Ⅳ级之内，特别是土的含水量不超过27%，平均运距在800m左右，选用铲运机械施工可以达到最优的技术经济效益。在开挖大面积浅基坑和沟槽，开挖土垫、填筑堤坝等作业中，也得到广泛应用。

铲运机设有强行切土装置，切土也不深，铲运硬土、冻土或冰块时，必须先用松土器顶松，为了增加足够的牵引力通常使用推土机助铲，即用一台推土机在其后顶推，有时使用两台铲运机串联使用。

(2) 铲运机的分类

铲运机的分类方式很多，按铲斗的容量来分，有小型——铲斗容量在 $3m^3$ 以下，中型——铲斗容量在 $4\sim14m^3$ 之间，大型——铲斗容量在 $15\sim30m^3$ 或更大。

按牵引方式的不同，铲运机可分为拖式和自行式两种。前者本身不带动力，工作时由履带式或轮胎式拖拉机牵引。特点是牵引车的利用率高，当不铲运土时，牵引车可做其他的工作，但整机的效率低于自行式。后者本身具有动力，车速可达 20～50km/h，比前者效率高。缺点是动力车是专用的、成本高。

按卸土方式的不同来区分，铲运机有自由式、半强制式和强制式三种。自由式：铲斗是一个整体，卸土时依靠动力驱动使铲斗倾斜，使土完全借助自重倒出，适用于装卸干燥的土和松散的物料。半强制式：卸土时将斗壁连同斗底绕铰接点向前旋转，土开始被强制地向前旋转，并被强制向前推移，然后借自重倒出。强制式：铲斗后壁为一块可沿导板移动的推板，斗内的土是被自后向前强制推出；优点是能彻底清除斗底和斗壁上所黏附的土，所以适合铲运黏土或较湿的土。

(3) 工作装置与工作过程

以自行式铲运机为例，工作装置及其组成如下：铲斗为其核心部件，斗体用来盛装铲起的土，在斗体底部前端镶嵌着刀片，用来铲土。斗体在油缸的作用下可升降，以便适应铲土、装土、运土、卸土等不同作业的要求。斗门是铲斗的前壁，由斗门油缸控制开关，以配合其铲、运、卸等工序。

铲运机在工作过程中，可独立完成铲、运、卸三个工序。工作时斗门打开，斗体落地，斗体前部的刀片即切入土，借助牵引力在行驶中将土铲入斗内。装满后，关闭斗门抬起斗体，使铲运机进入运输状态。到达卸土地点后，一边驶一边打开斗门，在卸土板的作用下强制卸土。与此同时，斗体前面的刀片将土拉平，完成铲、运、卸三个工序。

(4) 铲运机的生产率

铲运机的生产效率 Q 可用式 (2-13) 计算：

$$Q=\frac{3600VK_{充}K_{时}}{K_{松}\cdot T} \tag{2-13}$$

式中 V——铲斗的几何容量，m^3；

$K_{充}$——充填系数，与土的性质和司机的熟练程度有关 (0.6～1.25)；

$K_{松}$——土的松散系数 (1.1～1.4)；

$K_{时}$——时间利用系数 (0.85～0.90)；

T——每一工作循环所延续的总时间，s。

从式 (2-13) 可知，为提高生产效率，必须做好下列各点：

① 做好铲运前的准备工作，尽量选择下坡地形作业，坡度以 $7°\sim8°$ 为佳，必要时可用一台牵引机拖带两台拖式铲运机串联工作。

② 为了提高铲斗的装满率，必须清理树根、石块等杂物，如土质坚硬的（Ⅲ级以上）应先将土疏松。

③ 用一台推土机专门给几台铲运机助铲，加速铲运机的铲土效率，缩短作业周期。

④ 布置好铲运机的运行路线，使行走路线短、周期短，借以提高生产效率。

铲运机铲运土方的机械台班基本用量计算式：铲运机台班使用量＝单位工作量÷台班产量×幅度差系数。推土机使用量按铲运机台班的10％计算。

六、在支撑下挖土，按实挖体积人工乘以系数1.43，机械乘以系数1.20。先开挖后支撑的不属支撑下挖土。

［应用释义］ 《全国统一市政工程预算定额》第一册，通用项目中所列各分项工程定额包括综合工日、材料用量、机械台班，是按正常施工条件下，多数建筑企业的施工装备程度、合理施工工期、施工工艺、劳动组织为基础编制的，鉴于各种市政工程在现场施工中，往往在施工条件、材料规格、机械装备等方面与定额所列情况不完全相符合，如果套用定额就会出现差错。为此，要根据现场实际情况换算某些分项工程定额，但并不是所有定额都可以换算。本条项目“在支撑下挖土，按实挖体积人工乘以系数1.43，机械乘以系数1.20。先开挖后支撑的不属支撑下挖土。”例如：人工挖沟槽6m深，二类土、综合工日查《全国统一市政工程预算定额》第一册，通用项目为：

人工为：59.92元，则综合工日换算为：

$$1.43\times59.92=85.69\text{ 元}$$

机械为：拖式铲运机3m³为20.16元，则综合工日为：

$$1.20\times20.16=24.19\text{ 元}$$

先开挖土，挖土完毕后支撑的，不能算是在支撑下挖土，只能说是挖土，按普通的挖土计算，不需乘以系数。

七、挖密实的钢渣，按挖四类土人工乘以系数2.50，机械乘以系数1.50。

［应用释义］ 钢渣：市政工程中使用的钢渣指的是平炉、转炉钢渣存放一年以上，呈灰褐色，有微孔、密实时质地较重。市政工程中严禁使用新渣，冶炼前期渣。水渣呈蜂窝状，质地轻，强度低的不能单独使用，钢渣粒径应大于或等于50mm；游离氯化钙的含量小于或等于3％，压碎值应小于30％。

在实际的市政工程中，使用的是钢渣碳类混合料，其常用配合比、最大干密度、最佳含水量、抗压强度及适用范围见表2-4～表2-6。

钢渣碳类混合料常用配合比（％） **表2-4**

混合料种类	钢 渣	石 灰	粉煤灰	土
钢渣碳粉煤灰	60～70	7～10	23～30	
钢渣石炭土	50～60	8～10		32～40
钢渣石炭	90～95	5～10		

混合料最大干密度与最佳含水量 **表2-5**

混合料种类	质量比	最大干密度（kg/m³）	最佳含水量（％）
钢渣石灰粉煤灰	60～70，7～10，23～30	1600～2000	10～20
钢渣石灰土	50～60，8～10，32～40	1800～2200	7～13
钢渣石灰	90～95，5～10	1900～2215	9～11

混合料强度等级及适用范围　表 2-6

项　　目	强度等级		
	Ⅰ	Ⅱ	Ⅲ
28d、20℃湿润后无侧限饱和水抗压强度（MPa）	≥2.0	1.5～2.0	1.0～1.5
标准轴次（d）	≥625	250～625	60～250

注：1. 主干路基层抗压强度应大于 2.0MPa；

2. 主干路底基层或次干路基层，其抗压强度采用 1.5～2.0MPa；

3. 次干路底基层或一般道路基层，其抗压强度采用 1.0～1.5MPa。以上均为 28d，20℃湿润饱和水强度。

利用工业废物——钢渣作为材料，主要有以下几种用法：

1. 摊铺

（1）摊铺前对基层设计高度及路中线路边线进行复核，表面应清除杂物。

（2）机铺或工人按钢渣石灰混合料设计厚度×压实系数的厚度，反复检测虚厚高程及路面横断面符合设计要求，边线整齐（路面与钢渣基层同宽）全幅分段进行，过宽的可分条摊铺。

（3）铺灰：按重量比 5%～10%的熟石灰，换算成体积（每平方米应铺虚厚石灰体积），进行人工或机械铺筑，检测准确石灰用量。

（4）一般压实厚度，应视压实机械的功能而定，最小 10cm，最大 20cm，过厚则分层进行。

（5）摊铺时必须检查物料堆底子土，及时清理干净。

（6）压实系数控制：人工摊铺 1.4～1.6，机械摊铺 1.2～1.5。

2. 拌合

（1）人工拌合：宜用分条法进行拌合，以路幅宽窄而定拌合宽度，一般碾压长度 60m 左右，边翻边拌边前进，翻拌 2～3 遍之后，按接近混合料最佳含水量掌握加水量，顺序均匀洒泼，然后拌合至混合料均匀为止，但不得有大于 25mm 的石灰团粒。

（2）机械拌合：拌合后即进行人工检测、整测（即拉平线，按虚厚放平砖掌握高程和路拱整理）。

3. 稳压

用 6～8t（或 8～10t）双轮压路机、轮胎压路机或振动式压路机，自两侧向路中慢速稳压两遍。但稳压过程须设计跟随碾压反复检测高程。处理凹凸不平稳地方，使之符合要求。稳压后洒水，最佳含水量为 6%～9%，最好在碾压全过程中随时洒水。

在本章定额中规定“挖密实的钢渣，按四类土人工乘以系数 2.50，机械乘以系数 1.50”。主要原因是由于钢渣密度大，且体积不规则，对人和机械易产生损伤，加之人工劳作时，工作强度大，所以应按四类土乘以系数 2.50，机械则乘以系数 1.50。例如：挖基坑土方（人工），综合人工在 6m 以内为 120.29 元，则挖密实钢渣为：

$$2.50 \times 120.29 = 300.73 \text{ 元}$$

单履带式单斗挖掘机 0.6m^3 为 3.40 元，则挖密实钢渣为：

$$1.50 \times 3.40 = 5.1 \text{ 元}$$

八、0.2m³ 抓斗挖掘机挖土、淤泥、流沙按 0.5m³ 抓铲挖掘机挖土、淤泥、流沙定额消耗量乘以系数 2.50 计算。

［**应用释义**］ 本定额说明中所指的淤泥、流沙以及掘土机和挖土机，在前面已介绍了掘土机和挖土机。下面再说明一下淤泥、流沙。

淤泥、流沙：淤泥是指在静水或缓慢的流水环境中沉淀，并经过微生物化学作用而形成的黏性土；流沙是一种现象，在土方工程的施工过程中，当土方挖到地下水位以下时，有时底面和侧面的土形成流动状态，随地下水一起涌出，这种现象就是流沙现象，我们通常所说的流沙也是这种现象。

流沙是一种不良的工程地质现象。如在地下水位以下开挖基坑，若从基坑中排水，使坑外总水头大于坑内，则坑底下的地下水将向上渗流，在地基土中产生自下而上的渗流力。当水头差增大而使水力梯度达到 ICr 时，就会出现流沙现象，使坑底泥沙翻涌，给施工带来很大困难，甚至会影响邻近建筑物的安全。防治流沙的原则主要有：

1. 减少或消除基坑内外地下水的水头差，例如采用先在基坑范围外以井点降低地下水位后开挖，或在不排水基坑内以抓斗等工具进行水下挖土等施工方法。

2. 增加渗流路径，例如沿坑壁打入深度超过坑底的板桩，其长度足以使受保护土体内的水力梯度小于临危梯度。

3. 在向上渗流出口处地表用透水材料覆盖压重以平衡渗流力。

还有一种特殊的流沙叫作管涌：当土中渗流的水力梯度小于临危梯度时，虽不致于诱发大的流沙现象，但土中细小颗粒仍有可能穿过粗颗粒之间的孔隙，被渗流挟带而去，时间长了，在土层中将形成管状孔洞，使工作强度降低，压缩性增大，这种现象称之为管涌。

在使用 0.2m³ 抓斗挖掘机挖土、淤泥、流沙是一种适用于较小工程中的土方机械，0.5m³ 抓铲挖掘机使用较多，为了统一计算，所以应乘以系数 2.50。在淤泥、流沙的施工过程中，由于淤泥、流沙处于流体状态，给施工带来很大的不方便，加之 0.2m³ 抓斗挖土机适合于小工程，所以在预算定额中按 0.5m³ 抓铲挖掘机挖土、淤泥、流沙乘以放大系数 2.50。

九、自卸汽车运土，如系反铲挖掘机装车，则自卸汽车运土台班数量乘以系数 1.10；拉铲挖掘机装车，自卸汽车运土台班数量乘以系数 1.20。

［**应用释义**］自卸汽车运土时，土方可以是用反铲挖掘机装车，也可以用拉铲挖掘机装车。

1. 反铲挖掘机装车、自卸汽车运土

(1) 反铲挖掘机

适用于一～三类的砂土或黏土。用于开挖停机面以下深度不大的基坑（槽）或管沟及含水量大的土，最大挖土深度为 4～6m，经济合理的挖土深度为 1.5～3.0m，挖出的土方卸在基坑（槽）管沟的两边堆放或用推土机推到远处堆放，或配备自卸汽车运走。反铲挖掘机开挖一般有如下方法：

① 端沟开挖法：反铲停于沟端，后退挖，往沟一侧弃土或装车运走。

② 沟侧开挖法：反铲停于沟侧，沿沟边开挖，汽车停在机旁装土或往沟一侧

卸土。

③ 沟角开挖法：反铲位于沟前端的边角上，随着沟槽掘进，机身沿着沟边往后作之字形移动。

反铲挖掘机 0.4m^3、0.75m^3、1.0m^3、1.25m^3：是指反铲挖掘机斗容量分别为 0.4m^3、0.75m^3、1.0m^3、1.25m^3。

推土机 75kW 以内：是指发动机功率小于或等于 75kW 的推土机，配合反铲挖掘机推土，其台班量按挖掘机台班量 10%计取。

(2) 自卸汽车运土

土方运输的方法很多，大致分为有轨运输、拖拉机运输、传送带运输和汽车运输。在市政工程中，使用最广的是自卸汽车运输。

自卸汽车的适用范围及性能：

① 自卸汽车有单面倾卸、两面倾卸、三面倾卸形式。

② 常用载重量为 3.4～15t，其特点是机动性能好，越野性强，行驶速度快。

③ 采用自卸可消除繁重体力劳动的装车、卸土工作，从而提高劳动生产效率，实现土方工程施工全面机械化。

自卸汽车主要用于配合挖土机、装卸机进行土方运输。运距 2km 以上，道路平坦坚实，更能体现自卸汽车的优越性。由于自卸汽车运土时，荷载比较集中，且需要一定的行驶、转弯、倒车，故施工中应考虑以下因素：

① 施工场地通行性要好，当黏性土厚度超过 30cm、砂土超过 20cm 都可造成陷车、打滑。

② 装土场和卸土场必须要有足够的工作面。

③ 应对自卸汽车运土路线的地下管沟、涵洞、桥梁等勘察清楚。

2. 拉铲挖掘机装车，自卸汽车运土

(1) 拉铲挖掘机

拉铲挖掘机用于开挖机面以下的一、二类土。其工作装置简单，可直接由起重机改装。其特点是：

铲斗悬挂在钢丝绳下而不需要钢性斗柄，土斗借自重使斗齿切入土中，开挖深度和宽度较大。

拉铲挖掘机常用于开挖基坑和沟槽，当拉铲卸土时斗齿朝下，并有惯性，湿的黏性土也能卸干净，与反铲挖掘机相比，拉铲的挖土深度、挖土半径和卸土半径均较大，开挖方法常有如下几种：

① 沟端开挖：适用于就地取材填筑路基和修筑堤坝等。

② 沟侧开挖：适用于就地堆放及填筑路堤等工程。

拉铲挖掘机分 0.5m^3、0.75m^3、1.0m^3 三个类型，是指铲斗容量分别为 0.5m^3、0.75m^3、1.0m^3 的挖掘机。

(2) 自卸汽车运土

除上述反铲挖掘机装车、自卸运土的特点外，还有：

① 运土方工程量，按所运的天然密度体积计算。

② 不同的自卸汽车载重量及运距应分别计算其工程量，自卸汽车运距，按装土区重

心至卸土区重心之间的最短距离计算。

③ 土方开挖后，多余土需运达指定地点，回填土方不足时，要从指定地点取土回填，因此，工程预算中应分别计算土方的运输费用。

采用反铲挖掘机装车，自卸汽车运土时，自卸汽车运土的台班数量应乘以 1.10，即增加 10%的费用，原因是由于反铲挖掘机装车时装的土较满。采用拖铲挖掘机装车，自卸汽车运土时，自卸汽车运土的台班数量应放大 20%，是由于拉铲挖掘机挖土的功率大，且土质不是松散的，会增加汽车的负荷。

十、石方爆破按炮眼法松动爆破和无地下渗水积水考虑，防水和覆盖材料未在定额内。采用火雷管可以换算，雷管数量不变，扣除胶质导线用量，增加导火索用量，导火索长度按每个雷管 2.12m 计算。抛掷和定向爆破另行处理，打眼爆破若要达到石料粒径要求，则增加的费用另计。

［应用释义］　在市政工程《全国统一市政工程预算定额》（第一册通用项目 GYD—301—1999）中石方爆破是按炮眼法松动爆破和无地下渗水和积水考虑的。若炮眼中出现地下渗水、积水，处理渗水和积水发生的费用有如下说明：

处理积水、渗水发生费用按硝铵炸药费用的 3%计算，但爆破过程中所覆盖的安全网、草袋、架设的安全屏障设施另行处理。

火雷管：又称普通雷管，由外壳、起爆炸药和加强帽三个部分组成。外壳有紫铜、铝和纸三种，上端开口，以便插入导火线，下端做成窝槽，使爆力集中。

胶质导线：通常为胶皮绝缘或塑料绝缘，用来连接电雷管，组成电爆网络。

打炮眼：即为人工打炮眼和机械打炮眼，人工打炮眼又分单人打孔，双人打孔、多人冲孔；机械打炮眼时，在开挖基坑、沟槽、钻孔深度一般是其宽度的 1/2，并宜采用密眼小炮的方法进行爆破。如果沟槽深度超过沟槽宽度的 1/2，应分层挖孔爆破和开挖。机械打炮眼：即机械钻孔，具有劳动强度低、速度快、工效高、操作安全等特点，适用于大量浅孔爆破和任何硬度的岩石凿孔。

爆破：炸药引爆后，经过化学分解转化为气体，气体增大数百乃至数千倍，从而产生巨大的压力，冲击力和高温，使周围的介质（土、石及结构或构筑物）受到不同程度的破坏。

爆破方法大量用于土石方的开挖、炸除、施工现场树根等障碍物的清除，冻土开挖、拆除旧的工程及爆扩桩的施工中。

1. 爆破的基础知识

（1）炸药的一般性能

炸药：指的是一种由可燃元素（碳和氢）及含氧元素组成的化合物或混合物，在外界因素作用下（加热、振动、撞击、摩擦、引爆）产生爆炸。炸药爆炸的化学反应很快，能产生大量的气体和热量，使周围介质受到压缩和破坏。

炸药的爆炸性能通常以下述指标来表示：

① 炸药的敏感度，即炸药发生爆炸的难易程度，即为敏感度。它包括对温度的敏感度（不同炸药使其爆炸的最低温度——爆炸点不同），对火的敏感度，对机械作用（撞击、摩擦）的敏感度和起爆敏感度（不同炸药所需起爆药量不同）等。

② 爆速：指炸药爆炸时的化学反应速度。

③ 爆温和爆热：指爆炸产物所能达到的最高温度和爆炸时所放出的热量。

④ 爆炸气体量：指一千克炸药爆炸时所产生的气体体积。

⑤ 爆力：指炸药爆炸时对周围岩石等介质的粉碎程度。

⑥ 猛度：指炸药爆炸时对岩石等介质的破坏和抛掷能力，它与爆温、爆热及爆速等有关。

⑦ 殉爆距离：指炸药爆炸时引起邻近的另一个药卷爆炸的最大距离，以厘米计。一般以连续三次殉爆的最大距离为殉爆距离。

⑧ 爆炸稳定性：指炸药起爆后能否以固定的速度爆炸完毕。爆炸稳定性直接影响爆炸的质量，爆炸不稳定会降低爆炸效果，甚至发生巨爆。影响爆炸稳定性的主要因素是药包直径（当药包直径小于临界直径时，会发生不爆炸现象）及炸药密度（单位体积炸药的质量）。维持稳定爆炸的密度称最佳密度。

(2) 常用炸药的类型

炸药分为起爆炸药和破坏炸药两种。

① 起爆炸药。

起爆炸药指的是一种高敏感性的烈性炸药，很容易爆炸，一般用于制作雷管、导火索和起爆药包等，起爆炸药主要有：雷汞、叠氮铅、三硝基甲苯硝铵、环三次甲基三硝铵等。

② 破坏炸药。

破坏炸药又称次发炸药，用作主炸药。这类炸药具有很大的稳定性，只有在起爆炸药爆炸的激发下，才能发生爆炸，常用的炸药有：

a. 岩石硝铵炸药，有1号、2号两种，适用于爆破中硬以下岩石及井下岩巷开拓。在市政工程中爆破时，常用炸药有2号岩石硝铵炸药。

b. 铵油炸药：有1号、2号、3号三种，适用于露天爆破。

c. 铵松蜡炸药：有1号、2号、3号三种，供露天矿的剥离和煤岩松动爆破用。

(3) 起爆方法和器材

起爆方法有火花起爆、电力起爆和导爆索起爆三种。

① 火花起爆。

火花起爆是利用点燃的导火线的火花引爆雷管，从而使药包爆炸。火花起爆操作简单，容易掌握，但不能同时点燃多根导火索，因而不能一次使大量药包同时爆炸。

火花起爆器材有火雷管、导火线及起爆药卷。

a. 火雷管。

火雷管（又称普通雷管）由外壳、起爆炸药和加强帽三个部分组成。外壳有紫铜、铝和纸三种，上端开口，以便插入导火线，下端做成窝槽，使爆力集中。

雷管按规格不同分1～10号，号数愈大，威力越大，其中6号和8号应用最广（6号雷管Φ6.6×35mm，8号雷管Φ6.6×40mm）。火雷管除在有瓦斯及煤尘爆炸危险的工作面不准使用外，可用于一般爆破工程。由于雷管内均装有烈性炸药，遇撞击、摩擦、加热、火花都会爆炸，因此在运输、保管和使用中要特别注意，应轻拿轻放。

b. 导火线。

导火线：是由黑火药芯和耐水外皮组成，直径5～6mm。导火线的燃烧速度有1cm/s

及 0.5cm/s 两种，使用前需做燃烧试验。使用前还应将每盘导火线的两端切除 50mm，插入雷管的一端应切平，以便使其紧靠雷管的加强帽，另一端切成斜面，使药芯更多地露在外面，以便点火。

c. 起爆药卷。

起爆药卷：是使爆炸药包爆炸的中继药包。制作起爆药卷时，解开药卷的一端，敞开包皮纸，将药卷捏松，用木棍轻轻地在药卷中插入一个孔，将火雷管插入孔内，收拢包皮纸，用细麻绳绑扎。如用于潮湿处时应做防潮处理。

② 电力起爆。

电力起爆指的是通电使电雷管中电力引火剂发热燃烧使雷管爆炸，从而引起药包爆炸。

电力起爆器材有电雷管、电线、电源和测量仪表。

a. 电雷管。

电雷管由普通雷管和电力引火装置组成。电雷管通电后，电阻丝发热，使发火剂点燃，引起起爆炸药爆炸。常用电雷管有即发电雷管和迟发电雷管两种。在即发电雷管的电力点火装置与正在起爆炸药之间放一段缓燃剂即为迟发电雷管。常用的迟发电雷管的迟发时间约为：2s、4s、6s、8s 四种规格。

b. 电线。

电线必须采用绝缘完好的导线，导线包括脚线、连接线、区域线和主线。脚线是由电雷管引出的导线；连接电雷管脚线和连接线的叫端线。连接炮眼之间的导线叫连接线。以上三种电线的直径大于或等于 0.8mm，一般采用 1 股 $\phi1.13$～$\phi1.37$ 的绝缘胶皮线或塑料绝缘线。由电源引至区域线的导线叫主线；连接主线与连接线的导线称为区域线。

c. 导爆索起爆。

导爆索起爆是利用导爆索的爆炸直接引起药包爆炸。导爆索起爆不需雷管，但导爆索本身需要用雷管来引爆。

导爆索（又称传爆线）：外形与导火线相似，它的药芯用烈性炸药制成，外皮绕有红色的线条以便与导火线区别。

这种方法成本较高，主要用于深孔爆破和大规模的药室爆破，使几个药室能做到几乎同时起爆。

(4) 药包计算

① 爆破漏斗。

埋设在地下的药包爆炸后，药包上部的土石被炸成碎块，一部分被抛至爆破后的土石坑周围，一部分落在爆破坑内。爆破后形成凹坑，称为爆破漏斗。

爆破漏斗一般有以下几个参数：

最小抵抗线 w：从药包中心到临空面的最短距离。

爆破漏斗半径 r：漏斗上口的圆周半径。

最大可见深度 h：从坠落在坑内的土石表面到临空面的最大距离。

爆破漏斗随土的性质，炸药性能和药包的大小、药包的埋置深度不同，形成多种多样的形状。爆破漏斗的大小，一般以爆破作用指数（n）表示：

$$n=\frac{r}{w} \tag{2-14}$$

式中　r——爆破漏斗半径，m；

w——最小抵抗线长度，m。

当 $n=1$ 时，称为标准抛掷爆破漏斗。

当 $n<1$ 时，称为减弱抛掷爆破漏斗。

当 $n>1$ 时，称为加强抛掷爆破漏斗。

② 药包的分类。

药包按爆破作用分为四种：

a. 内部作用药包：药包爆炸对土石的破坏性作用面仅限于地层内部，而不显露到临空面（地表面）上，如果破坏的范围刚好达到地表面时，叫作最大内部作用药包。

b. 松动药包：爆破作用只能使土石破坏到临空面，但破碎了的土石并不产生抛掷运动，只在原位置附近有较小的一段位移。

c. 抛掷药包：爆破后被炸碎的土石，部分或全部被抛出，形成爆破漏斗。

d. 裸露药包：放在石块上或其他物体表面上的药包，它的爆炸可使爆炸对象破碎或飞移。

③ 药包量的计算。

药包量即药包的重量。药包量的大小，应根据岩石的硬度、缝隙情况、临空面多少及预计爆破的石方体积，并根据施工经验来确定。

药包量计算的基本原理是假定药包量的大小与被爆破的岩石体积和岩石的坚实程度成正比。

a. 标准抛掷药包量计算。

在标准抛掷药包爆破情况下，爆破的岩石体积即为标准爆破漏斗的体积，可用式（2-15）表示：

$$V=\frac{1}{3}\pi w^3\approx w^3 \tag{2-15}$$

药包量为：

$$Q_0=qw^3e \tag{2-16}$$

式中　q——岩石单位体积炸药消耗量（简称单位耗药量），kg/m³；见表 2-7；

e——炸药换算系数，见表 2-8。

标准抛掷药包的炸药单位耗量 q（kg/m³）　　**表 2-7**

土的类别	一～二	三～四	五～六	七	八
q	0.95	1.10	1.25～1.50	1.60～1.90	2.00～2.20

注：以 1 号露天硝铵炸药为准，用其他炸药时乘以 e。

炸药换算系数 e　　**表 2-8**

炸药名称	e	炸药名称	e
露天硝铵炸药	1.00	2 号岩石硝铵炸药	0.88
1 号岩石硝铵炸药	0.80	铵油炸药	1.00～1.20

b. 加强抛掷药包计算量：

$$Q=(10.4+0.6n^2)qw^3e \tag{2-17}$$

式中 *n*——爆破作用系数。

c. 松动药包量计算：

$$Q=0.33qw^3e \tag{2-18}$$

2. 爆破方法

在市政工程中常用的爆破方法有炮孔爆破法、药壶爆破法、洞室爆破法等。

(1) 炮孔爆破法

炮孔爆破法：指的是装药孔径小于300mm的各种炮眼或深孔爆破（浅孔爆破，孔深0.5～5m，炮眼直径28～50mm；深孔8～12m，孔径75～300mm）。爆破工程量大，开挖较深时，宜采用梯段爆破。炮孔爆破与洞室爆破相比，具有药量分布均匀，炸药能量充分利用和岩石块径均匀等优点，在平整场地、开挖沟槽等工程中广泛应用。

炮眼爆破效果好坏，主要取决于爆破参数的选择和计算是否合理。各项主要爆破参数必须根据当地的地质条件、施工机械、爆破器材以及工程要求等综合考虑决定。

①炮眼的布置。

炮眼的布置应尽量选择在有较大或较多的临空面处。如果没有这样条件，可有计划地改造地形使前一次爆破为后一次爆破创造临空面。

a. 炮眼的深度 L 与最小抵抗线 w 的确定。

炮眼的深度根据岩石硬度来确定：

坚硬岩石：$L=(1.10\sim1.15)H$

中硬岩石：$L=H$

松软岩石：$L=(0.90\sim0.95)H$

式中 H——岩石梯段高度，按装药直径 d 来确定；松软岩石 $H\geqslant(50\sim100)d$，坚硬岩石 $H\geqslant(70\sim80)d$。

采用炮孔爆破开挖基坑（槽）、管沟时，炮眼深度不应超过坑（槽）上口宽度的0.5倍，如超过0.5倍时，应采用分层爆破。

最小抵抗线长度 w，应根据炸药性能、装药直径、起爆方法和地质条件确定。一般可按式（2-19）计算：

$$w=(20\sim40)d \tag{2-19}$$

坚硬岩石、低密度的炸药取较小值，反之取较大值。

b. 炮眼距离的确定。

炮眼布置一般为梅花形，炮眼间距a应根据岩石的特征、炸药种类、抵抗线长度和起爆顺序等确定，可按式（2-20）计算（当抵抗线较小，前排无压渣或炸药威力大时，取较大值，反之取较小值）：

$$a=(1\sim2)w \tag{2-20}$$

炮眼行距 b 可取等于第一行炮眼的抵抗线 w；若第一行各炮眼的 w 不相同时，则取其平均值。

② 药包量计算。

炮孔法的药包量可按松动药包量计算。但在实际施工中，由于炮眼较多，一般均不逐一计算，而是根据经验。装药长度一般控制在炮眼深度的 1/3～1/2 左右。

③ 装药与堵塞方法。

a. 装药。装药前将炮眼中的石粉，泥浆除净（可用风吹法），炮眼内如有水要掏净。为防止炸药受潮，可在炮眼底部放一些油纸。炸药为药粉时，装药时用勺子或漏斗分几次装入，每装一次必须用木制炮棍轻轻压紧；如为药卷时，可用木质炮棍将药卷顺次送入炮眼并轻轻压紧。起爆药卷（雷管）的设置，一般应从炮眼口部算起，在装药全长的 1/3～1/2 位置处。

b. 堵塞。堵塞材料一般为干细砂土、砂子、黏土等。堵塞时用一份黏土和两份砂混合。

（2） 药壶爆破法

药壶爆破法是在炮眼底部先用少量炸药爆扩成圆形药壶，然后装入炸药进行爆破。药壶一般需要分几次爆扩而成。这种方法的优点是，减少钻眼工作量，能多装炸药，而且把延长药包变为集中药包，提高了爆破效果，工效高、进度快。但这种方法操作较复杂，不能用于坚硬岩石层的施工，适用于软岩和中等坚硬岩石层施工。炮眼深度一般为 3～8m。

①炮眼布置与药量计算。

药壶法的最小抵抗线 w 一般为：

$$w=(0.5\sim0.8)H \tag{2-21}$$

式中 H——爆破层高度。

药壶法炮眼间距：

$$a=(0.8\sim2.0)w,\text{一般取 }1.8w \tag{2-22}$$

炮眼的行距：

$$b=(1.2\sim1.7)w,\text{一般取 }1.5w \tag{2-23}$$

药壶内的药包量，根据施工经验，可按式（2-24）计算：

$$Q_1=0.65Q \tag{2-24}$$

式中 Q_1——药壶内的药包量；

Q——松动药包量（$Q=0.33qw^3\mathrm{e}$）。

药壶扩大次数应根据岩石特性确定，一般情况下，风化岩石扩底药壶 2～3 次，五～六类岩石扩底药壶 2～4 次，六类岩石扩底药壶 3～5 次。

扩壶药量应逐次递增，根据经验，一般在第一次扩大药壶时的用药量为 0.15～0.2kg，各次扩大用药量的重量比一般为：

扩壶两次　1∶2

扩壶三次　1∶2∶4

扩壶四次　1∶2∶4∶6

②药壶的爆扩及检查。

炮眼打至预定的深度后，将炮眼内清除干净，即可进行药壶的爆扩。每次爆扩后，必须间隔一定时间（一般情况下应大于或等于 15min）或待壶内温度低于 50℃后再开始第二次装药。

药壶爆扩完成后，先将眼孔内残留的石渣清除干净，然后检查扩大药壶的尺寸，其测量方法有以下几种：

a. 木棍测量：按照要求的药壶尺寸，用几根长短不同的细木棍，在两端穿上两根相等的细绳，放入炮眼底部，根据小木棍放平的程度来大致确定药壶的大小。

b. 篾片测量：将一根较粗的竹管打通，下端两侧开 10～25cm 的缺口，再将刻有刻度的细竹竿一根，下端削成富有弹性的竹篾片，装入粗竹管内，使竹篾能从竹管缺口伸出。测量时，按动细竹管，竹篾即可张开，从按下的长度即可算出药壶的大小。

c. 胶皮囊测量：用一根竹管（或其他管子），一端套上胶皮囊，放入炮眼底部，向管内灌水，根据灌水量的多少来确定药壶的大小。

(3) 洞室爆破法

洞室爆破法是在被爆破的土石方内部开挖导洞（横洞或竖井）和药室，然后将炸药装入室内进行爆破，这种方法适用于六级以上的岩石爆破。

洞室爆破分为松动爆破和抛掷爆破。松动爆破的爆破作用指数 $n=0.70\sim0.75$；标准抛掷爆破的爆破作用指数 $n=1.0$。应根据地形、地质条件、设计要求、工程特点等合理选择爆破类型。

药室的布置应根据施工地段的平剖面图及横截面图进行设计。洞室爆破药包布置的是否合理，对爆破质量和效果都有很大的影响。

为了充分利用地形以减少炸药耗量，取得较好的爆破效果，在陡坡或多面临空的地形，应布置双向或多向药室；药包的位置应避开岩体内的断层、破裂带或软弱夹层，尽量布置在比较完整的岩层中，如药室布置在上述地点，爆炸形成气体会从岩石中薄弱部位逸出，影响爆破效果。布置多排或多层药包群时，各药包间距宜呈三角形分布，以使炸药在岩石内分布均匀，提高爆破效果。药包的最小抵抗线长度与埋设深度之比，一般为 0.6～0.8，如抵抗线过小，埋设深度较深，容易形成崩塌爆破，不仅浪费人力、物力，而且给施工带来很大的困难。

导洞（平洞或竖井）的布置应根据地形、地质条件和施工设备等合理选择。平洞和竖井的断面不宜过大，过大时辅助开挖工程量增大，造成浪费；但也不宜过小，过小对通风、运输及操作不利。井、洞的断面，采用机械凿岩和装运时其最小断面应根据机械操作要求确定；用人工凿岩和装运时，其最小断面一般为：平洞、横洞宽 1m，高 1.5m，竖井宽 1m，长 1.2m，或直径 1.2m。

3. 爆破安全措施

爆破作业要做到安全生产，要认真贯彻执行《土方与爆破工程施工及验收规范》及各有关爆破安全规程，杜绝各种安全事故的发生。

(1) 爆破材料的管理

①爆破材料的贮存。

爆破材料应贮存在干燥、通风的仓库中，仓库内温度应保持在 18～30℃之间，其周围 5m 的范围内，要清除一切树木和草皮。库内应有消防设施，炸药和雷管应分别贮存，不同性质的炸药亦应分开贮存。爆破材料贮存仓库与住宅区、工厂、桥梁等的安全距离应符合有关规定。要建立严格的保管、消防、领退制度。

②爆破材料的运输。

炸药和雷管、硝铵炸药和黑色火药均要分别运送。运输工具之间要相隔一定的安全距离，雨雪天应有防雨，消防措施，中途停车时须离开民房、桥梁、铁路 200m 以上。

(2) 爆破作业的安全措施

爆破作业对人员、设备以及各种建筑物和构筑物都有危害因素。因此，作业时人及建筑物的安全距离为：

炮孔爆破、药壶爆破时安全距离大于或等于 200m；

裸露药包及洞室法大于或等于 400m。

爆破操作时，装药必须用木棒将炸药轻轻压炮眼，严禁冲捣和使用金属棒；放炮前必须划出警界线，立好标志，并有专人警戒。

(3) 瞎炮的检查和处理

产生瞎炮的原因：由于爆破材料的缺陷（如电雷管导电性差或炸药过期、受潮失效）；操作技术上的错误（线路错接、漏接、短路、起爆装置不合乎要求等）；引爆电流不足或电压不稳；岩石内部有较大裂缝、空隙；炮眼孔内有渗水或防水处理不当使药包或雷管受潮失效等。

瞎炮的处理方法应根据造成瞎炮的原因，根据实际情况决定。如果发现电线、导火索等不符合要求，经校正后可重新起爆；炮眼不深时（50cm 以内）可用裸露爆破法处理，炮眼较深时可用木制工具小心地将炮眼上部堵塞物掏出，如系硝铵类炸药，可用水浸泡并冲洗出整个药包，再重新装入起爆药起爆；距炮眼 60cm 左右处钻一平行炮眼，然后装药起爆，销毁原瞎炮等。

十一、本定额不包括现场障碍物清理，障碍物清理费用另行计算。弃土、石方的场地占用费按当地规定处理。

[应用释义]　本定额中所指的现场障碍物清理，目的是为了使场地平整，便于施工。为了加快施工进度、节省人力、物力，达到经济合理地利用资源，现场障碍物如树根、堆放的乱砖石必须在施工之前进行清理。

场地平整：在地面上挖填，使建筑物场地平整为符合设计标高要求的平面（一般还有一定的泄水坡度的要求）。

所谓现场障碍物的清理就是场地平整，下面介绍有关场地平整的工作。

在场地平整前，要确定场地设计标高，计算挖填土方工程量，确定挖填土方平衡调配方案。根据工程规模、施工期限、现有机械设备条件，选择合适的土方处理方案。

1. 场地设计标高的确定

确定场地设计标高时应考虑以下因素：

(1) 满足生产工艺和运输的要求。

(2) 尽量利用地形，减少挖填方数量。

(3) 场地内挖填方平衡，土方运输费用少。

(4) 有一定泄水坡度，满足排水要求。

场地设计标高一般应在设计文件上规定，若设计文件对场地设计标高没有规定时，可按下述步骤来确定场地设计标高。

(1) 初步计算场地设计标高。

初步计算场地设计标高的原则是场地内挖填方平衡，即场地内挖方总量等于填方总量。

计算场地设计标高时，首先将场地的地形图根据要求的精度划分为 10～40m 的方格网，然后，求出各方格角点的地面标高。地形平坦时，可根据地形图上相邻两等高线的标高，用插入法求得。地形不平坦时，用插入法有较大的误差，可在地面用木桩打好方格网，然后用仪器直接测出。

按照场地内土方在平整前及平整后相等，即挖填土方平衡的原则，场地设计标高可按式（2-25）、式（2-26）计算：

$$H_0 ma^2=\Sigma\left(a^2\frac{H_{11}+H_{12}+H_{21}+H_{22}}{4}\right) \tag{2-25}$$

$$H_0=\frac{\Sigma(H_{11}+H_{12}+H_{21}+H_{22})}{4m} \tag{2-26}$$

式中　H_0——所计算的场地设计标高，m；

a——方格边长，m；

m——方格数；

$H_{11}\cdots H_{22}$——任一方格的四个角点的标高，m。

H_{11}是一个方格的角点标高，H_{12}及H_{21}是相邻两个方格的公共角点标高，H_{22}是相邻的四个方格的公共角点标高。如果将所有方格的四个角点相加，则类似H_{11}这样角点的标高加一次，类似H_{12}的角点标高需要加两次，类似H_{22}的角点标高要加四次。如果令：

H_1为一个方格仅有的角点标高；

H_2为两个方格共有的角点标高；

H_3为三个方格共有的角点标高；

H_4为四个方格共有的角点标高。

则场地设计标高H_0的计算公式可改写为下列形式：

$$H_0=\frac{\Sigma H_1+2\Sigma H_2+3\Sigma H_3+4\Sigma H_4}{4m} \tag{2-27}$$

（2）场地设计标高的调整。

按上述公式计算的场地设计标高H_0是一理论值，还需考虑以下因素进行调整。

① 由于土具有可松性，所以按理论计算的H_0施工，填土会有剩余，要适当提高设计标高。

② 由于受设计标高以上的填方工程的用土量，或者设计标高以下的挖方工程的挖土量的影响，使设计标高降低或提高。

③ 经过经济比较而将部分挖方就近弃土于场外，或将部分填方就近从场外取土而引起挖填方量变化，导致设计标高降低或提高。

（3）考虑泄水坡度对设计标高的影响，最后确定场地各方格角点的设计标高。

按上述计算及调整后的场地设计标高，场地平整后是一个水平面。但实际由于排水的要求，场地表面均应有一定的泄水坡度。平整场地的表面坡度应符合设计要求，如设计无要求时，一般应向排水沟方向做成大于或等于2‰的泄水坡度。所以，在计算的H_0基础上，要根据现场要求的泄水坡度，最后计算出场地内各方格角点实际施工时的设计标高。场地单向泄水及双向泄水时，场地各方格角点的设计标高求法如下：

① 单向泄水时场地各方格角点的设计标高。

以计算出的设计标高H_0作为场地中心线的标高，场地内任意一个方格角点的设计标高为：

$$H_n = H_0 \pm li \tag{2-28}$$

式中　H_n——场地内任意一方格角点的设计标高，m；

l——该点至场地中心线（H_0 处）的距离，m；

i——场地泄水坡度（大于或等于 2‰）；

±——该点比 H_0 高则取"+"，反之取"−"。

② 双向泄水时场地各方格角点的设计标高。

以计算出的设计标高 H_0 作为场地中心点的标高，场地内任意一个方格角点的设计标高为：

$$H_n = H_0 \pm l_x i_x \pm l_y i_y \tag{2-29}$$

式中　$l_x l_y$——该点于 $x-x$，$y-y$ 方向距场地中心点的距离，m；

$i_x i_y$——场地在 $x-x$，$y-y$ 方向的泄水坡度。

2. 场地土方量计算

大面积平整场地一般多用方格网法计算场地土方量，具体按下述步骤进行：

(1) 计算场地各方格角点的施工高度

各方格角点的施工高度（即挖、填方高度）按式（2-30）计算：

$$h_n = H_n - H'_n \tag{2-30}$$

式中　h_n——该角点的挖填高度，以"+"为填方高度，以"−"为挖方高度，m；

H_n——该角点的设计标高，m；

H'_n——该角点的自然地面标高，m。

(2) 确定零线

当同一方格的四个角点的施工高度全为"+"或"−"时，该方格内的土方则全部为填方或挖方；如果一个方格中一部分角点的施工高度为"+"而另一部分为"−"时，此方格中的土方一部分为填方，另一部分为挖方。这时，要确定挖、填的分界线，称为零线。

方格边线上的零点位置可按式（2-31）计算：

$$x = \frac{ah_1}{h_1 + h_2} \tag{2-31}$$

式中　h_1、h_2——相邻两角点填、挖方施工高度（以绝对值代入），m；

a——方格边长，m；

x——零点距角点 A 的距离，m。

(3) 场地土方量的计算

计算场地土方量时，先求出各方格的挖填土方量和场地周围边坡的挖填土方量，把挖填土方量分别加起来，就得到场地挖、填方的总土方量。

场地各方格土方量计算，一般有以下四种类型，分别为：

① 方格四个角点全部为填方（或挖方），其土方量为：

$$V = \frac{a^2}{4}(h_1 + h_2 + h_3 + h_4) \tag{2-32}$$

式中　V——挖方或填方的体积，m^3；

h_1、h_2、h_3、h_4——方格角点挖填高度，以绝对值代入，m。

② 方格的相邻两角点为挖方，另两个角点为填方，其挖方部分土方量为：

$$V_{1、2}=\frac{a^2}{4}\left(\frac{h_1^2}{h_1+h_4}+\frac{h_2^2}{h_2+h_3}\right) \tag{2-33}$$

填方部分土方量为：

$$V_{3、4}=\frac{a^2}{4}\left(\frac{h_3^2}{h_2+h_3}+\frac{h_4^2}{h_1+h_4}\right) \tag{2-34}$$

③ 方格的三个角点为挖方，另一角点为填方时，其填方部分土方量为：

$$V_4=\frac{a^2}{6}\cdot\frac{h_4^3}{(h_1+h_4)(h_3+h_4)} \tag{2-35}$$

挖方部分土方量为：

$$V_{1、2、3}=\frac{a^2}{6}\left(2h_1+h_2+2h_3-h_4\right)+V_4 \tag{2-36}$$

反过来，方格的三个角点为填方，另一角点为挖方时，其挖方部分土方量按 V_4 计算，填方部分土方量按 $V_{1、2、3}$ 计算。

④ 方格的每一个角点为挖方，一个角点为填方，另两个角点为零点时（零线为方格的对角线）其挖方（填）土方量为：

$$V=\frac{1}{6}a^2h \tag{2-37}$$

场地四周边坡土方量的计算，可将边坡划分为两种近似的几何形体（三角棱锥体和三角棱柱体）分别计算，然后将各分段计算的结果相加，求出边坡土方的挖、填方土方量。

3. 场地平整土方量计算例题

例题：某建筑场地地形图如图 2-2 所示。方格网 a＝20m，土质为粉质黏土，设计泄水坡度 $i_x=2‰$，$i_y=3‰$，不考虑土的可松性对设计标高的影响，试确定场地各方格角点的设计标高并计算挖、填方总土方量（不考虑边坡土方量）。

（1）计算各方格角点的地面标高。

根据地形图上所标的等高线，假定两等高线之间的地面坡度按直线变化，用插入法求出各方格角点的地面标高。

例如：图 2-3 中等高线 70.00、70.50 间角点 6 的地面标高，如图 2-2 所示：

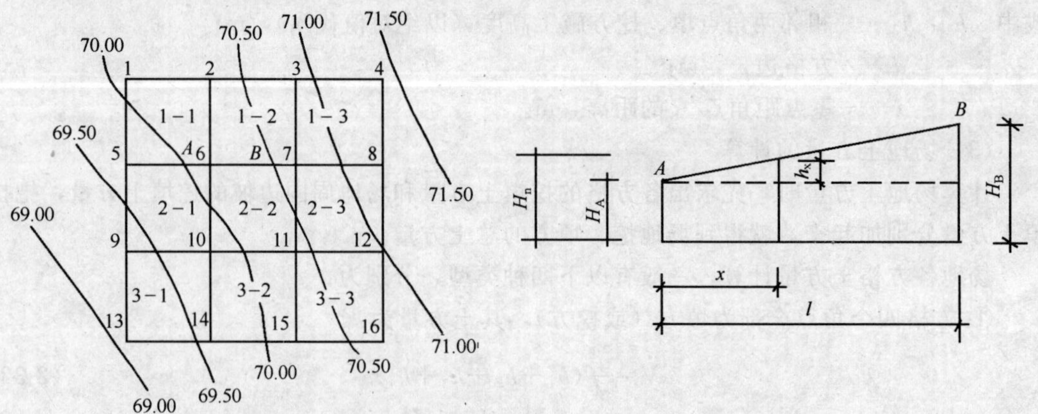

图 2-2　某建筑场地地形图和方格网布置　　　图 2-3　插入法计算简图

$$h_x:(H_B-H_A)=x:l \tag{2-38}$$

$$h_x=\frac{H_B-H_A}{l}x \tag{2-39}$$

$$H_n=H_A+h_x \tag{2-40}$$

式中 h_x——计算的角点与等高线上 A 点的高差，m；

H_A——等高线 A 的标高（A 的标高低于 B），m；

H_B——等高线 B 的标高，m；

x——所求角点沿方格边线到等高线上 A 点的距离，m；

l——沿该角点所在的方格边线、等高线 A、B 之间的距离，m。

用比例尺在图上量出角点 6 的 x、l 值，代入上述两式：

$$h_6=\frac{70.50-70.00}{24}\times 8=0.17\text{m}$$

$$H_6=70.00+0.17=70.17\text{m}$$

以此类推，求出各角点地面标高。

（2）计算场地设计标高 H_0：

$\Sigma H_1=70.09+71.43+70.70+69.10=281.32\text{m}$

$2\Sigma H_2=2\times(70.40+70.95+71.22+70.95+70.20+69.62+69.37+69.71)$
$=1124.84\text{m}$

$4\Sigma H_4=4\times(70.17+70.70+70.38+69.81)=1124.24\text{m}$

$$H_0=\frac{\Sigma H_1+2\Sigma H_2+4\Sigma H_4}{4m}=\frac{281.32+1124.84+1124.24}{4\times 9}=70.29\text{m}$$

（3）根据要求的泄水坡度计算方格角点的设计标高为：

$$H_1=H_0-30\times 2‰+30\times 3‰=70.29-30\times 2‰+30\times 3‰=70.32(\text{m})$$

$$H_2=H_1+20\times 2‰=70.32+0.04=70.36(\text{m})$$

$$H_5=H_1-20\times 3‰=70.32-0.06=70.26(\text{m})$$

其余各角点标高算法同上。如图 2-4～图 2-5 所示。

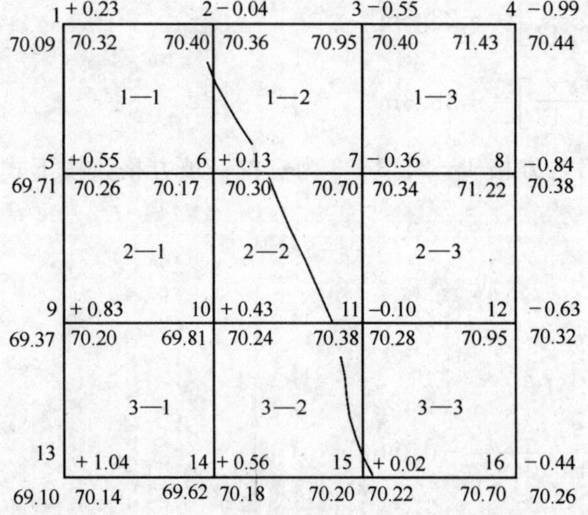

图 2-4 各方格角点的设计标高及施工高度

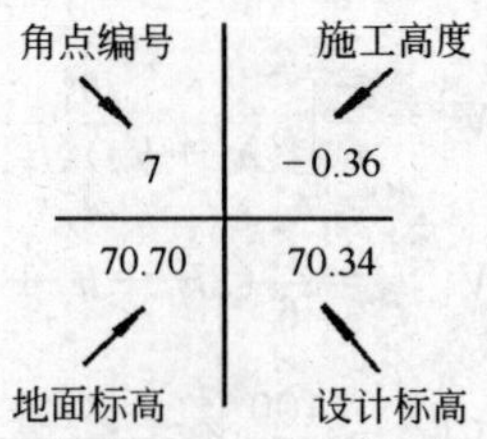

图 2-5 方格网点的设计标高

(4) 计算各方格角点的施工高度。

角点 1：$h_1=70.32-70.09=+0.23\text{m}$

角点 2：$h_2=70.36-70.40=-0.04\text{m}$

其余的按此类推：

所求得的施工高度为“+”时，该点为填方；为“-”时，该点为挖方。

(5) 确定零线。

首先求零点，零点在相邻两角点为一挖一填的方格边线上，并标在图上。

各相邻零点的连线即为零线（挖填方区的分界线）。

(6) 计算土方工程量。

方格 1-3，2-3 是四个角点全部为挖方；方格 2-1，3-1 是四个角点全部为填方，这四个方格的土方量为：

$$V_{挖(填)}=\frac{a^2}{4}(h_1+h_2+h_3+h_4)$$

$$V_{挖1-3}=\frac{400}{4}(0.55+0.99+0.84+0.36)=-274\text{m}^3$$

$$V_{挖2-3}=\frac{400}{4}(0.36+0.84+0.63+0.10)=-193\text{m}^3$$

$$V_{填2-1}=\frac{400}{4}(0.55+0.13+0.43+0.83)=+194\text{m}^3$$

$$V_{填3-1}=\frac{400}{4}(0.83+0.43+0.56+1.04)=+286\text{m}^3$$

方格 2-2 为两挖两填方格，土方计算量为：

$$V_{挖}=\frac{a^2}{4}\left(\frac{h_1^2}{h_1+h_4}+\frac{h_2^2}{h_2+h_3}\right)$$

$$V_{填}=\frac{a^2}{4}\left(\frac{h_3^2}{h_2+h_3}+\frac{h_4^2}{h_1+h_4}\right)$$

$$V_{2-2}^{挖}=\frac{400}{4}\left[\frac{(0.36)^2}{0.36+0.13}+\frac{(0.10)^2}{0.10+0.43}\right]=-28.3\text{m}^3$$

$$V_{2-2}^{填}=\frac{400}{4}\left[\frac{(0.43)^2}{0.10+0.43}+\frac{(0.13)^2}{0.36+0.13}\right]=+38.3\text{m}^3$$

方格 1-1、3-2 为三填一挖方格，方格 1-2、3-3 为三挖一填方格，按下式进行计算：

$$V_4=\frac{a^2}{6}\left[\frac{h_4^3}{(h_1+h_4)(h_3+h_4)}\right]$$

$$V_{1,2,3}=\frac{a^2}{6}(2h_1+h_2+2h_3-h_4)+V_4$$

$$V_{1-1}^{挖}=\frac{400}{6}\times\frac{(0.04)^3}{(0.13+0.04)(0.23+0.04)}=-0.09\text{m}^3$$

$$V_{1-1}^{填}=\frac{400}{6}(2\times0.13+0.55+2\times0.23-0.04)+0.09=+82.09\text{m}^3$$

$$V_{1-2}^{填}=\frac{400}{6}\times\frac{(0.13)^3}{(0.04+0.13)(0.36+0.13)}=+1.76\text{m}^3$$

$$V_{1-2}^{挖}=\frac{400}{6}(2\times0.04+0.55+2\times0.36-0.13)+1.76=-83.09\text{m}^3$$

$$V_{3-2}^{挖}=\frac{400}{6}\times\frac{(0.10)^3}{(0.02+0.10)(0.43+0.10)}=-1.05\text{m}^3$$

$$V_{3-2}^{填}=\frac{400}{6}(2\times0.02+0.56+2\times0.43-0.10)+1.05=+91.72\text{m}^3$$

$$V_{3-3}^{填}=\frac{400}{6}\times\frac{(0.02)^3}{(0.10+0.02)(0.44+0.02)}=+0.010\text{m}^3$$

$$V_{3-3}^{挖}=\frac{400}{6}(2\times0.10+0.63+2\times0.44-0.02)+0.010=-112.67\text{m}^3$$

总挖方量：

$$\begin{aligned}\Sigma V_{挖}&=V_{1-1}^{挖}+V_{1-2}^{挖}+V_{1-3}^{挖}+V_{2-2}^{挖}+V_{2-3}^{挖}+V_{3-2}^{挖}+V_{3-3}^{挖}\\&=0.09+83.09+274+28.3+193+1.05+112.67\\&=692.20\text{m}^3\end{aligned}$$

总填方量：

$$\begin{aligned}\Sigma V_{填}&=V_{1-1}^{填}+V_{1-2}^{填}+V_{2-1}^{填}+V_{2-2}^{填}+V_{3-1}^{填}+V_{3-2}^{填}+V_{3-3}^{填}\\&=82.09+1.76+194+38.3+286+91.72+0.010\\&=693.880\text{m}^3\end{aligned}$$

在本说明中，弃土、石方的场地占用费按实地情况进行计算，清理障碍物，所需费用也必须另外计算。

十二、开挖冻土套第五章拆除素混凝土子目乘以系数0.8。

［应用释义］　本定额说明所指的冻土开挖，是套拆除素混凝土子目乘以系数的。

冻土：是指土的温度等于或低于零摄氏度，含有固态水且这种状态在自然界连续保持三年或三年以上的土。

当自然条件改变时，冻土容易产生冻胀、融陷、热融、滑塌等特殊不良地质现象及发生物理力学性质的改变。

季节性冻土：是冬季冻结、天暖解冻的土层，在我国分布较广。细粒土（粉砂、粉土和粉性土）冻结前的含水量如果较高，且冻结时间地下水位低于冻结深度不足1.5～2.0m，则有可能发生冻胀，位于冻胀区内的基础受到的冻胀力如果大于基底以上的荷重，基础就有被抬起来的可能，容易导致建筑物开裂损坏。

对于埋置于可冻胀土中的基础，其最小埋深 $d_{\min}$ 应由下式确定：

$$d_{\min}=z_0\varphi_t-d_{fr} \tag{2-41}$$

式中　z_0——标准冻深；

φ_t——采暖对冻深的影响；

d_{fr}——基底下允许残留冻土层的厚度。

对于冻胀性地基土的市政工程，规范还指明所宜采用的防冻措施。

基础埋深应大于因气候变化或树木生长导致的地基胀缩，以及其他生物活动形成孔洞等可能到达的深度，除岩石地基外，不宜小于0.5m。为了保护基础，一般要求基础顶面低于设计地面至少0.1m。

对于靠近原有建筑物基础修建的新基础，其埋置深度不宜超过原有基础的底面，否则新、旧基础间应保留一段净距，其值依原有基础荷载和地基土质而定，且不宜小于该相邻基础底面高差的1～2倍，不能满足上述要求时，应采用适宜措施以保证邻近原有建筑物的安全。

冻胀现象：某些细颗粒在冻结时，周围未冻区土中的水分向冻区迁移，发生体积膨胀。

土体发生冻胀现象的机理，主要是由于土层在冻结时，周围未冻区土中的水分向冻区迁移、集聚所致。弱结合水的外层在－0.5℃时冻结，越靠近土体表面，其冰点越低，大约在－20～－30℃以下才能全部冻结。当大气负温传入土中时，土中的自由水首先冻结成冰晶体，弱结合水的最外层开始解冻，使冰晶体逐渐扩大，于是冰晶体周围土粒的结合水膜变薄，土粒产生剩余的分子引力；另外，由于结合水膜变薄，使得水膜的离子浓度增加，产生较薄的冻结区，并参与冻结，使冻结区的冰晶体增大，而不平衡引力继续存在。假设下卧未冻区存在着水源（如地下水位距冻结深度很近）及适当的水源补给通道（即毛细通道），能继续增加向冻结区迁移和积累，使冰晶体不断扩大，在土层中形成冰夹层，土体随之发生隆起，出现冻胀现象。当土层解冻时，土中积聚的冰晶体融化，土体随之下陷，即出现融陷现象。

土的冻胀性：指土的冰胀现象和融陷现象是季节性冻土的特征。

结合水：又称吸附水，是指受土中分子吸引力吸附于土粒表面的土中水。这种电分子吸引力高达几千到几万个大气压，使水分子和土粒表面牢固地粘结在一起。

由于土粒（矿物颗粒）表面一般带有负电荷，围绕土粒形成电场，在土粒电场范围内的水分子，和水溶液中的阳离子（如Na^{+}，K^{+}，Ca^{2+}，Al^{3+}等）一起吸附在土粒表面，因为水分子是极性分子（氢原子端显正电荷，氧原子端显负电荷），它由于被土粒表面电荷或水溶液中离子电荷的吸引而形成定向排列。

土粒周围水溶液中的阳离子，一方面受到土粒所形成电场的静电引力作用，另一方面又受到布朗运动（热运动）的扩散力作用。在最靠近土粒表面处，静电引力最强，把水化离子和极性水分子牢固地吸附在颗粒表面上形成的固定层。在固定层外围，静电引力比较小，因此水化离子和极性水分子的活动性比在固定层中大些，形成扩散层，固定层和扩散层中所含的阳离子（反离子）与土粒表面负电荷一起即构成双电层。

水溶液中的反离子（阳离子）的原子价越高，它与土粒之间的静电引力愈强，则扩散层越薄。在实践中可以利用这种原理来改良土质，例如用三价及二价离子（如Fe^{3+}，Al^{3+}，Ca^{2+}，Mg^{2+}）处理黏土，使它的扩散层变薄，从而增加土的稳定性，减少膨胀性，提高土的强度；有时可利用含一价离子的盐溶液处理黏土，使扩散层增厚，而大大降低土的透水性。

从上述双电层的概念可知，反离子层中的结合水分子和交换离子，愈靠近土粒表面，则排列得愈紧密和整齐，活动性愈小。因而结合水又可以分为强结合水和弱结合水两种。强结合水是相当于反离子层的内层（固定层）中的结合水，而弱结合水则相当于扩散层中的结合水。

1. 强结合水

强结合水是指紧靠土粒表面的结合水。

它的特征是没有溶解盐类的能力，不能传递静水压力，只有吸热变成蒸汽时，才能移动。这种水极其牢固地结合在土粒表面上，其性质接近于固体，密度约为 1.2～2.4g/cm^3，冰点为－78℃，具有极大的黏滞性、弹性和抗剪强度。

如果将干燥的土移到天然湿度的空气中，则土的质量将增加，直到土中吸附着的强结合水达到最大吸着度为止。土粒愈细，土的比表面愈大，则最大吸着度就愈大。砂土的最大吸着度约占土粒质量的 1%，而黏土则可达 17%。黏土中只含有强结合水时，呈固体状态，磨碎后则呈粉末状态。

2. 弱结合水

弱结合水是指紧靠于强结合水的外围形成一层结合水膜。

它仍然不能传递静水压力，但水膜较厚的弱结合水能向邻近的较薄的水膜缓慢转移。当土中含有较多的弱结合水时，土则具有一定的塑性。砂土比表面较小，几乎不具可塑性，而黏性土的比表面较大，其可塑性范围就大。

弱结合水离土粒表面愈远，其受到的电分子吸引力愈弱小，并逐渐过渡到自由水。

3. 自由水

自由水是存在于土粒表面电场影响范围以外的水，它的性质和普通水一样，能传递静水压力，冰点为 0℃，有溶解能力。

自由水按其移动所受作用力的不同，可分为重力水和毛细水：

（1）重力水

重力水是存在于地下水位以下的透水层中的地下水，它是在重力或压力差作用下运动的自由水，对土粒有浮力作用。重力水对土中的应力状态和开挖基槽、基坑以及修筑地下构筑物时所应采取的排水、防水措施有重要影响。

（2）毛细水

毛细水是受到水与空气交界面处表面张力作用的自由水。毛细水存在于地下水位以上的透水土层中。毛细水按其与地下水位是否联系可分为毛细悬挂水（与地下水位无直接联系）和毛细上升水（与地下水相连）两种。

当土孔隙中局部存在毛细水时，毛细水的弯液面和土粒接触处的表面引力反作用于土粒上，使土粒之间由于这种毛细压力而挤紧；土因而具有微弱的黏聚力，称为毛细黏聚力。在施工现场常常可以看到稍湿状态的砂堆，能保持垂直达几十厘米高而不塌落，就是因为砂粒间具有毛细黏聚力的缘故。在饱水的砂和干砂中，土粒之间的毛细压力消失，原来的陡壁变成斜坡，其天然坡度与水平面所形成的最大坡角称为砂土的自然坡度角。在工程中，要注意毛细水上升高度和速度，因为毛细水的上升对于市政工程地下部分的防潮措施和地基土的浸湿和冻胀等有重要影响。此外，在干旱地区，地下水中的可溶性盐随毛细水上升后不断蒸发，盐分便积聚于靠近地表处而形成盐渍土。土中毛细水的上升高度可用试验的方法确定。

地面下一定深度的土温随大气温度而改变。当地层温度降至零摄氏度以下时，土体便会因土中水冻结而形成冻土。

冻土的以上种种特性决定了冻土的开挖较普通土困难，在定额中的计算处理时，应按特殊情况对待，故采用拆除素混凝土障碍物的费用子目乘以系数 0.8，以保证冻土开挖的费用更切合实际情况，更能为工程的概预算的结果作出有力保证。

拆除素混凝土障碍物子目的具体内容在第五章将作详细讨论，请参阅第五章内容。

十三、本章定额中为满足环保要求而配备了洒水汽车在施工现场降尘，若实际施工中未采用洒水汽车降尘的，在结算中应扣除洒水汽车和水的费用。

[应用释义]　市政工程是城市的主体，为了尽量减少污染，保障居民的生活空间洁净，就必须采取某些措施来保护，利用洒水汽车洒水就是一个典型例子。通过洒水汽车洒水达到降尘的目的，更有利于保护城市环境，保护好生态环境。

在定额中规定：配备了洒水汽车在施工现场降尘，按实际情况计算。在机械行驶道路及场地土方夯实碾压处均须洒水，以减少灰尘，延长机械使用寿命和保证人民的健康生活环境。

洒水车以载重汽车底盘为基础改装而成，在市政工程建设上，主要用于广场道路的洒水除尘，清洁冲洗和绿地喷灌，在建筑工地上则用于工地内部道路的洒水、作业环境的喷雾压尘、降温、生活、生产用水的运输以及消防等。洒水汽车 4000L 表示水罐容量为 4000L 的洒水车，洒水汽车台班按 $1000m^3$ 土方需 0.25 洒水汽车台班计算。

洒水车属辅助机械，配合施工现场内行驶道路洒水养护及场地碾压洒水。

洒水汽车台班量计算过程如下：设每一主机台班配洒水汽车 0.3 台班，则洒水汽车台班 $=\dfrac{1000m^3\times0.3\text{台班}}{500m^3/\text{台班}\times1\text{台班}}=0.6$，式中 $500m^3$/台班为劳动定额中挖掘机的综合台班产量。

第二节　工程量计算规则应用释义

一、本章定额的土、石方体积均以天然密实体积（自然方）计算，回填土按碾压后的体积（实方）计算。土方体积换算见下表：

土方体积换算表

虚方体积	天然密实度体积	夯实后体积	松填体积
1.00	0.77	0.67	0.83
1.30	1.00	0.87	1.08
1.50	1.15	1.00	1.25
1.20	0.92	0.80	1.00

[应用释义]　虚方体积一般指挖运松散土体积。上面表格的意思为：一个单位的虚方体积折合 0.77 个单位天然密实体积，折合为 0.67 个夯实后的体积，折算为 0.83 个松散填土体积。如下的依次类推。

一个单位的天然密实度体积折合 1.30 个单位虚方体积，折合为 0.87 个夯实后的体积，折算为 1.08 个松散填土体积。

一个单位夯实后体积折算为 1.50 个单位虚方体积，折合为 1.15 个单位天然密实度体积，折算为 1.25 个单位松散填土体积。

一个单位松填体积折算为 1.20 个单位虚方体积，0.92 个单位天然密实度体积，折算为 0.80 个单位夯实后体积。

二、土方工程量按图纸尺寸计算，修建机械上下坡的便道土方量并入土方工程量内。石方工程量按图纸尺寸加允许超挖量。开挖坡面每侧允许超挖量：松、次坚石 20cm，普、特坚石 15cm。

[应用释义]　本说明首先说明土方工程量按图纸尺寸计算，再说明修建机械上下坡的土方量，最后说明超挖的情况。

按图纸计算土方工程量：

室外设计地坪标高不一定等于自然地坪标高，室外设计地坪是根据施工图纸的设计要求、在工程竣工后形成的地坪，而自然地坪是指开工前原有地坪，两者是有区别的，在计算槽坑深度时要首先根据施工图纸弄清楚两者是否一致，以免出现计算差错。有的工程两者是一致的，有的则不一致。

平整场地是按厚度在±30cm 以内的就地挖填、找平，消除影响施工的杂草、树根等障碍物所进行的一道工序，其示意图如图 2-6 所示：

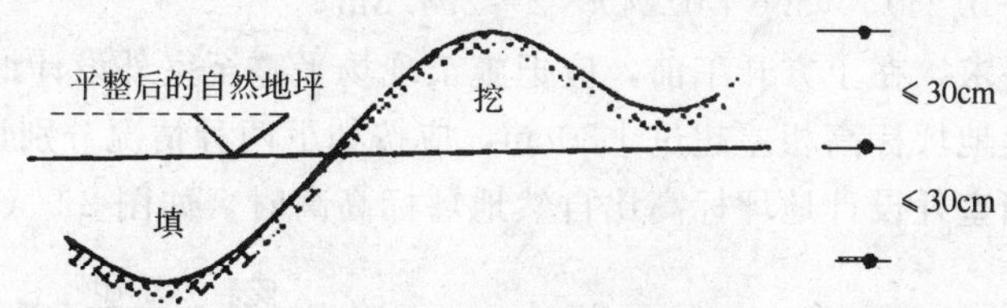

图 2-6　平整场地示意图

它是按市政工程的底平面外墙外边线的尺寸各加宽 2m 来计算其面积的。其与建筑面积的共同点，都是以建筑物的外墙外边线为依据。建筑面积是按层数和建筑面积计算规则要求计算，平整场地面积是按底平面的外形尺寸每边各加 2m 计算面积。对于如图 2-7 所示长方形建筑物，其平整场地工程量，可按公式（2-42）计算：

$$
\begin{aligned}
S_p &= (a+4)(b+4) \\
&= ab+4(a+b)+16
\end{aligned}
\qquad (2\text{-}42)
$$

式中　S_p——表示平整场地工程量，m^3；

a——表示建筑物底面外墙长度，m；

b——表示建筑物底面外墙宽度，m。

或：

平整场地面积＝底面建筑面积（平方米）＋外墙矩形外边线长×$2m^2$＋$16m^2$。

例如：如图 2-8 所示有一 240mm 墙厚的两层楼平顶房屋，试计算其平整场地面积和建筑面积。

外槽长＝(25＋5.6)×2＝61.2m，槽宽＝0.6m

内槽长＝5.6－0.3×2＝5.0m

则依平面图有：

平整场地面积＝(中心线长＋2×半砖墙厚＋2×2)×(中心线宽＋2×半砖墙厚＋2×2)

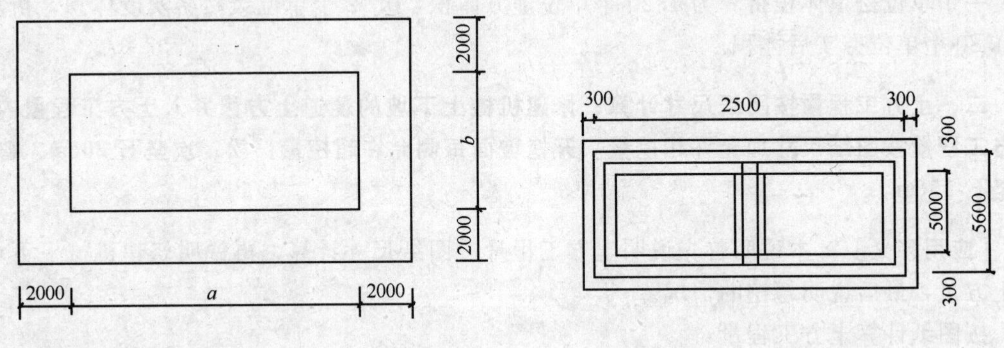

图 2-7　　　　　　　　　　　　　　　　　　图 2-8

=(25+2×0.12+2×2)×(5.6+2×0.12+2×2)

=29.24×9.84

$=287.72m^2$

建筑面积=(中心线长+2×半砖墙厚)×(中心线宽+2×半砖墙厚)×2 层

$=(25+0.24)\times(5.6+0.24)\times2=294.8m^2$

按照施工程序要求，在土方开工前，应把施工现场平整至室外设计地坪标高，如室外设计地坪标高与自然地坪标高相差超过±30cm，应按如下两种情况分别计算其土方量。

第一种情况：当室外设计地坪标高比自然地坪标高高时，如图 2-9 (*a*) 所示：

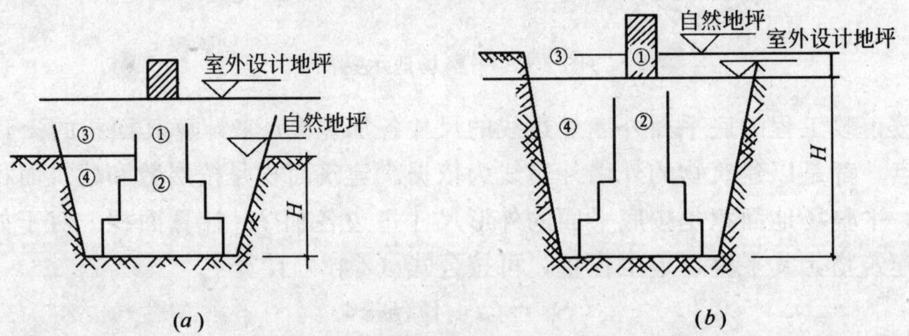

图 2-9　土槽土方分属示意图

则地槽挖土量应为②+④之和组成，地槽填土量应为④；山坡切土量为①+③，运土量应为①+②+③。

第二种情况：当室外设计地坪标高比自然地坪标高低时，如图 2-9 (*b*) 所示。

这时则地槽挖土量应为②+④，地槽填土量应为④，山坡切土量应为①+③，运土量应为①+②+③。

施工场地原土打夯是按照施工图纸要求由人工完成的，其工程量按被夯实基底面积，以平方米为单位进行计算，"夯"是用一根硬木顶端镶上手柄，两人或多人向上举夯，利用夯自由落下的冲击力，以夯实基础泥土。

原土碾压是指按照施工图纸要求由机械完成，其工程量按被压实的面积，以平方米为单位计算。

机械填土碾压应按施工图纸的图示尺寸以立方米为单位计算，其土方考虑土的可松性应乘以系数 1.10。

山坡切土：室外设计地坪标高以上的挖土以及虽属于平整场地范围以内但超过室外设计地坪标高 30cm 以上部分的挖土，均应按山坡切土以立方米为单位进行计算。

场地土方平衡竖向布置图：即土方方格网计算法，当按竖向布置进行人工填挖土方时，不得进行平整场地工程量；采用机械铲运或挖推时，应计算平整场地工程量。

下面对土方量计算作一详细介绍。

土方量计算方法：

1. 方格网计算法

方格网计算法：适用于地势平缓地区，计算精度较高，当场地平整无竖向设计标高时，可以通过计算求出。

（1）方格网计算步骤

① 根据需要平整区域的地形图（或直接测量地形）划分方格网。

方格网大小视地形变化的复杂程度及计算要求的精度不同而不同，一般方格网的大小为 20m×20m（也可以是 10m×20m），然后按设计总图或竖向布置图，在方格网上套划出方格角点的设计标高（即施工后需达到的高度）和自然标高（原地形高度），设计标高与自然标高之差即为施工高度，“－”表示挖方，“＋”表示填方。

② 确定零点与零线位置。

在一个方格内同时有挖方和填方时，要先求出方格边上的零点位置，将相邻零点连接起来为零线，即挖方区和填方区的分界线（见图 2-10），图 2-10 零点按式（2-43）计算：

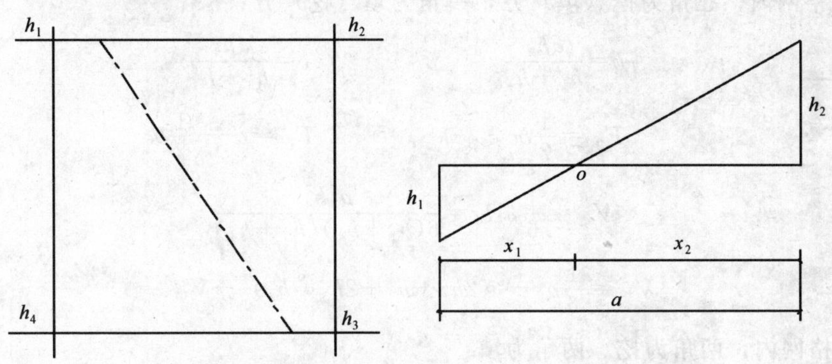

图 2-10 零线零点位置示意图

$$x_1=\frac{ah_1}{h_1+h_2},\ x_2=\frac{ah_2}{h_1+h_2} \tag{2-43}$$

式中 x_1，x_2——角点至零点距离，m；

h_1，h_2——相邻两角点的施工高度，m，用绝对值代入；

a——方格网边长，m。

在实际工程中，常采用图解法直接绘出零点位置，如图 2-11 所示，既简便又迅速，且不易出错，其方法是：用比例尺在角点相反方向标出挖、填高度，再用直尺连接两点与方格相交处即为零点。也可用直尺量出所要计算的边长（x_1，x_2）。

③ 土方量计算。

各方格的土方量，按底面积图形，用下面所列公式进行计算。

a. 计算公式：方格内四角点全为挖方或填方：

$$V=\frac{1}{4}a^2(h_1+h_2+h_3+h_4) \quad (2\text{-}44)$$

b. 三角锥体，当三角锥体全为挖方或填方：

$$F=\frac{1}{2}a^2 \quad (2\text{-}45)$$

$$V=\frac{1}{6}a^2\ (h_1+h_2+h_3) \quad (2\text{-}46)$$

c. 方格网内一对角线为零线，另两角点一为挖方、一为填方：

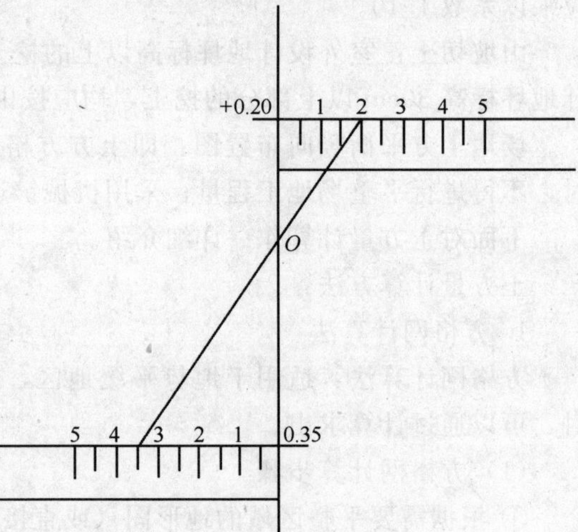

图 2-11　零点位置图解法

$$F_{挖}=F_{填}=\frac{1}{2}a^2 \quad (2\text{-}47)$$

$$V_{挖}=\frac{1}{6}a^2h_1 \quad (2\text{-}48)$$

$$V_{填}=\frac{1}{6}a^2h_2 \quad (2\text{-}49)$$

d. 方格网内，三角为挖（填）方，一角为填（挖）方：

$$b=\frac{ah_4}{h_1+h_4} \qquad c=\frac{ah_4}{h_3+h_4}$$

$$F_{填}=\frac{1}{2}bc \qquad F_{挖}=a^2-\frac{1}{2}bc$$

$$V_{填}=\frac{1}{6}h_4bc=\frac{a^2h_4^3}{6(h_1+h_4)(h_3+h_4)} \quad (2\text{-}50)$$

$$V_{挖}=\frac{1}{6}a^2-\ (2h_1+h_2+2h_3-h_4)\ +V_{填} \quad (2\text{-}51)$$

e. 方格网内，两角为挖、两角为填：

$$b=\frac{ah_1}{h_1+h_4} \qquad c=\frac{ah_2}{h_2+h_3}$$

$$d=a-b \qquad e=a-c$$

$$F_{挖}=\frac{1}{2}(b+c)a \qquad F_{填}=\frac{1}{2}(d+e)a$$

$$V_{挖}=\frac{1}{4}a(h_1+h_2)\frac{(b+c)}{2}=\frac{1}{8}a(b+c)(h_1+h_2) \quad (2\text{-}52)$$

$$V_{填}=\frac{1}{4}a\ (h_3+h_4)\ \frac{(d+e)}{2}=\frac{1}{8}a\ (d+e)\ (h_3+h_4) \quad (2\text{-}53)$$

④ 汇总土方量。

将挖方区和填方区所有方格计算土方量汇总即为该场地挖方和填方的总土方量。

（2）地面标高的求解方法

根据地形图的等高线，采用内插法求角点的自然地面标高，其方法用图 2-12、图2-13来说明：如求角点 7 的自然地面标高，则 $H_7=44.00+h_x$，其中 $h_x=0.5x/l$，在划分方格网的地形图上，只量出 l 和 x 长度即可算出 H_7 的地面标高。

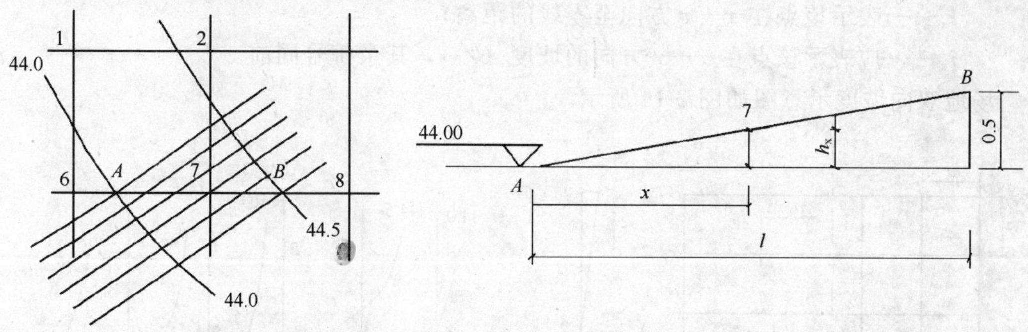

图 2-12　用内插图解法求解点标高　　图 2-13　内插图解法计算简图

由于上述内插法量距、计算十分繁琐，当计算工作量很大时，常采用内插图解法求解各角点地面标高，其方法如图 2-12 所示：用一张透明且上面画六根等距离的平行线，将最外边的两根线分别对称等高线与方格网的交点（A 点与 B 点），由于六根平行线将两点之间（A 点和 B 点）0.5m 的高差（即等高距，一般地形图为 0.5m 或 1m）分成五等分，因此，可直接读出角点的地面标高（$H_7=44.29$）。

（3）设计地面标高的确定方法

当场地平整，无竖向设计标高或其他设计要求时，可通过计算求出场地挖、填土方量相等的设计地面标高：

① 设场地无坡度要求时，可用式（2-54）计算场地设计标高：

$$H_0=\frac{\Sigma H_1+2\Sigma H_2+3\Sigma H_3+4\Sigma H_4}{4W} \tag{2-54}$$

式中　H_0——场地设计地面标高，m；

H_1——一个方格仅有的角点地面标高，m；

H_2——两个方格共有的角点地面标高，m；

H_3——三个方格共有的角点地面标高，m；

H_4——四个方格共有的角点地面标高，m；

W——方格总数。

② 场地要求单向排水坡度时，可用上式计算出无坡度要求的设计标高 H_0，作为场地图形的重心点标高（正方形，矩形等对称图形为中心点），根据坡度方向找出 H_0 的零线位置后再按式（2-55）计算场地任意一点的设计标高：

$$H_n=H_0\pm l_y I_y \tag{2-55}$$

式中　H_n——表示场内任意一点设计标高，m；

l_y——该点在 y 与 y 方向至零线的距离，m；

I_y——该点在 y 与 y 方向的坡度，‰；

“±”表示该点比 H_b 高取“+”，反之取“－”。

③场地要求双向排水坡度时，计算原理和前相同，如图 2-14 所示，H_0 为场地中心点

标高，$x—x$ 和 $y—y$ 为零线。场地内任意一点的设计标高按下式进行计算：

$$H_p = H_0 \pm l_x i_x \pm l_y i_y \tag{2-56}$$

式中　H_p——表示场地双向排水坡度任意一点设计标高，m；

l_x——表示该点在 $x—x$ 方向至零线的距离；

i_x——应表示该点在 $x—x$ 方向的坡度（‰），其余符号同前。

场地双向坡度示意图如图 2-14 所示。

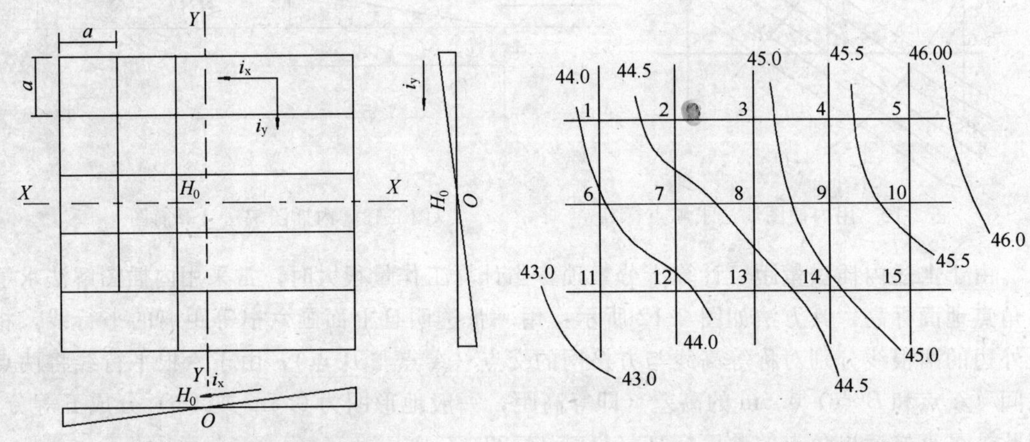

图 2-14　场地双向坡度示意图　　　　图 2-15　方格网划分和地形图

（4）方格网法计算示例

某市政工程场地方格网和地形图见图 2-15，方格边长 20m，要求场地双向排水 i_x = 3‰，i_y = 2‰，其他无特殊要求。试求场地设计地面标高，并计算土方量。

解：① 确定角点地面标高。

角点编号	地面标高
1	44.18
0.44	44.62
施工高度	设计标高

1　44.18 −0.44　44.62	2　44.62 −0.06　44.68	3　44.93 +0.19　44.74	4　45.36 +0.56　44.80	5　45.78 +0.91　44.87
Ⅰ	Ⅱ	Ⅲ	Ⅳ	
6　43.92 −0.66　44.58	7　44.29 −0.35　44.64	8　44.70 0　44.70	9　45.17 +0.4　44.77	10　45.64 +0.82　44.82
Ⅴ	Ⅵ	Ⅶ	Ⅷ	
11　43.63 −0.91　44.54	12　43.94 −0.66　44.60	13　44.25 −0.41　44.66	14　44.63 −0.09　44.72	15　45.43 +0.65　44.78

图 2-16　方格网计算图

根据方格网和地形图的等高线用内插法求得，如图 2-16 所示，角点 $H_7=44.29$m；其余角点的地面标高均用同样方法求出，详见图 2-16 标注的标高。

② 计算场地设计标高。

a. 计算场地无坡度设计标高 H。

$\Sigma H_1=44.18+45.78+45.43+43.63=179.02$m

$2\Sigma H_2=2\times(44.62+44.93+45.36+45.64+44.63+44.25+43.94+43.92)=2\times357.29=714.58$m

$4\Sigma H_4=4\times(44.29+44.70+45.17)=4\times134.16=536.64$m

根据公式：

$$H_0=\frac{\Sigma H_1+2\Sigma H_2+4\Sigma H_4}{4N}=\frac{179.02+714.58+536.64}{4\times8}$$

$$=1430.24/32=44.70\text{m}$$

b. 根据排水坡度计算各角点设计标高。

本场地要求双向排水坡度 $i_x=3‰$，$i_y=2‰$. 以角点 8 为场地中心点，即 $H_8=H_0=44.70$m。

根据分式：

$H_n=H_0\pm L_xi_x+L_yi_y$ 计算各角点设计标高：

$H_1=H_0-40\times3‰+20\times2‰=44.70-0.12+0.04=44.62$m

$H_2=H_1+20\times3‰=44.62+0.06=44.68$m

$H_6=H_0-40\times3‰=44.70-0.12=44.58$m

$H_{11}=H_0-40\times3‰-20\times2‰=44.70-0.12-0.04=44.54$m

$H_{12}=H_{11}+20\times3‰=44.54+0.06=44.60$m

其余各角点设计标高均用同样方法算出，详见方格网计算图。

c. 计算各角点的施工高度。

$h_1=44.18-44.62=-0.44$m

$h_2=44.62-44.68=-0.06$m

$h_3=44.93-44.74=+0.19$m

其余各点施工高度均用同样方法算出。"+"代表挖方，"－"表示填方。

d. 计算零点位置。

由方格网计算图可以看出 2－3，9－14，14－15 三条方格边两端角点的施工高度符号不同，说明在该边上有零点存在，由公式 $x_1=\frac{ah_1}{h_1+h_2}$求出：

2－3 边 $x_1=\frac{20\times0.06}{0.06+0.19}=4.8\text{m}, x_2=20-4.8=15.20\text{m}$

9－14 边 $x_1=\frac{20\times0.41}{0.41+0.09}=16.4\text{m}, x_2=20-16.4=3.6\text{m}$

14－15 边 $x_1=\frac{20\times0.09}{0.09+0.65}=2.43\text{m}, x_2=20-2.43=17.6\text{m}$

将零点标在图上并连接起来成为零线。

e. 计算土方量。

(*a*) 方格Ⅰ、Ⅴ、Ⅵ四点全为填方：

$$V_{Ⅰ填}=\frac{20^2}{4}(0.44+0.06+0.35+0.66)=-151m^3$$

$$V_{Ⅴ填}=\frac{20^2}{4}(0.66+0.35+0.66+0.91)=-258m^3$$

$$V_{Ⅵ填}=\frac{20^2}{4}(0.35+0+0.41+0.66)=-142m^3$$

(*b*) 方格Ⅱ、Ⅶ两点填方，两点挖方（可套用三点填方、一点挖方公式）：

$$V_{Ⅱ填}=\left(20\times\frac{4.8+20}{2}\right)\times\left(\frac{0.06+0.35+0}{4}\right)=-25.4m^3$$

$$V_{Ⅱ挖}=\frac{15.20\times20}{2}\times\frac{0.19}{3}=+9.63m^3$$

$$V_{Ⅶ填}=\left(20\times\frac{3.6+20}{2}\right)\times\left(\frac{0.41+0.09+0}{4}\right)=-29.5m^3$$

$$V_{Ⅶ挖}=\frac{16.4\times20}{2}\times\frac{0.41}{3}=+22.41m^3$$

(*c*) 方格Ⅲ、Ⅳ四点全为挖方：

$$V_{Ⅲ挖}=\frac{20^2}{4}(0.19+0.56+0.41+0)=+116m^3$$

$$V_{Ⅳ挖}=\frac{20^2}{4}(0.56+0.91+0.82+0.41)=+270m^3$$

(*d*) 方格Ⅷ三点挖方和一点填方两种图形：

$$V_{Ⅷ挖}=\left(20^2-\frac{3.6\times2.43}{2}\right)\times(0.41+0.82+0.65)=+186m^3$$

$$V_{Ⅷ填}=\frac{3.6\times2.43}{2}\times\frac{0.09}{3}=-0.13m^3$$

(*e*) 汇总土方量，全部挖方量：

$$\Sigma V_{挖}=9.63+22.41+116+270+186=+604.04m^3$$

全部填方量：

$$\Sigma V_{填}=151+258+142+25.40+29.5+0.13=-606.03m^3$$

2. 横断面计算方法

大型土方工程量的计算方法除方格网计算法外，还有横断面计算方法，横断面计算方法适用于地形起伏变化较大或形状狭长地带，其方法是：

首先，根据地形图及总平面图，将要计算的场地划分成若干个横断面，相邻两个横断面距离视地形变化而定。在起伏变化大的地段，布置密一些（即距离短一些），反之则可适当长一些。如线路横断面在平坦地区，可取 50m 一个，山坡地区可取 20m 一个，遇到变化大的地段再加测断面，然后，实测每个横断面特征点的标高，量出各点之间距离（如果测区已有比较精确的大比例尺地形图），也可在图上设置横断面，用比例尺把每个横断面绘制到厘米方格纸上，并套上相应的设计断面，则自然地面和设计地面两轮廓线之间的部分，即是需要计算的施工部分。

具体计算步骤：

(1) 划分横断面：根据地形图（或直接测量）及竖向布置图，将要计算的场地划分横

断面 $A—A^1$，$B—B^1$，$C—C^1$……。划分原则为垂直等高线或垂直主要建筑物边长、横断面之间的间距可不相等，地形变化复杂的间距宜小，反之宜大一些，但最大不宜大于 100m。

(2) 画截面图形：按比例画制每个横截面的自然地面和设计地面的轮廓线。设计地面轮廓线之间的部分，即为填方和挖方的截面。

(3) 计算横截面面积：按表 2-9 中的面积计算公式，计算每个截面的填方或挖方截面积。

常用横断面计算公式　　表 2-9

图　示	面积计算公式
1:m　h　1:n　b	$F=h\left[b+\frac{h(m+n)}{2}\right]$
h_1 h_2 h_3 h_4　a_1 a_2 a_3 a_4 a_5	$F=b\frac{h_1+h_2}{2}+nh_1h_2$
h_0 h_1 h_2 h_3 h_4 h_5 h_6 h_7　a a a a a a a	$F=h_1\frac{a_1+a_2}{2}+h_2\frac{a_2+a_3}{2}+h_3\frac{a_3+a_4}{2}+h_4\frac{a_4+a_5}{2}$
h_1　1:n　h　1:n　h_2　b	$F=\frac{1}{2}a(h_0+2h+h_n)\quad h=h_1+h_2+h_3+\cdots+h_6$
h　1:n　b	$F=h(b+nh)$

(4) 计算土方量：根据截面面积计算土方量

$$V=\frac{1}{2}(F_1+F_2)\times L \tag{2-57}$$

式中　V——表示相邻两截面间的土方量，m^3；

F_1、F_2——表示相邻两截面的挖（填）方截面积，m^2；

L——表示相邻截面间的间距，m。

(5) 将土方量汇总。

例如：在图 2-17（a）中，设桩号 0＋0.00 的填方横断面积为 1.50m^2，挖方横断面积为 2.90m^2，图 2-17（b）中，桩号 0＋0.20 的填方横断面积为 1.10m^2，挖方横断面积为 5.45m^2，两桩间的距离为 20m（图 2-17），则其挖填方量各为：

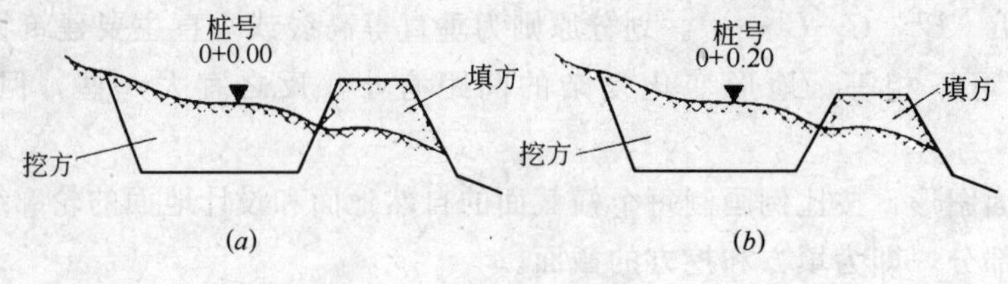

图 2-17

$$V_{挖方}=\frac{1}{2}(2.90+5.45)\times 20=83.5\text{m}^3$$

$$V_{填方}=\frac{1}{2}(1.50+1.1)\times 20=26\text{m}^3$$

土方量汇总表　　**表 2-10**

断面	填方面积	挖方面积	截面间距	填方体积	挖方体积
	m^2	m^2	m	m^3	m^3
$A-A^1$	1.5	2.90	20	15	29
$B-B^1$	1.10	5.45	20	11	54.5
合　计	2.60	8.35		26	83.5

注：填方面积、挖方面积均以平方米为单位，填方体积、挖方体积以立方米为单位，截面间距以米为单位。

在本条文中提到山坡切土和便道运输概念，解释如下：

山坡切土：室外设计地坪标高以上的挖土，以及虽属于平整场地范围以内但超过室外设计地坪标高 30cm 以上部分的挖土，均应按山坡切土以立方米为单位进行计算。

便道运输：出碴和进料可以分为有轨运输和无轨运输两种方式。有轨运输是铺设小型轨道，用轨道式运输车出碴和进料。有轨运输多采用电瓶车及内燃机车牵引，斗车或梭车。

无轨运输是采用各种无轨运输车出碴和进料。其特点是机动灵活，不需要铺设轨道，能适用于弃碴场离洞口较远和道路坡度较大的场合。缺点是由于多采用内燃机驱动，作业时在整个洞中排出废气，污染空气，故一般适用于大断面开挖和中等长度的隧道中，并应注意加强排风。

运输方式的选择应充分考虑与装碴机的匹配和运输组织，还应考虑与开挖速度及运量的匹配，以尽量缩短运输和卸碴时间。必要时应作技术经济合理性分析，以求最佳方案。

1. 有轨运输

(1) 常用的轨道式运输车辆有斗车、梭式矿车

① 斗车：斗车结构简单，使用方便，适应性强。斗车运输是较经济的运输方式。按其容量大小可分为小型斗车（容量小于 3m^3）和大型斗车。

小型斗车轻便灵活，满载率高，调车方便，一般均可人力翻斗卸碴。在无牵引机械时还可以人力推送，它是最常用的运输车辆。大型斗车单车容量较大，可达 20m^3，须用动力机车牵引；并配用大型装碴机械装碴才能保证快速装运。根据斗车类型采用驼峰机构侧卸或翻车机构卸碴；对轨道要求严格；但可以减少装碴中调车作业次数，而缩短装碴时间。

② 梭式矿车：采用整体式车体，下设两个转向架，车箱底部设有刮板式或链式转载机构，便于将整体车箱装满和转载或向后卸碴，它对装碴机械要求条件不高，能保证快速

运输，但机构复杂，使用费较高。

梭式矿车单车容量为 $618m^3$，可以单车使用，也可以 2～4 节搭接使用，以减少调车作业次数。其刮板式自动卸碴机构，可以向后（即码头前方）卸碴，也可以使前后转向架分别置于相邻的两股道上，实现向轨道侧面卸碴，扩大弃碴的范围。轨道间距应为 2.0～2.5m，车体与轨道的交角可达 35°～40°。

（2）有轨运输牵引类型

常用的轨道式牵引车有电瓶车、内燃机车，主要用于坡度不大的运输牵引。当采用小型斗车和坡度较缓的短道施工时，还可以采用人力推送。

电瓶车牵引无废气污染，但电瓶须充电，能量有限。必要时可增加电瓶车台数，以保证行车速度和运输能力。

内燃机车牵引力较大，但增加洞内噪声污染和废气污染。必要时，须配备废气净化装置和加强通风。

（3）单线运输

单线运输能力较低，常用于地质条件较差或小断面开挖的市政工程中。

单线运输时，为调车方便和提高运输能力；在整个路线上应合理布设会让站（错车道）。会让站间距应根据装渣作业时间和行车速度计算确定，并编制和优化列车运行图，以减少避让等待时间。会让站的站线长度应能够容纳整列车，并保证会车安全。

（4）双线运输

双线运输时，进出车分道行驶，无需避让等待，故通过能力较单线有明显提高。为了调车方便，应在两线间合理布设渡线。

渡线间距应根据工序安排及运输调车需要来确定，一般间距为 100～200m，或更长，并每隔 2～3 组，渡线设置一组反向渡线。

（5）工作面轨道延伸及调车措施

① 工作面的轨道延伸，应及时满足钻眼、装碴运输机械的走行和作业要求，并避免轨道延伸与其他工作的干扰。有时需延至开挖面。延伸的方法可以采用浮放“卧轨”、“爬道”及连接短轨。待开挖面向前推进后，将连接的几根短轨换成长轨。

② 工作面附近的调车措施，应根据机械走行要求和转道类型来合理选择确定，并尽量离开挖面近一些，以缩短调车的时间。

单线运输时，首先应利用就近的会让站线调车；当开挖面距离会让站较远时，则可以设置临时岔线，浮放调车盘或平移调车器来调车，并逐步前移。

双线运输时，应尽量利用就近的渡线来调车，当开挖面距渡线较远时，则可以设置浮放调车盘，并逐步前移。

（6）洞口轨道布置

洞口外轨道布置包括卸碴线、上料线、修理线、机车整备线以及调车场等。

卸碴线应搭设卸碴码头，其重车方向应设置一段 0.5％～1.0％的上坡，并在轨端加设车挡，以保证卸碴车列安全。

其他各线均应满足使用要求。

（7）轨道铺设要求

① 轨距常用的有 600mm、762mm、900mm 三种。双线线间距大于或等于 20cm；单

线会让站线间净间距大于或等于 40cm。车辆距坑道壁式支撑净间距大于或等于 20cm；双线不另设人行道；单线须另设人行道，其净宽大于或等于 70cm。

② 轨道平面最小曲线半径，在洞内应大于或等于机车车辆轴距的 7 倍；洞外大于或等于 10 倍；使用有转向架的梭式矿车时，最小曲线半径大于或等于 12m，并应尽量使用较大的曲线半径。

③ 洞内轨道纵坡按坡度设置。洞外轨道除卸碴线设置上坡外，其余尽量设置为平坡或 0.5%以下的纵坡。

④ 钢轨重量有 15kg/m、24kg/m、30kg/m、38kg/m、43kg/m 几种，轨枕截面有 10cm×12cm，10cm×15cm，12cm×15cm，14cm×17cm（厚×宽）几种。钢轨和轨木的选择，应根据各种机械的最大轴重来确定，轴重较大时应选用较重的钢轨和较粗的枕木；枕木间距一般小于或等于 70cm。

⑤ 轨道铺设可利用开挖下来的碎石碴作为道碴，并铺设平整、顺直、稳固。若有变形和位移，应及时养护和维修，保证线路处于良好的工作状态。

2. 无轨运输

坡度用无轨运输车的品种很多，多为燃油式动力，轮胎走行的自卸卡车。载重量 2～25t 不等。为适应在坡度上运输，有的还采用了全铰接车身或双向驾驶的坑道专用车辆。

无轨运输车的选择应注意与装碴机的匹配，尤其是能力配套，充分发挥各自的工作效率，提高整体工作能力。此外，一般要求选用载重自重比较大、体型小、机动灵活、能自卸、配有废气净化器的运输车。

洞内转向：还可以局部扩大洞径，设置车辆转向站，或设置机械式转向盘。

爆破岩石按图示尺寸以立方米计算，其沟槽、基坑深度、宽度允许超挖量：次坚石 20cm，特坚石 15cm。超挖部分岩石并入岩石挖方量之内计算。

人工凿石：石方开挖有时不宜采用爆破方式进行施工，如市政工程基槽石方的开挖采用爆破会松动地基，以至于破坏地基承载力，所以宜于采用人工开凿岩石。人工开凿及清理岩石包括打刹纤、锤破大石块（不包括小炮打及爆破）。人工清理岩石指在人工平基或挖槽坑的开展面上清理岩石，每 120m² 按 50m³ 计算人工开凿岩石，根据设计要求，按图示尺寸计算土方工程量，以立方米计算。

爆破岩石是在石方开挖中最有效的一种方法。在市政工程中爆破主要用来开挖一般石方沟槽、基坑和洞库工程中的开挖平洞、斜井等。

爆破岩石按图示尺寸以立方米为单位计算，计算土方工程量以前，首先要熟悉地质勘察报告，确定该石方工程岩石的类别，然后才能正确计算石方工程量和套用相应的定额项目。

石方工程量的计算，应分别按不同的岩石等级分开计算，如岩石的最厚一层大于或等于断面的 75%以上时，则工程量应按最厚一层的岩石等级计算。

(1) 明挖岩石开凿，按开凿方法可分为明挖石方和暗挖石方。

① 明挖岩石开凿。分为一般开挖，和沟槽和基坑开挖，后者按设计断面尺寸，另加允许超挖量，以立方米计算。

a. 允许超挖量，按被开挖的坡面积乘以允许超挖厚度计算。允许超挖厚度：五、六类岩石为 20cm，七、八类岩石为 15cm。被开挖的底面积乘以允许超挖厚度 15cm 计算允

许超挖量。

b. 凡是沟槽长度大于沟槽宽度 3 倍或 3 倍以上，沟槽底宽在 7m 以内者，按一般开挖计算。

c. 凡基坑底面积在 $20m^2$ 以内者，按基坑计算；底面积在 $20m^2$ 以上的则按一般开挖计算，如发现裂带、滑坡等发生塌方超挖，其工程量另行计算。

② 暗挖石方。

a. 暗挖也称作峒库开挖，分平峒全断面掘进，导坑掘进，正井、反井掘进，光面爆破，沟槽开挖等项目，按设计断面尺寸，另加允许超挖量，以立方米计算。

b. 允许超挖量，侧墙为 15cm，拱顶为 20cm。对允许超挖量计算，现行一般有两种方法：一种方法是爆破、出碴等项目均应计算工程量；另一种方法则爆破项目不再计算工程量，其他如出碴、运输、被覆等项目仍应计取超挖工程量。

c. 若遇断裂层、断裂带等发生塌方超挖，其工程量应另行计算。

d. 如爆破孔中出现渗水积水，影响工效及发生的材料增耗，措施费用等，另行计算。

(2) 石方工程量计算。

由于地质、地形的变化复杂，一般采用断面法。其步骤为：

① 确定横断面。根据地形图及竖向布置情况，标定断面位置，断面间距可以有变化，不必强求一致，高差大可以短一点，高差小可适当长一点。峒库工程间距，一般为 5m，若遇到地质情况复杂，发生塌方等特殊情况，亦可缩短间距、增加断面。

② 画断面图。根据自然地面和设计地面轮廓线，按比例绘图，并按断面图计算断面面积，峒库工程断面图，可按直接测得峒库的断面所得到的数据绘制。

③ 计算工程量。根据断面图面积，按公式 (2-58) 计算石方的工程量：

$$V=\frac{F_1+F_2}{2}\times L \tag{2-58}$$

式中 V——相邻两截面间的石方工程量，m^3；

F_1、F_2——相邻两截面的截面面积，m^2；

L——相邻两截面的距离，m。

④ 汇总工程量，把按公式计算所得的各个工程量相加，其总和就是我们需要的各类岩石子目或某个单位工程子目。各个子目相加，其总和就是单位工程的工程量。

计算时应把开挖断面面积和允许的超挖断面面积分开，也就是把其工程分开计算，以适应施工管理和经济核算要求。

竣工断面的测量和断面图绘制工作，一般都由本单位的测量部门负责，其竣工断面面积和工程量的计算，也由测量部门进行。我们应把设计工程量、允许超挖工程量与竣工实际工程量加以对比，来衡量施工队伍的施工管理水平，便于搞好经济核算，节约人力和材料消耗，多、快、好、省地完成各项建设任务。

三、夯实土堤按设计断面计算。清理土堤基础按设计规定以水平投影面积计算，清理厚度为 30cm 内，废土运距按 30m 计算。

[应用释义] 本计算量规则中所指夯实和清理都是场地平整和施工中的重要内容。夯实土堤按设计断面计算土方量和人工劳动量，清理土堤基础是属于场地平整的内容。

夯实：为了提高地基承载力和强度，降低地基的压缩性，使地基在构筑物荷载的作用下，满足允许沉降量和容纳承载力要求，采取地基夯实措施，对地基土进行加固处理的一种方法。

地基夯实定额，是根据不同的夯击能与夯击遍数划分定额子项目。地基夯实工程量按夯击面积计算，不同夯击能及夯击遍数应分别计算其工程量。

夯实法是用移动式起重机械将大吨位夯锤（一般大于或等于 5t）起吊到很高处（一般大于或等于 6m）自由落下，对地基土进行强力夯实，以提高地基强度和承载力，降低地基的压缩性。

重锤夯实法：利用锤下落的强大冲击能使土中出现冲击波和应力，迫使土中孔隙压实使土体局部液化，夯击点周围产生裂缝，形成良好的排水管道，土体迅速固结，适用于地下水位 0.8m 以下稍湿的黏性土、砂土、湿陷性黄土、杂填土等地基加固。

夯击：夯击时，落锤应保持平稳，对地下水位高的饱和性土与易液化流动的饱和砂质土，宜铺填一层 0.5～2.0m 的中（粗）砂、砂砾或片石等材料，以防下陷或消散强夯产生的孔隙水压力。

场地平整即清理场地按本章计算量规则释义第二个问题解释，土方工程量按图纸尺寸计算，修建机械上下坡的便道土方量并入土方工程量内。石方工程量按图纸尺寸加上允许超挖量：松坚石、次坚石 20cm，普坚石、特坚石按 15cm 的释义。

四、人工挖土堤台阶工程量，按挖前的堤坡斜面积计算，运土应另行计算。

[应用释义]　对于本计算量规则中所指的人工挖土堤的台阶工程量，就是在挖筑土堤完毕以后，为了人们上下通行的方便，在堤坡上挖筑一系列台阶以供人们上下，其土方量的计算可以按修筑主体结构后的堤坡斜面积计算，即（上底＋下底）×高/2。

对于运土，则需要另行计算，不包括在此项目内。例如，采用自卸汽车运土，则按自卸汽车运输的子项目计算。

五、人工铺草皮工程量以实际铺设的面积计算，花格铺草皮中的空格部分不扣除。花格铺草皮，设计草皮面积与定额不符时可以调整草皮数量，人工按草皮增加比例增加，其余不调整。

[应用释义]　草皮：又称草坪，栽植人工选育的草种作为矮生密集型的植被，经养护修剪形成整齐均匀的覆盖。

铺栽草坪历史上最早见于希腊、罗马的体育场，欧洲中世纪的城堡庭园中也有栽植。17 世纪法国庭园中以小路在草坪上勾绘图案，周边围以花带组成花坛。18 世纪英国风景式园林中在起伏的地面上大量铺栽草皮，以后影响到世界各地。据记载中国清代中后期，在皇家园林中有少量栽培。

草坪具有改善环境的作用：可以滞尘；阻滞降水的地表径流，防止土壤冲蚀，补充地下水，并且可以净化地下水，降低地面水的温度；减少地面的辐射热和减弱地面对声音的反射。草坪在观赏上有如绿色的地毯，柔美轻快，对其他景物能起到很好的衬托作用。有些草坪播种时混入开花草类形成缀花草地，更具山野风光。足球、网球或高尔夫球等体育场地所用的草坪有的需选用耐践踏、富有弹性、恢复快、耐修剪的种类，有的需用十分细密、平坦的种类。

在禾本科或莎草科等的草地中夹杂种植低矮的开花植物以再现天然草原或高山草甸的绮丽景色与意境。采用的开花植物有：石蒜、葱花、韭兰、野豌豆、草原老鹳草、矢车菊、蒲公英、贝母、银莲花、雏菊、滨紫花、毛茛、绵枣儿、耧斗菜、山罂粟等。其中有的是当年生植物，有的是可通过天然播种连年生长的植物。

在铺设花格草皮时，应不扣除花格中空格的部分。人工量的计算应按普通劳动量计算，若草皮数量增加，则人工量也应该增加。

种植人工草皮的劳动量主要包括：耕地、换土；施肥；平地。

1. 耕地、换土

新建草坪或新种植被植物，无论采取哪种种植方法，均需按设计的标高耕翻、平整土地和施肥。如果土地的地质较差，砖、渣、灰土较多，则应全部换土，即将表土（30cm厚）全部铲起运走，换进沙质土。所换用的沙质土，应是地表30～40cm以下的底土，以防杂草种子混入；如果土中仅含少量砖石、瓦块，则可以翻耕20～30cm深，将大块砖石、瓦块捡出；如果是黏土，则应该掺入部分沙质土，并翻耕20～30cm；如果是沙质土，则浅翻15～20cm深即可。翻耕土地之后，要将土块打碎，用耙耧平待用即可。

2. 施肥

在翻耕土地的同时，如有条件，可每亩施入5000～6000斤腐熟的堆肥，与表土混拌均匀，然后将地耧平。为了防治地下虫害，每亩可施入1%的六六粉3～5斤，撒施时，可与沙土混施，要均匀，粉不可成团，以免影响出苗。

3. 平地

经过翻耕和施入底肥的土地，要按设计标高进行平整，然后用碾子轻压一遍。整好的地面如果在1000m^{2}以上的，需有0.3%～0.5%的坡度，以利于排水。整地一定要细致，不可使草地中间出现坑坑洼洼，以免积水。

六、管道接口作业坑和沿线各种井室所需增加开挖的土石方工程量按有关规定如实计算。管沟回填土应扣除管径在200mm以上的管道、基础、垫层和各种构筑物所占的体积。

[应用释义] 在市政工程的给排水管道的施工中，做管道接头时，必须采用作业坑；排水工程中的各种井室包括：连接暗井、溢流井、检查井、跌水井、水封井、换气井、冲洗井等井室。

1. 管道接头时的作业坑

管道接口：指采用水泥砂浆或镀锌钢丝网水泥砂浆的管口外抹带，将分节的管材连接成不漏水的整体管道的操作工序。

当管道采用顶管法敷设时，从管内将各节管之间的管缝捻缝操作，也统称为接口。接口是排水管道达到不漏水的重要工序。水泥砂浆接口用于平口管及承插口管，镀锌钢丝水泥砂浆抹带口用于平口管。

接口完成，验收合格后，拆除导轨、后背和顶进设备，按明挖施工管道方法，进行顶坑内浇筑平基、安管、浇筑管座、抹带、砌筑检查井、带井闭水（除雨水管渠外）、回填等工序操作，由于工作坑操作空间不大，往往有回填夯实的死角存在。因此，在回填坑时，注意减少层厚、夯实注意坑边，角隔处的操作，确保不发生沉陷。

2. 各类井室

(1) 雨水口

在雨水管渠或合流管渠上收集雨水的构筑物。街道路面上的雨水首先经雨水口通过连接管流入排水管渠。

雨水口的位置设置，应能保证迅速有效地收集地面雨水。一般在交叉路口，路侧边沟的一定距离处以及没有道路边石的低洼地方设置，以防止雨水漫过道路或造成道路及低洼地区积水阻碍交通。雨水口在交叉路口布置请参阅有关资料。雨水口的形式和数量，通常应按汇水面积所产生的径流量和雨水口的泄水能力确定，一般一个水平雨水口可排泄15～20L/s的地表径流量。在路侧边沟上及路边低洼地点，雨水口的设置间距一般为25～50m（视汇水面积大小而定），在低洼和易积水的地段，应根据需要适当调整雨水口的数量。

(2) 沉泥井

指在雨水口底部做一种能截留雨水所夹带的砂砾，以免使它们进入管道造成淤塞的一种装置。但沉泥井往往积水，滋生蚊蝇，散发臭气，影响环境卫生，因此需要经常清除，增加了养护工作量。通常仅在路面较差，地面上积秽较多的街道或菜市场等地方，才考虑设置有沉泥井的雨水口。

(3) 检查井

为了便于对管渠系统做定期检查和清除，必须设置检查井。当检查井口衔接上下游管渠管底标高跌落差大于1m时，为消减水流速度，防止冲刷，在检查井内应有消能措施，这种检查井称为跌水井。

当检查井内具有水封设施，以便隔绝易爆、易燃气体进入排水装置，使排水管渠在进入可能遇火的场地时不致引起爆炸和火灾，这样的检查井称为水封井。

检查井通常设在管渠交汇、转弯、管渠尺寸或坡度改变、跌水等处以及相隔一定距离的直线管渠段上。检查井在直线管渠段上的最大间距，一般可按表2-11采用。

检查井一般采用圆形，由井底（包括基础）、井身和井盖（包括井底）三个部分组成。

检查井的最大间距　　**表2-11**

管径或暗渠净高（mm）	最大间距（m）	
	污水管道	雨水（合流）管道
200～400	30	40
500～700	50	60
800～1000	70	80
1100～1500	90	100
＞1500，且≤200	100	120
＞2000	可适当增大	可适当增大

检查井井底材料一般采用低强度等级混凝土，基础采用碎石、卵石、碎砖夯实或低强度等级混凝土。为使水流流过检查井时阻力较小，井底宜设半圆形或弧形流槽。流槽直壁向上伸展，污水管道的检查井流槽顶可与0.5倍大管管径处相平，或与0.85倍大管管径

处相平。流槽两侧至检查井壁间的底板（称为沟肩）应有一定宽度，一般不应小于 20cm，以便养护人员下井时立足，并应有 0.02～0.05 的坡度向流槽，以防止检查井积水时淤泥沉积。在管渠转弯或几条管渠交汇处，为使水流通畅，流槽中心线的弯曲半径应按转角大小确定。但不得小于大管的直径。

检查井井身的材料可采用砖、石、混凝土或钢筋混凝土。国外多采用钢筋混凝土预制，近年来，美国已开始采用聚合物混凝土预制检查井，我国目前则多采用砖砌，以水泥砂浆抹面。井身的平面形状一般为圆形，但在大直径管道的连接处或交汇处，可做成方形、矩形或其他各种不同的形状。

井身的构造与是否需要工人下井有密切关系。不需要下人的浅井，构造很简单，一般为直壁圆筒形；需要下人的井在构造上可分为工作室、渐缩部和直筒三个部分。工作室是工作人员养护时下井进行临时操作的地方，不应过分狭小，其直径不能小于 1m，其高度在埋深允许的条件下一般采用 1.8m。为降低检查井造价，缩小井盖尺寸，井筒直径一般比工作室小，但为了工人检修出入安全与方便，井筒直径不应小于 0.7m。井筒和工作室之间可采用锥形渐缩部连接，渐缩部高度一般为 0.6～0.8m，也可以在工作室顶偏向出水管渠一边加钢筋混凝土盖板梁，井筒则砌筑在盖板梁上。为便于上下，井身在偏向进水管渠的一边应保持一壁直立。

井盖可采用铸铁或钢筋混凝土材料，在车行道上一般采用铸铁。为防止雨水流入，盖顶略高出地面。盖座采用铸铁、钢筋混凝土或混凝土材料制作。

跌水井：是一种设有消能设施的检查井。目前常用的跌水井有两种：竖管式（或矩形竖槽式）和溢流堰式。前者适用于直径等于或小于 400mm 的管道，后者适用于直径大于 400mm 以上的管道。当上、下游管底标高落差小于 1m 时，一般只将检查井底部做成斜坡，不采取专门的跌水措施。

竖管式跌水井一般不作水力计算，当管径小于或等于 200mm 时，一次落差不宜超过 6m，当管径为 300～400mm 时，一次落差不宜超过 4m。

溢流堰式的主要尺寸（包括井长、跌水水头高度）及跌水方式等均应通过水力计算求得。这种跌水井也可用阶梯形跌水方式代替。

水封井：当生产污水能产生引起爆炸或火灾的气体时，其废水管道系统中必须设水封井。水封井的位置应设在产生上述废水的生产装置、贮罐区、原料贮运场地、成品仓库、容器洗涤车间等的废水排出口处以及适当距离的干管上。水封井不宜设在车行道和行人众多的地段，并应适当远离产生明火的场地。水封深度一般采用 0.25m。井上宜设通风管，井底宜设沉泥槽。

(4) 换气井

污水中的有机物常在管渠中沉积而厌气发酵，发酵分解产生的甲烷、硫化氢、二氧化碳等气体，如与一定体积的空气混合，在点火条件下将产生爆炸，甚至引起火灾。为防止此类偶然事故发生，同时也为保证在检修排水管渠时工作人员能较安全地进行操作，有时在街道排水管的检查井上设置通风管，使此类有害气体在住宅竖管的排风作用下，随同空气沿庭院管道、出户管及竖管排入大气中。这种设有通风管的检查井称为换气井。

(5) 冲洗井

当污水管内的流速不能保证自清时，为防止淤塞，可设置冲洗井。冲洗井有两种做法：人工冲洗和自动冲洗。自动冲洗井一般采用虹吸式，其构造复杂，造价较高，目前已很少采用。

人工冲洗井的构造比较简单，是一个具有一定容积的普通检查井。冲洗井出流管道上设有闸门，井内设有溢流管以防止井中水深过大。冲洗水可利用上游来的污水或自来水。用自来水时，供水管的出口必须高于溢流管管顶，以免污染自来水。

冲洗井一般适用于小于 400mm 管径的较小管道上，冲洗管道的长度一般为 250mm 左右。

（6）出水口

排水管渠排入水体的出水口的位置和形式，应根据污水水质、下游用水情况、水体的水位变化幅度、水流方向、波浪情况、地形变迁和主导风向等因素确定。出水口与水体岸边连接处应采取防冲、加固等措施，一般用砌块石做护墙和铺底，在受冻胀影响的地区，出水口应考虑用耐冻胀材料砌筑，其基础必须设置在冰冻体以下。

为使污水与水体水流混合较好，排水渠道出水口一般采用淹没式，其位置除考虑上述因素外，还应取得当地卫生主管部门的同意。如果需要污水与水休水流充分混合，则出水口可长距离伸入水体分散出口，此时应设置标志，并取得航运管理部门的同意。雨水管渠出水口可以采用非淹没式，其标高最好在水体最高水位以上，一般在常水位以上，以免水体水倒灌。当出口标高比水体水面高出太多时，应考虑设置单级或多级跌水。

应当说明，对于污水排泄的出水口，必须根据实际情况进行研究，以满足污水排泄的特定要求。

3. 沟槽回填

沟槽回填土应遵守的一般原则：

（1）管道工程应在其主体结构隐蔽验收合格，污水或雨污合流管道闭水试验合格后，及时进行回填，防止晾槽过久，造成塌方，挤坏管道，或管道接口抹带空鼓开裂；雨季易产生水沟槽、漂管或造成回填作业困难。

（2）还土回填要选择合格土源，过湿土、腐殖土、垃圾土、冬季冻土及碎石砖块不易压实，对管道结构安全有影响，因此均不宜采用。

（3）回填前，应将槽内木料、草帘等杂物清理干净。当管槽内有积水时，应将水排净，不得在水中回填土。冬季、雨季回填应当日还土，当日夯实。

（4）回填必须在管座混凝土强度达到 5.0N/mm^2 以上时，方可进行。砖石方沟必须在盖板安装后才可回填；沟槽在管、沟结构两侧应同时回填，两侧回填土面高差不得超过 30cm；不得将土直接砸在接口抹带上。总之，回填夯实操作，应以确保管沟结构安全，不发生引起管道接口沟墙、井室破坏或移位的事故，且达到各部密实度要求为原则。

（5）为了防止管道在回填夯实中裂损，其胸腔部分必须按虚厚不超过 30cm，密实度达轻型击实密度的 95％标准，分层夯实；管顶 50cm 范围的填土，宜用木夯夯实，密实度达轻型击实密度的 85％，管沟于路基范围内，管顶以上 25cm 范围回填土表层的压实度不应小于 87％；当管顶回填夯实高达 1.5m 以上时，方可使用碾压机械压实；如管顶距路床高不足 1.5m 时，管道设计应采用 360°包封束加强。

管渠回填土摊铺、压实质量标准：

1. 回填管渠沟槽各部位的划分

根据管道埋入地下的受力情况不同，管道沟槽回填土划分为三个部位：

(1) 管沟胸腔部位，要求回填密实，有接近原状土的承载力。

(2) 管沟顶以上50cm部位，由于紧贴管材或沟盖板，夯实只能用木夯，成为其上土及荷载传递的缓冲层，密实度应在85％～88％之间，否则易造成管材或沟盖板破裂。

(3) 顶管50cm以上至地面部位，按地面不同功能，其密实度的要求不同，详见表2-12：

2. 沟槽回填、压实的外观质量标准

(1) 回填土中不得含有碎砖、石块、混凝土碎块及大于10cm的硬土块；填土的含水量以接近最佳含水量为宜。还土前，应对所还土进行轻型标准击实试验，找出最佳含水量和最大干密度；管顶以上50cm（山区30cm）之内，不得回填大于10cm的土块及杂物。

(2) 沟槽回填土级配砂石、砂、石屑等替代填料时，应掌握其最佳含水量，分层摊铺、夯实，且注意保护管道。

(3) 回填时槽内应无积水，不得回填淤泥、腐殖土、冻土及有机物。

(4) 胸腔以上部位，在非同时进行的两个回填土段的搭接处，不得形成陡坎，应随铺土将夯实层留成阶梯状，阶梯长度应大于高度的2倍。

沟槽回填土相对密实度标准表（轻型击实）　　**表2-12**

<table>
<tr><th rowspan="3">序号</th><th rowspan="3" colspan="4">检　查　项　目</th><th colspan="2">相对密实度(％)</th><th colspan="2">检验频率</th><th rowspan="3">检验方法</th></tr>
<tr><th>建设部</th><th>北京市</th><th rowspan="2">范围</th><th rowspan="2">点数</th></tr>
<tr><th>CJJ 3—90</th><th>DBJ 01—13—95</th></tr>
<tr><td>1</td><td colspan="4">胸　腔　部　分</td><td>≥90</td><td>≥95</td><td rowspan="13">两井之间</td><td rowspan="13">每层一组（3点）</td><td rowspan="13">用环刀法检验</td></tr>
<tr><td>2</td><td colspan="4">管顶以上500mm以内</td><td>≥85</td><td>≥85</td></tr>
<tr><td rowspan="11">3</td><td rowspan="11">管顶500mm以上至地面</td><td rowspan="10">按路槽以下深度分(mm)</td><td rowspan="3">0～800mm</td><td>高级路面或快速路、主干路</td><td>≥98</td><td>≥98</td></tr>
<tr><td>次高级路面或次干路</td><td>≥95</td><td>≥98</td></tr>
<tr><td>过渡式路面或支路</td><td>≥92</td><td>≥95</td></tr>
<tr><td rowspan="3">800～1500mm</td><td>高级路面或快速路、主干路</td><td>≥95</td><td>≥95</td></tr>
<tr><td>次高级路面或次干路</td><td>≥90</td><td>≥95</td></tr>
<tr><td>过渡式路面或支路</td><td>≥90</td><td>≥92</td></tr>
<tr><td rowspan="4">大于1500mm</td><td>高级路面或快速路、主干路</td><td>≥95</td><td>≥92</td></tr>
<tr><td>次高级路面或次干路</td><td>≥90</td><td>≥92</td></tr>
<tr><td>过渡式路面或支路</td><td>≥85</td><td>≥92</td></tr>
<tr><td></td><td></td><td></td></tr>
<tr><td colspan="3">规划范围外的农田或当年不修路、农田</td><td>≥85</td><td>≥85</td></tr>
</table>

注：1. 表中高级路面为水泥混凝土路面、沥青混凝土路面、水泥混凝土预制块等；次高级路面为沥青表面处理路面、沥青贯入式路面、黑色碎石路面等；过渡式路面为泥结碎石路面、级配砾石路面等。

2. 如遇当年修筑的快速路和主干路时，不论采用何种结构方式，均执行上列高级路面的回填土压实度标准。

(5) 井室等附属构筑物回填土应在四周同时进行。管道、管沟两侧应同时回填，两侧高差不得超过30cm。

3. 沟槽回填土相对密实度质量标准，应参阅表2-12中的数据

沟槽回填施工的质量，特别是胸腔部分的回填密实度，直接影响管、渠结构的安全。排水管道因回填不善，造成管道内顶纵裂的质量事故并不罕见。因此沟槽回填施工中，必

须注意控制好影响密实度的因素。下面着重探讨沟槽沉陷和管渠结构碰、挤变形两项通病。

1. 沟槽沉陷

(1) 现象：沟槽填土的局部地段或部位，甚至大部分沟槽（特别是检查井周围）出现不同程度的下沉。

(2) 原因分析：

① 松土回填，未分层夯实，或虽分层但超厚夯实，一经地面水浸入或经过地面荷载作用，造成沉陷。

② 沟槽中的积水、淤泥、有机杂物没有清除和认真处理，虽经夯打，但在饱和土上不可能夯实；有机杂物一经腐烂，必造成回填土下沉。

③ 部分槽段，尤其是小管径或雨水口连接管沟槽，槽宽较窄，夯实不力，没有达到要求的密实度。

④ 使用压路机碾压回填土的沟槽，在检查井周围和沟槽边角碾压不到的地方，又未用小型夯具夯实，造成局部漏夯。

⑤ 在回填土中含有较大的干土块或含水量较大的黏土块较多，回填土的夯实质量达不到要求。

⑥ 回填土不用夯压方法，采用水沉法（纯砂性土除外），密实度达不到要求。

(3) 危害性：

① 回填土的下沉，如在农田中或在绿地中会使已种下的农作物和花草树木遭受破坏；在建筑物旁，会危及建筑物的安全；在铺装道路上，会使铺装的结构层遭到破坏，有的几次修补几次下沉，一则影响交通，还会造成交通事故，二则在经济上会造成严重损失，造成恶劣的社会影响。

② 混凝土和钢筋混凝土管材的受力特点，是要求管道胸腔和管顶以上都要夯实形成卸力拱，以保护管体，如不进行夯实，会造成管顶以上松土下沉，将管体压裂，无筋管有的会压扁。

(4) 预防措施：

① 要分层铺土进行夯实，铺土厚度应根据夯实和压实机具性能而定，可结合本地区情况参照执行。

② 沟槽回填土前，须将槽中积滞水、淤泥、杂物清理干净。回填土中不得含有碎砖及大于10cm的干硬土块，含水量大的黏性土块及冻土块。

③ 每种土都应作出标准密度（在实验室进行土样击实试验作出最佳干表观密度和最佳含水量）。回填土料应在最佳含水量和接近最佳含水量状态下进行夯实，每个分层都应按质量标准规定的范围和频率，作出压（夯）实度试验，直至达标为止。

④ 铺土应保持一定的坡度，采用排降水的沟槽，一定要在夯实完毕后，方能停止排降水运行。不得带水回填土，严禁使用水沉法。

⑤ 凡在检查井周围和边角机械压不到位的地方，一定要有机动夯和人力夯补夯措施，不得出现局部漏夯。

⑥ 非同时进行的两个回填土段的搭接处，应将每个夯实层留成台阶状，阶梯长度应大于高度的2倍。

(5) 治理方法：

① 局部小量沉陷，应立即将土挖出，重新分层夯实。

② 面积、深度较大的严重沉陷，除重新将土挖出分层夯实外，还应会同设计单位、建设单位、质量监督部门、监理部门共同检验管道结构有无损坏，如有损坏应挖出换管或采取其他补救措施。

2. 管渠结构碰、挤变形

(1) 现象：

① 回填管渠两侧胸腔时，人工或机械运送土方，将管带、基础管座或沟墙挤压变形，甚至造成管道中心位移。

② 使用推土机运送土方，压路机动力压（夯）实时，将管体压裂。

(2) 原因分析：

① 回填土时接口抹管带砂浆和管座混凝土未达到一定强度；砖砌沟墙还未安装沟盖，管道及沟墙结构遇回填土的强力碰撞和侧压力碰撞而变形。

② 回填土时，只回填管道一侧或两侧填筑高差太大，使管道单侧受力造成管道向一侧推移，使接口抹带和管座混凝土遭到破坏。

③ 管顶或沟盖顶以上覆土厚度小，使用机械压实，由于机械的自重和震动冲击，超过了管体或沟盖板所能承受的安全外压荷载，造成管体破裂、沟盖断裂。

(3) 危害：这种不按规范要求的回填土，所造成明显的管道结构破坏或沟盖倾倒，经过返工修复后不会造成什么后患，但也造成工时、材料的浪费；如果发生了没有被发现；或发现了没有进行处理的接口破坏，将会造成管道漏水，冲刷管基，危及大段的结构安全，污水管的渗漏会污染地下水源，或地下水内渗，加大污水处理厂的处理量；如果是管体破裂（大都是180°以上破裂），无筋管易被压碎，有筋管易腐蚀钢筋，年久会造成管道坍塌。

(4) 预防措施：

① 沟槽回填土工序应认真对待，是施工组织设计中的重要内容；既要保证施工过程中管渠的安全，结构不被损坏，又要保证上部修路时及放行后的安全。

② 胸腔及管顶以上50cm范围内填土时，应做到分层回填，两侧同时回填夯实，其高差不得超过30cm；回填土中不得含有碎砖、石块及大于10cm的冻土块；管座混凝土强度要达到5MPa以上，砖沟必须在盖板安装后，方可进行回填土。

③ 管顶以上50cm范围内要用木夯夯实；胸腔部位以上的回填土，当使用压路机压实时，管顶以上的覆土高度必须大于1.5m。

(5) 治理方法：

① 由于回填土夯实所造成的管带接口、管材保护层、管座的损伤，应予修复，同时不应低于原有强度。

② 对管道的轴线位移、管体的破裂问题，应会同设计、建设、质量监督、监理单位共同研究制定方案，一般都应返工重做。

地槽或管沟的填土深度，均按自然地坪平均标高减去地槽或沟槽底面平均高差计算。自然地坪标高是指工程开挖前施工场地的原有地坪。

例：由设计说明知：相对标高±0.000相当于绝对标高489.73m，自然地坪绝对标高489.03m，则可知基础的槽深：

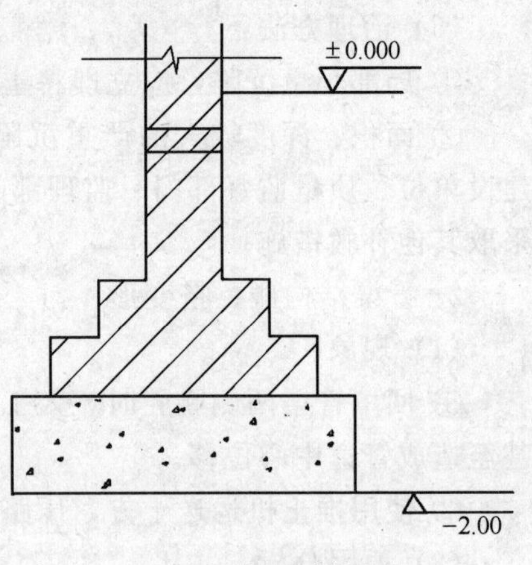

图 2-18 基础剖面图

H＝2.0－(489.73－489.03)＝1.30m

预算定额规定，当人工填土方深度超过 1.5m 时，按 2m 以内、3m 以内、4m 以内、5m 以内、6m 以内分别增加计算。当填土深度超过 6m 时，按超深部分的挖土量，每立方米增加垂直运输用工 0.15 工日，当地槽各段深度不同时，应分段计算工程量。如图 2-18 所示为某地槽局部回填情况：

由图 2-18 可知：槽底标高高于－1.95m 部分，其工程量应单独计算，选套 2m 内人工填土槽定额，填土深度在－2.35～－2.75m，总长为 7.2m 的加深部分地槽，其填土量应套用 3m 以内人工填土定额项目。

七、挖土放坡和沟、槽底加宽应按图纸尺寸计算，如无明确规定，可按下表计算：

放 坡 系 数

土的类别	放坡起点深度（m）	机械开挖		人工开挖
		坑内作业	坑上作业	
一、二类土	1.20	1∶0.33	1∶0.75	1∶0.50
三类土	1.50	1∶0.25	1∶0.67	1∶0.33
四类土	2.00	1∶0.10	1∶0.33	1∶0.25

管沟底部每侧工作面宽度

管道结构宽（cm）	混凝土管道基础 90°	混凝土管道基础＞90°	金属管道	构筑物	
				无防潮层	有防潮层
50 以内	40	40	30	40	60
100 以内	50	50	40		
250 以内	60	50	40		

挖土交接处产生的重复工程量不扣除。如在同一断面内遇有数类土，其放坡系数可按各类土占全部深度的百分比加权计算。

管道结构宽：无管座按管道外径计算，有管座按管道基础外缘计算，构筑物按基础外缘计算，如设挡土板则每侧增加 10cm。

[应用释义] 本章所指的计算量规则中放坡、管槽等概念，还有处理管道结构宽的计算。

放坡：由于在土方工程施工过程中，当普通土（即Ⅰ、Ⅱ类土）挖深超过 1m（有的为 1.2m），坚土（即Ⅲ类土）和砂砾坚土（即Ⅳ类土）挖深超过 1.5m（有的地方分别规定为 1.5m 和 2m）时，为了防止土壁崩塌，保持边壁稳定，这时需加大挖土面上口宽度，使挖土面保持一定坡度。

实践经验表明：土壁稳定与土的类别、含水率和挖土深度有关。当挖土深度不大时，可采用直立土壁的开挖方式；当挖土深度超过规定限度时，为保证安全施工，就需采用放坡土壁开挖方式。在土的放坡系数和放坡起点深度表中 0.25、0.33、0.50 皆称放坡系数，经常采用 K 表示。土壁坡度以 1∶K 表示，对于一～四类土，各地区土层厚度多有不同，在确定土的放坡系数时，也有所不同。

$$K=D/H \tag{2-59}$$

$$H:D=1:D/H=1:K\text{（坡度）} \tag{2-60}$$

式中　H——表示挖土深度；

D——表示放坡宽度；

K——表示放坡系数。

如果在同一地槽、地坑或管道沟中，有几种土层较薄且类别不同的土时，其土壁放坡系数，可由下式确定：

$$K=\frac{H_1K_1+H_2K_2+\cdots+H_nK_n}{H}=\frac{\sum_{i=1}^{n}H_iK_i}{H} \tag{2-61}$$

式中　K——表示综合放坡系数；

H_i——表示某土层（i）厚度，$1\leqslant i\leqslant n$；

K_i——表示某土层（i）放坡系数；

H——表示坑或槽挖土总深度，m。

在计算放坡时，交接处产生的重复计算工程不予扣除，如图 2-19 所示。原槽做基础垫层时，放坡应从垫层上表面开始计算。

两槽相交重复计算部分示意图如图 2-19 所示：

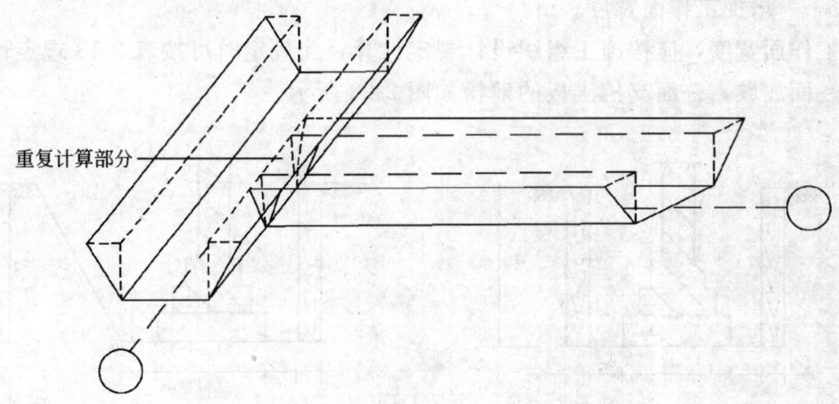

图 2-19　两槽相交重复计算部分示意图

从垫层上表面放坡示意图如图 2-20 所示：

地槽系指墙基下地槽，地沟是指管道沟，工程量按体积以立方米计算，按挖土深度不同分别执行相应地槽、地坑定额。

1. 地槽

(1) 不放坡不支挡土板的挖地槽如图 2-21 所示，工程量按式 (2-62) 计算：

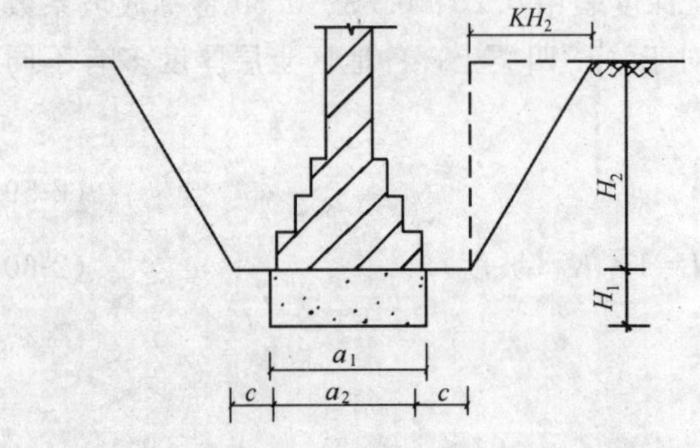

图 2-20　从垫层上表面放坡示意图

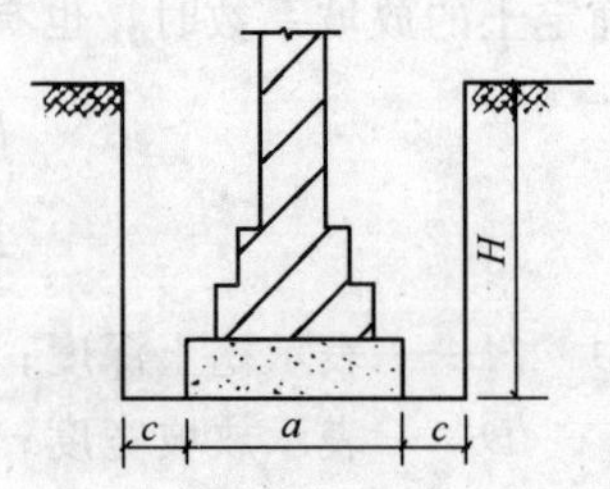

图 2-21　地槽

$$V=H(a+2c)L \tag{2-62}$$

式中　V——地槽土方量，m^3；

H——挖土深度，m；

a——基础或垫层宽度，m；

c——增加工作面宽度，m。

(2) 有双面支撑挡土板的挖地槽如图 2-22 所示，工程量按公式 (2-63) 计算：

$$V=H(a+0.2+2c)L \tag{2-63}$$

式中　0.2——两块挡土板所占宽度，m；

V——地槽土方量，m^3；

H——挖土深度，m；

L——地槽长度，m；

c——增加工作面宽度，m。

增加工作面宽度，应按施工组织设计规定计算，无规定时可按表 2-13 规定计算。

(3) 一面放坡，一面支挡土板的地槽如图 2-23 所示。

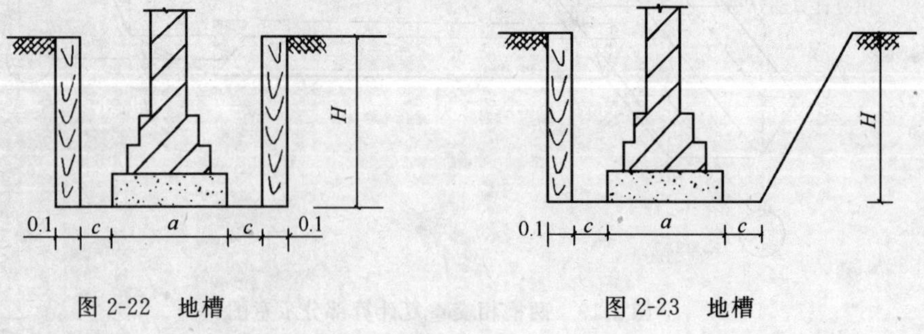

图 2-22　地槽　　　图 2-23　地槽

工程量按式 (2-64) 进行计算：

$$V=H(a+0.1+2c+0.5KH)L \tag{2-64}$$

式中　V——地槽土方量，m^3；

H——地槽深度，m；

槽、坑工作面增加宽度表 表 2-13

基础材料	每边各增加工作面宽（cm）
砖	20
浆砌毛石	15
浆砌条石	15
混凝土基础或垫层须支模板者	30
使用卷材或防水砂浆做垂直防潮层者	80

L——地槽长度，m；

a——垫层宽度，m；

0.1——挡土板所占宽度，m；

c——增加工作面宽度，m。

(4) 放坡不支挡土板的挖地槽工程量分如下两种情况：

① 自垫层上表面放坡如图 2-24 所示，土方量按式（2-65）计算：

$$V=[a_1H_1+(a_2+2c+KH_2)H_2]L \tag{2-65}$$

式中 H_1——垫层的厚度，m；

H_2——地槽上表面至垫层上表面深度，m；

V——地槽的土方量，m^3；

c——扩建层宽度，m；

K——放坡系数；

a_1——垫层宽度，m；

a_2——基础宽度，m。

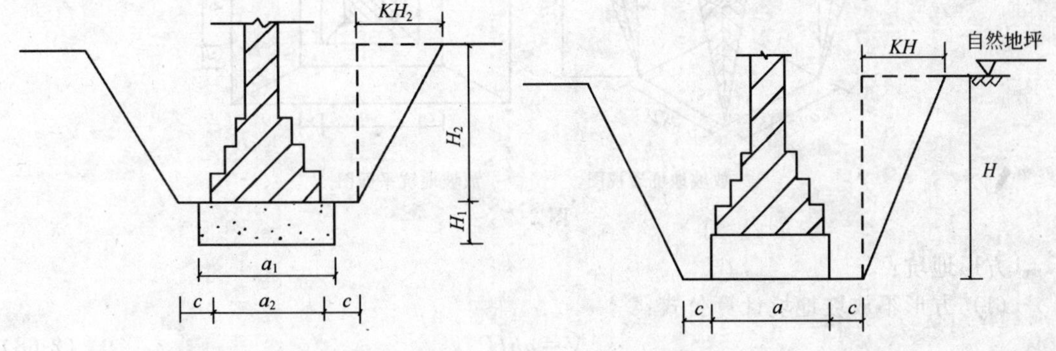

图 2-24 从垫层上表面放坡示意图

图 2-25 放坡地槽示意图

② 自槽底面放坡如图 2-25 所示，其土方量按式（2-66）计算：

$$V=(a+2c+KH)HL \tag{2-66}$$

式中 V——地槽土方量，m^3；

a——垫层宽度，m；

c——增加工作面宽度，m；

H——地槽深度，m。

例题：设有一基础地槽，槽底尺寸为 1.2m，槽深 3m，土的类别为三类土，施工组织设计规定该地槽施工面为 30cm，地槽长度为 30m，试计算该地槽挖土方工程量。如图2-26所示：

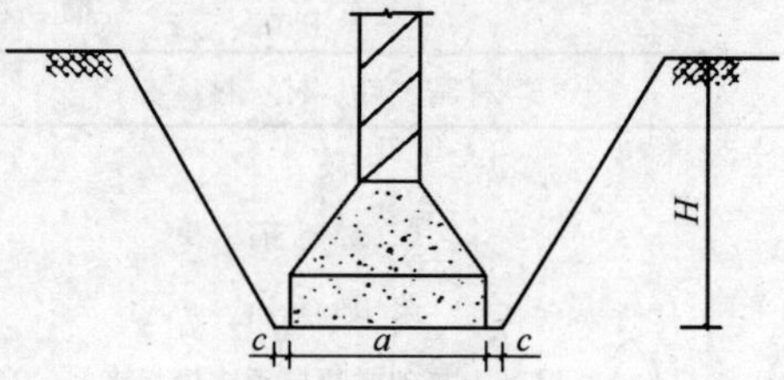

解：依据地槽放坡计算公式有：

$$V=(a+2c+KH)HL \tag{2-67}$$

图 2-26 地槽

式中依题已知有：

$a=1.2\text{m}$，$H=3\text{m}$，$c=0.30\text{m}$，$K=0.33$

(图纸无放坡规定说明，按定额说明规定取用)，则：

$$\begin{aligned} V &= 3\times(1.20+2\times0.30+3\times0.33)\times30 \\ &= 3\times2.79\times30=251.10\text{m}^3 \end{aligned}$$

人工挖地槽定额，一般以土的类别和挖土深度划分定额子目，工程内容包括挖土、装土、抛土于槽边 1m 处，修理槽壁、槽底，在编制工程预算时，没有地质资料，又不易确定土的类别时暂按干土、坚土计算，在竣工结算时按实际土的类别加以调整。

2. 挖地坑

挖地坑：是指坑底面积在 20m^2 以内（不包括加宽工作面）的土方工程。地坑挖土体积应按图 2-27 所示尺寸为底面积，再加上工作面，以立方米为单位计算。

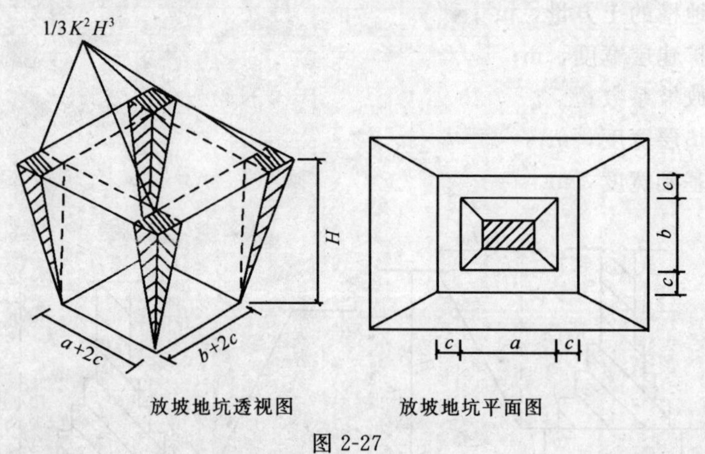

放坡地坑透视图　　放坡地坑平面图

图 2-27

方形地坑：

(1) 方形不放坡地坑计算公式：

$$V=abH \tag{2-68}$$

(2) 方形放坡地坑计算公式：

$$V=(a+2c+KH)(b+2c+KH)H+\frac{1}{3}K^2H^3 \tag{2-69}$$

式中 V——方形地坑挖土体积，m^3；

a——方形地坑底面长度，m；

b——方形地坑底面宽度，m；

H——方形地坑深度，m；

K——地坑土的放坡系数。

在这里$\frac{1}{3}K^2H^3$为四个角锥体积，在许多工具书中可通过直接查表查得，现将地坑放坡时四角的角锥体积附于表2-14。

地坑放坡时四角的角锥体体积表（m^3） 表2-14

放坡系数K / 坑深（m）	0.10	0.25	0.30	0.33	0.50	0.67	0.75	1.00
1.20	0.01	0.04	0.05	0.06	0.14	0.26	0.32	1.58
1.30	0.01	0.05	0.07	0.08	0.18	0.33	0.41	0.73
1.40	0.01	0.06	0.08	0.10	0.23	0.41	0.51	0.91
1.50	0.01	0.07	0.10	0.12	0.28	0.51	0.63	1.13
1.60	0.01	0.09	0.12	0.15	0.34	0.61	0.77	1.37
1.70	0.02	0.10	0.15	0.18	0.41	0.74	0.92	1.64
1.80	0.02	0.12	0.17	0.21	0.49	0.87	1.09	1.94
1.90	0.02	0.14	0.21	0.25	0.57	1.03	1.29	2.29
2.00	0.03	0.17	0.24	0.29	0.67	1.20	1.50	2.67
2.10	0.03	0.19	0.28	0.34	0.77	1.39	1.74	3.09
2.20	0.04	0.22	0.32	0.39	0.89	1.59	2.00	3.55
2.30	0.04	0.25	0.37	0.44	1.01	1.82	2.28	4.06
2.40	0.05	0.29	0.41	0.50	1.15	2.07	2.59	4.61
2.50	0.05	0.33	0.47	0.57	1.30	2.34	2.93	5.21
2.60	0.06	0.37	0.53	0.64	1.46	2.63	3.30	5.86
2.70	0.07	0.41	0.59	0.71	1.64	2.95	3.69	6.56
2.80	0.07	0.46	0.66	0.80	1.83	3.28	4.12	7.31
2.90	0.08	0.51	0.73	0.89	2.03	3.65	4.57	8.13
3.00	0.09	0.56	0.81	0.98	2.25	4.04	5.06	9.00
3.10	0.10	0.62	0.90	1.08	2.48	4.46	5.59	9.93
3.20	0.11	0.68	0.98	1.19	2.70	4.90	6.14	10.92
3.30	0.12	0.75	1.08	1.30	2.99	5.38	6.74	11.98
3.40	0.13	0.82	1.18	1.43	3.28	5.88	7.37	13.10
3.50	0.14	0.90	1.29	1.56	3.57	6.42	8.04	14.29
3.60	0.16	0.97	1.40	1.69	3.89	6.98	8.75	15.55
3.70	0.17	1.06	1.52	1.84	4.22	7.58	9.50	16.88
3.80	0.18	1.14	1.65	1.99	4.57	8.21	10.29	18.20
3.90	0.20	1.24	1.78	2.15	4.94	8.88	11.12	19.77
4.00	0.21	1.33	1.92	2.32	5.33	9.58	12.00	21.33
4.10	0.23	1.44	2.07	2.50	5.74	10.31	12.92	22.97
4.20	0.25	1.54	2.22	2.69	6.17	11.09	13.89	24.69
4.30	0.27	1.66	2.39	2.89	6.63	11.90	14.91	26.50

续表

坑深（m）＼放坡系数 K	0.10	0.25	0.30	0.33	0.50	0.67	0.75	1.00
4.40	0.28	1.78	2.56	3.09	7.10	12.75	15.97	28.39
4.50	0.30	1.90	2.73	3.31	7.59	13.64	17.09	30.38
4.60	0.32	2.03	2.92	3.53	8.11	14.56	18.25	32.45
4.70	0.35	2.16	3.11	3.77	8.65	15.54	19.47	34.61
4.80	0.37	2.30	3.32	4.01	9.22	16.55	20.74	36.86
4.90	0.39	2.45	3.53	4.27	9.80	17.60	22.06	39.21
5.00	0.42	2.60	3.75	4.54	10.42	18.70	23.44	41.67

例：某市政工程基坑深1.60m，按规定尺寸为3m×2m，土质为坚土，求挖基坑土方量。

解：基坑深1.60m，按规定应放坡，坚土放坡系数为0.33，则上述公式中$\frac{1}{3}K^2H^3$的值由挖深1.60m放坡系数K=0.33，查表2-14，可知为0.15m³，则套用公式，得其土方量为：

$$V=1.6\times(2+0.33\times1.6)\times(3+0.33\times1.6)+0.15=14.42\text{m}^3$$

通常利用表2-15所列系数，进行工程量简化计算，但一般只适用于工程的概算、估算中。

挖地坑工程量系数参考表　　　表2-15

工　程　量　（m³）	一、二类土	三、四类土
1000以内	2.00	1.25
1000以上	1.20	1.30

注：1. 挖地坑坑底面积在20m²以内按挖地坑计算；
2. 按建筑物、构筑物挖地坑部分的外围体积乘上系数，适用于概算、估算中。

例：某构筑物地坑尺寸9m×2m，深2m，为三类土，其外围体积为：9×2×2=36m³，则乘上三、四类土的系数：36×1.25=45m³。

另外，本章附有系数表2-16～表2-18，供读者参考。

基础挖土方系数表　　　表2-16

基　础　类　型	系　　数
砖　基　础	2
砖基础带垫层	2
毛石基础	1.9
砂　基　础	1
桩　基　础	6.7
杯形基础	9.3
灰土基础	1
基　础　梁	2.45

注：已知各类基础砌体中工程量乘表中系数，即得挖土方工程量。

每立方米基础土方工程量参考表　　表 2-17

基础类型	基 础 项 目	平整场地（m^2）	挖地槽（坑）（m^3）	原土夯实（m^2）	回填土（m^3）	运余土（m^3）
条形基础	毛石基础	2.50	1.90	0.95	1.00	0.90
	砖基础	3.20	1.70	1.80	0.50	1.20
	无筋混凝土基础	2.50	2.40	0.85	1.19	1.20
	有筋混凝土基础	2.50	3.10	0.85	1.89	1.21
	毛石混凝土基础	2.50	2.40	0.85	1.19	1.21
	掺砂基础	3.20	1.00	1.80		1.00
	灰土基础	3.20	1.00	1.80		1.00
独立柱基础	毛石、无筋、有筋		7.20	1.70	6.15	1.05
满堂红基础	混凝土		6.30	1.70	2.50	3.80
杯形基础	有梁式、无梁式、箱式钢筋		7.20	1.70	6.15	1.05
承台梁	混凝土		3.30		1.30	2.00
设备基础	钢筋混凝土		2.30	3.30	1.30	1.00

土的压缩率参考数值表　　表 2-18

土 的 类 别		土壤压缩率（%）	松散土压实后体积（m^3）
一、二类土	种植土	20	0.80
	一般土	10	0.90
	砂　土	5	0.95
三类土	天然湿度黄土	12～17	0.85
	一般土	5	0.95
	干燥整实土	5～7	0.94

八、土石方运距应以挖土重心至填土重心或弃土重心最近距离计算，挖土重心、填土重心、弃土重心按施工组织设计确定。如遇下列情况应增加运距：

1. 人力及人力车运土、石方上坡坡度在15%以上，推土机、铲运机重车上坡坡度大于5%，斜道运距按斜道长度乘以如下系数：

项　目	推土机、铲运机				人力及人力车
坡度（%）	5～10	15以内	20以内	25以内	15以上
系数	1.75	2	2.25	2.5	5

2. 采用人力垂直运输土、石方，垂直深度每米折合水平运距7m计算。

3. 拖式铲运机3m^3加27m转向距离，其余型号铲运机加45m转向距离。

［应用释义］　在预算中，土石方运距的计算有明确的规定，这里所指是运距在某些特殊情况下的计算处理。包括人力或人力车运土上坡和推土机、铲运机等机械推土上坡的情况，人力垂直运输以及拖式铲运机的转向运输。

(1) 人力或人力车运土。

人力用单（双）轮车运土方，按相应的运土定额执行，垂直深度每米折合水平运距7m作预算处理。

(2) 机械推土上坡。

从影响推土机与铲运机作业效率的因素来看，由于推土机上坡推土或填土高、宽而降低推土机作业效率。铲运机作业效率与上坡和填筑路的高度有关系，其影响数据见表2-19、表2-20。

推土机上坡推土降低台班产量参考表　表2-19

上坡坡度	台班产量定额乘以系数
10%～15%	0.92
10%～25%	0.88
25%以上	0.80

推土机上坡推土高度折合水平运距表　表2-20

上坡坡度	每升高1m折合水平距离
6%～10%	4
10%～20%	7
20%～25%	9

铲运机作业效率与上坡和填筑路堤的高度影响系数见表2-21、表2-22。

表2-21

上坡坡度	增加系数
5%	1.05
10%	1.08
15%	1.14

表2-22

填土高度	路面宽度	降低台班产量系数
5m以上	5m以内	0.95

下面对推土机与铲运机作一简要介绍：

推土机：适用于开挖一～三类土，经济运距100m以内，效率最高的运距为60m。多用于平整场地，开挖深度1.5m以内的基槽（沟）移挖作填。回填基坑（槽）、沟，堆筑高度1.5m以内的堤坝以及配合挖土机从事平整、集中土方、清理场地，修路开道等。

作业方法：推土机开挖作业常以切土和推运土为主，切土时，应根据土质情况，尽量采用最大切土深度在最短距离（6～10m）内完成，以便缩短低速运行时间，然后直接运到预定地点，回填土和填沟渠时，铲刀不得超出土坡边沿。

上下坡坡度不得超过35°，横坡不得超过10°，几台推土机同时作业，前后距离应大于8m。

铲运机：适用于开挖一～三类土。适用运距为600～1500m，当运距200～350m时效率最高。常用坡度20°以内的大面积土方开挖、回填、整平、压实，开挖大型基坑、管道和河渠、填筑堤坝等作业，不适用在砾石层、冻土地带及沼泽地区使用。下面介绍几种常用方法名词：

① 下坡铲土：利用机械下坡时的重力作用加大铲土能力，坡度一般为3°～9°，效率可提高75%左右，最大不超过20°，铲土厚度以20cm为宜。

② 跨铲法：在较坚硬的土内挖土时，采用预留土埂间隔铲土，由于出现铲土埂增加了两个自由面，阻力减少，采用此种方法，效率可提高10%。

③ 交错铲土法：在挖较坚硬土时，采用交错铲土。即开始铲土宽度取大一些，随着铲土阻力增加，适当减少铲土宽度，使铲运机很快装满土。

(3) 拖式铲运机的转向运输。

机械施工土方运距应根据施工组织设计规定计算，如无施工组织设计者，则按上述规则计算。

对于［C_4－3 (C75HP)］型铲运机，其转向距离应取 27m 而不取 45m，其余转向铲运机转向距离均取 45m。

推土机推土或推石渣，以及铲运机运土情况下，如果他们重车上坡且坡度大于 5%时，其各自运距应按斜坡长度乘以以下规定的系数：

当坡度为 5%～10%时，系数取 1.75；

当坡度为 10%～15%时，系数取 2.00；

当坡度为 15%～20%时，系数取 2.25；

当坡度为 20%～25%时，系数取 2.50。

当推土机或铲运机在弃土推重车上坡时，可按其在坑内相应重车上坡系数 50%计算。当坡度在 5%以内时，不计算其重车上坡系数。

例：设某市政工程挖一矩形地坑，其坑深为 5.6m，地坑底面尺寸为 $a\times b=60\text{m}\times 18\text{m}$，工作面取 $c=0.8\text{m}$，土为一～二类土，根据施工组织设计要求推土机只能沿地坑长度方向推土，试求推土机重车上坡系数及其推土运距。

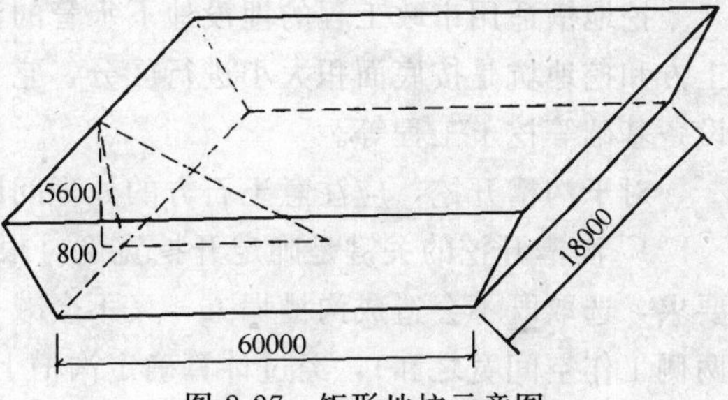

图 2-27 矩形地坑示意图

解：如图 2-27 所示。

a. 计算挖方区重心至坑边斜长：

$$L_{斜}=\sqrt{(30+0.8)^2+5.6^2}=31.305\text{m}$$

b. 当坡度为 5%时，其挖土深度为：

$$h_1=31.305\times 5\%=1.57\text{m}$$

c. 当坡度为 10%时，其挖土深度为：

$$h_2=31.305\times 10\%=3.13\text{m}$$

d. 当坡度为 15%时，其挖土深度为：

$$h_3=31.305\times 15\%=4.70\text{m}$$

e. 当坡度介于 15%～20%时，其挖土深度为

$$h_4=h_1-h_3=5.60-4.70=0.90\text{m}$$

则当挖土深度在 $h_1=1.57\sim h_2=3.13\text{m}$ 之间的挖方到坑边距离为：

$$31.305\times 1.75=54.78\text{m}$$

当挖土深度在 $h_2=3.13\sim h_3=4.70\text{m}$ 之间的挖方到坑边距离为：

$$31.305\times 2.00=62.61\text{m}$$

当挖土深度在 $h_3=4.70\sim h_1=5.6\text{m}$ 之间的挖方至坑边距离为：

$$31.305 \times 2.25 = 70.44\text{m}$$

九、沟槽、基坑、平整场地和一般土石方的划分：底宽 7m 以内，底长大于底宽 3 倍以上按沟槽计算；底长小于底宽 3 倍以内按基坑计算，其中基坑底面积在 150m² 以内执行基坑定额。厚度在 30cm 以内就地挖、填土按平整场地计算。超过上述范围的土、石方按挖土方和石方计算。

［应用释义］　挖土包括挖土方（挖平基）、挖地槽、挖地坑，三者概念区别见表2-23。

表 2-23

土方名称	概念区别
挖地槽	槽长＞3 倍槽宽，且槽宽≤3m
挖地坑	槽长≤3 倍槽宽，且坑底面积≤20m²
挖土方（平基）	槽宽＞3m 或坑底面积＞20m² 或 30cm 以上的场地平整

注：表中槽宽、坑底面积均不含工作面。

挖地槽适用市政工程的埋没地下水管的沟槽、通讯线缆及排水沟等的挖土工程；挖土土方和挖地坑是按底面积大小进行区分，它们适用于建造地下室、片筏基础、独立基础、设备基础等挖土工程等。

对于沟槽开挖，应注意土石方的处理问题，其中包括以下几个内容：

1. 沟槽开挖的关键是确定开挖宽度，根据槽深和土质情况，按施工规范或技术规程要求，选取既不会造成沟槽塌方，又不会减少开挖量的最小需要槽底宽度（管道结构宽与两侧工作空间宽之和），经过计算确定沟槽上口开挖边线。

2. 当地质条件不佳，地下水位高于槽底且降水不好，以及现场没有适宜宽度的工作空间时，采用沟槽支撑，要按规程进行支撑设计，以保障槽壁稳定。支撑采用的类型、构造应根据现场条件，按有关规范、规程执行。

3. 沟槽施工中的排、降水。根据水文地质资料、槽底高程在地下水位线以下，或在浅层滞水的槽段，在施工方案中要确定排、降水措施。如果采用槽底两侧排水沟进行排水，其槽底宽度还应适当加宽，不应侵占工作宽度。

4. 槽底土基，要保证其强度和稳定，不能超挖，也不能扰动。要有得力的降水措施。如发生超挖或扰动，必须按规程要求进行地基处理后，方可进行管道平基或底板浇筑。

对于沟槽开挖，要达到以下质量标准：

1. 沟槽开挖质量标准

（1）外观质量标准

①严禁扰动槽底土体，如发生超挖，应按有关规定处理。

②槽底不得受水浸泡或受冻。

③沟槽边坡应平整且不陡于规定的要求。

（2）实测实量允许偏差

请参阅相关的规定。

2. 沟槽开挖的注意事项

边坡塌方是指在挖槽过程中或挖槽之后，边坡土方局部或大部分坍塌或滑坡。造成边坡塌方的原因主要有：

（1）为了节省土方，边坡坡度过陡（不符合规范要求）或没有根据槽深和土质特性建成相应坡度的边坡，致使槽帮失去稳定而造成塌方。

（2）在有地下水作用的土层或有地面水冲刷槽帮时，没有预先采取有效的排、降水措施，土层浸湿，土的抗剪强度指标凝聚力 C 和内摩擦角 φ 降低，在重力作用下，失去稳定而塌方。

（3）槽边堆积物过高，负重过大，或受外力振动影响，使坡体内剪切力增大，土体失去稳定而塌方。

（4）土质松软，挖槽方法不当而造成塌方。

由于塌方易使地基受到扰动，使下道工序难以进行。严重的会影响槽边以外建筑物的稳定和安全，易造成人财物的损失。

由于以上种种原因，必须采取一些措施：

（1）根据土的类别，土的力学性质来确定适当的槽帮坡度。实施支撑的直槽槽帮坡度一般采用1∶0.05。大开槽的槽帮坡度可参照表2-24。

大开槽槽帮坡度　　**表2-24**

土的类别	槽帮坡度（高∶宽）	
	槽深<3m	槽深3～5m
砂　土	1∶0.75	1∶1.00
亚砂土	1∶0.50	1∶0.67
粉质黏土	1∶0.33	1∶0.5
黏　土	1∶0.25	1∶0.33
干黄土	1∶0.20	1∶0.25

（2）较深的沟槽，宜分层开挖。人工开挖多层槽的中槽和下槽，机械开挖直槽时，均需按规定进行支撑以加固槽帮。其支撑形式、方法和适用范围请参阅表2-25。

支撑方法和适用范围　　**表2-25**

支撑名称	支撑方法	适用范围
坡脚短桩	打入小短木桩，一半外露，一半在地下，外露部分背面钉上横木板，然后填土	部分地段下部放坡不足，为保护坡脚，防止坍塌
继续式水平支撑	三至五块横板水平放置，紧贴槽帮，方木立靠在横板上，再用圆木或工具式横撑，顶紧两侧的方木	湿度较小的黏性类土、槽深小于3m
连续式水平支撑	横板水平密排，紧贴槽帮，方木立靠在横板上，两侧同时设置，用方木或工具式横撑顶紧方木	容易坍塌，但容许支撑的砂性土，槽深在3～5m时
连续式垂直支撑	木板密排垂直放置，紧贴两侧槽帮，用方木水平靠在立板上，以撑木顶紧方木。并加木楔	容易坍塌，并需要随挖随支撑的砂性土

续表

支撑名称	支 撑 方 法	适用范围
企口板桩支撑	挖直槽深 50～100cm，将板桩插入导架，沿底槽边密排，人工用锤打入土内随打随挖。用方木紧贴板桩，横撑顶紧方木。挖槽见底后需调整横撑位置	地下水比较严重，有流沙现象，不能排板，只能随打板桩随挖土时
钻孔埋钢梁式支撑	用 ϕ400 螺旋钻钻孔，伸入槽底 1～1.5m，在孔内固定下工字钢，随挖土随固定横工字钢和横撑，并立下挡土板，横方木放在工字钢之间，别住挡土板	槽深大于 4m，有可能坍塌的直槽时

(3) 掌握天然排水系统和现况排水管道情况，做好地面排水和导流措施，当沟槽开挖范围内有地下水时应采取排、降水措施，将水位降至槽底以下大于或等于 0.5m，并保持到回填土完毕。

(4) 挖槽土方应妥善安排堆存位置，一般情况堆在沟槽两侧。堆土下坡脚与槽边的距离应根据槽深、土质、槽边坡来确定，其最小距离为 1.0m。若计划在槽边运送材料，有机动车通行时，其最小距离为 3.0m，当土质松软时不得小于 5.0m。

(5) 沟槽挖方，在竖直方向，应自上而下分层，从平面上说应从下游开始分段依次进行，随时做成一定坡势，以利排水。沟槽见底后应及时施工下一道工序，以防扰动地基。

沟槽已经塌方，要及时将塌方清除，按规定做支撑加固措施。而另外一种现象就是槽底泡水，当沟槽开挖后槽底土基被水浸泡。造成的原因主要有：

① 天然降水或其他客水流进沟槽。

② 对地下水或浅层滞水，未采取排、降水措施或排、降水措施不力。

③ 槽基被浸泡后，地基土质变软，会大大降低其承载力，引起管渠基础下沉，造成管渠结构折裂损坏。

由于以上种种因素必须采取以下预防措施：

① 雨期施工，要将沟槽四周叠筑闭合的土埂，必要时要在埂外开挖排水沟，以防止客水流入槽内。

② 下水管道接通河道或接入旧雨水管渠的沟段，开槽应在枯水季节先行施工，以防下游水倒灌入沟槽。

③在地下水位以下或有浅层滞水地段挖槽，应使排水沟，集水井或各种井点排降水设备经常保持完整状态，保证正常运行。

④ 沟槽见底后应随即进行下一道工序，或者，槽底以上可暂留 20cm 土层不予挖出，作为保护层。

治理方法包括如下类型：

① 沟槽已被泡水，应立即检查排降水设备，疏通排水沟，将水引走、排净。

② 已经被水浸泡而受扰动的地基土，可根据具体情况处治。

当土层扰动在 10cm 以内时，要将扰动土挖出，换填级配砂砾或砾石夯实；当土层扰动深度达 30cm 但下部坚硬时，要将扰动土挖出，换填大卵石或块石，并用砾石填充空隙，将表面压实。

槽底超挖所开挖的沟槽深度，普通或局部或个别处低于设计高程，即槽底设计高程以下土层被挖除或受到松动或扰动。

造成槽底超挖的原因有：

（1）测量放线的错误，造成超挖。

（2）采用机械挖槽时，司驾人员或指挥、操作人员控制不严格，局部多挖。

槽底超挖的后果是严重的，主要有以下几个方面：

① 超挖部分要回填夯实，造成人力浪费。

② 回填夯实的原土或其他材料的密实度，均不如原状土均匀，易造成不均匀沉降。所以在使用机械挖槽时，在设计槽底高程以上预留 200mm 土层，待人工清挖。

治理方案包括的主要内容有：

① 干槽超挖在 15cm 以内者，可用原状土回填夯实，其密实度不应低于原地基天然土的密实度。

② 干槽超挖在 15cm 以上者，可用石灰土处理，其密实度不应低于轻型击实的 95%。

③ 槽底有地下水、或地基土含水量较大时，不适于加夯时，可用天然级配砂砾回填。

沟槽断面不符合要求、沟槽坡脚线不直顺、槽帮坡度偏陡、槽底宽度尺寸不够，可能有以下因素造成：

① 施工技术人员在编制施工组织设计之前没有认真学习设计图纸和规范要求，没有充分了解挖槽地段的土质、地下构筑物、地下水位以及施工环境等情况，所确定的挖槽断面不合理。

② 挖槽的操作人员或机械开槽的驾驶人员不按要求的开槽断面施工，又管理不力，一味图省工、省力。

大量施工实践证明，不合理的窄槽、陡槽是人身伤亡事故的直接祸根，是影响操作造成工程质量低劣的重要原因。为防止这一因素，必须做到：

① 施工技术人员要认真学习设计图纸和施工规范，充分了解施工环境。在研究确定挖槽断面时，既要考虑少挖土，少占地，更要考虑方便施工，确保安全生产和工程质量，做到开槽断面合理。

② 开槽断面系由槽底宽、挖深、槽层、各层边坡坡率以及层间留台宽度等因素确定。槽底宽度，应为管道结构宽度加两侧工作宽度。每侧工作宽度按表 2-26 规定选用。

管道结构每侧工作宽度　　**表 2-26**

管道结构宽（mm）	每侧工作宽度（mm）	
	金属管道及砖沟	非金属管道
200～500	0.3	0.4
600～1000	0.4	0.5
1100～1500	0.6	0.6
1600～2000	0.8	0.8

注：1. 有外防水的砖沟，每侧的工作宽度宜取 0.8m；

2. 管侧还土采用机械夯实时，每侧工作宽度应能满足机械操作安全的需要；

3. 现浇混凝土沟，每侧工作宽度在施工方案中确定；

4. 管道结构宽度：无管座者按管外皮计算，有管座者按管座外皮计算，砖沟按墙外皮计算，有卵石基础的按卵石外边计算；

5. 有支撑时，工作宽度指结构外皮至撑板的净宽；

6. 采用边沟排水时，视降水级别，每侧另加 0.3～0.5m。

③ 操作人员要按照技术交底中合理的开槽断面和施工操作规程施工。

槽底宽度较窄时，可在不影响生产安全的情况下，在槽底部两侧削挖坡脚，加设短木护桩，使槽底宽度达到要求。

对于危及人身安全或严重影响操作，难以保证工程质量的不符合要求的槽宽，可在慎重研究，采取安全措施后，另行劈槽，直到符合标准为止。

在沟槽开挖时，堆土应符合有关要求。堆土不符合规定如：土方堆放位置不妥当，槽边堆土超高，堆土堵塞排水出路，堵塞施工通道，严重时在已安装的管道上、盖板方沟上超高堆土。造成堆土不符合规定的原因有：

① 管渠工程土方堆放问题，在施工管理人员中是常常被忽视的。

② 施工管理人员、操作人员对堆土的有关规定不熟悉，或虽然知道，但执行、落实不坚决。

由此造成的危害有以下几个方面：

① 槽边堆土超高，靠近槽边堆土，加大对槽帮的土压力，易造成坍塌，危及操作人员安全和管渠结构安全。

② 堆土靠近槽边不留通道，一则影响施工材料、设备运输；二则遇风吹、雨冲或其他振动，堆土易溜入槽内，影响施工操作，影响工程质量。

③ 在已完工的管渠上超量堆土，易使管道结构压裂、渠道盖板压断。

④ 在房根、墙根超高堆土，由于土的侧压力，特别是在雨水将堆土浸湿下沉，侧压力骤增超过墙体允许的侧压力，易压倒房墙。

预防措施及治理方案：

① 在开槽挖土之前，施工技术人员要根据施工环境，施工季节和作业方式，制定安全、易行、经济合理的堆土、弃土、运土、存土的施工方案，并作详细的施工技术交底。

② 全面熟悉和认真执行有关堆土的规定。一般堆土的规定和注意事项如下述。

③ 在回填的管道上堆土，其堆土高度与管道现有覆土深度之和不得大于该管道设计允许覆土深度。普通混凝土和钢筋混凝土排水管一般不超过 6m，管壁加厚加重的钢筋混凝土管一般不超过 12m。

治理方案：对不符合规定的堆土，要根据具体情况，采取补救措施进行处理。严重违反规定的要重新整治或装运倒除。

沟槽上堆土应满足以下条件：

① 堆土坡脚距槽边 1m 以外；

② 留出运输道路和井点干管位置及排水管的足够宽度；

③ 在适当的距离内要留出交通运输路口；

④ 堆土高度一般不宜超过 2m，堆土坡度不陡于自然安息角。

挖运堆土应满足以下条件：

① 弃土和回填土分开堆放；

② 回运的土方堆放，要便于装运。

城镇市区开槽时的堆土应满足以下条件：

① 路面渣土和下层好土要分开堆放，堆土整齐，有利市容；

② 合理安排交通，保证交通安全；

③ 不要埋压消火栓、雨水口、测量标志和其他市政设施，且测量标志及消火栓周围

也不宜堆土。

高压线和变压器附近堆土应满足以下条件：

① 尽量避免在高压线下堆土，如确需堆放应事先会同供电和有关部门确定方案，按有关部门规定办理；

② 要考虑堆、取土机械及行人攀缘等安全因素；

③ 要考虑雨、雪天的因素。

靠近建筑物或墙根堆土应满足以下条件：

① 在房墙根堆土，应核算土压力对房墙结构承载力的影响；

② 在一般较坚固的砌体或房屋下堆土，其高度不宜超过檐高的$\frac{1}{3}$，且不超过 1.5m；严禁靠近危险房墙处堆土。

农田地堆土应注意以下事项：

表层土与下层土分开堆放，便于原土、原层回填运输。

冬季堆土应注意以下事项：

① 应集中大堆堆放；

② 便于向阳面取土；

③ 便于防冻保温；

④ 尽量选在干燥地面处。

雨季堆土应注意以下事项：

① 不得切断或堵塞天然排水路线；

② 防止客水进入沟槽，堆土缺口应加叠闭合土埂；

③ 向槽一侧的堆土坡面，应尽量压实，避免冲塌；

④ 大汛季节，其堆土内侧应挖排水沟，将水引向槽外，不宜靠近房墙堆土。

十、机械挖土方中如需人工辅助开挖（包括切边、修整底边），机械挖土按实挖土方量计算，人工挖土土方量按实套相应定额乘以系数 1.5。

［应用释义］ 在本计算规则中所指的挖土方工程全部为机械挖土，但是在机械开挖时，总有些地方不适宜机械，就采取人工辅助开挖，此时的预算应该做到机械挖方和人工辅助挖方分开计算。

切边是为了使开挖的坑槽四周整齐，符合图纸设计要求，此时又不利于用机械施工，就采用人工辅助施工，以达到切边整齐的目的。

人工辅助工作所挖取的土方量按实套相应定额乘以系数 1.5。

在这里请读者区别在机械土石方量计算中有明确的规定：在机械土石方的工程量的计算问题中，按机械挖土方 90%，人工挖土方 10%计算；此时所指的人工挖土方是指机械所挖不到的地方，按实计算人工挖土工程量，套用相应定额乘以系数 1.5，理解这条说明的含义就是先将整个挖方的体积计算出来，其中人工挖土方量另外计算，将人工挖土方量按相应定额乘以系数 1.5 即可。

十一、人工装土汽车运土时，汽车运土定额乘以系数 1.1。

［应用释义］ 在市政工程中，土方工程作为一个很大的工程，需要很大的劳动工日以及

大量的人力物力。机械施工就是为提高劳动生产率、加快施工进度、保证施工质量、降低施工成本。使用施工机械可节省大量的人力、物力和财力。

在定额中规定的项目是机械装土、自卸汽车运土，若采取人工装土、汽车运土，则汽车运土定额乘以系数 1.1。

自卸汽车运土方定额应根据不同自卸汽车载重吨位及运距划分定额子目。运土方工程量，按所运土的天然密实体积计算。不同的自卸汽车载重量及运距应分别计算其工程量，自卸汽车运距，按装土区重心至卸土区重心之间最短距离计算。

土方开挖以后，多余土需运到指定地点，回填土方不足时，要从指定地点取土回填。因此，工程预算中应分别计算土方的运输费用。

在土方工程中,使用人工装土、汽车运土时,相应的预算中数据是用相应定额乘以系数 1.1。

十二、土及岩石分类见土及岩石（普氏）分类表。

土及岩石（普氏）分类

定额分类	普式分类	土及岩石名称	天然湿度下平均容重（kg/m^3）	极限压碎强度（kg/cm^2）	用轻钻孔机钻进 1m 耗时（min）	开挖方法及工具	紧固系数（f）
一、二类土	Ⅰ	砂	1500			用尖锹开挖	0.5～0.6
		砂土	1600				
		腐殖土	1200				
		泥炭	600				
	Ⅱ	轻土和黄土类土	1600			用锹开挖并少数用镐开挖	0.6～0.8
		潮湿而松散的黄土，软的盐渍土和碱土	1600				
		平均 15mm 以内的松散而软的砾石	1700				
		含有草根的密实腐殖土	1400				
		含有直径在 30mm 以内根类的泥炭和腐殖土	1100				
		掺有卵石、碎石和石屑的砂和腐殖土	1650				
		含有卵石或碎石杂质的胶结成块的填土	1750				
		含有卵石、碎石和建筑料杂质的砂土	1900				
三类土	Ⅲ	肥黏土其中包括石炭纪侏罗纪的黏土和冰黏土	1800			用尖锹并同时用镐开挖（30%）	0.81～1.0
		重土、粗砾石粒径为 15～40mm 的碎石和卵石	1750				
		干黄土和掺有碎石或卵石的自然含水量黄土	1790				
		含有直径大于 30mm 根类的腐殖土或泥炭	1400				
		掺有碎石或卵石和建筑碎料的土	1900				
四类土	Ⅳ	含碎石重黏土，其中包括侏罗纪和石炭纪的硬黏土	1950			用尖锹并同时用镐和撬棍开挖（30%）	1.1～1.5
		含有碎石、卵石，建筑碎料和重达 25kg 的顽石（总体积 10%以内）等杂质的肥黏土和重土	1950				
		冰碛黏土，含有重量在 50kg 以内的巨砾，其含量为总体积 10%以内	2000				
		泥板岩	2000				
		不含或含有重量达 10kg 的顽石	1950				

续表

定额分类	普式分类	土及岩石名称	天然湿度下平均容重 (kg/m^3)	极限压碎强度 (kg/cm^2)	用轻钻孔机钻进1m耗时(min)	开挖方法及工具	紧固系数(*f*)
松石	Ⅴ	含有重量在50kg以内的巨砾（占体积10%以上）的冰碛石	2100	小于200	小于3.5	部分用手凿工具，部分用爆破开挖	1.5～2.0
		矽藻岩和软白垩岩	1800				
		胶结力弱的砾岩	1900				
		各种不坚实的片岩	2600				
		石膏	2200				
次坚石	Ⅵ	凝灰岩和浮石	1100	200～400	3.5	用风镐和爆破法开挖	2～4
		松软多孔和裂隙严重的石灰岩和介质石灰岩	1200				
		中等硬变的片岩	2700				
		中等硬变的泥灰岩	2300				
	Ⅶ	石灰石胶结的带有卵石和沉积岩的砾石	2200	400～600	6.0	用爆破方法开挖	4～6
		风化的和有大裂缝的黏土质砂岩	2000				
		坚实的泥板岩	2800				
		坚实泥灰岩	2500				
	Ⅷ	砾质花岗岩	2300	600～800	8.5	用爆破方法开挖	6～8
		泥灰质石灰岩	2300				
		黏土质砂岩	2200				
		砂质云片岩	2300				
		硬石膏	2900				
普坚石	Ⅸ	严重风化的软弱的花岗岩、片麻岩和正长岩	2500	800～1000	11.5	用爆破方法开挖	8～10
		滑石化的蛇纹岩	2400				
		致密的石灰岩	2500				
		含有卵石、沉积岩的渣质胶结砾岩	2500				
		砂岩	2500				
		砂质石灰质片岩	2500				
		菱镁矿	3000				
	Ⅹ	白云石	2700	1000～1200	15.0	用爆破方法开挖	10～12
		坚固的石灰岩	2700				
		大理岩	2700				
		石灰岩质胶结的致密砾石	2600				
		坚固砂质片岩	2600				
特坚石	Ⅺ	粗花岗岩	2800	1200～1400	18.5	用爆破方法开挖	12～14
		非常坚硬的白云岩	2900				
		蛇纹岩	2600				
		石灰质胶结的含有火成岩之卵石的砾石	2800				
		石英胶结的坚固砂岩	2700				
		粗粒正长岩	2700				
	Ⅻ	具有风化痕迹的安山岩和玄武岩	2700	1400～1600	22.0	用爆破方法开挖	14～16
		片麻岩	2600				
		非常坚固的石灰岩	2900				
		硅质胶结的含有火成岩之卵石的砾岩	2900				
		粗面岩	2600				

续表

定额分类	普式分类	土及岩石名称	天然湿度下平均容重（kg/m³）	极限压碎强度（kg/cm²）	用轻钻孔机钻进1m耗时（min）	开挖方法及工具	紧固系数（f）
特坚石	ⅩⅢ	中粒花岗岩 坚固的片麻岩 辉绿岩 玢　岩 坚固的粗面岩 中粒正长岩	3100 2800 2700 2500 2800 2800	1600～1800	27.5	用爆破方法开挖	16～18
	ⅩⅣ	非常坚固的细粒花岗岩 花岗岩麻岩 闪长岩 高硬度的石灰岩 坚固的玢岩	3300 2900 2900 3100 2700	1800～2000	32.5	用爆破方法开挖	18～20
	ⅩⅤ	安山岩，玄武岩，坚固的角页岩 高硬度的辉绿岩和闪长岩 坚固的辉长岩和石英岩	3100 2900 2800	2000～2500	46.0	用爆破开挖	20～25
	ⅩⅥ	拉长玄武岩和橄榄玄武岩 特别坚固的辉长辉绿岩、石英石和玢岩	3300 3000	＞2500	＞60	用爆破方法开挖	＞25

［应用释义］　土的分类方法很多，部门不同，其分类方法也不同。在市政工程中通常采用两种分类方法：

一种是按土的坚硬程度、开挖难易划分，即通常所见的以普氏分类为标准。主要用于工程概（预）算定额、劳动定额以及其他生产管理部门中，用于计算工程费用，考核生产效率、选择施工方法及确定配套工具等。

定额中把土及岩石分为十类，其中经常遇到的是一～四类土。在实际工程中，由于一类土所占比重很少，各地区一般把一、二类土按一定比例计算合并为普通土。也有的地区把一、二、三类土合为一项，定名为普通坚土。四类土为砂砾坚土。

另一种土及岩石的分类是按土的地质成因、颗粒组成或塑性指数及工程特征来划分，主要在勘察设计、施工、技术等部门中，用于土的定名，判别土的工程及力学性质、承载力及变形性等。为区别两种分类方法，前者称为土（石）施工分类（即普氏分类），后者称为土石工程分类。

第三节　定额应用释义

1. 人工挖土方

工作内容：挖土、抛土、修整底边、边坡。

定额编号　1-1　一、二类土　P12

［应用释义］　挖土：在市政工程中，挖土即平整。凡槽宽大于3m或坑底面积大于$20m^2$或±30cm以上的场地平整均属挖土方。

修整底边：在槽坑被挖之后，底面不是足够平整，对底面整平的过程叫修整底边。

修整边坡：对土方边坡修理整平，压实、清除石渣，防止塌方，保证土坡稳定。

一、二类土：即普通土，按普氏分类法中得到的普通土。

综合人工：见定额编号 1-34～1-36 横向坡土在1∶3.3～1∶2释义。

定额编号　1-2　三类土　P12

［应用释义］　三类土：按普氏分类法中得到的坚土。

定额编号　1-3　四类土　P12

［应用释义］四类土：砂砾坚土。

人工挖土方：在市政工程中，挖土即平整，凡槽宽大于 3m 或坑底面积大于 $20m^2$ 或±30cm 以上的场地平整均属挖土方。

修理边坡、修整底边：见定额编号 1-1 一、二类土释义。

综合人工：见定额编号 1-34～1-36 横向坡土在1∶3.3～1∶2释义。

2. 人工挖沟、槽土方

工作内容：挖土、装土或抛土于沟、槽边 1m 以外堆放，修整底边、边坡。

定额编号　1-4～1-7　一、二类土　P13

［应用释义］挖土、修整底边、修整边坡：见定额编号 1-1 一、二类土释义。

装土：指人工用铁锹、耙、锄等工具装土。

一、二类土：见定额编号 1-1 一、二类土释义。

人工挖沟槽：沟槽是指基墙下地槽，地沟是指管道沟。凡带形基础底宽在 3m 以内，槽长大于槽宽 3 倍的土方工程，均属挖地槽。人工挖地槽定额按土的类型和挖土深度划分定额项目。工程内容包括挖土、装土、抛土于槽边 1m 以外自然堆放，修理槽壁、槽底。

综合人工：见定额编号 1-34～1-36 横向坡土在1∶3.3～1∶2释义。

定额编号　1-8～1-11　三类土　P13

［应用释义］　三类土：见额定编号 1-2 三类土释义。

定额编号　1-12～1-15　四类土　P14

［应用释义］　四类土：见额定编号 1-3 四类土释义。

3. 人工挖基坑土方

工作内容：挖土、装土或抛土于坑边 1m 以外堆放，修整底边、边坡。

定额编号　1-16～1-19　一、二类土　P15

［应用释义］　挖土：见定额编号 1-1 一、二类土释义。

装土：见额定编号 1-4～1-7 一、二类土释义。

人工挖基坑：坑长小于坑宽的 3 倍，坑底面积 $20m^2$ 以上（不包括加宽工作面）的属于挖基坑。

修整底边、修整边坡、一、二类土：详见定额编号 1-1 一、二类土释义。

综合人工：见定额编号 1-34～1-36 横向坡土在1∶3.3～1∶2释义。

定额编号　1-20～1-23　三类土　P15

［应用释义］　三类土：即定额分类中的坚土。

定额编号　1-24～1-27　四类土　P16

［应用释义］　四类土：见定额编号 1-3 四类土释义。

4. 人工清理土堤基础

工作内容：挖除、检修土堤面废土层，清理场地，废土 30m 内运输。

定额编号　1-28～1-30　清理土堤基础　P17

［应用释义］　挖除土堤面废土层：在土层整修过程中，为了去掉承载力被破坏的土层，可采用人工挖土方以保证质量和数量，使土堤面废土层被挖除。

检修土堤废土层：为了使土堤的质量能满足要求，必须做好施工过程的土堤废土层的检修。土堤的废土层在挖的过程中，防止挖土深浅不一，或底面不平整。

清理场地：为了便于施工，达到三通一平的要求，必须清理场地，这样能保证施工质量和工作人员的人身安全，清理场地内容包括：整平场地运弃杂物等。

废土 30m 内运输：所指 30m 挖方土方重心区到卸土方重心区的最短距离小于或等于 30m；用人工单轮双轮车运土方即手推车是施工工地上普遍使用的水平运输工具，其种类有独轮、双轮、三轮等多种，手推车具有小巧轻便等特点，不但适用于一般地面水平运输，还能在脚手架、施工栈道上使用；也可与塔吊、井架等配合使用，解决垂直运输的需要。

清理土堤基础：在市政工程中，修筑土堤时，必须先做好基础，以防止土堤的不均匀沉降引起土堤出现裂缝，产生渗漏水现象，所以在土堤填筑之前，必须清理基础，让其有较好的持力层。

综合人工：见定额编号 1-34～1-36 横向坡土在1∶3.3～1∶2释义。

5. 人工挖土堤台阶

工作内容：划线、挖土将刨松土方抛至下方。

定额编号　1-31～1-33　横向坡度在1∶3.3以下　P18

［应用释义］　人工挖土堤台阶：土堤作防汛或排水用途的构筑物，为了方便人们上下土堤，必须采取一定的措施，即人工挖土堤台阶，所得的土方按相应定额工日计算。

划线：在挖土堤台阶前，必须先做准备工作，如在土堤侧面上划出线条以便确定台阶的踏步和踢面的尺寸，以及每个台阶间的间距等。

挖土将刨松土方抛至下方，在挖土堤台阶时，断挖的土方不好处理，一般采取抽至土堤下方，以达到填平下方的地面，增加地面高度，对土堤起一个支持和保护作用。

一、二类土：见定额编号 1-1 一、二类土释义。

三类土：见定额编号 1-2 三类土释义。

四类土：见定额编号 1-3 四类土释义。

定额编号　1-34～1-36　横向坡土在 1∶3.3～1∶2　P18

［应用释义］　一、二类土、三类土、四类土：见定额编号 1-31～1-33 横向坡度在 1∶3.3以下释义。

综合人工：人工挖土方综合工日按《全国统一市政工程预算定额》计算而来，其单位是工日，每个工日按 8h 计算，挖一、二类土按“定额”一类 20％、二类 80％综合取定。

定额编号　1-37～1-39　横向坡度在 1∶2 以上　P19

［应用释义］　横向坡度在1∶2以上，土坡的侧面与水平面所夹的角度的正切值大于1∶2。

一、二类土、三类土、四类土：见定额编号1-31～1-33横向坡度在1∶3.3以下释义。

6. 人工铺草皮

工作内容：铺设拍紧、花格接槽、洒水、培土，场内运输。

定额编号　1-40～1-42　满铺草皮　P20

［应用释义］　铺设拍紧：当草皮铺于地面时，应对草皮间1～2cm的间距，用0.5～1.0t重的滚筒压平。可用水泥管，也可用人工脚踩。使草皮与土壤紧拉、无空隙，这样易于生根，保证草成活。对匍匐枝发达，草皮密度大的草皮，铺植时可将草皮拉成网状，然后铺装覆土紧压，也可短期内成活。

培土：是指将沙、土壤和有机质适当混合，掺入草坪的过程。培土要注意以下几点：①施用的材料质地和草坪床完全一致，或用土、砂和有机混合物，比例1∶1∶1最好；②材料无杂草，无虫病等；③施用时先进行修剪，再施用，施表土后用锯刷拖平，避免过厚将草坪压在下面，形成秃斑；④表土后进行镇压。

草坪草：生长低矮、叶片稠密、叶色美观，具有一定的耐践踏能力或强恢复能力。一般为多年生草本植物。大致可分为暖季型草与冷季型草。主要区别在于对温度的要求不同。冷季型草最适合生长温度为17～22℃，开始生长温度为0～5℃；暖季型草最适宜温度是25～35℃，15℃左右开始新生长。因此冷季型草返青早、枯黄晚、绿色期长，在适宜气候条件下周年常绿，但耐热性较差，在夏季温度较高的地区管理不当时易出现局部死亡，形成枯斑。因此冷季型草多用于冷凉、湿润的地区。暖季型草夏季生长旺盛，自深秋至初春有一段休眠期，在寒冷地区有些种类不能越冬。

草皮：即草坪，栽植人工选育的草种作为矮生密集型的植被，经养护修剪形成整齐均匀的覆盖。

花格接槽：在禾本科或莎草科等的草地中央种植低矮的开花植物以再现天然草或高原草甸的绮丽景色与意境。常用的开花植物有：石蒜、葱兰、韭兰、野豌豆、草原老鹳草、关东菊、蒲公英、贝母、银莲花、雏菊、滨紫草、毛茛、绵枣儿、耧斗英、山罂粟等。其中有的是多年生植物，有的可通过天然播种连年生长。

草坪草有改善环境的作用：可以滞尘；阻滞降水的地表径流，防止土壤冲蚀；补充地下水，并可净化地面水，降低地面水的温度；减少地面的辐射热和减弱地面对噪声的反射。草坪在观赏上有如绿色的地毯，柔美轻快，对其他景物能起到很好的衬托作用。有些草坪播种时混入开花草类形成缀花草地，更具山野风光。足球、网球或高尔夫球等体育场地所用的草坪有的须选用耐践踏、富于弹性、恢复快、耐修剪的种类，有的须选用十分细密平坦的种类。

场内运输：将切好的草块，可放在宽20cm，长1m左右，厚2cm的木板上，每块板上可码2～3层。运输时，可抬木板装卸车，一般每车可放两层。如将草块运至土地而不能立即铺栽时，应将草块置于荫凉处，拿开木板，单层铺放，然后喷水养护，使之保持湿润、不使草叶变黄。

洒水：对当年繁殖的小型观赏和药用地被植物及当年栽种草坪植物，除两季外，应每周浇透水（或自动喷灌人工降雨）2～4 次，以水渗入地下 10～15cm 处为宜。在炎热夏季，浇水应在上午 10 点之前和下午 4 点之后进行。

施肥：要根据草坪植物和观赏、药用地被植物的生长情况以及季节而定。

7. 人工装、运土方

工作内容：装车，运土，卸土，清理道路，铺，拆走道板。

定额编号　1-43～1-44　人工运土　P21

［应用释义］　装车：此处指人工装土，指用铁锹、耙、锄等工具装土。

运土：用手推车运土。手推车是施工工地上普遍使用的水平运输工具，其种类有独轮、双轮、三轮等多种。手推车是施工工地上的运土机械，具有小巧、轻便等特点，不但适用于一般的地面水平运输，还能在脚手架、施工栈道上使用，也可与塔吊、井架等配合使用，解决垂直运输的需要。土方运输包括余土外运和取土，余土外运是指单位工程总挖方量大于填方量时的多余土方运至堆土场；取土是指单位工程总填方量大于总挖方量时，不足土方从堆土场取回运至填土地点。

卸土：此处指的是人工卸土。

清理道路：土方开挖前，对施工现场高低不平的部位进行就地平整，以利于市政工程的定位放线；凡平均高差在 30cm 以内，用人工就地填挖及铺平的场地，属人工清理道路，工程量计算按工程外形每边各加宽 2m 以后的面积计算，以平方米为单位。

运距：指挖土方重心区到卸土方重心区的距离，一般应在 20m 以内，若在大于 20m 小于 100m 之内时，每增加 20m 就另外计算。

定额编号　1-45～1-46　双轮斗车运土　P21

［应用释义］　双轮斗车运土：此时是指人工运土，运距 50m 内每增加 50m 就另外计算一次。

综合人工：见定额编号 1-34～1-36 横向坡土在1∶3.3～1∶2释义。

定额编号　1-47～1-48　机动翻斗车运土　P21

［应用释义］　机动翻斗车运土：使用的机械为机动翻斗车，从挖区重心运到卸区重心。

一般控制在 200m 内，在 3000m 内每增加 200m 就另行计算。

定额编号　1-49　人工装汽车土方　P21

［应用释义］　人工装汽车土方：首先是人工，它在定额中应区别其他的内容，因为装车的高度不同于其他方式装土方的操作，应另行计算定额。

8. 人工挖运淤泥、流沙

工作内容：挖淤泥、流沙，装运、卸淤泥、流沙，1.5m 内垂直运输。

定额编号　1-50　人工挖淤泥、流沙　P22

［应用释义］　淤泥：淤泥是指在静水或缓慢的流水环境中沉积，并经过生物化学作用形成的黏性土。

流沙：首先流沙是一种现象，在土方工程施工过程中，当土方挖到地下水位以下，有时底面和侧面的土形成流动状态，随地下水一起涌出，这种现象称为流沙现象，此时的沙就是流沙。

挖淤泥、流沙：是土方工程的一个重要内容。挖淤泥、流沙包括挖装、转运和修理边底等作业。在施工过程中要防止流沙现象的发生，因为流沙现象严重时会引起基坑边坡坍塌，如果附近有建筑物，就会因建筑地基被掏空而使建筑物下沉、倾斜等。防治流沙的原则是“治流沙必先治水”。防治的主要途径为：设法使地下水向下流（流动水压力的方向下）；截断或增长地下水流。其具体措施为：*a*. 枯水期施工；*b*. 抛大石块法，即抛掷大石块，平衡动水压力；*c*. 人工降低地下水水位；*d*. 水下开挖，即在不排水的情况下进行施工，基坑内外水位一致，减少水头差。

计算挖淤泥、流沙工程量使用挖土方的计算方法，以立方米为计量单位，套用人工挖淤泥和流沙定额。同时还要按照施工组织采用的排水机械，另行计算所需排水费用，列入工程预算中。

综合人工：人工挖淤泥、流沙综合工日是按《全国统一市政工程预算定额》计算而来的，其单位是工日，每一工日按 8h 计算，挖一、二类土按“定额”中一类占 20%，二类占 80%综合取定。

定额编号　1-51～1-52　人工运淤泥、流沙　P22

[应用释义]　淤泥、流沙作为土方工程的一部分，其中土方运输包括余土外运和取土。余土外运是指单位工程总挖方量大于总填方量时的多余土方运至堆土场；取土系指单位工程总填土方大于总挖土方量时，不足土方从堆土场取回运至填土地点。

人工运土方：人工用铁锹、耙、锄等工具装土，用手推车送土。

单轮双轮车运土方：手推车是施工工地上普通使用的水平运输工具，其种类有独轮、双轮、三轮等多种。手推车具有小巧、轻便等特点，不但适用于一般的地面水平运距，还能在脚手架、施工栈道上使用；也可与塔吊、井架等配合使用，解决垂直运输的需要。

人工挖沟槽、基坑内淤泥、流沙，按本定额执行，但挖深超过 1.5m 时，超过部分工程量按垂直深度每 1m 折合成水平距离 7m 增加工日，深度按全高计算。

综合人工：见定额编号 1-34～1-36 横向坡土在1∶3.3～1∶2释义。

9. 人工平整场地、填土夯实、原土夯实

工作内容：1. 场地平整：厚度 30cm 内的就地挖填，找平；2. 松填土：5m 内的就地取土、铺平；3. 填土夯实：填土、夯土、运水、洒水；4. 原土夯实：打夯。

定额编号　1-53　平整场地　P23

[应用释义]　平整场地：土方开挖前，对施工现场高低不平的部位进行就地平整，以利于市政工程的定位放线，凡平均高差在 30cm 以内，用人工就地填挖及铺平的场地，属人工平整场地。工程量计算按建筑物或构筑物外形每边加宽 2m 以后的面积计算，以平方米为单位。

厚度 30cm 内的就地挖填：因平整场地的需要，场地内凡上下高差在 30cm 以内的，都要进行人工的挖掘填补，使之平整，以便于后续工作的顺利进行。

水：机械行驶道路及场地土方夯实碾压均须洒水，以减少灰尘，延长机械使用寿命和保证人的健康保证及工程质量。

定额编号　1-54　松散土　P23

［应用释义］　松散土：按本定额本章的工程量计算规则中所列的第一个土方体积换算表 2-27，进行换算松散土与各种类型土之间的体积转化。

土方体积换算表　　表 2-27

虚方体积	天然密实度体积	夯实后体积	松填体积
1.00	0.77	0.67	0.83
1.30	1.00	0.87	1.08
1.50	1.15	1.00	1.25
1.20	0.92	0.80	1.00

定额编号　1-55～1-56　填土夯实　P23

［应用释义］　填土：当基础完工以后，为达到室内垫层以下标高的设计要求，必须进行土方的回填，回填土一般距离 5m 内取用，故称为就地取土，一般由场地低部分开始，由一端向另一端自下而上分层铺填。

夯实：按设计规定的铺土厚度回填，用人工或压实机械使土体夯实，使之具有一定的密实度、均匀性。

运水：水的作用是使机械行驶道及场地土方夯实碾压均匀，能减少灰尘、延长机械使用寿命和保证人的健康以及保证土方工程质量。

洒水：一般用洒水车 4000L，洒水车以载重汽车底盘为基础改装而成。在市政工程建设过程中，主要用于广场道路的洒水压尘、降温。洒水车 4000L 表示水罐容量为 4000L 的洒水汽车，洒水汽车台班按每 1000m^3 土方 0.25 洒水汽车台班计算，是属于一种辅助机械，配合施工现场内行驶道洒水养护及场地碾压夯实洒水。

定额编号　1-57～1-58　原土夯实　P23

［应用释义］　打夯：主要适用于槽底坑底和楼地面垫层下要求打夯的项目。打夯前要碎土、平土、找平、洒水等，并要求打夯两遍。其工程量按槽、坑底面积以平方米计算。原土打夯定额综合了槽沟、基坑和垫层下打夯。

原土夯实：按设计规定的标高、铺填规定厚度的土层，回填沟槽，利用夯实机械夯实，使之具有一定的强度和承载能力。

当槽坑一侧填土时，相应定额应乘以系数 1.13。

10. 推土机推土

工作内容：1. 推土、弃土、平整、空回；2. 修理边坡；3. 工作面内排水。

定额编号　1-59～1-61　55kW 内推土机推距 10m 以内　P24

［应用释义］　推土机是以履带式或轮式拖拉机、牵引车等为主机，再配置悬式铲刀的工程机械，主要用于浅挖和短距离运土。推土机作业时，将铲刀切入土中，依靠机械的牵引力，完成土壤的切割和推运。

履带式推土机 55kW：系指主机为履带式拖拉机或牵引车，其功率为 55kW 的推土机。

运距：按挖方区重心至回填区重心之间的直线距离。

一、二类土，三类土，四类土：见定额编号 1-31～1-33 横向坡度在1∶3.3以下释义。

推土：此处指用推土机推土，适用于一～三类土，经济运距 100m 以内，效率最高为 60m，多用于平整场地，开挖深度 1.5m 的基坑（槽），移挖作填、堆筑高度在 1.5m 以内的市政工程，平整其他机械卸置的土堆。

弃土：根据场地附近地形，考虑经济合理，应就近弃土。

平整：将现场平整成施工所要求的设计平面。

空回：指推土机将土推过去，在回到起始位置时，空车回来的情况。

修理边坡：对土方边坡修理平整、压实，清除石碴，防止塌方，保持其边坡的稳定性。

工作面内排水：场地积水影响施工，故地面水或雨水均应及时排走，使场地干燥以利于施工。一般采用排水沟、截水沟、挡水土坝。尽量利用自然地形来设置排水沟，使水直接排至场外或流向低洼处。

推土机按发动功率分为：

小型：发动机功率小于 73.5kW。

中型：发动机功率为 73.5～235.36kW。

大型：发动机功率大于 235.36kW。

推土机 55kW 以内：是指发动机功率小于或等于 55kW。

推土机 105kW 以内：指推土机的发动功率大于 90kW 而小于或等于 105kW；推土机 135kW 以内是指功率大于 105kW 而小于或等于 135kW。

一般国产的推土机型号标记的第一字母用 T 表示，后面的数字表示该型号推土机的功率，如 T120 表示发动机功率为 120 马力的推土机，其中，1 马力＝0.735kW。

推土机可以独立地完成铲土、运土、卸土三种作用。铲土作业时，将铲刀切入地平面进行铲挖土、运土作业时，将铲刀提至地平面，把土运到卸土地点。卸土作业有两种：

(1) 随意弃土法：将土推至卸土地点，略提铲刀，机械后退至铲土地点。

(2) 按要求分层铺卸土，将土方运到卸土位置，将铲刀提升一定高度，机械继续前行，土层即从铲刀下方卸掉。

推土机的施工方法，主要有以下几种：

(1) 槽形推土：推土机重复多次在一条作业线上切土和推土，使地面逐渐形成一条浅槽，以减少土从铲刀两侧漏散，可增加推土量。

(2) 下坡推土：在斜坡上推土机顺下坡方向切土与推土，可以提高生产效率，但坡度不宜超过 15°，以免后退时爬坡困难。

(3) 多次送土：在硬质土中，切土深度不大时，将土先累积在一个或数个中间地点，然后再整批推送到卸土方区。

一、二类土，三类土，四类土：见定额编号 1-31～1-33 横向坡度在1∶3.3以下释义。

定额编号　1-62～1-64　55kW 内推土机推距 20m 以内　P24

［应用释义］　55kW 内推土机：见定额编号 1-62～1-64　55kW 内推土机推距 20m 以内释义。

推距：指推土机推土时，推土区土方重心到另一推土区的土方重心的最短距离。

一、二类土，三类土，四类土：见定额编号 1-31～1-33 横向坡度在1∶3.3以下释义。

定额编号　1-65～1-67　55kW 内推土机推距 30m 以内　P25

［应用释义］　55kW 内推土机：见定额编号 1-62～1-64　55kW 内推土机推距 20m 以内释义。

履带式推土机 55kW：此处的推土机指功率为 55kW，传动方式为履带式连接于牵引机或拖拉机等发动机械。

推距：见定额编号 1-62～1-64　55kW 内推土机推距 20m 以内释义。

推土、弃土、工作面内排水：见定额编号 1-59～1-61　55kW 内推土机推距 10m 以内释义。

定额编号　1-68～1-70　55kW 内推土机推距 40m 以内　P25

［应用释义］　55kW 内推土机：见定额编号 1-62～1-64　55kW 内推土机推距 20m 以内释义。

一、二类土，三类土，四类土：见定额编号 1-31～1-33 横向坡度在1∶3.3以下释义。

修理边坡：见定额编号 1-59～1-61　55kW 内推土机推距 10m 以内释义。

推距：见定额编号 1-62～1-64　55kW 内推土机推距 20m 以内释义。

定额编号　1-71～1-73　75kW 内推土机推距 20m 以内　P26

［应用释义］　75kW 内推土机：指此类推土机的发动机功率为小于或等于 75kW。

履带式推土机 75kW：推土机的发动机功率为 75kW，并且传动方式为履带式传动。

推距：见定额编号 1-59～1-61　55kW 内推土机推距 10m 以内释义。

一、二类土，三类土，四类土：见定额编号 1-31～1-33 横向坡度在1∶3.3以下释义。

定额编号　1-74～1-76　75kW 内推土机推距 40m 以内　P26

［应用释义］　推土机推土预算定额，一般以推土机功率、推土运距划分定额子目。推土机是土石方机械施工中的主要机械之一，在市政工程中推土机主要用作推土、推碴堆积、压实、平整等。

工作面内排水：见定额编号 1-59～1-61　55kW 内推土机推距 10m 以内释义。

75kW 内推土机：指发动机的功率为 75kW 或低于 75kW 的推土机。

履带式推土机 75kW：见定额编号 1-71～1-73　75kW 内推土机推距 20m 以内释义。

推距、弃土：见定额编号 1-59～1-61　55kW 内推土机推距 10m 以内释义。

一、二类土，三类土，四类土：见定额编号为 1-71～1-73　横向坡度在1∶3.3以下释义。

定额编号　1-77～1-79　75kW 内推土机推距 60m 以内　P27

［应用释义］　75kW 内推土机：见定额编号 1-71～1-73　75kW 内推土机推距 20m 以内释义。

推土机推土：推土机即可作挖土工作又可作较短距离的运送工作，运速较快，建筑工程中应用较广。多用于场地平整，开挖不深的基坑，筑不太高的堤坝，平整弃土，推运松散硬土、岩石、冻土等。推土机由于马力不同，可推土类及效率也不同，一般推一～四类土，运输距离 100m 以内比较经济，长距离推则效率低。

铲运机铲运土：铲运机是平整场地使用最广泛的一种机械，它操作灵活，不受地形限制，不需要特设道路，不需要配备其他机械，能独立完成铲土、运土、卸土、填筑，压实等多道工序，行速快、效率高、适于平整场地，开挖大型基坑（槽），筑坝，路基等挖运工作。能铲运一～四类土和经爆破的软石等。适于运距在 800～3000m，在 800～1500m 运距内效率较高。

推土机：见定额编号 1-59～1-61　55kW 内推土机推距 10m 以内释义。

四类土：见定额编号 1-3 四类土释义。

推距：见定额编号 1-62～1-64　55kW 内推土机推距 20m 以内释义。

定额编号　1-80～1-82　75kW 内推土机推距 80m 以内　P27

[应用释义]　75kW 内推土机：指发动机功率小于或等于 75kW 的推土机。

履带式推土机 75kW：见定额编号 1-71～1-73　75kW 内推土机推距 20m 以内释义。

一、二类土，三类土，四类土：见定额编号为 1-31～1-33 横向坡度在 1∶3.3 以下释义。

推土机：见定额编号 1-59～1-61　55kW 内推土机推距 10m 以内释义。

定额编号　1-83～1-88　90kW 内推土机　P28

[应用释义]　90kW 内推土机：指发动机的功率小于或等于 90kW 的推土机。

履带式推土机 90kW：指推土机的发动机功率为 90kW，且传动方式为履带式传动。

一、二类土，三类土，四类土：见定额编号 1-31～1-33 横向坡度在 1∶3.3 以下释义。

推距：见定额编号 1-62～1-64　55kW 内推土机推距 20m 以内释义。

定额编号　1-89～1-94　90kW 内推土机　P29

[应用释义]　修理边坡：对土方边坡修理平整、压实、清除石碴，防止塌方，保证土坡稳定。

平整：见定额编号 1-59～1-61　55kW 内推土机推距 10m 以内释义。

推土机推土：见定额编号 1-59～1-61　55kW 内推土机推距 10m 以内中推土释义。

工作面内排水：见定额编号 1-59～1-61　55kW 内推土机推距 10m 以内释义。

90kW 内推土机：履带式推土机 90kW：见定额编号 1-83～1-88　90kW 内推土机释义。

一、二类土，三类土，四类土：见定额编号 1-31～1-33 横向坡度在 1∶3.3 以下释义。

定额编号　1-95～1-97　105kW 内推土机推距 20m 以内　P30

[应用释义]　105kW 内推土机：指推土机的发动机功率大于 90kW 而小于或等于 105kW。

履带式推土机 105kW：指推土机的发动机功率大于 90kW 而小于或等于 105kW，且传动方式为履带式传动。

一、二类土，三类土，四类土：见定额编号 1-31～1-33 横向坡度在1∶3.3释义。

定额编号　1-98～1-100　105kW 内推土机推距 40m 以内　P30

[应用释义]　平整：见定额编号 1-59～1-61　55kW 内推土机推距 10m 以内释义。

修理边坡：见定额编号 1-89～1-94　90kW 内推土机释义。

工作面内排水：见定额编号 1-59～1-61　55kW 内推土机推距 10m 以内释义。

105kW 内推土机：见定额编号 1-95～1-97　105kW 内推土机推距 20m 以内释义。

履带式推土机 105kW：推土机的发动机功率为 105kW，且传动方式为履带式。

一、二类土，三类土，四类土：见定额编号 1-31～1-33 横向坡度在1∶3.3释义。

定额编号　1-101～1-103　105kW 内推土机推距 60m 以内　P31

［**应用释义**］　105kW 内推土机、履带式推土机 105kW：见定额编号 1-98～1-100　105kW 内推土机推距 40m 以内释义。

推土机推土：见定额编号 1-59～1-61　55kW 内推土机推距 10m 以内释义。

一、二类土，三类土，四类土：见定额编号 1-31～1-33 横向坡度在1∶3.3释义。

定额编号　1-104～1-106　105kW 内推土机推距 80m 以内　P31

［**应用释义**］　105kW 内推土机、履带式推土机 105kW：见定额编号 1-98～1-100　105kW 内推土机推距 40m 以内释义。

工作面内排水：见定额编号 1-59～1-61　55kW 内推土机推距 10m 以内释义。

修理边坡：见定额编号 1-89～1-94　90kW 内推土机释义。

定额编号　1-107～1-109　135kW 内推土机推距 20m 以内　P32

［**应用释义**］　135kW 内推土机：指推土机的发动机功率大于 105kW 且小于或等于 135kW。

履带式推土机 135kW：指推土机的发动机功率为 135kW，传动方式为履带式传动。

推土机推土、弃土、平整、修理边坡、工作面内排水：见定额编号 1-59～1-61　55kW 内推土机推距 10m 以内释义。

一、二类土，三类土，四类土：见定额编号 1-31～1-33 横向坡度在1∶3.3以下释义。

定额编号　1-110～1-112　135kW 内推土机推距 40m 以内　P32

［**应用释义**］　135kW 内推土机：指发动机功率大于 105kW，且小于或等于 135kW 的推土机。

履带式推土机 135kW：指推土机的发动机的功率为 135kW，且传动方式为履带式传动。

一、二类土，三类土，四类土：见定额编号 1-31～1-33 横向坡度在1∶3.3以下释义。

推土机推土、弃土、平整、修整边坡、工作面内排水：见定额编号 1-59～1-61　55kW 内推土机推距 10m 以内释义。

定额编号　1-113～1-115　135kW 内推土机推距 60m 以内　P33

［**应用释义**］　推土机以履带或轮式拖拉机、牵引车等为主机，再配置悬式铲刀的工程机械，主要用于浅挖和短距离运土。推土机作业时，将铲刀切入土中，依靠机械的牵引力，完成土体的切割和推运。

推土机按发动机功率分为：见定额编号 1-59～1-61　55kW 内推土机推距 10m 以内释义。

135kW 内推土机：见定额编号 1-110～1-112　135kW 内推土机推距 40m 以内释义。

推土机相关内容见定额编号 1-59～1-61　55kW 内推土机推距 10m 以内释义。

弃土、平整、修理边坡、工作面内排水：见定额编号 1-59～1-61　55kW 内推土机推距 10m 以内释义。

一、二类土，三类土，四类土：见定额编号 1-31～1-33 横向坡度在1∶3.3以下释义。

定额编号 1-116～1-118 135kW 内推土机推距 80m 以内 P33

[应用释义] 135kW 内推土机、履带式推土机 135kW：见定额编号 1-110～1-112 135kW 内推土机推距 40m 以内释义。

一、二类土，三类土，四类土：见定额编号 1-31～1-33 横向坡度在1：3.3以下释义。

推土机推土、弃土、平整、修理边坡、工作面内排水：见定额编号 1-59～1-61 55kW 内推土机推距 10m 以内释义。

11. 铲运机铲运土方

工作内容：1. 铲土、运土、卸土、空回；2. 推土机配合助铲、整平；3. 修理边坡，工作面内排水。

定额编号 1-119～1-121 拖式铲运机铲运土 200m 以内（$3m^3$） P34

[应用释义]

铲土、运土、卸土：指铲挖掘机通过装载斗对挖掘后的松散土进行铲装、短距离搬运、卸载等工作。

铲运机铲土适用开挖一～三类土。适用运距 600～1500m，当运距 200～350m 时效率最高，常用于坡度 20°以内的大面积开挖、填实、整平、压实，不适于砾石层、冻土地带及沼泽地区使用。可以单独完成挖土、运土、卸土和摊铺等项作业，具有较高的生产效率和经济指标。铲运机铲斗容量如下：

（1）小容量铲运机：铲斗容量 $8m^3$ 以下。

（2）中容量铲运机：铲斗容量 8～$14m^3$。

（3）大容量铲运机：铲斗容量 $15m^3$ 以上。

铲运机的型号编号的第一个字母为 C，字母 C 及"—"后的数字表示该类型铲运机的几何斗容量，如 C—6 表示几何斗容量为 $6m^3$ 的铲运机。铲运机可以进行铲土、运土和卸土三种作业方式。

修理边坡：对铲土、卸土土堆的侧面进行平整，清理石碴，防止塌方，保证边坡的稳定性。

工作面内排水：见定额编号 1-59～1-61 55kW 内推土机推距 10m 以内释义。

拖式铲运机 $3m^3$：表示铲运机的几何斗容量为 $3m^3$。它的自重和斗中土的重量全部由铲运机车的车轮支承，而对牵引机车本身没有影响。合理运距为 50～700m，当地形复杂路况恶劣时可与履带牵引车配合使用，合理运距为 2～3km，其特点是牵引车的利用率高，牵引车可根据不同工作条件与不同种类的拖式或悬挂式工作装置配合使用，拖式铲运机效率远低于自行式铲运机。

履带式推土机 75kW：见定额编号 1-71～1-73 75kW 内推土机推距 10m 以内释义。

水：见定额编号 1-53 平整场地释义。

洒水汽车 4000L：见定额编号 1-55～1-56 填土夯实释义。

空回：见定额编号 1-59～1-61 55kW 内推土机推距 10m 以内释义。

一、二类土，三类土，四类土：见定额编号 1-31～1-33 横向坡度在 1：3.3 以下释义。

自行式铲运机：其自重和斗中土体重量由机组车轮支承，故具有较大的附着力和较高的通过性和机动性，效率比拖式铲运机高。其主要缺点是：作用在车轮上附着力较小，在进行装载时，往往需要助铲机械（一般用推土机）助铲，例如用推土机 75kW 助铲。

铲运机的运行路线，对提高生产效率影响很大，应根据填方区的分布情况并结合当地具体条件进行合理选择，通常有如下几种：

(1) 环形路线：对地形起伏不大，而施工地段又较短（50～100m）和填方不高(0.1～1.5m）的路堤基坑及场地平整，宜用环形路线。当填挖交错，相互间距又不大时，可采取大环形路线。这样每做一次循环行驶，可以进行多次铲土和卸土而减少转弯次数，提高工作效率。采用环形行驶路线时，铲运机应每隔一定时间按顺时针和反时针方向交换行驶，以免长时间沿一侧铲土转弯导致机械单侧磨损。

(2)"8"字形路线，在地形起伏较大，施工地段狭长的情况下，宜采用"8"字路线。因为这种运行路线，铲运机在上下坡时是斜向行驶，所以坡度应平缓。一个循环中的两次转变方向不同，故机械磨损均匀。一个循环能完成两次铲土和卸土，减少了转弯次数及空车行驶距离，缩短了运行时间，提高了生产效率。

(3) 锯齿形路线：这是"8"字形路线的发展，当工作地段很长，如路基、堤坝从两侧进行填筑时，采用这种路线最为有效。

铲运机在坡地行走和工作时，上下坡度不宜超过 25°，横坡不宜超过 6°，不能在陡坡上转急弯，工作时应避免转弯铲土，以免铲刀受力不均匀引起翻车事故。

铲运机的施工方法，一般有如下几种：①下坡铲土；②跨铲法；③交错铲土法；④助铲法（利用推土机作助铲机械）。

定额编号　1-122～1-124　拖式铲运机铲运土 300m 以内（$3m^3$）　P34

［**应用释义**］　铲运机是一种能独立、综合地完成铲装、运输、卸土三个工序的土方机械。铲运机适用于大型工业建筑、公路、矿山及水利等有大量土方的挖填和运输的工作中，特别是在地形起伏不大，坡度在 20°以内的大面积场地的平整。在一～四类土之内，土的含水量不超过 27%，平均运距在 800m 左右，选用铲运机施工可以达到最高的经济技术效益。

铲运机没有强行切土装置，切土也不深，当它铲运硬土、冻土或冰块时，必须先用松土器预松，为了增加足够的牵引力，通常使用推土机助铲，即用一台推土机在其后顶推。有时也可以使用两台铲运机串联使用。

拖式铲运机：指按牵引方式不同划分的拖式铲土机，本身不带动力，工作时由履带式或轮式拖拉机牵引。其特点是牵引力的利用效率高，当不铲运土时，牵引车可做其他工作，但整机的效率低于自行式铲运机。

修理边坡、工作面内排水：见定额编号 1-59～1-61　55kW 内推土机推距 10m 以内释义。

拖式铲运机 $3m^3$：表示该类铲运机为拖式，（按牵引方式不同划分的）且几何斗容量为 $3m^3$。

履带式推土机 75kW：见定额编号 1-71～1-73　75kW 内推土机推距 20m 以内释义。

水：为减少灰尘，延长机械使用寿命和人的健康及保证工程质量，道路养护、土方夯实，场地碾压均需洒水。

洒水汽车 4000L：洒水车以载重汽车底盘为基础改装而成。在市政建设上，主要用于广场道路的洒水压尘，清洁冲刷和绿地喷灌；在施工场地则用于内部道路的洒水，作业环境压尘、降温、生活、生产用水的运输及消防等。洒水车 4000L 表示水罐容量为 4000L 的洒水汽车，洒水汽车台班按 $1000m^3$ 土方0.25洒水汽车台班计算。

空回：指铲运机将土体从起点铲运到终点然后空车返回到起点。

一、二类土，三类土，四类土：见定额编号 1-31～1-33 横向坡度在1：3.3以下释义。

定额编号 1-125～1-127 拖式铲运机铲运土 400m 以内（$3m^3$） P35

［应用释义］ 拖式铲运机 $3m^3$：见定额编号 1-119～1-121 拖式铲运机铲运土 200m 以内释义。

履带式推土机 75kW：见定额编号 1-71～1-73 75kW 内推土机推距 20m 以内释义。

洒水车 4000L：表示水罐容量为 4000L 的洒水汽车，洒水汽车的台班按 $1000m^3$ 土方 0.25 洒水汽车台班计算。

一、二类土，三类土，四类土：见定额编号 1-31～1-33 横向坡度在1：3.3以下释义。

水：见定额编号 1-53 平整场地释义。

空回：见定额编号 1-122～1-124 拖式铲运机铲运土 300m 以内释义。

洒水汽车 4000L：见定额编号 1-55～1-56 填土夯实释义。

铲运机的运行路线，对提高生产效率影响很大，应根据填方区的分布情况并结合当地具体条件进行合理选择。

修理边坡：对铲土，卸土土堆的侧面进行平整，清理石碴，防止塌方，保证边坡的稳定性能。

定额编号 1-128～1-130，拖式铲运机铲运土 500m 以内（$3m^3$） P35

［应用释义］ 拖式铲运机 75kW：指该类型的铲运机的发动机功率为 75kW，牵引力方式为拖式，其牵引力的工作效率较高。

拖式铲运机 $3m^3$：指铲运机的斗的几何容量为 $3m^3$。

履带式推土机 75kW，指发动机的功率为 75kW 且传动方式为履带式传动的推土机。

一、二类土，三类土，四类土：见定额编号 1-31～1-33 横向坡度在1：3.3以下释义。

定额编号 1-131～1-133 拖式铲运机铲运土 200m 以内（6～$8m^3$） P36

［应用释义］ 拖式铲运机 $8m^3$：指按牵引力方式不同划分为拖式铲运机和自行式铲运机，且其斗的几何容量为 $8m^3$。

洒水汽车 4000L：洒水汽车以载重汽车底盘为基础改装而成，在市政工程中使用的洒水汽车 4000L 指水罐为 4000L 的洒水汽车，洒水汽车的台班数按 $1000m^3$ 土方 0.25 个汽车台班计算。

修理边坡：见定额编号 1-125～1-127 拖式铲运机铲运土 400m 以内释义。

工作面内排水：见定额编号 1-59～1-61 55kW 内推土机推距 10m 以内释义。

一、二类土，三类土，四类土：见定额编号 1-31～1-33 横向坡度在1：3.3以下释义。

定额编号 1-134～1-136 拖式铲运机铲运土 400m 以内（6～$8m^3$） P36

［应用释义］ 洒水汽车 4000L：指以载重汽车的底座为基础改装而成的水罐容量为 4000L 的洒水汽车，洒水汽车台班按 $1000m^3$ 土方 0.25 个洒水汽车台班计算。

拖式铲运机 $8m^3$ 表示铲运机的几何斗容量为 $8m^3$，其自重和斗中土体的重量全铲运机车的车轮支承，而对牵引车本身没有影响。

铲运机运土运距：挖方区重心至卸土区重心加转心距离 45m 计算。

水：为了减少灰尘，延长机械使用寿命和人的身体健康及保证工程质量，道路养护、土方夯实、场地碾压均需要洒水。

履带式推土机 75kW：指发动机功率为 75kW，且传动方式为履带式传动的推土机。

定额编号　1-137～1-139　拖式铲运机运土 600m 以内（6～8m³）　P37

[应用释义]　一、二类土，三类土，四类土：见定额编号 1-31～1-33 横向坡度在1：3.3以下释义。

拖式铲运机 8m³：指铲运机斗的几何容量为 8m³。

洒水汽车 4000L：表示水罐为 4000L 容量的洒水汽车。

拖式铲运机：拖式铲运机的自重和斗中土的重量全部由铲运机车的车轮支承，而对牵引机车本身没有影响。合理运距为 50～700m，当地形复杂、路状恶劣时可与履带引车配合使用，合理运距为 2～3km，其特点是牵引车的利用率高，牵引车可根据不同工作条件与不同种类的拖式或悬挂式工作装置配合使用，拖式铲运机效率远低于自行式铲运机。

履带式推土机 75kW：推土机的发动机功率为 75kW，且传动方式为履带式传动。

定额编号　1-140～1-142　拖式铲运机铲运土 800m 以内（6～8m³）　P37

[应用释义]　拖式铲运机 8m³：指铲运机的斗容量为 8m³，按牵引力的不同分为拖式和自行式两种。

洒水汽车 4000L：表示水罐为 4000L 容量的，以载重汽车的底座为基础制成的汽车。

履带式推土机 75kW：指发动机功率为 75kW，且传动方式为履带式传动的推土机。

水：见定额编号 1-134～1-136 拖式铲运机铲运土 400m 以内释义。

一、二类土，三类土，四类土：见定额编号 1-31～1-33 横向坡度在1：3.3以下释义。

定额编号　1-143～1-145　拖式铲运机铲运土 200m 以内（8～10m³）　P38

[应用释义]　一、二类土，三类土，四类土：见定额编号 1-31～1-33 横向坡度在1：3.3以下释义。

拖式铲运机 10m³：表示铲运机的几何斗容量为 10m³，其自重和斗中土的重量全部由铲运机车车轮支承，而对牵引机车本身没有影响。合理运距为 50～700m，当地形复杂、路状恶劣时可与履带式推土机配合使用，合理运距为 2～3km，其特点是牵引车的利用率高，牵引车可根据不同工作条件与不同种类的拖式或悬挂式工作装置配合使用。

履带式推土机 75kW：指发动机功率为 75kW 且传动方式为履带式传动的推土机械。

水：见定额编号 1-53 平整场地释义。

修理边坡：对铲土、卸土的土堆侧面进行平整、清理石碴，防止塌方，保证边坡的稳定性。

工作面内排水：见定额编号 1-59～1-61　55kW 内推土机推距 10m 以内释义。

平整场地：为了施工的顺利进行，在施工现场必须做到“三通一平”，即通水、通电、通路的场地平整要求。

定额编号　1-146～1-148　拖式铲运机铲运土 400m 以内（8～10m³）　P38

[应用释义]　水：见定额编号 1-134～1-136 拖式铲运机铲运土 400m 以内释义。

履带式推土机 75kW：见定额编号 1-143～1-145 拖式铲运机铲运土 200m 以内释义。

一、二类土，三类土，四类土：见定额编号 1-31～1-33 横向坡度在1：3.3以下释义。

定额编号　1-149～1-151　拖式铲运机铲运土 600m 以内（8～10m³）　P39

［应用释义］　一、二类土，三类土，四类土：见定额编号 1-31～1-33 横向坡度在 1∶3.3以下释义。

水：见定额编号 1-134～1-136 拖式铲运机铲运土 400m 以内释义。

工作面内排水：见定额编号 1-59～1-61　55kW 内推土机推距 10m 以内释义。

修理边坡：见定额编号 1-143～1-145 拖式铲运机铲运土 200m 以内释义。

洒水汽车 4000L：洒水汽车以载重汽车底盘为基础改装而成，在市政建设上，主要用于广场道路的洒水压尘、清洁冲刷和绿地喷灌；在施工场地则用于内部道路的洒水、作业环境的喷雾压尘、降温、生活、生产用水的运输及消防等。洒水车 4000L 表示水罐容量为 4000L 的洒水汽车，洒水汽车台班按 1000m^3 土方 0.25 洒水汽车台班计算。洒水汽车属辅助机械。

定额编号　1-152～1-154　拖式铲运机铲运土 800m 以内（8～10m^3）　P39

［应用释义］　水：见定额编号 1-53 平整场地释义。

一、二类土，三类土，四类土：见定额编号 1-31～1-33 横向坡度在 1∶3.3 以下释义。

履带式推土机 75kW：见定额编号 1-143～1-145 拖式铲运机铲运土 200m 以内释义。

洒水汽车 8000L：洒水汽车是以载重汽车底盘为基础改装而成的，在市政建设上，主要用于广场道路的洒水压尘，清洁冲刷和绿地喷灌；在施工现场上则用于工地内部道路的洒水、作业环境的喷雾压尘、降温，生活、生产用水的运输以及消防等。洒水汽车 4000L 表示水罐容量为 4000L 的洒水汽车，洒水汽车台班每 1000m^3 土方 0.25 个洒水汽车台班计算。洒水汽车属于辅助机械，配合施工场地内行驶道路洒水养护及场地碾压洒水。

定额编号　1-155～1-157　拖式铲运机铲运土 200m 以内（10～12m^3）　P40

［应用释义］　拖式铲运机 12m^3：拖式铲运机的自重和斗中土的重量全部由铲运机本身的车轮支承，而对牵引机车本身没有影响。合理运距 50～700m，当地形复杂、路状恶劣时，可与履带式牵引车配合使用，合理运距为 2～3km。其特点是牵引车的利用率高，牵引车可以根据不同工作条件与不同种类的拖式或悬挂式工作装置配合使用，拖式铲运机效率远低于自行式铲运机。

铲运机的运行路线，对提高生产效率影响很大，应根据填方区的分布情况并结合当地的具体情况作出合理的选择，通常有以下几种常用的方法：见定额编号 1-119～1-121 拖式铲运机铲运土 200m 以内释义。

铲运机的施工方法：见定额编号 1-119～1-121 拖式铲运机铲运土 200m 以内释义。

自行式铲运机：见定额编号 1-119～1-121 拖式铲运机铲运土 200m 以内释义。

铲运机铲土适用于开挖一～三类土。其相关内容见定额编号 1-119～1-121 拖式铲运机铲运土 200m 以内释义。

边坡修理：见定额编号 1-119～1-121 拖式铲运机铲运土 200m 以内释义。

工作面内排水：见定额编号 1-59～1-61　55kW 内推土机推距 10m 以内释义。

定额编号　1-158～1-160　拖式铲运机铲运土 400m 以内（10～12m^3）　P40

［应用释义］　一、二类土，三类土，四类土：见定额编号 1-31～1-33 横向坡度在 1∶3.3以下释义。

履带式推土机 75kW：见定额编号 1-71～1-73　75kW 内推土机推距 20m 以内释义。

拖式铲运机 12m³：按牵引车的种类不同可分为拖式铲运机和自行式铲运机，12m³ 指该铲运机的斗的容量为 12m³。

定额编号 1-161～1-163 拖式铲运机铲运土 600m 以内（10～12m³） P41

［应用释义］ 水：定额编号 1-134～1-136 拖式铲运机铲运土 400m 以内释义。

洒水汽车 4000L、空回：定额编号 1-122～1-124 拖式铲运机铲运土 300m 以内释义。

履带式推土机 75kW：见定额编号 1-122～1-124 拖式铲运机铲运土 300m 以内释义。

定额编号 1-164～1-166 拖式铲运机铲运土 800m 以内（10～12m³） P41

［应用释义］ 履带式推土机 75kW：指发动机的功率为 75kW，且传动方式以履带传动的推土机。

一、二类土，三类土，四类土：见定额编号 1-31～1-33 横向坡度在1∶3.3以内释义。

水：见定额编号 1-134～1-136 拖式铲运机铲运土 400m 以内释义。

拖式铲运机 12m³：表示铲运机的几何斗容量为 12m³，其自重和斗中土的重量全部由铲运机车的车轮支承，而对牵引机车本身没有影响。相关内容见定额编号 1-125～1-127 拖式铲运机铲运土 400m 以内释义。

履带式推土机 75kW：见定额编号 1-122～1-124 拖式铲运机铲运土 300m 以内释义。

定额编号 1-167～1-169 自行铲运机铲运土 300m 以内（8～10m³） P42

［应用释义］ 修理边坡：见定额编号 1-143～1-145 拖式铲运机铲运土 200m 以内释义。

工作面内排水：见定额编号 1-59～1-61 55kW 内推土机推距 10m 以内释义。

空回：见定额编号 1-122～1-124 拖式铲运机铲运土 300m 以内释义。

一、二类土，三类土，四类土：见定额编号 1-31～1-33 横向坡度在1∶3.3以下释义。

自行式铲运机：其自重和斗中土体重量由机组车轮支承，故具有较大的附着力和较高的通过性和机动性，效率比拖式铲运机高。其主要缺点是：作用在车轮上附着力较小，在进行装载时，往往需要助铲机械（一般用推土机）助铲，例如用推土机 75kW 助铲。

铲运机的运行路线，对提高生产效率影响很大，应根据填方区的分布情况并结合当地具体条件进行合理选择，通常有如下几种：见定额编号 1-119～1-121 拖式铲运机铲运土 200m 以内释义。

定额编号 1-170～1-172 自行铲运机铲运土 500m 以内（8～10m³） P42

［应用释义］ 自行式铲运机 8m³：是指铲运机自重和斗中土体重量由机组车轮支承，故具有较大附着力和较高的通过性和机动性，效率比拖式铲运机高。其主要缺点是：作用在车轮上附着力较小，在进行装载时，往往需要助铲机械（一般用推土机）助铲。8m³ 所包含的意义为自行式铲运机的斗容量为 8m³。

履带式推土机 75kW：指发动机的功率为 75kW 且传动方式以履带传动的推土机械。此处用做自行式铲运机的助铲机械。

洒水汽车 4000L：由载重汽车底盘改装而成的水罐容量为 4000L 的汽车，主要用于市改建设的广场道路洒水压尘，清洁冲刷和绿地喷灌；在施工现场则用于内部道路的洒水、作业环境的喷雾压尘、降温，生活、生产用水的运输和消防等。

定额编号 1-173～1-175 自行铲运机铲运土 700m 以内（8～10m³） P43

［应用释义］ 一、二类土，三类土，四类土：见定额编号 1-31～1-133 横向坡度在

1∶3.3以下释义。

水：见定额编号 1-53 平整场地释义。

700m 以内：指的是运距大于 500m 且小于或等于 700m 的运距。

自行式铲运机：是指铲运机自重和斗中土体重量由机组车轮支承，故具有较大附着力和较高的通过性和机动性，效率比拖式铲运机高。其主要缺点是：作用在车轮上的附着力较小，在进行装载时，往往需要助铲机械（一般用推土机）助铲。

履带式推土机 75kW：指发动机的功率为 75kW，且传转动方式以履带传动的推土机械。此处用做自行式铲运机的助铲机械。

洒水汽车 4000L：见定额编号 1-55～1-56 填土夯实释义。

铲运机的运行路线对提高生产效率影响很大，应根据填方区的分布情况并结合当地具体条件下进行合理选择。

定额编号 1-176～1-178 自行铲运机铲运土 1000m 以内（8～10m³） P43

［应用释义］ 一、二类土，三类土，四类土：见定额编号 1-31～1-33 横向坡度在1∶33以下释义。

1000m 以内：指运距在 800m 至 1000m 以内，其中不包括 800m，包括 1000m。

履带式推土机 75kW：见定额编号 1-158～1-160 拖式铲运机铲运土释义。

综合人工：在机械挖土方中人工的综合工具是按《全国统一市政工程预算定额》计算而来的，其单位是工日，每工日按 8h 计算，挖一、二类土按“定额”中一类土占 20%，二类土占 80%综合计算。

修理边坡：对铲土、卸土的土堆的侧面进行平整、清理石碴，防止塌方，保证边坡的稳定性。

工作面内排水：见定额编号 1-59～1-61 55kW 内推土机推距 10m 以内释义。

空回：见定额编号 1-122～1-124 拖式铲运机铲运土 300m 以内释义。

定额编号 1-179～1-181 自行铲运机铲运土 1200m 以内（8～10m³） P44

［应用释义］ 自行式铲运机 8m³，铲运机的自重和斗中土体重量由机组车轮支承，故具有较大的附着力和较高的通过性和机动性，效率比拖式铲运机高得多。其重要缺点是：作用在车轮上的附着力较小，在进行装载时，往往需要助铲机械（一般用推土机）助铲。8m³ 则指的是其斗容量为 8m³。

一、二类土，三类土，四类土：见定额编号 1-31～1-33 横向坡度在1∶3.3以下释义。

履带式推土机 75kW：指发动机为 75kW 且传动方式是以履带传动的推土机械。此处主要指用于铲运机助铲的机械。

修理边坡、工作面内排水：见定额编号 1-59～1-61 55kW 内推土机推距 10m 以内释义。

定额编号 1-182～1-184 自行铲运机铲运土 1400m 以内（8～10m³） P44

［应用释义］ 一、二类土，三类土，四类土：见定额编号 1-31～1-33 横向坡度在1∶3.3以下释义。

1400m 以内：指运距大于 1200m，且小于或等于 1400m。

水：见定额编号 1-134～1-136 拖式铲运机铲运土 400m 以内释义。

洒水汽车 4000L：见定额编号 1-122～1-124 拖式铲运机铲运土 300m 以内释义。

定额编号　1-185～1-187　自行铲运机铲动土 1600m 以内（8～10m^3）　P44

［应用释义］　铲运机是一种能综合完成铲土、运土、卸土和压实的土方机械。铲运机生产率高，运转方便，对行驶道路要求低，常用于大面积场地平整、大型基坑开挖等工程；还可以完成路基、地基等高度不大的填方工程。可铲运含水量不超过 27%的松土和普通土。

修理边坡、工作面内排水、履带式推土机 75kW：见定额编号 1-176～1-178 自行铲运机铲运土释义。

一、二类土，三类土，四类土：见定额编号 1-31～1-33 横向坡度在1∶3.3以下释义。

定额编号　1-188～1-190　自行铲运机铲运土 1800m 以内（8～10m^3）　P45

［应用释义］　自行式铲运机 8m^3：按牵引力的方式不同可划分为拖式铲运机和自行式铲运机。8m^3 则表示斗的几何容量为 8m^3。

水：见定额编号 1-134～1-136 拖式铲运机铲运土 400m 以内释义。

1800m 以内：则指铲运机铲运土时的运距为大于 1600m 且小于或等于 1800m。

综合人工：见定额编号 1-176～1-178 自行铲运机铲运土释义。

定额编号　1-191～1-193　自行铲运机铲运土 300m 以内（10～12m^3）　P46

［应用释义］　一、二类土，三类土，四类土：见定额编号 1-31～1-33 横向坡度在1∶3.3以下释义。

空回：见定额编号 1-122～1-124 拖式铲运机铲运土 300m 以内释义。

铲运机铲土适用于一～三类土。其相关内容见定额编号 1-119～1-121 拖式铲运机铲运土 200m 以内释义。

定额编号　1-194～1-196　自行铲运机铲运土 500m 以内（10～12m^3）　P46

［应用释义］　500m 以内：指自行铲运机的运距大于 300m 且小于或等于 500m。

一、二类土，三类土，四类土：见定额编号 1-31～1-33 横向坡度在1∶3.3以下释义。

履带式推土机 75kW：见定额编号 1-143～1-145 拖式铲运机铲运土 200m 以内释义。

洒水汽车 4000L、空回：见定额编号 1-122～1-124 拖式铲运机铲运土 300m 以内释义。

定额编号　1-197～1-199　自行铲运机铲运土 700m 以内（10～12m^3）　P47

［应用释义］　700m 以内：指铲运机铲运土时的运距大于 500m，且小于或等于 700m。

一、二类土，三类土，四类土：见定额编号 1-31～1-33 横向坡度在1∶3.3以下释义。

修理边坡、工作面内排水、空回：见定额编号 1-59～1-61　55kW 内推土机推距 10m 以内释义。

水：见定额编号 1-53 平整场地释义。

洒水汽车 4000L：见定额编号 1-55～1-56 填土夯实释义。

定额编号　1-200～1-202　自行铲运机铲运土 1000m 以内（10～12m^3）　P47

［应用释义］　修理边坡：对铲土、卸土的土堆侧面进行平整、清理石碴，防止塌方，保障边坡稳定性。

工作面内排水：场地积水将影响施工的进行，故地面积水与雨水均应及时排走，使场地保持干燥以利于施工的进行。一般采用排水沟、截水沟、拦水坝，应尽量利用自然地形来设置排水沟，使水能够直接排至场外或低洼处。

1000m 以内：表示用自行式铲运机铲运土时运距大于 700m 且小于或等于 1000m。

一、二类土，三类土，四类土：见定额编号 1-31～1-33 横向坡度在1∶3.3以下释义。

履带式推土机75kW：见定额编号1-143～1-145拖式铲运机铲运土200m 以内释义。

自行式铲运机$10m^3$：按牵引力的不同划分的铲运机，有拖式铲运机和自行式铲运机两种。$10m^3$表示自行式铲运机的斗的几何容量为$10m^3$的大小空间。

定额编号　1-203～1-205　自行铲运机铲运土1200m 以内($10\sim12m^3$)　P48

[应用释义]　水：见定额编号 1-134～1-136 拖式铲运机铲运土 400m 以内释义。

铲运机铲土适用开挖一～三类土。相关内容见定额编号 1-119～1-121 拖式铲运机铲土 200m 以内释义。

定额编号　1-206～1-208　自行铲运机铲运土 1400m 以内 ($10\sim12m^3$)　P48

[应用释义]　一、二类土，三类土，四类土：见定额编号 1-31～1-33 横向坡度在 1∶3.3以下释义。

自行式铲运机 $10m^3$：见定额编号 1-200～1-202 自行铲运机铲运土释义。

修理边坡：见定额编号 1-176～1-178 自行铲运机铲运土释义。

工作面内排水：见定额编号 1-59～1-61　55kW 内推土机推距 10m 以内释义。

水：见定额编号 1-134～1-136 拖式铲运机铲土 400m 以内释义。

洒水汽车 4000L、空回：见定额编号 1-122～1-124 拖式铲运机铲土 300m 以内释义。

定额编号　1-209～1-211　自行铲运机铲运土 1600m 以内 ($10\sim12m^3$)　P49

[应用释义]　1600m 以内：指自行式铲运机的运距大于 1400m 且小于或等于 1600m。

一、二类土，三类土，四类土：见定额编号 1-31～1-33 横向坡度在1∶3.3以下释义。

履带式推土机 75kW：见定额编号 1-143～1-145 拖式铲运机铲运土 200m 以内释义。

洒水汽车 4000L：见定额编号 1-55～1-56 填土夯实释义。

空回：见定额编号 1-59～1-61　55kW 内推土机推距 10m 以内释义。

定额编号　1-212～1-214　自行铲运机铲运土 1800m 以内 ($10\sim12m^3$)　P49

[应用释义]　自行式铲运机 $10m^3$：自行式铲运机自重和斗中土体重量由机组车轮支承，所以具有较大的附着力和较高的通过性和机动性，效率远比拖式铲运机高。其主要缺点是：作用在车轮上附着力较小，在进行装载时，往往需要助铲机械（一般用推土机）助铲，例如用推土机 75kW 助铲。$10m^3$ 表示铲运机的斗的几何容量为 $10m^3$。

铲运机铲运土：见定额编号 1-119～1-121 拖式铲运机铲运土 200m 以内释义。

修理边坡、工作面内排水、空回：见定额编号 1-59～1-61　55kW 内推土机推距 10m 以内释义。

履带式推土机 75kW：见定额编号 1-71～1-73　75kW 内推土机推距 20m 以内释义。

水：见定额编号 1-53 平整场地释义。

洒水汽车 4000L：见定额编号 1-55～1-56 填土夯实释义。

一、二类土，三类土，四类土：见定额编号 1-31～1-33 横向坡度在 1∶3.3 以下释义。

铲运机的运行路线，对提高生产效率影响很大，应根据填方区的分布情况并结合当地具体件进行合理选择。通常有如下几种：见定额编号 1-155～1-157 拖式铲土机铲运土释义。

1800m 以内：指铲运机的远距大于 1600m 且小于或等于 1800m。

12. 挖掘机挖土

工作内容：1. 挖土，将土堆放在一边或装车，清理机下余土。2. 工作面内排水，清理边坡。

定额编号 1-215～1-217 正铲挖掘机（斗容量 0.6m^3）不装车 P50

［应用释义］ 挖土机挖土：挖土机械有正铲挖土机、反铲挖土机和拉铲、抓铲挖土机等。正铲挖土机适用于一～四类土开挖，占地面积小，比较灵活。反铲挖土机多用于地面以下的挖土作业，如沟槽开挖。拉铲、抓铲挖土机适于挖较深的基坑，作业半径比较大，但不够灵活。各种挖土机斗容量不同，其效率也各异。这些挖土机所挖土的运输多由自卸汽车配合进行联合作业。

单斗挖土机：单斗挖土机有正铲、反铲、索铲（拉铲）、抓铲几种。常用的有以下几种：

(1) 正铲挖土机：一般用于开挖停机面以上的土，适宜于在土质较好，无地下水（或已降水至基坑面以下），开坑方量较大的场合下工作。

与正铲挖土机配合的运输工具常为自卸汽车。正铲挖土和卸土的基本方式有两种：

① 正向挖土、侧向卸土，即挖土机向前进方向挖土，自卸汽车停在侧面装土（停在挖土停机面上或高于停机面）。此时，挖土机卸土转角小，自卸车行驶方便，生产率较高。

② 正向挖土、后方卸土：即挖土机向前进方向挖土，自卸车在他后面装土，挖土机卸土转角大，自卸要倒车开入，生产效率低，只有在基坑宽度小，开挖深度大的情况下采用。

挖土机在一个停点所能开挖到的土方工作面称为“掌子”。上述工作方式正向挖土又称为侧向掌子，工作方式正向挖土、后方卸土又称为正向掌子。

(2) 反铲挖土机：反铲挖土机开挖停机面以下的土，无需设置进出口通道，适用于开挖小型基坑（槽）和管沟，特别是在地下水位较高、土质松软，可能造成陷车的挖方情况下更具优点。因此，反铲挖土机是土方机械中最常用的挖土机械。反铲挖土机的开行方式有沟端开行和沟侧开行两种：

①沟端开行：挖土机在基槽一端挖土，开行方向与基槽挖土方向一致，挖土方便，挖的深度和宽度都较大。

②沟侧开行：挖土机在沟槽一侧挖土，挖土机开行方向与挖土方向垂直，稳定性较差，开挖深度和宽度均较小。但挖出的土方可在沟槽一定距离堆放时，这种开行方式仍有优点。

对于面积较大的基坑，反铲挖土机可采用分段开挖方法。开挖深槽时可采用分层开挖。

(3) 综合机械化：根据挖方施工过程，选择好主导施工机械，再分理配置其他辅助机械，使主导机械与辅助机械的生产率协调一致，综合发挥施工机械的效率。

挖土机挖土、自卸汽车运土的施工作业中，挖土机就是主导机械，自卸车为辅助机械，以挖土机的生产率为依据，确定自卸车的数量。

挖土机数量 N：

$$N=\frac{Q}{P}\times\frac{1}{T.C.K} \tag{2-70}$$

式中　Q——土方量，m^3；

P——挖土机生产率，m^3/台班；

T——工期，d；

C——每天工作班数；

K——时间利用系数（0.7～0.9）。

挖土机生产率 P：

$$P=\frac{8\times3600}{t}\cdot q\cdot\frac{K_C}{K_S}\cdot K_B \tag{2-71}$$

式中　P——挖土机生产率，m^3/台班；

t——挖土机一次循环作业时间，s；

q——挖土机斗容量，m^3；

K_S——土的最初可松系数；

K_C——土斗的充盈系数，可取 0.8～1.1；

K_B——工作时间利用系数，一段为 0.7～0.9。

挖土：见定额编号 1-1 一、二类土释义。

清理机下余土：人工方法清除挖掘机械轮胎、履带、铲斗、刀片及车厢内的积土、石渣。

工作面内排水：见定额编号 1-59～1-61　55kW 内推土机推距 10m 以内释义。

清理边坡：见定额编号 1-200～1-202 自行铲运机铲运土释义。

推土机 75kW 以内：系指发动机功率小于或等于 75kW 的推土机，主要是配合正铲挖掘机推土。其台班用量按挖掘机的 10％计算。挖掘机台班使用量＝单位工程量÷台班产量×幅度差系数。

定额编号　1-218～1-220　正铲挖掘机（斗容量 0.6m^3）装车　P50

［应用释义］　正铲挖掘机：它是一种全回转式履带行走的单斗挖掘机。它的动力装置通常为柴油机，其工作装置主要由动臂、斗杆和铲斗、提升和推压机构等组成。挖掘机是一种循环作业机械。每个工作循环包括：挖掘、回转、卸载和返回四个过程。正铲挖掘机一般用于挖掘停机面以上的土方，工作高度大于或等于 1.5m 的一～四类土。我国挖掘机规定主要用斗容量（m^3）的大小来分级。正铲斗容量的选择，应根据不同的作业高度和土质情况而定，斗容量选择如表 2-28。

挖土：见定额编号 1-1 一、二类土释义。

清理机下余土：人工方法对沟槽土方边坡修理平整，清除石碴，清除挖掘机械轮胎、履带、铲斗、刀片及车厢内的积土、石碴等。

一、二类土，三类土，四类土：见定额编号 1-31～1-33 横向坡度在1∶3.3以下释义。

斗容量选择表　　表 2-28

土的类别 ＼ 铲斗容量（m^3） ＼ 工作面高度（m）	1.5	2.0	2.5	3.0	3.5	4.0	5.0
Ⅰ—Ⅱ	0.50	1.00	1.50	2.00	2.50	3.00	—
Ⅲ	—	0.50	1.00	1.50	2.00	2.50	3.0
Ⅳ	—	—	0.50	1.00	1.50	2.00	2.5

履带式单斗挖掘机 0.6m^3：该类型的挖掘机的传动方式是以履带传动的，斗的几何容量为 0.6m^3。

定额编号　1-221～1-223　正铲挖掘机（斗容量 1.0m^3）不装车　P51

［应用释义］　履带式单斗挖掘机 1m^3：表示该挖掘机的种类为单斗式的且传动方式是以履带式传动的挖掘机。

履带式推土机 75kW：见定额编号 1-71～1-73　75kW 内推土机推距 20m 以内释义。

一、二类土，三类土，四类土：见定额编号 1-31～1-33 横向坡度在1∶3.3以下释义。

清理边坡、挖土：见定额编号 1-1 一、二类土释义。

正铲挖掘机、清理机下余土：见定额编号 1-218～1-220 正铲挖掘机（斗容量0.6m^3）装车释义。

定额编号　1-224～1-226　正铲挖掘机（斗容量 1.0m^3）装车　P51

［应用释义］　工作面内排水：见定额编号 1-59～1-61　55kW 内推土机推距 10m 以内释义。

挖土：见定额编号 1-218～1-220 正铲挖掘机（斗容量 0.6m^3）装车释义。

清理边坡：见定额编号 1-1 一、二类土释义。

正铲挖掘机清理机下余土：见定额编号 1-218～1-220 正铲挖掘机（斗容量 0.6m^3）装车释义。

履带式推土机 75kW：见定额编号 1-215～1-217 正铲挖掘机（斗容量 0.6m^3）不装车释义。

定额编号　1-227～1-229　反铲挖掘机（斗容量 0.6m^3）不装车　P52

［应用释义］　一、二类土，三类土，四类土：见定额编号 1-31～1-33 横向坡度在 1∶3.3以下释义。

挖土：见定额编号 1-1 一、二类土释义。

单斗挖掘机是用于开挖和装载土石方的主要机械之一，它可以挖Ⅳ级以下的土和爆破后Ⅴ～Ⅵ级岩石，并且挖掘力较强。据统计，一台斗容量为 1m^3 的单斗机当挖掘Ⅵ级以下的土时，每班生产率相当于 300～400 个工人一天的工作量。在现在施工中，整个土石方工作约有 55％～60％的任务由它来完成，所以用途十分广泛。

单斗挖掘机的种类很多，市政工程施工过程中用的挖掘机按动力传动的不同，它可分为机械式和液压式两种。反铲挖掘机开挖方法一般有如下几种：

（1）沟端开挖法：反铲停于沟端，后退挖，往沟的一侧弃土或装车运土。

（2）沟侧开挖法：反铲停于沟侧，沿沟边开挖，汽车停在机旁装土或往沟一侧卸土。

(3) 沟角开挖法：反铲位于沟前端的边角上，随着沟槽掘进，机身沿着沟边往后做之字形移动。

反铲挖掘机 $0.4m^3$、$0.75m^3$、$1.0m^3$、$1.25m^3$：系指反铲挖掘机斗容量分别为 $0.4m^3$、$0.75m^3$、$1.0m^3$、$1.25m^3$。

推土机 75kW 以内：指发动机的功率小于或等于 75kW 且传动方式是以履带式传动的推土机。

工作面内排水：见定额编号 1-59～1-61 55kW 内推土机推距 10m 以内释义。

清理边坡、清理机下余土：见定额编号 1-215～1-217 正铲挖掘机（斗容量 $0.6m^3$）不装车释义。

定额编号 1-230～1-232 反铲挖掘机（斗容量 $0.6m^3$）装车 P52

[应用释义] 履带式推土机 75kW：指发动机功率为 75kW 且传动方式是以履带传动的推土机。此处的推土机是用来对反铲挖掘机助铲的。

一、二类土，三类土，四类土：见定额编号 1-31～1-33 横向坡度在1∶3.3以下释义。

履带式单斗挖掘机 $0.6m^3$：一般挖掘机都是以履带传动的。$0.6m^3$ 表示铲斗的容量为 $0.6m^3$。

挖土、清理边坡：见定额编号 1-1 一、二类土释义。

工作面内排水：见定额编号 1-59～1-61 55kW 内推土机推距 10m 以内释义。

反铲挖掘机：适用于开挖一～三类的砂土或黏土。用于开挖停机面以下深度不大的基坑（槽）或管沟及含水量大的土，最大挖土深度 4～6m，经济合理的挖土深度为 1.5～3.0m，挖出的土方卸在基坑（槽）管沟的两边堆放或用推土机推到远处堆放，或配备汽车运走。反铲挖掘机开挖方法一般有如下几种：见定额编号 1-227～1-229 反铲挖掘机（斗容量 $0.6m^3$）不装车释义。

定额编号 1-233～1-235 反铲挖掘机 P53

[应用释义] 反铲挖掘机：其相关内容见定额编号 1-227～1-229 和 1-230～1-232 反铲挖掘机（斗容量 $0.6m^3$）不装车或装车释义。

反铲挖掘机 $0.4m^3$、$0.75m^3$、$1.0m^3$、$1.25m^3$：系指反铲挖掘机斗的几何容量分别为 $0.4m^3$，$0.75m^3$，$1.0m^3$，$1.25m^3$。

清理边坡：见定额编号 1-215～1-217 正铲挖掘机（斗容量 $0.6m^3$）不装车释义。

标准斗容量：指挖Ⅳ级土时，反铲铲斗堆尖时的斗容量，以立方米为单位，例如 $2.5m^3$ 斗容量以上的挖掘机，指挖Ⅳ级土时的正铲堆尖斗容量。为充分发挥挖掘机的挖掘能力，对不同级别的土，可配备相应不同斗容量的铲斗。

工作面内排水：见定额编号 1-59～1-61 55kW 内推土机推距 10m 以内释义。

清理机下余土：见定额编号 1-215～1-217 正铲挖土机（斗容量 $0.6m^3$）不装车释义。

挖土、修理边坡：见定额编号 1-1 一、二类土释义。

定额编号 1-236～1-238 反铲挖掘机（斗容量 $1.0m^3$）装车 P53

[应用释义] 一、二类土，三类土，四类土：见定额编号 1-31～1-33 横向坡度在1∶3.3以下释义。

清理边坡、挖土：见定额编号 1-1 一、二类土释义。

清理机下余土：见定额编号 1-215～1-217 正铲挖掘机（斗容量 $0.6m^3$）不装车释义。

履带式推土机 75kW：见定额编号 1-71～1-73　75kW 内推土机推距 20m 以内释义。

定额编号　1-239～1-241　反铲挖掘机（斗容量为 1.2～1.5m³）不装　车　P54

［**应用释义**］　履带式单斗挖掘机 1.5m³：用于开挖和装土石的主要机械之一，可以挖Ⅳ级以下的土和爆破后Ⅴ～Ⅵ级岩石，挖掘力较大。它是采用容积式液压传动、驱动工作装置，并用一个铲斗进行挖掘工作的机械。按行走装置结构的不同分为履带式、轮胎式两大类。履带式具有良好的通过性，轮胎式具有良好的越野性能。1.5m³ 表示挖掘机斗的几何容量为 1.5m³。

履带式推土机 75kW：见定额编号 1-236～1-238 反铲挖掘机（斗容量 1.0m³）装车释义。

标准斗容量：见定额编号 1-233～1-235 反铲挖掘机释义。

一、二类土，三类土，四类土：见定额编号 1-31～1-33 横向坡度在1∶3.3以下释义。

定额编号　1-242～1-244　反铲挖掘机（斗容量 1.2～1.5m³）装车　P54

［**应用释义**］　一、二类土，三类土，四类土：见定额编号 1-31～1-33 横向坡度在1∶3.3以下释义。

清理机下余土：见定额编号 1-215～1-217 正铲挖掘机（斗容量 0.6m³）不装车释义。

工作面内排水：见定额编号 1-59～1-61　55kW 内推土机推距 10m 以内释义。

清理边坡：见定额编号 1-1 一、二类土释义。

平整：将施工现场平整成施工图纸所要求的设计平面。

定额编号　1-245～1-247　拉铲挖掘机（斗容量 0.5m³）不装车　P55

［**应用释义**］　拉铲挖掘机用于开挖机面以下的一、二类土。其工作装置简单，可直接由起重机改装。其特点是：铲斗悬挂在钢丝绳下而不需要钢性斗柄。土斗借自重使斗齿切入土中，开挖深度和宽度较大。常用于开挖基坑和沟槽。拉铲卸土时斗齿朝下，并有惯性，湿的黏土也能卸干净。与反铲挖土机相比，拉铲的挖土深度，挖土半径和卸土半径均较大。开挖方法常有如下两种：

（1）沟端开挖：适用于就地取土填筑路基及修筑堤坝等。

（2）沟侧开挖：适用于就地堆放以及填筑路堤等工程。

拉铲挖掘机 0.5m³，0.75m³，1m³：分别表示铲斗容量型号为 0.5m³，0.75m³，1m³ 的挖掘机。

履带式推土机 75kW：系指发动机功率等于 75kW 的推土机，配合拉铲挖掘机推土等辅助工作。

清理机下余土：见定额编号 1-215～1-217 正铲挖掘机（斗容量 0.6m³）不装车释义。

修理边坡：见定额编号 1-1 一、二类土释义。

工作面内排水：见定额编号 1-242～1-244 反铲挖掘机（斗容量 1.2～1.5m³）装车释义。

定额编号　1-248～1-250　拉铲挖掘机（斗容量 0.5m³）装车　P55

［**应用释义**］　挖土：凡槽宽大于 3m 或坑底面积大于 20m² 或±30cm 以上的大型基坑沟槽场地平整，宜利用挖掘机进行机械挖土，配合推土机推土进行场地土方平整。

清理机下余土：见定额编号 1-215～1-217 正铲挖掘机（斗容量 0.6m³）不装车释义。

一、二类土，三类土，四类土：见定额编号 1-31～1-33 横向坡度在1∶3.3以下释义。

清理边坡：见定额编号 1-1 一、二类土释义。

履带式推土机 75kW：指发动机的功率为 75kW 且传动方式是以履带传动的推土机。

定额编号　1-251～1-253　拉铲挖掘机（斗容量 1.0m³）不装车　P56

［应用释义］　一、二类土，三类土，四类土：见定额编号 1-31～1-33 横向坡度在 1：3.3以下释义。

履带式推土机 75kW：见定额编号 1-71～1-73　75kW 内推土机推距 20m 以内释义。

拉铲挖掘机 1m³：指拉铲挖掘机斗的几何容量为 1m³。

定额编号　1-254～1-256　拉铲挖掘机（斗容量 1.0m³）装车　P56

［应用释义］　拉铲挖掘机用于开挖机面以下的一、二类土。其相关内容见定额编号 1-245～1-247 拉铲挖掘机（斗容量 0.5m³）不装车释义。

履带式推土机 75kW：见定额编号 1-71～1-73　75kW 内推土机推距 20m 以内释义。

清理机下余土：见定额编号 1-215～1-217 正铲挖掘机（斗容量 0.6m³）不装车释义。

工作面内排水：见定额编号 1-59～1-61　55kW 内推土机推距 10m 以内释义。

清理边坡、挖土：见定额编号 1-1 一、二类土释义。

13. 装载机装松散土

工作内容：铲土装车、修理边坡、清理机下余土。

定额编号　1-257　装载机 1m³　P57

［应用释义］　装载机是装松散物料的工程机械，主要用于对松散物料的装、运、卸作业和短距离（1.3km 以内）的运土，也可对松软岩石、硬土进行轻度的铲掘和推土作业等。因此，根据铲运机的这种工作特性，装载机装运土方定额系根据装载松散土以其斗容量划分定额项目，装载机装载天然密实土单列一项。

装土、运土、卸土：指装载机通过装载斗对挖掘后的松散土方进行铲装、短距离搬运、卸载等工作。

修理边坡：见定额编号 1-1 一、二类释义。

清理机下余土：见定额编号 1-215～1-217 正铲挖掘机（斗容量 0.6m³）不装车释义。

单斗装载机按行走装置的不同，分为轮胎式和履带式两种。轮胎式装载机行驶速度快，机动灵活，且轮胎不破坏路面。履带式装载机稳定性比轮胎式好，但行驶速度慢且又会破坏路面，所以轮胎式装载机应用较多。单斗装载机由铲装、收斗、提升、卸料和返回四个过程构成一个工作循环。

装载机装天然密实土：其实质是对原土进行轻度的挖掘工作。

人工装土：人工装土子目指以人工装车、汽车运土。

定额编号　1-258　装载机 1.5m³　P57

［应用释义］　装载机是一种作业效率较高的铲运机械，按工作方式的不同，它可分为间断循环工作的单斗装载机和连续作业的链式与轮斗式装载机两种。前者是一种在履带式拖拉机或轮胎式基础车上，装有一个装载斗而循环作业的机械。它在工业与民用建筑的土方工程中使用较广。

装土、运土、卸土：见定额编号 1-257 装载机 1m³ 释义。

修理边坡：见定额编号 1-1 一、二类土释义。

清理机下余土：人工的方法清除装载机轮胎、铲斗和车厢内的积土。

定额编号 1-259 装载机 $3m^3$ P57

［**应用释义**］ 清理机下余土：见定额编号 1-215～1-217 正铲挖掘机（斗容量 $0.6m^3$）不装车释义。

修理边坡：见定额编号 1-1 一、二类土释义。

单斗装载机主要用于对松散物料进行铲装、短距离搬运、卸载及平整作业。此外也可以对原土进行轻度的挖掘工作。若换装上相应的工作装置，还可以进行推土、起重等作业。由于它的用途较广，因此在建筑、铁路、公路、水电、港口、矿山、农田基本建设及国防等工程中都大量采用。

14. 装载机装运土方

工作内容：1. 铲土、运土、卸土；2. 修理边坡；3. 人力清理机下余土。

定额编号 1-260～1-264 装载机（斗容量 $1m^3$ 以内） P58

［**应用释义**］ 装载机：装载机是装松散物料的工程机械，主要用于对松散物料的装、运、卸作业和短距离（1.3km 以内）的运土，也可对松软岩石、硬土进行轻度的铲掘和推土作业。

装土、运土、卸土：见定额编号 1-257 装载机 $1m^3$ 释义。

修理边坡：见定额编号一、二类土释义。

人力清理机下余土：见定额编号 1-258 装载机 $1.5m^3$ 中清理机下余土的释义。

定额编号 1-265～1-269 装载机（斗容量 $1.5m^3$ 以内） P59

［**应用释义**］ 装土、运土、卸土、修理边坡、人工清理机下余土：见定额编号 1-258 装载机 $1.5m^3$ 释义。

装载机是一种作业效率较高的铲运机械，按工作方式的不同，它可分为间断循环工作的单斗装载机和连续作业的链式与轮斗式装载机两种。若换装上相应的工作装置，还可以进行推土、起重等作业。由于用途广泛，因此在建筑、铁路、公路、水电、港口、矿山、农田基本建设及国防等工程中都大量采用。

单斗装载机的分类方式较多，如按行走装置的不同，它有轮胎式和履带式两种，前者行驶速度快，机动灵活，且轮胎不破坏路面。后者的越野性能和稳定性比前者好，但行驶速度慢，且又会破坏路面，故前者用的较多。

按车身结构形式区分：它有铰接车架式和整体车架式两种，铰接轮胎式的目前应用较多。

按底盘传动形式区分：单斗装载机有机械式和液压式两种，后者的发展速度愈来愈快，并有后者全然取代前者的趋势。

按装载斗回转程度来区分，单斗装载机有全回转式、半回转式和非回转式三种。

单斗装载机的工作装置根据铲斗有无托架，其工作装置可分为有托式和无托式两种。

托架结构虽然简单，但因动臂之前端装有比较重的托架，因而减少了铲斗的载重量。无托架的优缺点则与其相反。

单斗装载机由铲装、收斗提升、卸料和重回四个过程构成一个工作循环。

单斗装载机的生产率 Q 是指在单位时间内装载物料的重量，单位为 t/h，一般用式（2-72）来表示

$$Q=\frac{3600VK_{充}\ \gamma K_{时}}{T} \tag{2-72}$$

式中 V——铲斗容量，m^3；

$K_{充}$——铲斗充填系数，它反应不同物料能装满铲斗的程度，一般取 0.5～1.25；

γ——物料的容重，t/m^3；

$K_{时}$——时间利用系数，工作时间与实际运转时间之比，一般取 0.75～0.85；

T——每一工作循环所需用的总时间，s。

显然影响装载机生产率的主要因素有两个方面，一是现场条件、工作方法、操作技术等使用因素，二是装载机自身技术性能因素。

15. 自卸汽车运土

工作内容：运土、卸土、场内道路洒水。

定额编号　1-270～1-274　自卸汽车（载重 4.5t 以内）　P60

[应用释义]　自卸汽车运土方定额系根据不同自卸汽车载重量及运距划分定额子目。运土方工程量，按所运土的天然密实体积计算。不同自卸汽车载重量及运距应分别计算其工程量，自卸汽车运距，按装土区重心至卸土区重心之间最短距离计算。

土方开挖后，多余土需运到指定的地点，回填土方不足时，要以指定地点取土回填。因此，工程预算中应分别计算土方的运输费用。

工作面内排水：场地积水将影响施工，所以地面积水与雨水均应及时排走，保持地面干燥，以利于施工。一般采用排水沟、截水沟、拦水坝，尽量利用自然地形来设置排水沟，使水直接排至场外或低洼处。

汽车行驶道路的洒水：系指设置、修理、维修排水沟、截水沟，对道路进行修补、洒水养护。

自卸汽车 4.5t：土方运输的方法很多，大致分为有轨运输、拖拉机运输、传送带运输和汽车运输。在市政工程的施工中，使用最广泛的是自卸汽车运土。

自卸汽车的适用范围及性能：

自卸汽车有单面倾卸、两面倾卸、三面倾卸形式。常用载重量为 3.5～15t，其特点是机动性能好，越野性强，行驶速度快。采用自卸可消除繁重的装车、卸土工作。从而提高生产效率，实现土方工程施工全面机械化。

自卸汽车主要用于配合挖掘机、装卸机进行土方运输。运距 2km 以上，道路平坦坚实，更能体现自卸汽车的优越性。

由于自卸汽车运土时，荷载比较集中，且需要一定的行驶、转弯、倒车，故施工中应考虑如下因素：

（1）施工现场通行性好，当黏土厚度超过 30cm、砂土超过 20cm，都可造成陷车、打滑；

（2）装土场和卸土场必须有足够的工作面；

（3）应对自卸汽车运土路线的地下管沟、涵洞、桥梁等勘察清楚。

水：见定额编号 1-53 平整场地释义。

洒水汽车 4000L：见定额编号 1-55～1-56 填土夯实释义。

定额编号　1-275～1-279　自卸汽车（载重 4.5t 以内）　P61

[**应用释义**]　水：见定额编号 1-53 平整场地释义。

运距：按挖方区重心至填土区（或堆放地点）重心的最短距离。

自卸汽车的适用范围及性能：见定额编号 1-270～1-274 自卸汽车（载重 4.5t 以内）释义。

由于自卸汽车运土时，荷载比较集中，且需要一定的行驶、转弯、倒车，故施工中应考虑如下因素：见定额编号 1-270～1-274 自卸汽车（载重 4.5t 以内）释义。

定额编号　1-280～1-284　自卸汽车（载重 6.5t 以内）　P62

[**应用释义**]　载重 6.5t 以内：指自卸汽车的载重吨位大于 4.5t 而小于或等于 6.5t。

水：见定额编号 1-53 平整场地释义。

运距：见定额编号 1-275～1-279 自卸汽车（载重4.5t 以内）释义。

定额编号　1-285～1-289　自卸汽车（载重6.5t 以内）　P63

[**应用释义**]　自卸汽车6.5t：土方运输的方式很多，大致分为有轨运输、拖拉机运输、传送带运输和汽车运输。在市政工程土方施工中，使用最为广泛的为自卸汽车运输。

水：见定额编号 1-53 平整场地释义。

定额编号　1-290～1-294　自卸汽车（载重 8t 以内）　P64

[**应用释义**]　自卸汽车 8t：土方运输的方法很多，大致分为有轨运输、拖拉机运输、传送带运输和汽车运输。在市政工程的施工中，使用最广泛的是自卸汽车运土。8t 指载重吨位为 8t。

定额编号　1-295～1-299　自卸汽车（载重 8t 以内）　P65

[**应用释义**]　自卸汽车运土方定额系根据不同自卸汽车载重吨位及运距划分定额子目。运土方工程量，按所运土的天然密实体积计算。不同自卸汽车载重量及运距应分别计算其工程量。

运距：见定额编号 1-300～1-304 自卸汽车（载重 10t 以内）释义。

土方开挖后，多余土需运到指定地点，回填土方不足时要从指定地点取土回填。因此，工程预算中应分别计算土方的运输费用。

洒水汽车 4000L：指容量 4000L 的洒水汽车，堆土机填土碾压和场内汽车行驶道路的养护均需洒水，以保障工程质量。

定额编号　1-300～1-304　自卸汽车（载重 10t 以内）　P66

[**应用释义**]　由于自卸汽车运土时，荷载比较集中，且需要一定的行驶、转弯、倒车，所以施工中应考虑如下因素：见定额编号 1-275～1-279 自卸汽车（载重4.5t 以内）释义。

水：机械行驶道路及场地土方夯实碾压均需洒水，减少灰尘，延长机械使用寿命和保障施工人员的身体健康和工程质量。

定额编号　1-305～1-309　自卸汽车（载重 10t 以内）　P67

[**应用释义**]　载重汽车 10t 以内：指载重汽车的载重吨位大于 8t 且小于或等于 10t。

洒水汽车 4000L：见定额编号 1-55～1-56 填土夯实中洒水的释义。

水：见定额编号 1-53 平整场地释义。

定额编号　1-310～1-314　自卸汽车（载重 12t 以内）　P68

［应用释义］　洒水汽车 4000L：洒水汽车以载重汽车底盘为基础改装而成。在市政建设上，主要用于广场道路的洒水压尘，清洁冲刷和绿地喷灌；在工地上则用于工地内部道路的洒水、作业环境的喷雾压尘、降温，生活、生产用水的运输以及消防等。

运距：见定额编号 1-275～1-279 自卸汽车（载重4.5t 以内）释义。

水：见定额编号 1-53 平整场地释义。

定额编号　1-315～1-319　自卸汽车（载重 12t 以内）　P69

［应用释义］　自卸汽车 12t：土方运输的方法很多，大致分为有轨运输、拖拉机运输、传送带运输和汽车运输。在市政工程土方施工中，使用最为广泛的为自卸汽车运输。

载重 12t 以内：指自卸汽车的载重吨位大于 10t 且小于或等于 12t。

水：见定额编号 1-53 平整场地释义。

定额编号　1-320～1-324　自卸汽车（载重 15t 以内）　P70

［应用释义］　自卸汽车 15t：指汽车的载重吨位为 15t，广泛运用于土方工程上。

场内道路洒水：为了保证机械和人身的安全和健康，减少灰尘，在施工现场内道路上洒水。

载重汽车 15t 以内：指汽车的载重吨位大于 12t 且小于或等于 15t。

运土、卸土：指装载机通过装载斗对挖掘后的松散土方进行铲装、短距离的搬运、卸载等工作。

定额编号　1-325～1-329　自卸汽车（载重 15t 以内）　P71

［应用释义］　自卸汽车运土方定额系根据不同自卸汽车载重吨位及运距划分定额子目。运土方工程量，按所运土的天然密实体积计算。不同自卸汽车载重吨位及运距应分别计算其工程量，自卸汽车运距按装土区重心与卸土区重心之间的最短距离计算。

洒水汽车 4000L：见定额编号 1-55～1-56 填土夯实中洒水的释义。

凡槽宽大于 3m 或坑底面积大于 $20m^2$ 或±30cm 以上的大型沟槽、基坑、场地平整宜利用挖掘机进行机械挖土，并用自卸汽车运土，进行挖填平衡的土方平整。

场内道路洒水：指设置修理、维护排水沟、截水沟，对道路进行修补、洒水养护。

自卸汽车 15t：土方的运输方式很多，大致分为有轨运输、拖拉机运输、传送带运输和汽车运输，在市政工程施工中，使用最为广泛的是自卸汽车运输。15t，指的是汽车的运输载重吨位为 15t。

自卸汽车的适用范围和性能：见定额编号 1-270～1-274 自卸汽车（载重4.5t 以内）释义。

水：见定额编号 1-53 平整场地释义。

洒水汽车 4000L：见定额编号 1-55～1-56 填土夯实释义。

运土、卸土：见定额编号 1-320～1-324 自卸汽车（载重 15t 以内）释义。

16. 抓铲挖掘机挖土、淤泥、流沙

工作内容：挖土、淤泥、流沙、堆放一边或装车，清理机下余土。

定额编号　1-330～1-333　一、二类土

［应用释义］　挖土：见定额编号 1-1 一、二类土释义。

淤泥：淤泥和淤泥质土为工程建设中经常会遇到的软土。在静水或缓慢的流水环境中沉积，并经生物化学作用形成，其天然含水量大于液限。天然孔隙比大于或等于 1.5 的黏性土，称为淤泥；当天然孔隙比小于 1.5 但大于等于 1.0 时称为淤泥质土。当土的有机质含量大于 5%时称为有机质土；大于 60%时则称泥炭土。

流沙：在地下水位以下开挖基坑，若从基坑中排水，使坑外总水头大于坑内，则坑底下的地下水将向上渗流，在地基土中产生自下而上的渗流力。当水头差增大而使水力梯度达到 I_{cr}时，就会出现流沙现象，使坑底泥沙翻涌，给施工带来很大困难，甚至影响邻近建筑物的安全。所以在地基勘察中应对可能出现流沙现象的条件及其危害性作出评估。流沙是一种不良的工程地质现象。防治流沙的原则主要是：

(1) 减少或消除基坑内外地下水的水头差，例如采取先在基坑范围外以井点降低地下水位后开挖，或在不排水基坑内以抓斗等工具进行水下挖土等施工方法。

(2) 增加渗流路径，例如沿坑壁打深度超过坑底的板桩，其长度足以使受保护土体内的水力梯度小于临危梯度。

(3) 在向上渗流出口处地表用透水材料覆盖压重以平衡渗流力（此法多用于闸坝下游处）。

计算挖淤泥、流沙工程量使用挖土方的计算方法，以立方米为计量单位，套用人工挖淤泥和流沙定额。同时，还要按照施工组织设计采用的排水机械，另行计算所需排水费用，列入工程预算内。

清理机下余土：见定额编号 1-215～1-217 正铲挖掘机（斗容量 0.6m^3）不装车释义。

一、二类土：见定额编号 1-1 一、二类土释义。

定额编号　1-334～1-337　三类土　P72～73

［应用释义］　三类土：见定额编号 1-2 一、二类土释义。

清理机下余土：见定额编号 1-215～1-217 正铲挖掘机（斗容量 0.6m^3）不装车释义。

定额编号　1-338～1-341　淤泥、流沙　P73

［应用释义］　淤泥：是指在静水或缓慢的流水环境中沉积，经生物化学作用形成的黏性土。

流沙：流沙是一种现象，在土方工程施工时，当土方挖到地下水位以下，有时底面和侧面土形成流动状态，随地下水一起涌出，这种现象是流沙现象。

挖土：见定额编号 1-330～1-333 一、二类土释义。

淤泥、流沙：见定额编号 1-330～1-333 一、二类土释义。

定额编号　1-342～1-345　一、二类土　P74

［应用释义］　一、二类土：见定额编号 1-1 一、二类土释义。

清理机下余土：见定额编号 1-215～1-217 正铲挖掘机（斗容量 0.6m^3）不装车释义。

挖土：见定额编号 1-330～1-333 一、二类土释义。

定额编号　1-346～1-349　三类土　P74～75

［应用释义］　三类土：指按普氏分类法中得到的普通土。

斗容 1.0m^3（不装车）深 6m 以内：指抓铲挖掘机的斗的几何容量为 1m^3，不装车，指抓铲挖掘机只挖土，不装车。

清理机下余土：见定额编号 1-342～1-345 一、二类土释义。

定额编号　1-350～353　淤泥、流沙

［应用释义］　斗容 1.0m^3（装车）深 6m 以内：指抓铲挖掘机的斗的几何容量为 1m^3，装车指抓铲挖掘车既挖土又装土。

挖土：见定额编号 1-330～1-333 一、二类土释义。

淤泥、流沙：见定额编号 1-338～1-341 淤泥、流沙释义。

清理机下余土：见定额编号 1-215～1-217 正铲挖掘机（斗容量 0.6m^3）不装车释义。

17. 机械平整场地、填土夯实、原土夯实

工作内容：1. 平整场地：厚度在±30cm 内就地挖、填、找平，工作面内排水；2. 原土碾压：平土、碾压，工作面内排水；3. 填土碾压：回填、推平、碾压，工作面内排水；4. 原土夯实：平土、夯土；5. 填土夯实：摊铺、碎土、平土、夯土。

定额编号　1-354～1-355 平整场地　P76

［应用释义］　排水：场地积水会影响施工，为了保证施工场地上施工的顺利进行，必须排除场地内积水，特别是雨期，以保证场地内的土体干燥。在工作面内布置临时排水系统时，应注意与原排水系统相适应，临时排水设施应尽量与永久性排水设施相结合，面临排水不得破坏的附近建筑物或构筑物的地基和填、挖的边坡，注意不要损害农田、道路。地面水的排除通常采用排水沟、截水沟和筑土堤等设施。在山坡地区施工，应尽量按设计要求做好永久性或临时性截水沟，以阻止山坡水流入施工场地；在平坦地区施工，可采用临时排水沟或筑土堤等措施，阻止场外水流入施工场地。而临时排水沟和截水沟的设计，其纵向坡度应根据地形而定，一般大于或等于 3‰，而平坦地区大于或等于 2‰，沼泽地区大于或等于 1‰；其横断面应根据当地气象资料，按照工期内最大流量确定，一般大于或等于 50cm×50cm；其边坡坡度应根据土质和沟深确定，一般为1∶0.7～1∶1.5，岩石可适当放陡。当在地形、地质条件复杂，有可能发生滑坡的地段挖方时，应根据设计单位确定的方案进行排水。

场地平整：是指厚度在±30cm 以内的就地挖填、找平。大面积场地平整一般采用推土机、铲运机进行机械场地平整。机械碾压一般是对表层土、填土的加固。机械碾压影响深度为 0.3～0.5m。

填方的压实方法：有碾压、夯实和振动三种。三种压实方法使用的压实机械各有不同。

(1) 碾压法：是由沿填土表面滚动的重型鼓筒或气胎轮子的压力来压实土料。有平碾、羊足碾、气胎碾。

① 平碾：滚筒侧壁的填料孔，是向滚筒内装填水或砂或钢砂，以保持碾重，平碾可将土料压得平整、光滑，但表面土层结成的平滑硬壳，影响层面间的土料结合与压力的传布，因此，表层与稍深处干容重可相差较大。平碾分轻型（小于 5t），中型（5～8t），重型（8～10t）三种。适当控制铺土厚度，先用轻型碾，再用重型碾，可能取得较好的压实效果。主要用于大面积场地平整或面积较大的建基面压实（另外在筑路工程中用得最多）。平碾可碾压黏性土和非黏性土。

② 羊脚碾：滚筒上固定有某种构造的羊脚。羊脚碾具有很大的单位压力、被压实的

土较均匀，它先将下层土压实，而在压实过程中，单位压力逐渐增大。羊脚易于贯入土中，可保证有较厚的压实层。羊脚碾工作时，羊脚会使表层土翻松，因此，羊脚的高度与滚筒直径之间应有一定的比例（一般为1∶8～1∶5）。羊脚碾压实黏性土，压实效果较好。但压实砂性土时，土粒易发生向上，向两侧移动，使土料无法压实。所以，羊脚碾不能用于砂性土料的压实。羊脚碾的碾压方式有：回转法，前进后退法和直线法，均应逐遍错让套压。经验证明，只要铺土层面均被羊脚碾压过一遍，就可达到较优的密实度。

碾压遍数 n：

$$n=k\cdot\frac{S}{F\cdot m} \qquad (2\text{-}73)$$

式中　n——碾压遍数；

k——考虑羊脚碾压点分布不均匀的修正系数，一段取 $k=1.3$；

S——滚筒一周的表面积，cm^2；

F——每个羊脚端的面积，cm^2；

m——滚筒上的羊脚个数。

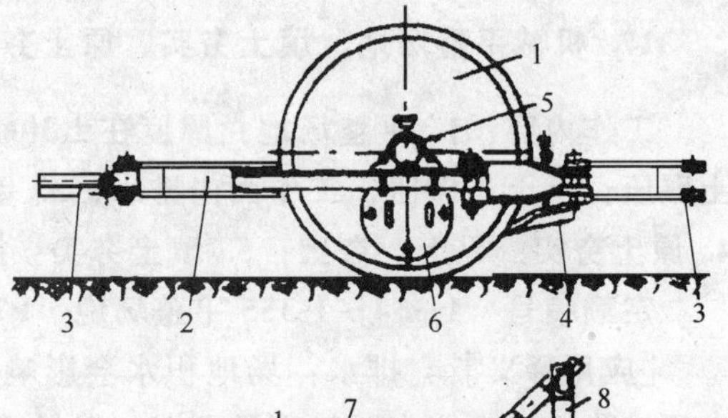

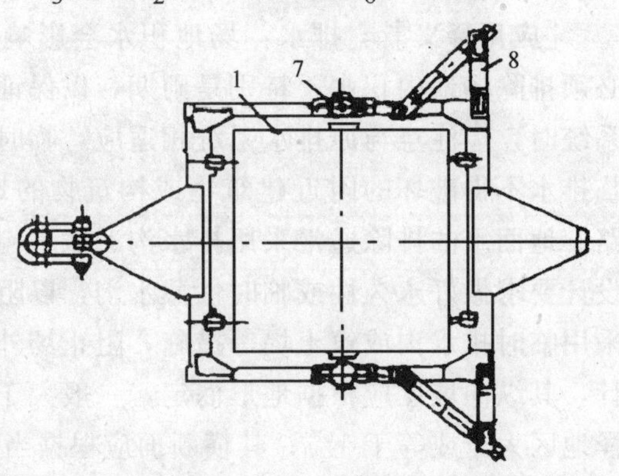

图 2-28　平碾

1—滚筒；2—框架；3—连挂装置；4—刮土刀；5—滚筒轴；6—填料孔；7—轴承；8—挂其他滚碾用的角撑

③ 气胎碾：它是充气轮胎，在压实土料的过程中，随土料的变形而发生变形，开始土料很松，轮胎变形小，土层压缩变形大，随着土料逐步被压实，轮胎变形逐渐增加，与土层接触面加大，压力分布均匀；由于对土料承压时间较长，有利于土层的压实。气胎碾还有个特点是可以改变轮胎的内压力，控制其作用于土料的最大压力在土料的极限强度之内，发挥较好的压实效果。一般认为对于黏性土土料，轮胎内的压力宜为0.5～0.6MPa，对于非黏性土料以0.2～0.4MPa最为有效。

用碾压法压实填土，铺土应均匀一致，每层碾压遍数要相同，应从填土区边缘逐渐压向中心，每次碾压应有15～20cm的重叠。

图 2-29　羊脚碾

（2）夯实法：是利用夯锤自由下落的冲击力来压实土，多用于小面积、回填土的压实。大型压实机具难以压实的边角及岸坡、石碱，人利用挖土机或起重机装上夯板（夯锤）的夯土机夯实。重型夯土机（锤重1t以上）可夯实1～1.5m厚的土。夯实法可用于黏性土或非黏性土的压实。对于小型基坑（槽）、沟槽回填土的压实，蛙式打夯机、人力木夯等使用较多，方

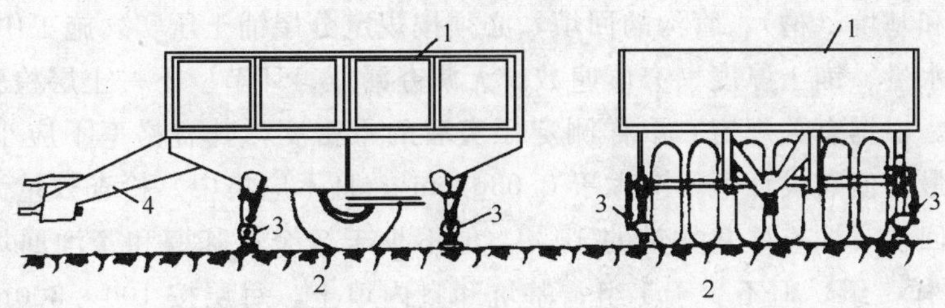

图 2-30　拖行单轴式气胎碾

1—金属车箱；2—充气轮胎；3—千斤顶；4—牵挂杠辕

便灵活，能达到一定的效果。

(3) 振动法：振动法是将重锤放在土层表面或内部，振动设备使重锤振动，使土料颗粒发生相对位移，达到密实状态。

牵引式 13.5t 振动平碾是一种兼有碾压与振动两种作用的压实机械，适用于砂石料、风化岩石的压实，铺料厚度可达 1～1.2m，碾压时适当洒水，6～8 遍即可达到设计干容重。

填方基底的清理或处理，应符合设计要求。如设计无具体要求，应符合下述规定：基底上的草皮树根、腐殖土、垃圾应已消除；积水、淤泥已清除；坑穴已用好土填平夯实；如基底坡度大于 1∶5，应将基底挖成台阶形，台阶高 0.2～0.3m，台阶宽大于或等于 1m；对于软弱地基，按设计要求已换填垫层。填土前，应由业主（监理）、质监设计、施工等部门对填方基底和已完成的隐蔽工程的联合检查验收鉴证后，方可进行填土作业。

永久性填方边坡坡度应按设计要求施工。使用时间较长（超过 1 年）的临时填方工程的边坡坡度为：当填方高度在 10m 以内，可采用 1∶1.5；高度超过 10m，可作成设马道的折线形，上部 1∶1.5，下部 1∶1.75。当地质条件不良时，其边坡坡度由计算确定。

填方土料的土质、粒径、级配、含水量，均应符合设计要求。设计无具体要求时则：碎石类土、爆破石碴、砂土均可作填方土料。其中：碎石类土和爆破石碴最大粒径不得大于铺土层厚的 0.7 倍，且大块料不应集中，不得位于分段接头处和山坡连接处；颗粒均匀的细砂、粉砂用作填方土料应慎重，应征得设计单位同意。含水量符合压实要求的黏性土可用作填方土料。有机质含量大于 8%的土、淤泥质土均不得用于填方。如采用两种填方土料时，透水性大的土料宜填筑在下层，透水性小的填上层。

基坑（槽）和管沟回填，应注意：

(1) 基础、管沟的现浇的混凝土应达到一定强度，不致因填土而损伤时，方可回填。

(2) 基坑（槽）、管沟回填顺序，应按基底排水方向由高至低逐层进行。

(3) 为了防止基础、埋管中心线偏移，回填时应在相对两侧或四周同时进行，均匀填高。为防止埋管损坏，管沟回填时，管道回填土应用人工填土夯实，至管道顶 0.5m 以上，方可用机械填土压实。

(4) 当用土壁支撑时，应按回填顺序依次拆除；多层支撑应自下而上逐层拆除，随拆随填。支撑拆除时，应随时观察邻近建筑物有无异常变形，土壁是否稳定等，必要时应采取过渡性替代的加固措施。

(5) 填方应按设计要求预留沉降量（一般不超过填方高度的 3%）。

(6) 填方和基坑（槽）、管沟的回填，必须按规定分层铺土压实。施工中要严格控制：土料土质、含水量、铺土厚度、夯压遍数、无漏夯漏压等环节。下一土层检验合格才允许填筑上一土层。根据有关规定：取样测定压实后的干密度，其合格率不应小于90%，不合格干密度的最低值与设计值不应大于0.08g/cm³，且不应集中。检查数量为：环刀法取样数量：柱基回填，抽查柱基数量的10%，但不少于5个；基槽和管沟回填，每层按长度20～50m取样1组，但不少于1组；基坑和室内填土，每层按100～500m²取样1组，但不少于1组；场地平整填方，每层按400～900m²取样1组，但不少于1组。灌砂，灌水法的取样数量可较环刀法适当减少。

(7) 填方工程完成后，其外形尺寸的允许偏差和检验方法，应符合表2-29的规定。

土方工程外形尺寸的允许偏差和检验方法 **表2-29**

项次	项目	允许偏差（mm）					检验方法
		柱基、基坑基槽、管沟	挖方、填方、场地平整		排水沟	地（路）面基层	
			人工施工	机械施工			
1	标高	+0 −50	±50	±100	+0 −50	+0 −50	用水准仪检查
2	长度、宽度（由设计中心线向两边量）	−0	−0	−0	+100 −0	——	用经纬仪，拉线和尺量检查
3	边坡偏陡	不允许	不允许	不允许	不允许	——	观察或用坡度尺检查
4	表面平整度	——	——	——	——	20	用2m靠尺和楔形塞尺检查

注：检查数量、标高、柱基按总数抽查10%，但不少于5个，每个不少于2点；基坑每20m²取1点，每坑不少于2点；基槽、管沟、排水沟、路面基层每20m取1点，但不少于5点；挖方、填方、地面基层每30～50m²取1点，但不少于5点；场地平整每100～400m²取1点，但不少于10点；长度、宽度和边坡偏陡均为每20m取1点，每边不少于1点；表面平整度每30～50m²取1点。

定额编号 1-356～1-357 原土碾压 P76

［应用释义］ 原土碾压：在工业与民用建筑中，对墙基、室内地坪等按设计要求进行原土碾压，以达到对强度和稳定性的要求，一般采用分层碾压的方法。大型场地碾压，堤坝修筑等多采用机械碾实。填土方打夯及碾压设备有拖式双联羊足碾压、内燃压路机、振动压路。拖拉机和推土机亦可作碾压设备。

工作面内排水：见定额编号1-59～1-60内推土机推距10m以内释义。

履带式推土机75kW：见定额编号1-71～1-73 75kW内推土机推距20m以内释义。

平土：把从原坑中开挖出的土方再次回填到坑内，并且利用平板或相关工具使土面平整的工序叫做平土。他是原土打夯过程中的一个重要组成部分，对于平整场地有改善现场高低不平的作用和减小土方运输量及合理利用。

碾压：按设计规定的铺土厚度回填沟槽，利用压实机具夯实，使之具有一定的密实度、均匀性。

回填：基础工程完工后，为达到室内垫层以下的设计标高，必须进行土方回填，回填土一般在距离 5m 内取用，一般由场地最低部分开始，由一端向另一端自下而上分层铺填。

推平：回填完毕后，要使室内垫层表面平整，用手工工具或机械使表层土均匀、紧密。

夯土：是利用夯锤自由下落的冲击力压实土层，多用于小面积、回填土夯实。大型压实机不能压实的边角及岸坡、石碱，可利用挖土机或起重机装上夯板的夯土机夯实。

羊足碾：见定额编号 1-354～1-355 平整场地释义。

定额编号 1-358～1-362 填土碾压 P77

［应用释义］ 填土碾压：填土碾压是有区别于原土碾压，即回填土并不一定是原土。在工业与民用建筑中，对墙基、室内地板等按设计要求进行填土方，以达到对强度和稳定性的要求，一般采用分层碾压的方法。大型场地回填，堤坝修筑等多采用机械碾实。回填土方打夯及碾压设备有拖式双联羊足碾、内燃压路机、振动压路、拖拉机和推土机亦可作碾压设备。打夯机械有电动、重锤、蛙式打夯机和 100～400t 夯击机械等。

平整场地：施工前应对场地平整、对地下水位高的饱和性土与易液化流动的饱和砂质土，宜铺填一层 0.5～2.0m 的中（粗）砂、砂砾或片石等材料，以防备下陷或消散强夯产生的孔隙水压力。

拖式双筒羊足碾：广泛用于大面积的机械回填压实，羊足压路碾在液轮表面装有许多羊足形滚压件。羊足与滚轮直径之比一般为 1∶5～1∶8。采用拖拉机牵引。有单筒式和双筒式之分。筒内可根据要求分空筒、装水、装砂，以提高单位面积压力，增加压实效果。碾压方向应从填土区域的两侧逐渐向中心碾压，并随时消除粘着于足碾之间的土料。

洒水汽车 4000L：系指水罐容积为 4000L。配合施工场地内机械行驶道路洒水和场地碾压洒水。

在自然条件下的土层，一般都无足够的强度来支承其上面过分增加的荷载。如需要在其上增加建筑物、构筑物，则必须对土层进行压实。

压实：是指土施加作用力，使土粒移动，土的孔隙中的空气被挤出，土体的体积缩小，密实度和干密度增大，使其承载能力和抗剪强度得以提高，沉陷量和透水性降低。在建筑物基础、路基和路面的施工中，压实作业是一道非常重要的工序。完成这一工序的机械统称为压实机械。

根据压实机械动作原理的不同，他可分为冲击式、碾压式和振动式三种基本类型。

(1) 冲击式压实机

能把重物提升到一定高度，靠下落重力冲击土层，使其在动荷载作用下，产生永久变形而密实的机械称之为冲击式压实机。各种夯土机即是此种类型，它在冲击时加载时间短，对土层的作用力大，适用于黏性较低的土层，被夯实的土层较厚，在夯实过程中移动较慢，适用于狭窄的工作面，如基坑的夯实，属于这一类的机械有蛙式打夯机、自动内燃夯土机和快速冲击夯等。快速冲击夯振动较大，对操作者的身体健康有影响，现使用不多，前两者使用较多。

①蛙式打夯机

蛙式打夯机的组成如图 2-31 所示。它工作时，由于偏心块旋转所产生的离心力，使夯锤升起又落下，而且可边夯边前进，像青蛙行走一样，故得其名。

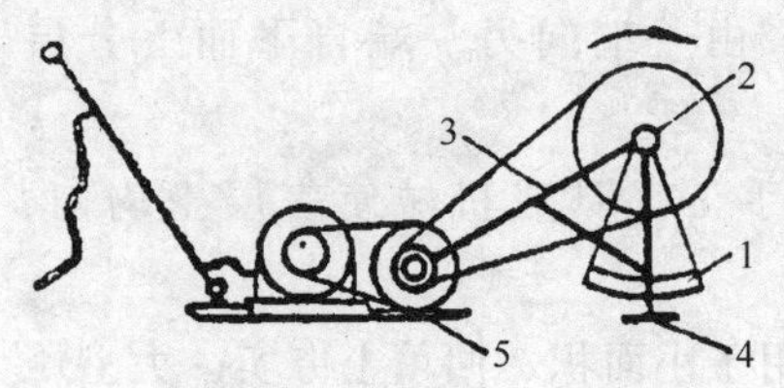

图 2-31　蛙式打夯机

1—偏心块；2—前轴；3—夯头架；4—夯板；5—拖盘

蛙式打夯机使用方便，操作简单，但因它是连续冲击，机体的金属结构部分易出现断裂。同时夯头架上的连接螺栓也易松动。如果不经常检查会造成偏心块飞出，以致发生伤人事故。目前施工工地虽然使用较多，但因它的效率不同，因此仍有被淘汰的趋势。

②内燃式打夯机

内燃式打夯机是一种以内燃机为动力的夯实机械。虽然它的冲击频率很高，且有振动作用，但它对土层的主要作用仍是冲击式，故它属冲击打夯机类。其构造及组成如图2-32所示。

本机的弹簧易于疲劳断裂，操作时劳动强度大，以夯实狭窄的基坑、柱角、屋角、墙边的效果最佳。与蛙式相比，目前它是一种较先进的夯实机械。

(2) 碾压式压实机

利用沉重的滚筒或轮子的重量，沿土面滚动时所产生的静压力，将土压实的机械称碾压式压实机。

如光面碾、羊脚碾、充气轮胎碾等。这些机械都可利用水或砂作配重调整其压力，并能做成单筒、双筒、三筒组合使用。

钢滚筒式的光面碾亦称平碾或压路机，它在筑路工程中使用较多，对碾压碎石路面效果较好，但它不适宜碾压黏土，对非黏性土压碾压的深度也不大，因此它的使用受到限制。下面仅介绍在市政工程中使用较多的羊脚碾和充气轮胎碾。

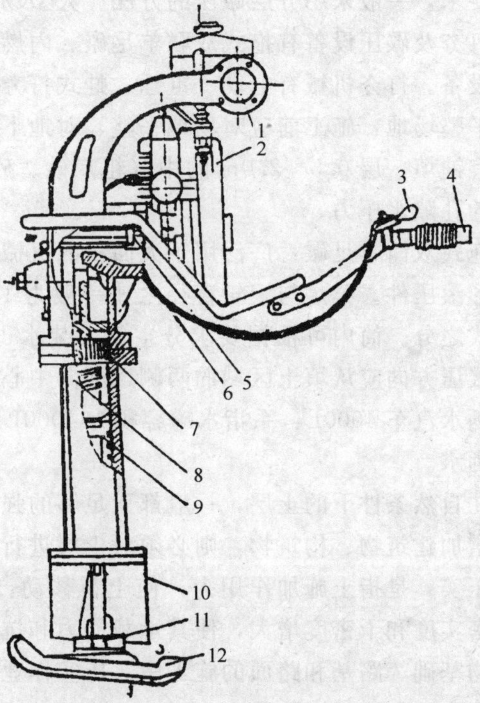

图 2-32　内燃式打夯机

1—油箱；2—汽油机；3—控制开关；4—手柄；5—离合器；6—减速箱；7—曲柄连杆机构；8—圆筒；9—活塞；10—橡皮套；11—压杆；12—夯土板

①羊脚碾

在光面钢滚筒上，焊上若干个羊角状的凸爪，光面碾即变成了羊脚碾。如图 2-33 所示。羊脚的长度和滚轮径之比一般为 1：8～1：5，土层被压实的厚度可达到 25～80m。

用羊脚碾来碾压铺填的土层时，滚筒的全部重量通过一排着地的羊脚作用在下层土料上。由于羊脚端面面积小、压强大，故直接处于羊脚下的土料受到最大正压力，羊脚四周同时向外传递侧压力，故羊脚碾的压实效果比光轮碾要好。

羊脚碾特别适合碾压黏性土。在碾压铺填的黏性土层时，最初几遍羊脚可能完全插入

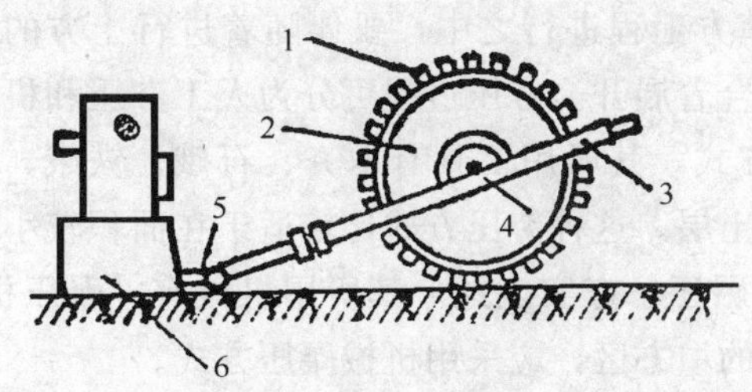

图 2-33　羊脚碾

1—羊脚式钢棒；2—滚筒；3—刮刀；
4—拖架；5—充水口；6—辕杆；7—拖拉机（部分）

土中，但经过几次碾压后，由于下层土料密实度的提高，羊脚插入的深度便逐渐减少，于是滚筒上抬，最后只剩下表层由于羊脚在拔出时翻松而得不到压实的土层。这表层松土可使用其他压实机械去处理。

对于非黏性土，由于羊脚入土后产生的侧压力，会使土粒产生向上的和侧向的移动，引起土体结构破坏，羊脚出土时又形成翻松现象，所以羊脚碾不适宜压实非黏性土。

②轮胎碾

它是通过充气轮胎，利用碾的自重碾压土层的一种静压式机械，如图2-34所示。

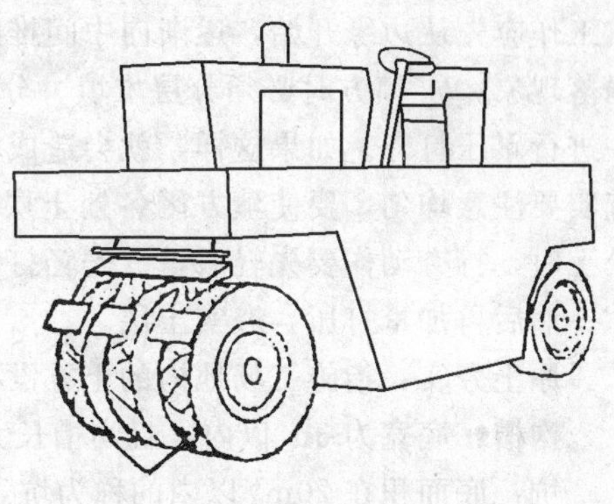

图 2-34　轮胎碾

具有弹性的轮胎碾，在最初几遍的碾压过程中，土层和轮胎都会发生变形，碾压几遍后，土层由于强度的不断提高，沉陷量便逐渐减少，而轮胎的径向变形则逐渐增大。土层沉陷的减少，将引起轮胎与土的接触面积的减小，接触压力将增大，在碾压终了时的接触压力可达到最初时的1.5～200 倍。

轮胎碾与钢性光面碾相比，轮胎碾的压实效果较好。因接触面积大，如果有足够的压重，则轮胎碾压实的深度也较之为大，而且当轮胎碾滚过时，土层处于应力状态下的时间也较之为长，因此可显著地提高压实效果，减少碾压遍数。

轮胎碾的另一特点是，还可用改变轮胎气压的方法来调节接触压力的大小，适应各种性质的土层压实。

（3）振动式压实机

利用机械的高频振动，把能量传给土层，使土层颗粒重新组合而达到密实的机械称振动式压实机。

振动式压实机有两种，一为手扶平板式振动压实机；一为振动压路机。前者可用在小面积的地基夯实，后者可用在筑路及大面积的土层压实。

手扶平板式振动压实机，又称振动平板夯。振动平板夯的底部两边呈斜面，中间为平底，手扶架上装有电机开关。两台电机分别驱动偏心转子 1 与 2。当驱动一台电机工作时，只有一个偏心转子高速旋转，在离心惯性力的作用下夯实地面。同时因底部斜面上受到地面的反作用力，此时的水平分力可使夯实机向前行走。如开动另一台电机，夯实机可向后行走。如两台电机同时开动，偏心转子则因转向相反，夯实机即作原地夯实。

振动平板夯构造简单，体积小，自重轻，适用于砂性土层的压实工作，对黏性土层的振实效果欠佳。

定额编号　1-363～1-364　原土夯实 · P78

[**应用释义**]　摊铺、碎土、平土、夯土：填方工程进行之中，要伴随着进行土方的压实筑紧工序。填方工程可分为填与压两道工序结合着展开。夯压过程可分为人工夯压和机械碾压两种方式。人工夯压是很古老的一种夯土方式，其所用工具有木夯、石硪、铁硪、滚筒、石碾等，用人力打夯或拉动石碾、滚筒碾压土层。这种夯压方式比较适于在面积较小的填方区采用。机械碾压方式则是采用机械动力来碾压、夯实土地。其所用机械有：碾压机、电动夯实机、拖拉机带动的铁碾等。对面积较大的填方区，应采用机械碾压方式。

土中的含水量的多少对夯实也有很大的影响：土层潮湿，土中水分多，用于填方后，因土壤逐渐干燥失水，体积收缩，填土的密实度不高。土的干燥土粒坚硬，抗压力强，因此不易被压实。因此，为了使土层真正地被压实，保证土的密实度，填方土的含水量就应该保持在最佳数值。

为了进一步提高夯压质量，在土方压实过程中还应注意以下几个方面：*a*. 土方的压实工作应先从边缘开始，逐渐向中间推进。这样碾压，可以避免边缘土被向外挤压而引起塌落现象。*b*. 填方时必须分层堆填、分层碾压夯实。不要一次性地填到设计土面高度后，才进行碾压打夯。如果这样，就会造成填方上紧下松，沉降和塌陷严重的情况。*c*. 碾压、夯实要注意均匀，要使填方区各处土层密度一致，避免以后出现不均匀沉降。*d*. 在夯实松土时，打夯动作要先轻后重。先轻打一遍，使土中细粉受振落下，填满下层土粒间的空隙；然后再加重打压，夯实土层。

原土夯实：指施工场地内的土方没有开挖和回填，只在原地进行夯实。

沟槽：底宽为 3m 以内，且沟槽长大于宽 3 倍以上的土方工程。

坑：底面积在 $20m^2$ 以内的称为坑。

定额编号　1-365～1-366　填土夯实　P78

[**应用释义**]　槽：底宽在 3m 以内，槽长大于槽宽 3 倍的土方工程。

坑：坑长小于坑宽 3 倍，坑底面积 $20m^2$ 以内（不包括加宽工作面）的属于地坑。

电动夯实机：常用规格 75kg，可夯实各类土，非黏性土效果好，碎石粒径不得过大。属小型快速夯实机械，使用机动灵活，适宜狭窄的沟槽及其他边角地带的夯实工作。采用夯实机械时，应夯夯相连，排排相接，依次套打，其夯迹重叠宽度大于或等于 10～15cm。夯填基础或回填土时，夯打路线应从四边开始，然后再夯中间，夯实机械不准夯打坚石、金属及其他坚硬土层。

原土夯实：指按设计规定的铺土厚度回填沟槽，利用夯实机具夯实，使之具有一定的密实性、均匀性。夯实时，落锤应保持平衡，夯位正确，如错位或坑底倾斜较大，应及时用砂土将坑底整平，才能进行一次夯实，当夯实到每夯一击时所产生的瞬时沉降量很小，即认为土已被压实，不能再继续夯实。夯实遍数一般为 2～5 遍，对于细颗粒多、透水性弱的土和加固要求高的工程，夯实遍数可适当增加。

工作面内排水：见定额编号 1-59～1-61　55kW 内推土机推距 10m 以内释义。

清理机下余土：见定额编号 1-215～1-217 正铲挖掘机（斗容量 $0.6m^3$）不装车释义。

18. 人工凿石

工作内容：凿石、基底检平、修理边坡、弃渣于 3m 以外，或槽边 1m 以外。

定额编号　1-367　松石　P79

［应用释义］ 基底检平：即一般开挖。在市政工程施工中一般开挖是指在设计 0-0 线以上部位或是底宽大于 7m 的沟槽。其工程量按设计尺寸以立方米计算。在预算定额中，以岩石类别，如：松石、次坚石、普坚石、特坚石详细参见“土及岩石分类表”。定额内容包括：石方开凿，破碎粒径较大岩石，修理底边，清除石碴，没有包括石方开凿后的运输工作，其工程量应根据施工组织设计另列项目，套用相应的定额。

综合人工：人工凿石综合工日是按《全国统一市政工程预算定额》计算而来，其单位是工日，每一个工日按 8h 计算，挖一、二类土按“定额”一类土占 20%，二类土占 80% 综合取定的。

凿石：是指在设计 0—0 线以下，其上口面积小于 $20m^2$，其工程量的计算与沟槽工程是指计算方法相同。另增允许超挖厚度。当开挖面积大于 $20m^2$，按沟槽底宽 7m 以内沟槽开沟定额执行。底宽大于 7m 时，按一般开挖定额执行。这里需要说明的是，定额中未包括石方开凿及爆破后运输工作，其工作量应按组织另行计算。

松石：指按普氏分类法所指的 V 级土。其主要特点是极限压碎强度小于 $200kg/cm^2$，用轻钻孔机钻进 1m 耗时小于 3.5min。部分可以用手凿工具开挖，部分可以采用爆破开挖。松石主要指的是：

(1) 含有重量在 50kg 以内的巨砾（占体积 10%以上）的冰碛石。

(2) 硅藻岩和软白垩岩，胶结力弱的砾岩。

(3) 各种不坚实的片岩，石膏。

定额编号 1-368 次坚石 P79

［应用释义］ 凿石综合人工：见定额编号 1-367 松石释义。

次坚土：指普氏分类法中所指的Ⅶ～Ⅸ级土，其特点天然湿度下表观密度 2200～$2900kg/m^3$，极限压碎强度 400～$800kg/cm^2$，用轻型钻孔机钻进 1m 耗时 6.0～8.5s。只能用爆炸方法开挖，紧固系数 f 为 4～10。次坚石所指的是：

(1) 石灰石胶结的带有卵石和沉积岩的砾石。

(2) 风化的和有大裂缝的黏土质砂岩。

(3) 坚实的泥板岩、泥灰岩。

(4) 砂质花岗岩。

(5) 泥灰质石灰岩。

(6) 黏土质砂岩。

(7) 砂质云片石，以及硬石膏。

基底检平：见定额编号 1-367 松石释义。

定额编号 1-369 普坚石 P79

［应用释义］ 普坚石：指按普氏分类法中得到由Ⅸ、Ⅹ类的土。只能用爆破方法开挖，其紧固系数 f 为 10.0～18.0，密度为2.5～$3.1g/cm^3$。普坚石所指的是：大理石、光绿岩；玢岩；粗、中粒花岗岩；坚实的白云岩、砂岩、砾岩、片麻岩、石灰石；微风化安山石；玄武岩。

凿石：指设计 0—0 线以下底宽小于 7m 的部位。其工程量系按设计尺寸另增允许超挖量后的立方米计算。允许超挖厚度一般规定五、六类岩石为 20cm，七、八类岩为 15cm。沟槽凿石根据岩石类别划分定额子目，依据设计文件中的有关地质钻探报告采用相应的定额。

清理工人凿石：是指在人工平基或挖槽坑的展开面上清理岩石，每 $100m^2$ 按 $50m^3$ 计算。

人工凿沟槽石方乘以系数 1.4，凿基坑石方乘以系数 1.8。

土方边坡：为保持土方工程施工时土体稳定性，防止塌方，保证施工安全，当挖方超过一定的深度或填方超过一定高度时，应做边坡。土方边坡坡度以挖方深度或填方高度与其边坡底宽比来表示。边坡可以做成直线形边坡、阶梯形边坡及折线形边坡。

综合人工：见定额编号 1-367 松石释义。

修理边坡：是指在槽沟侧面进行平整、清除石碴，工程单位为 $100m^3$，每 $100m^3$ 按 30cm 厚计算。

摊座是指在石方爆破的基底上进行平整、清除石碴，工程单位也为 $100m^3$，需确定厚度，按基底面积上 30cm 进行计算。

定额编号　1-370　特坚石　P79

[应用释义]　特坚石：指按普氏分类法中得到由 XIV～XVI类的土。

综合人工：见定额编号 1-367 松石释义。

特坚石的开挖方法只能用爆破方法开挖，其坚实系数为 18.0 以上，密度为2.7～$3.3t/m^3$。特坚石一般有以下几种：安山岩、玄武岩、花岗片麻岩、坚实的细粒花岗岩、闪长岩、石英岩、辉长岩、辉绿岩、玢岩、角闪岩。

摊座是指在石方爆破的基底上进行平整、清除石碴。工程单位为 $100m^3$，需确定厚度，按基底面积上 30cm 进行计算。

修理边坡：见定额编号 1-369 普坚石释义。

土方边坡：见定额编号 1-369 普坚石释义。

19. 人工打眼爆破石方

工作内容：布孔、打眼、封堵孔口；爆破材料检查领运、安放爆破线路；炮孔检查清理、装药、堵塞、警戒及放炮、处理暗炮、危石，余料退库。

定额编号　1-371～1-374　平基　P80

[应用释义]　爆破工程：在土方工程中，如场地平整，地下工程石方开挖，基坑或管沟工程石方开挖，施工现场障碍物的清理，冻土的开挖以及在改建工程中常采用爆破。

布孔：即炮孔布置，在岩石内钻直径 25～46mm，深度 5m 内的直孔。炮孔位置应选择在有较大、较多临空面，避免选择在岩层、裂隙外或石层变化的界线上。在平缓坡采用多排炮孔时，排距之间炮孔宜作梅花形交错布置。

打眼：即人工打爆破孔。分单人打孔、双人打孔、多人冲孔。

人工锤击打孔适用于中等硬度以下的岩石，冲孔适用于松软岩石，打眼时，钎子要扶直，锤要打在钎子中心，使刃口受力均匀，每打一锤提钎一次，同时转动钢钎一下。禁止对面打锤，应成 90°。开始打孔或中途换用钢钎时，应先轻打一、二十锤，使钢钎温度稍为升高后，再猛打，以免钎头脆裂。

准备炸药和装药：装药前应检查炮孔位置深度与方向是否符合规定要求，应将炮孔中的岩粉、泥浆除净。炮孔内如存水要掏净，为防止炸药受潮可在炮孔底放一些油纸或使用经过防潮处理的炸药。在干孔中可装药粉，宜用勺子或漏斗分次装入，每装一次，用木棍轻轻用力压紧。如装药卷时，可用木棍将药卷顺次送入炮孔并轻轻压紧。

安装爆破路线：起爆线（雷管）应设在由炮孔口算起，装药全长的$\frac{1}{3}$～$\frac{1}{2}$位置上。

爆破：埋在介质一定深度的炸药，使之引爆后，原来一定体积的炸药，在极端时间内，由固体（或液体）状态转变为气体状态，体积增加，并产生大量的气体和压力及冲击力，同时产生很高的温度，使周围介质遭受到不同程度的破坏，称之为爆破。爆破方法有以下几种：

（1）裸露爆破法

是将药包放在被爆破岩体的凹处，并覆盖厚度大于药包高度的砂或黏土，然后引爆。此法主要用于炸除孤石或大块岩石的改炮。

（2）炮孔爆破法

炮孔爆破法又称为炮眼爆破法，其施工程序是先在被爆破的岩体上钻一定深度和直径的炮孔，再在炮孔内装药、封堵进行起爆。根据炮孔的深度和直径，一般分为浅孔爆破法和深孔爆破法。但无论是浅孔或是深孔爆破，其爆破类型多为松动爆破，且采用延长药包，仅在少数的情况下，才采用集中药包抛掷爆破。

（3）药壶爆破法

药壶爆破法又称葫芦炮，是在炮孔底部装入少量炸药，经过几次爆破扩大成葫芦形后，最后装入主药包进行爆破。此法属于集中药包类型，规模为中等爆破，与炮孔爆破法相比，具有爆破效果好、工效快、进度快、炸药消耗量少等特点，但扩大葫芦的操作较为复杂，爆落的岩石不均匀。此法适用于软质岩石和中等硬度岩层，高度小于或等于10m的梯段中。一药壶爆破的布药方式有崩落悬岩法和梯段爆破法。崩落悬岩法对临空面越多且大的地段，越有效。梯段爆破起爆时，须采用电力起爆；当爆落高梯段岩层时，可用药壶与延长药包相结合，或与斜孔联合布置。当炮孔打至设计深度后，应将孔内清除干净，即可进行药壶爆扩。爆扩药壶所需次数及用药量，可根据不同岩石硬度来确定。药壶爆扩时，炮孔内的热量一时不易散去，因此，下一次装药前应间隔一定的时间，其时间为：5m以内孔深，间隔15min；如采用胶质炸药，间隔30min；孔深度大于5m时，应用冷水冲洗后降至40℃左右，将水吸干，再次爆扩。

（4）预裂爆破法

预裂爆破法就是沿岩体设计开挖面与主炮孔之间布置一排预裂炮孔，使预裂炮孔超前主炮孔50～150ms起爆，从而沿设计开挖面将岩石拉断，形成1～2cm的贯通裂缝，当爆破完成后，岩石开挖面便形成要求的轮廓尺寸。预裂爆破法的特点：能保证预留岩体应有的稳定性；实现岩石开挖面轮廓的平整，使爆破保留区达到减振的目的。

（5）定向爆破法

定向爆破法就是利用爆破的作用，将大量的岩土，按照指定的方向，搬移一定的地点，并堆积成一定的填方。爆破时，岩土沿最小抵抗线，即从药包中心到临定向最短距离的方向而抛掷出去。因此，定向爆破的关键之处，是如何合理选择临空面来布置炮孔。其临空面的形成，一方面可以利用自然地形，另一方面可用人工造成任何需要的孔穴或定向槽，从而便于形成最小抵抗线能指向工程需要的方向，而将爆破的岩土抛向指定的位置。

爆破作业要认真贯彻执行爆破安全规程及有关规定，做好爆破作业前后各施工工艺的操作检查与处理，杜绝各种安全事故的发生。

工具钢：打孔工具：钢钎，一般直径 22～25mm，实心钢，长度为 2.5～3.2m 左右，端部根据打孔条件和岩石性质，作成不同形状的刃口。

电雷管：由普通雷管和电力引火装置组成电雷管通电后，电阻丝发热，使发火剂点燃，引起正起爆药的爆炸。常用电雷管为即发电雷管和迟发电雷管两种，在即发电雷管的电力引火装置与正起爆药之间放一段缓燃剂，即为迟为雷管。

胶质导线 1.5：直径为 1.5mm 的电线，通常为胶皮绝缘或塑料绝缘，用来连接电雷管，组成电爆网络。

胶质导线 2.5：直径 2.5mm 的电线，功能同上。

胶质导线 4：直径为 4mm 的电线，组成电爆网络。

硝铵炸药：硝酸铵、梯恩梯、木炭粉，根据组成成分的比例不同分 1 号、2 号两种。其原料来源广、价格便宜、威力猛、对冲击摩擦不敏感。长时间加热后缓慢燃烧，离火即熄灭，使用安全，此类炸药吸湿性强，吸湿达 3%即不能充分爆炸或拒爆，适于中等硬度以下的岩石。市政工程中主要采用 2 号硝铵炸药。

定额编号　1-375～1-378　沟槽　P80

[应用释义]　沟槽：见定额编号 1-363～1-364 原土夯实释义。

硝铵炸药：见定额编号 1-371～1-374 平基释义。

胶质导线：通常为胶皮绝缘或塑料绝缘，用来连接电雷管，组成电爆网络。

定额编号　1-379～1-382　基坑　P81

[应用释义]　基坑：底面积在 $20m^2$ 以内的土方工程。

平基：即一般开挖。在市政工程中一般开挖是指在 0—0 线以上部位或是底宽大于 7m 的沟槽。其工程量按设计尺寸以立方米计算。在预算定额中，以岩石类别，如：松石、次坚石、普坚石、特坚石划分定额子目，根据设计文件中的有关地质钻探报告采用相应定额。松石、次坚石、普坚石、特坚石详细参见土壤及岩石分类表，定额内容包括：石方开凿，破碎粒径较大的岩石，修理底边，清除石碴，没有包括石方开凿后的运输工作，其工程量应根据施工组织设计另列项目，套用相应定额。

布孔：即炮眼布置，在岩石内钻直径 25～46mm，深度 5m 内的直孔。炮孔位置应选择在较大、较多临空面，避免选择在岩层、裂缝外或石层变化的界线上。在平缓坡度采用多排炮孔时，排距之间炮孔宜作梅花形交错布置。

打眼：见定额编号 1-371～1-374 平基释义。

人工锤击打孔适用于中等硬度以下的岩石，冲孔适用于松软岩石，打眼时，钎子要扶直，锤要打在钎子中心，使刃口受力均匀，每打一锤提钎一次，同时转动钢钎一下。禁止对面打锤，应成 90°。开始打孔或中途换用钢钎时，应先轻打一二十锤，使钢钎温度稍微升高后，再猛打，以免钎头脆裂。

电雷管：见定额编号 1-371～1-374 平基释义。

胶质导线：见定额编号 1-375～1-378 沟槽释义。

安装爆破路线：起爆线（雷管）应设在由炮孔口算起，装药全长的 $\frac{1}{3}$～$\frac{1}{2}$ 位置上。

工具钢：见定额编号 1-371～1-374 平基释义。

根据打孔条件和岩石性质，做成不同形状的刃口。

20. 机械打眼爆破石方

工作内容：布孔、打眼、封堵孔口；爆破材料检查领运，安放爆破线路；炮孔检查清理、装药、堵塞、警戒及放炮、处理暗炮、危石，余料退库。

定额编号 1-383～1-386 平基 P82

［应用释义］ 平基：即一般的挖土方。

六角空心钢：钻孔工具，又称钎杆，又称钢钎，一般采用合金工具钢和碳素钢两种，合金工具钢钎使用寿命比碳素钢钎长，使用较多。截面一般有六角形或圆形，其中心有孔道，压缩空气和压力水可通过该孔道来冲洗炮孔中的粉碴。机械钻眼、手风钻凿岩机，一般采用直径 22～25mm 的中空六角钢，其水孔直径 6.5～7.0mm。

合金钻头一字型：钎头，又称钻头，是传冲击能量用于破碎岩石的主要部分，一般做为活动的，可以套上和取下。常用形式有“一字形”和“十字形”两种。钻头技术性能请参阅相关资料。

高压水管：联结空气压缩机与六角空心钢钎使压缩空气能进入钻机风眼。

风动凿岩机（气腿式）：手持式风动凿岩机（又称手风钻），在市政工程中广泛采用的是 01-30 型、YT-25 型及 YT-23 型风动凿岩机，均带有气腿支架，适用于任意角度和方向的打眼。使用风压应在 0.5MPa 以上。

打眼：机械打眼时，开挖基坑、沟槽，钻孔深度一般不应超过槽坑的 1/2，并宜采用密眼小炮的方法爆破，如沟槽深度超过沟槽宽度的$\frac{1}{2}$时，应分层钻孔爆破和开挖。

机械打眼：机械钻孔，具有劳动强度低、速度快、工效高、操作安全等特点，适用于大量浅孔爆破和任意硬度的岩石钻孔。

布孔：即布置爆破孔，具有劳动强度低、速度快、工效高、操作安全等特点，适用于大量浅孔爆破和任何硬度的岩石。机械钻孔时，应根据岩层性质，最小抵抗线和台阶高度等因素，合理布置并严格掌握钻眼方向、深度及间距。

定额编号 1-387～1-390 沟槽 P82

［应用释义］ 爆破材料检查领运：指对爆破的材料进行挑选查出过期不合格的或有损坏的，对合格的材料从存放地运到目的地的过程。应该注意爆破材料的装、卸均要轻拿轻放，堆放时应平稳整齐。硝铵类炸药不得与黑火药同车运输，且两类炸药也不准与雷管、导爆索同车运输。运输车辆应遮盖捆架，除押运人员外，其他人员不准乘坐。在雨雪天运输时，应做好防雨、防滑措施。

运输过程中不应停留，如中途停留时，离开民房、桥梁、铁路 200m 以上，并严禁在衣袋内携带爆破材料。

炮孔检查清理：指炮孔打至设计深度后，应将孔内的松土或砂石清除干净。

装药：指向深孔中装入炸药和起爆装置。

堵塞：炮孔装药后要进行堵塞，堵塞时，可用 1 份黏土、2 份粗砂或含水量适当的松散土料进行堵塞；若炮孔为水或斜向时，则用 2 份黏土、1 份粗砂做成比炮孔直径小 5～

8mm，长为100～150mm的圆柱形炮泥进行堵塞。堵塞时，对于紧靠起爆药卷的堵塞料不要捣压，以免震动雷管引起爆炸，后装入堵塞料则要轻轻捣实，在捣过程中注意不要碰坏导火索或雷管脚线。

警戒：在放炮前应将周围人员撤退到安全距离以外，放炮前应有倒计时，以引起周围人员的戒备。

放炮：即启动起爆装置使深孔内的炸药得以爆炸。

处理暗炮：指对那些没有爆炸的深孔进行挖掘处理，应用这方面的专业人员进行作业，以防意外事故的发生。

处理危石：指对那些处于高处或位于道路中的石块进行清理。

余料退库：指对没有使用的炸药和起爆装置进行登记入库。

沟槽：见定额编号1-363～1-364原土夯实释义。

高压胶皮水管：使高压水能进入钻机水眼，不断冲洗粉碴。

定额编号　1-391～1-394　基坑　P83

［应用释义］　基坑：指坑底面积小于20m² 的土方工程。

胶质导线1.5、2.5、4：指直径为1.5mm、2.5mm、4.0mm的胶质绝缘导线，用来连接电雷管，组成电爆网络，由爆破点至电源主要闸刀开关器上的电线称为主线，连接各个炮眼的电线称为连接线，连接主线与连接线的电线叫区域线。

六角空心钢：见定额编号1-383～1-386平基释义。

风动凿岩机、打眼、机械打眼：见定额编号1-383～1-386平基释义。

21. 液压岩石破碎机破碎岩石、混凝土和钢筋混凝土

工作内容：装、拆合金钎头，破碎岩石，机械移动。

定额编号　1-395～1-402　松石　P84

［应用释义］　装、拆合金钎头：指在岩石破碎工作过程中，人工装上或拆卸破碎岩石机的钎头，在定额中有相应的子目。

破碎岩石：见定额编号1-403～1-406松石释义。

混凝土：混凝土是由水泥、水、细骨料（砂）、粗骨料（卵石或碎石）和掺和剂（减少剂或增塑剂），经搅拌、浇筑、成型后制成的人工石材，它是土木、建筑工程中应用极为广泛的建筑材料，混凝土的抗压强度较高，而抗拉强度很低。因此，不配置钢筋的素混凝土构件的应用范围极为有限，只适用于以受压为主的构件，如柱墩、基础墙等。

钢筋混凝土：是钢筋与混凝土组成的复合材料，由于钢筋与混凝土有牢固的粘结力和基本相同的线膨胀系数，钢筋混凝土可以弥补混凝土抗拉及抗折强度低的缺点，使混凝土能适用于各种工程结构。

合金钻头：见定额编号1-383～1-386平基释义。

定额编号　1-403～1-406　松石　P85

［应用释义］　松石、次坚石、普坚石、特坚石：按普氏分类可以得到的几种岩石性质的土。

破碎岩石：为了使场地平整或凿穿隧道等市政工程施工过程中，遇到岩石土层，必须采用岩石破碎机进行施工。

22. 明挖石方运输

工作内容：1. 清理道路、装运、卸；2. 推碴、集（弃）碴。

定额编号　1-407～1-408　人力运　P86

［应用释义］　清理道路：指用人工的方法清除道路上的障碍物，使道路保持畅通。

石方运输：指施工现场用手推车运石方。手推车是施工工地上普遍使用的水平运输工具。其种类有单轮、双轮、三轮等多种，手推车具有小巧、轻便等特点，不仅适用于一般的地面水平运输，还能在脚手架、施工栈道上使用，也可与塔吊、井架等配合使用，解决垂直运输的需要。

土方运输包括余土外运和取土。余土外运系指单位工程总挖方量大于总填方量时的多余土方运至堆土场；取土系指单位工程总填方量大于总挖方量时，不足土方从堆土场取回运至填土地点。此处指向外运碴。

人工装土方：人工用铁锹、耙、锄等工具装碴，用手推车送走。

定额编号　1-409～1-410　双轮斗车运　P86

［应用释义］　双轮斗车运碴：手推车是施工工地上普遍使用的水平运输工具，其种类有独轮、双轮、三轮等多种。手推车具有小巧、轻便等特点，不但适用于一般的地面水平运输，还能在脚手架、施工栈道上使用；也可与塔吊、井架等配合使用，解决垂直运输的需要。

机动翻斗车 1t：指在运土方或石碴时使用的一种机械，1t 表示斗容量为 1t。

23. 推土机推石碴

工作内容：集碴、弃碴、平整。

定额编号　1-413～1-428　推碴运距　P87～P88

［应用释义］　集碴：地形地势整理完毕之后，为了给植物创造良好的生长基地，必须在种植的范围内，对土进行整理。对于混凝土地面的一定要刨除，否则造成排水不良，影响地面的美观度和整洁度。利用铁铲或推土机等或人工或机械把大面积上需要外运的碴土收集起来称为碴土集中，碴土集中是进行换土与现场整理时必须进行的工序。

弃碴、平整：弃碴的过程就是碴土外运的过程。碴土外运可分为人力外运和机械外运。一般视工程的大小、运距的长短而确定。人力外运一般为肩挑背扛和小型的运输工具如：人力拉车，这种转运方式使用一些园林局部或小型工程施工。机械外运的主要运输工具是装载机和汽车。在装车转运过程中，应充分考虑运输路线的安排、组织，尽量使路线最短，以节省外运经费，其装卸应有专人指挥。弃碴完毕时的作业即要进行平整，平整时应充分考虑全场的地面情况，要做到全场地面土石粗细均匀，所用土石的材料要一致，以保持整体的效果美。

推土机推碴预算定额，一般以推土机功率以及推土机运距划分定额子目。推土机推碴工程量，按推运石碴密实体积计算，即制成石碴的原岩石体积。不同推土机功率及运距应分别计算其工程量。

推土机是土石方机械施工中的重要机械之一，在市政工程中推土机主要用作推土、推碴、堆积、平整、压实等工作。多用于场地平整，开挖不深的基础，筑不太高的堤坝等，推土机的施工方法主要有如下几种：

(1) 槽形推土：推土机重复多次在一条作业线上切土和推土，可以提高生产效率，使地面逐渐形成一条浅槽，以减少土从铲刀两侧漏散，可增加推土量。

(2) 下坡推土：在斜坡上推土机下坡方向切土或推运，可以提高生产效率，但坡度不宜超过15°，以免后退时爬坡困难。

(3) 多刀送土：在硬质土中，切土深度不大，将土先积累在一个或多个中间地点，然再成批推送到卸土区。

推土机推碴就是应用第三种施工方法。推土机推碴重车上坡时，如果坡度大于5%，其运距按坡段斜长乘以相应系数计算，具体系数请查阅相关说明。

履带式推土机：指推土机的传动方式是以履带传动的。

24. 挖掘机挖石碴

工作内容：1. 集碴、挖碴、装车、弃碴、平整。2. 工作面内排水及场内道路维护。

定额编号　1-429～1-432　履带式液压挖掘机挖碴　P89

[应用释义]　挖掘机挖土是土方开挖中常用的一种机械。根据机械的工作装置不同，可分为正铲、反铲、拉铲和抓铲等四种挖土机，铲斗容量包括0.25m^3、0.5m^3、0.75m^3等几个型号。各种挖掘机的详细介绍请参见挖掘机挖土方定额释义部分。

履带式单斗挖掘机0.6m^3、0.1m^3是指挖掘机的斗容量为0.6m^3和1m^3。

工作面内排水及场内道路维护：指设置修理维护排水沟、截水沟，将雨水导走，以利于施工，对道路进行修补、洒水养护。

25. 自卸汽车运石碴

工作内容：1. 运碴，卸碴。2. 场内行驶道路洒水养护。

定额编号　1-433～1-437　自卸汽车载重8t以内　P90

[应用释义]　自卸汽车运石碴定额系根据不同自卸汽车载重吨位及运距划分定额子目。运石碴工程量，按所运石碴的天然密实体积计算。不同自卸汽车载重量及运距应分别计算其工程量，自卸汽车运距，按装土区重心至卸土区重心之间的最短距离计算。

洒水汽车4000L：见定额编号1-55～1-56填土夯实中洒水的释义。

履带式推土机75kW：见定额编号1-71～1-73　75kW内推土机推距20m以内释义。

自卸汽车8t：土方运输的方法很多，大致分为有轨运输、拖拉机运输、传送带运输和汽车运输。在市政工程施工中，使用最广泛的是自卸汽车运输。8t指的是汽车载重吨位。

自卸汽车的适用范围及性能：见定额编号1-270～1-274自卸汽车（载重4.5t以内）释义。

定额编号　1-438～1-442　自卸汽车（载重8t以内）　P91

[应用释义]　载重8t以内：指自卸汽车的载重吨位大于3.5t且小于或等于8t。

水：见定额编号1-53平整场地释义。

履带式推土机75kW：见定额编号1-71～1-73　75kW内推土机推距20m以内释义。

自卸汽车：土方运输的方法很多，大致分为有轨运输、拖拉机运输、传送带运输和汽车运输。在市政工程施工中，使用最为广泛的是自卸汽车运输。

自卸汽车运石碴定额系根据不同自卸汽车载重吨位及运距划分的定额子目。运石碴工程量，按所运石碴的天然密实体积计算。不同自卸汽车载重吨位及运距应分别计算其工程量，自卸汽车运距是指装土区重心至卸土区重心之间的最短距离。

此处自卸汽车主要用于配合挖土机、装卸机械进行土方运输，运距在 2km 以上，道路平坦坚实，更能体现自卸汽车的优越性。

洒水汽车 4000L：见定额编号 1-55～1-56 填土夯实释义。

定额编号　1-443～1-447　自卸汽车（载重 12t 以内）　P92

[应用释义]　运距：按装土区重心至卸土区重心之间的最短距离计算。

洒水汽车 4000L：系指容量 4000L 的洒水汽车，推土机填土碾压和场内汽车行驶道路的养护均需洒水车洒水养护以保证质量。

自卸汽车 12t：指自卸汽车载重吨位为 12t。

定额编号　1-448～1-452　自卸汽车（载重 15t 以内）　P93

[应用释义]　载重 15t 以内：指自卸汽车的载重吨位大于 12t 且小于或等于 15t。

水：见定额编号 1-53 平整场地释义。

洒水车 4000L：系指容量为 4000L 的洒水汽车，推土机填土碾压和场内汽车行驶道路的养护均需要洒水车洒水养护以保障工程质量。洒水汽车以载重汽车的底盘为基础改装而成，在市政建设上，主要用于广场道路的洒水压尘、降温，生产、生活用水的运输及消防等。

第二章 打拔工具桩

第一节 说明应用释义

一、本章定额适用于市政各专业册的打、拔工具桩。

［应用释义］ 本章定额明确规定只适用于市政的如道路工程、桥涵工程、隧道工程、给水工程、排水工程、燃气与集中供热工程、路灯工程、地铁工程等工程项目，不适用于建筑物基础的桩类别，这一点请务必区别开来。

工具桩按其使用材料分类有砂桩、灰土桩、木桩、钢桩、混凝土桩和钢筋混凝土桩等，按不同需要可做成圆形、方形、多角状和空心板等多种形式。其中砂桩多用于地基加固、排水固结、挤密土层；灰土桩多用于加固杂填土地基、挤密土层；钢管桩、混凝土桩及钢筋混凝土桩主要用于软土地基支承建筑物或构筑物；木桩多用于护坡挡土、挡水围堰等工程。

桩按其受力情况分类，有摩擦桩、端承桩和锚固桩等。其中摩擦桩上的荷载由桩四周摩擦力或桩周围摩擦力和桩端土共同承受，施工时以控制入土深度和标高为主，贯入度作为参考；端承桩上的荷载主要由桩端土承受，施工时控制入土深度，应以贯入度为主，而标高作为参考；锚固桩主要承受抗拔力和水平力，以控制入土标高为主。

桩按施工方法分：有预制桩和灌注桩等，其中预制桩按贯入的方法又可分为锤击桩、钻孔沉桩、振动沉桩、静力压桩和射水沉桩等；而灌注桩按其成孔方法分为泥浆护壁成孔灌注桩、干作业成孔灌注桩、套管成孔灌注桩和爆扩成孔灌注桩等。

工具桩基础由承台和桩柱两部分组成。承台在桩柱顶现浇的钢筋混凝土梁或板，上部支承承墙的为承台梁，上部支承部分有承台板，承台的厚度一般大于或等于 300mm，由结构计算确定，柱顶嵌入承台的深度不宜小于 50～100mm。

桩柱位于承台的下部，土层的上部，承受承台传递下来的上部结构的全部荷载，而后传递于地基。

二、定额中所指的水上作业，是以距岸线 1.5m 以外或者水深在 2m 以上的打拔桩。距岸线 1.5m 以内时，水深在 1m 以内者，按陆上作业考虑。如水深在 1m 至 2m 以内者，其工程量则按水、陆各 50%计算。

［应用释义］ 此处岸线指的是海岸线。此处说明的定额中所指的水上作业，是以距岸线 1.5m 以外或者水深在 2m 以上的打拔桩。距岸线 1.5m 以内时，且水深在 1m 以内的，按陆地作业考虑。另外一种情况则说明水深在 1m 以上 2m 以内者，其工程量则按水、陆各一半计算。此处另外一个涵义则说明水深大于 2m 时，按水中作业的全部计算。

三、水上打拔工具桩按两艘驳船捆扎成船台作业，驳船捆扎和拆除费用按第三册《桥涵工程》相应定额执行。

［应用释义］　水上打拔工具桩：指的是距岸线1.5m以内时，且水深1m以内的，按陆地作业考虑，另外一种情况则说水深在1m以上2m以内者，其工程量按水、陆各一半计算。按两艘驳船捆扎成船台作业，在定额中规定驳船捆扎和拆除费按相应的子目执行。

四、打拔工具桩均以直桩为准，如遇打斜桩（包括俯打、仰打）按相应定额人工、机械乘以系数1.35。

［应用释义］　本章定额是以打直桩为准，直桩即是垂直桩，即桩身与水平面垂直，其中要求钢板桩的垂直度、钢筋混凝土板桩的垂直度以及钢筋混凝土预制桩的垂直度等允许偏差都在1%以内。

振动桩锤不适宜于打斜桩，射水沉桩不能用于打斜桩，双动汽锤适宜于打斜桩。柴油打桩机桩架的导架有固定的和前后可倾斜的两种，后者一般向前倾斜不宜小于1∶10，向后斜不宜小于1∶4。倾斜桩的斜度偏差，不得大于倾斜角（桩纵向中心线与铅垂线的夹角）的正切值15%。

工具桩属于地下隐蔽工程，目前，能够准确、可靠、快速的测试方法刚刚起步，尚未广泛应用。因此在制定施工方案时，必须把可能出现的问题考虑周全。在施工中，必须抓好关键工序，预防可能发生的质量通病，重视工具桩的质量要求。

现场钻孔灌注桩目前是使用最多的一种工具桩。这是因为该种施工方法，可以变水下作业为水上施工，从而大大简化施工，缩短工期、降低了工程造价，而且所需设备简单，操作方便，在施工过程中应注意以下几点：

1. 钻进中塌孔：在钻孔过程中，如果钻孔内水位突然下降，孔口冒细密的水泡，就显示已塌孔。此时，出渣量明显增加而不见钻头进尺，但钻机负荷显著增大，泥浆泵压力突然上升，造成憋泵。

造成的危害有：使钻孔无法正常进行，易造成掉钻、埋钻事故。

主要有如下因素：

(1) 泥浆比重不够或其他泥浆性能指标如黏度、胶体率等不符合要求，在孔壁上不能形成坚实泥皮；或不能随地质条件变化，调整泥浆比重，造成孔壁不稳。

(2) 由于掏渣或清孔而未及时补充泥浆和水，或河水、潮水上涨，或孔内出现承压水，或钻孔通过砂砾等强透水层或孔壁遇到流砂层而造成孔内水头高度低于孔外时，压向孔壁的水压力减小，造成塌孔。

(3) 护筒埋置太浅，或孔口附近地面受水浸变软，孔口坍塌造成护筒漏水形成塌孔。

2. 为了防止以上因素造成的危害，应采取有效的预防措施。

(1) 在松散砂土或流砂中钻孔时，应选用较大比重、黏度的泥浆，并放慢进尺速度。也可投入黏土掺片石或卵石，低锤冲击，将黏土膏、片石、卵石挤入孔壁，稳定孔壁。

(2) 根据不同地质条件，调整泥浆比重，确保泥浆具有足够的稠度，确保孔内外水位差，维护孔壁稳定。

(3) 清孔时应指定专人负责补水，保证钻孔内必要的水头高度。

发生孔口坍塌时，可立即拆除护筒并回填钻孔，重新埋设护筒再钻。塌孔部位不深时，可用深埋护筒法，将护筒周围土夯实填土密实，重新钻孔。

发生孔内坍塌时，应判明坍塌位置，回填砂和黏土（或砂砾和黄土）混合物到塌孔处以上1～2m，如塌孔严重时应全部回填，待回填物沉积密实后再进行钻孔。

3. 钻孔偏斜：

现场钻成的桩孔，垂直桩不竖直，斜桩斜度不符合要求的标准，或桩位偏离设计桩位等。

钻孔偏斜会造成使灌注桩施工时钢筋笼难吊入，或造成桩的承压力小于设计标准。

造成钻孔偏斜的主要因素有：

(1) 钻孔中遇到较大孤石或探头石。

(2) 在有倾斜度的软硬地层交界处，岩面倾斜处钻进，或在粒径大小悬殊的砂卵石层中钻进，钻头受力不均匀。

(3) 扩孔较大处，钻摆动偏向一方。

(4) 钻机底座未安置水平或产生不均匀沉降。

(5) 钻杆弯曲，接头不正。

4. 由于以上种种因素，必须在施工中采取预防措施和处理方案，以确保工程质量。

(1) 安装钻机时要使转盘，底座水平，起重滑轮轮轴、固定钻杆的长孔和护筒中心三者应在一条竖直线上，并经常检查校正。

(2) 由于主动钻杆较长，转动时上部摆动过大，必须在钻架上增设导向架，控制钻杆上的提引水笼头，使其沿导向架钻进。

(3) 钻杆、接头应逐个检查、及时调整。主动钻杆弯曲，要用千斤顶及时调正。

(4) 在有倾斜的软硬地层中钻进时，应吊着钻杆控制进尺，低速钻进，或回填片石、卵石冲平后再钻。

(5) 在偏斜处吊住钻头上下反复扫孔，使孔正直。

(6) 偏斜严重时应回填砂黏土到偏斜处，待沉积密实后再继续钻进，也可以在开始偏斜处，设置少量炸药（少于1kg）爆破，然后用砂石或砂砾石回填到该位置以上1m左右，重新冲钻。

(7) 冲击钻进时，应回填砂砾石和黄土，待沉积密实后再钻进。

5. 缩孔产生钢筋笼的混凝土保护层过小及降低桩承载力的质量问题，造成缩孔的因素有如下：

(1) 钻具焊补不及时，严重磨损的钻锥往往钻出比设计桩桩径稍小的孔。

(2) 钻进地层中有软塑土，遇水膨胀后使孔径缩小。

6. 对于缩孔造成的危害，应采取以下的预防措施和处理方案：

(1) 应经常检查钻具尺寸，及时补焊或更换钻齿，有软塑土时，采用失水率小的优质泥浆护壁。

(2) 采用钻具上、下反复扫孔的方法来扩大孔径。

7. 掉钻、卡钻和埋钻

钻头被卡位为卡钻，钻头脱开钻杆掉入孔内为掉钻，掉钻后打捞造成塌孔为埋钻。

掉钻、卡钻和埋钻会影响钻孔正常进行，延误工期，造成人力和财力的浪费。

造成以上种种现象和危害的主要原因有：

(1) 冲击钻孔时钻头旋转不均匀，产生梅花形孔，或孔内有探头石等，均能发生卡钻，倾斜长护筒下端被钻头撞击变形及钻头倾倒，也能发生卡钻。

(2) 卡钻时强提、强扭，使钻杆、钢丝绳断裂；钻杆接头不良滑丝；电机接线错误，使不能反转的钻杆松脱；钻杆、钢丝绳、连接装置磨损，未及时更换等，均能造成掉钻事故。

(3) 打捞掉入孔中钻头时，碰撞孔壁产生塌孔，造成埋钻事故。

(4) 要经常检查转向设置、保证灵活。

8. 对于以上分析，我们可以采取以下措施：

(1) 经常检查转向设置、保证灵活、经常检查钻杆，钢丝绳及连接装置的磨损情况，及时更换磨损件，防止掉钻。

(2) 用低冲程时，隔一段时间要更换高一些的冲程，使冲程有足够的转动时间，避免形成梅花孔而卡钻。

(3) 对于卡钻，不宜强提，只宜轻提钻头。如轻提不动时，可用小冲击钻冲击，或用冲、吸的方法将钻头周围的钻渣松动之后再提出。

(4) 对于掉钻，宜迅速用打捞叉、钩、绳套等工具打捞。

(5) 对于埋钻，较轻的是糊钻，此时应对泥浆稠度，钻渣进出口，钻杆内径大小，排渣设备进行检查计算，并控制适当的进尺。若已严重糊钻，应停钻提出钻头，清除钻渣。冲击钻糊钻时，应减小冲程、降低泥浆稠度，并在黏土层上回填部分砂、砾石。如是塌孔或其他原因造成的埋钻，应使用空气吸走埋钻的泥砂，提出钻头。

9. 护筒冒水、钻孔漏浆：护筒外壁冒水，护筒刃脚或钻孔壁向孔外漏泥浆。

护筒冒水、钻孔漏浆会造成护筒内承压水头高，并得不到保障，易引发塌孔，也会造成护筒倾斜、位移及周围地面下沉。

造成护筒冒水、钻孔漏浆的原因是：

(1) 护筒埋设太浅，周围填土不密实，或护筒的接缝不严密，在护筒刃脚或其他接缝处产生漏水。

(2) 钻头起落时，碰撞护筒，造成漏水。

(3) 钻孔中遇有透水性强或地下水流动的地层。

(4) 护筒内水位高。

10. 对于以上的种种因素，应采取下列措施或处理方法：

(1) 埋设护筒时，护筒四周土要分层夯实，土质要求选择含水量适当的黏土。

(2) 起落钻头，要注意对中，避免碰撞护筒。

(3) 对有钻孔漏浆相应情况时，可增加护筒沉埋深度，采取加大泥浆比重，倒入黏土慢速转动，用冲击法钻孔时，还可填入片石、碎卵石土，反复冲击增强护壁。

(4) 适当降低筒内的水头。

(5) 护筒刃脚冒水，可用黏土在周围填实，加固。如护筒接缝漏水，可用潜水工下水进行作业堵塞。

(6) 如护筒严重下沉、位移，则应返工重修护筒。

(7) 钻孔孔壁漏水，可倒入黏土或填入片石、碎卵石土，以增强护壁。

清孔后孔底沉淀超厚：可用掏渣法清孔，或采用喷射清孔法，或利用加深孔底深度的方法代替清孔。

清孔后孔底的沉淀超厚是由于清孔的目的是抽、换孔内泥浆，降低孔内水的泥浆相对密度，掏渣法、喷射法及加深孔底均未达到清孔的目的，不仅使桩尖承载力降低，且易引起桩身混凝土产生夹泥或有不均匀的桩径。

11. 导管在使用一段时期后，应做质量检查、拼接和充水试验。充水试验包括水密试验和胀裂强度试验。

(1) 质量检查包括各部位焊道是否合格，管壁与法兰盘是否有磨形和较为严重的缺陷。

(2) 拼接试验是为了检验接口是否吻合，螺栓紧固与松动是否自如灵活、管内壁是否直顺。

(3) 充分试验用作检查导管整体密封情况和耐压能力。

(4) 胀裂强度试验的压力为导管工作中可能遇到的最大水深 1.5 倍的水压力。

(5) 胀裂强度试验的压力应不小于灌注混凝土时导管壁可能承受的最大压力的 1.3 倍。其数值按下式计算：

$$P_{试} \geqslant 1.3P_{W} \tag{2-74}$$

$$P_{W} = r_{c} \cdot h_{c} - r_{w} \cdot h_{w} \tag{2-74}$$

式中 $P_{试}$——试验压力，MPa；

P_{w}——导管壁可能承受的最大压力，MPa；

r_{c}——混凝土密度，t/m^3；

h_{c}——导管内混凝土柱最大高度，一般可采用导管全长，m；

r_{w}——柱孔内水或泥浆密度，t/m^3；

h_{w}——柱孔内水或泥浆的深度，m。

(6) 充水试验的方法是把拼装好的导管两端封闭，先灌入 70％的水，然后以一端输入计算的风压，将导管滚动数次，经 15m 的不漏水即为合格。

(7) 符合要求的导管，沿其外壁从最底下一节的下端开始累计标明尺度并逐步标记编号。

混凝土灌注架也称灌注平台，是灌注水下混凝土作业的主要设备，其上装有卷扬机、爬斗、储料斗、漏斗及活门等部件，分别用于混凝土的提升、首批混凝土的储存和泄放以及造成一定的浇筑落差。顶部设备平台，便于站人操作。

五、导桩及导桩夹木的制作、安装、拆除已包括在相应定额中。

［应用释义］ 导桩又称导向桩，是利用桩架控制锤和桩在打桩时的上下及打入方向。导桩夹木指提升桩锤和起吊、插打导向桩时所需木材。

在打桩时，利用桩架的作用进行打桩包括导杆（又称龙门：控制锤和桩在打桩时的上下及打入方向），起吊设备（滑轮、绞车、动力设备等），撑架（支撑导杆）及底盘（承托以上设备）等组成。

桩架常用的有木桩架和钢桩架。

木桩架用于吊锤或小型单动汽锤。柴油锤本身带有定型的钢制桩架，由型钢组成，桩架移动时可采用自身的动力装置来牵引移动。

钢桩架带有转台和车轮（下面铺设钢轨），撑架可以调整导向杆的斜度，不仅能打垂直桩还能打斜桩，能沿轨道移动，在水平面作360°旋转，施工很方便，但桩架本身笨重，拆装运输较困难。

由于木桩架及钢桩架特点，在打桩过程中需导桩及导桩夹木，其制作、安装、拆除均已包括在相应定额项目中，不再另计其费用。

六、圆木桩按疏打计算；钢板桩按密打计算；如钢板桩需要疏打时，按相应定额人工乘以系数1.05。

［应用释义］　木桩：常用松木、杉木做成，其桩径（小头直径）一般为160～260mm，桩长为4～6m。木桩自重小，具有一定的弹性和韧性，又便于加工运输和施工。木桩在淡水下是耐久的，但在干湿交替的环境中极易腐烂，故应打入最低地下水位以下0.5m。由于木桩的承载能力很小，以及木材的供应问题，现在只在木材产地和某些应急工程中使用。

钢板桩：常用的钢板桩有下端开口或闭口的钢管柱及H型钢桩等。一般钢板桩的穿透能力很强，自重轻，锤击沉桩的效果好，承载能力高，无论起吊、运输或是沉桩、接桩都很方便。其缺点是耗钢量大，成本高，我国只有在某些重要工程中使用。

在《全国统一市政工程预算定额》中规定：圆木桩是按疏打计算，钢板桩是按密打计算，如果钢板桩按疏打计算，则人工应乘以系数1.05，其余的按定额执行。

七、打拔桩架90°调面及超运距移动已综合考虑。

［应用释义］　工具桩作为建造水上、地下构筑物或基础施工中的围护结构，由于它具有强度大、结合紧密、下漏水性好、施工简便、速度快，可减少基坑开挖土方量、对临时工程可以多次重复使用等特点，因而广泛用于地下深基础作防水、围堰、坑壁支撑。

打拔工具桩时，先用吊车将桩吊至插桩点进行插桩，插桩时锁口对准，每插入一块即套上桩帽，上端加硬木垫，轻轻锤击数下，为保证桩的垂直度，应用两台经纬仪加以控制。为防止锁口中心平面位移，可在打桩行进方向的桩锁口处设卡板，阻止桩位移，同时在围檩上预先标出每个桩的位置，以便随时检查纠正。打桩开始的一、两根桩的打设位置和方向要确保精度，以起导向板的作用，故每入土1m测量一次，打至预定深度后，立即用钢筋或钢板与围檩支架临时电焊固定。

工具桩打入时如出现倾斜和锁口结合部有空隙，到最后封闭合拢时有偏差，一般用异形桩，当异形桩加工困难时，则用轴线修正法进行修正，而不用异形桩。

振动打拔桩机：主要由桩架、振动箱、卷扬机、加压装置和混凝土下料斗等组成桩身，施工操作简易安全，振动装置不但能沉桩或沉管，并能帮助卷扬机拔桩或拔管。在此章中便利用了振动打桩机的拔管性能。

八、竖、拆0.6t柴油打桩机架按第三册《桥涵工程》相应定额执行。

［应用释义］　柴油打桩机是指桩锤以柴油为燃料的工作机，施工过程不需要电源和其他动力装置。设备重量轻、功率高。钢筋混凝土预制桩为国内使用最多的一种类型。

打桩机械包括桩锤、桩架及动力设备三个部分。柴油桩锤按其构造分筒式、活塞式和导杆式三种，重 3～100kN。它利用燃油爆炸，推动活塞往复运动进行锤击打桩，其工作原理按导杆式为例如下：当汽缸迅速下落击桩时，汽缸中的空气受到压缩，温度猛增，与此同时，柴油通过喷嘴又喷入汽缸而自行燃烧，所造成的压力又使汽缸上抛，待其丧失上升高度，则重新降落击桩。柴油桩锤与桩架、动力设备配套组成柴油打桩机。

桩机就位时，桩架应平移。导杆中心线应与打桩方向一致，并检查桩位是否正确，然后将桩提升就位并缓缓放下，插入土中，随即扣好桩帽、桩箍，校正好桩的垂直度。如桩顶不平，则应用硬木垫平后再加桩帽，脱钩后用锤轻击数次，使桩沉入土中一定深度，达到稳定位置，再次校正桩位及垂直度，然后开始打桩。

打桩时，应先用短落距轻打，待桩入土 1～2m 后，再以全落距施打，用柴油锤时，应使锤跳动正常，桩入土的速度应均匀，锤击间隔时间不宜过长，要连续打入。如中途停歇，土弹力恢复向桩周挤紧，桩周孔隙水消失，再次打时，摩阻力增大，使桩难以打入。打桩时，应防止锤击偏心，以免桩产生偏位、倾斜，或打坏桩头，打断桩身。如采用送桩时，则送桩与桩的纵横线应在同一条直线上。打桩过程中，应注意打桩机的工作情况和稳定性。经常检查机件是否正常，绳索有无损坏，桩锤悬挂是否牢固，应将桩头或无法打入的桩身截去，以使桩顶符合设计要求，截桩可采取锯截，电弧或氧乙炔焰截割等方法。主要依据桩的种类而定。对于钢筋混凝土桩，应将混凝土打掉后再截断钢筋。

九、钢板桩和木桩的防腐费用等，已包括在其他材料费用中。

[应用释义] 地下水是赋存于地表以下岩石空隙中的水，主要起源于大气降水，经土层渗入地下形成的。地下水与大气水、地表水是统一的，共同组成地球水圈。地下水由于具有离析的电解质而有侵蚀性。

槽钢分普通槽钢和轻型槽钢两种。用符号“[”表示并附上号数，号数也代表截面高度的厘米数。14 号和 25 号以上的普通槽钢同一号数中又分为 a、b 和 a、b、c 型，其腹板厚度和翼缘宽度分别递增 2mm。如“[36a”表示截面高度为 360mm，腹板厚度为 a 类的槽钢。我国生产的最大槽钢为 40 号，长度为 5～19m。同样，轻型槽钢的翼缘相对于普通槽钢的宽而薄，故较经济。钢轨也是由钢制成的。打槽钢或钢轨，其机械用量要乘以系数 0.77，其他的人工与材料不发生变化。

钢板桩在打入前应将桩尖处的凹槽底口封密，避免泥土挤入，锁口应涂以黄油或其他油脂。用于永久性工程的桩表面应涂红丹防锈漆。对于年久失修，锁口变形、锈蚀严重的钢板桩，应整修矫正，弯曲变形的桩可用油压千斤顶或火烘等方法进行矫正。由于以上种种原因而需要对钢板桩进行矫正、除锈、刷油漆等工作以及钢板桩的制作未在定额内，另行计算。

木桩：见第二章打拔工具桩第一节说明应用释义第六条。

钢板桩和木桩的防腐费用等，已包括在其他材料费用中，不应另外计算。在预算中应予以注意。

十、钢板桩的使用费标准（元/t·d）由各省、自治区、直辖市自定，钢板桩摊销时间按 10 年考虑。钢板桩的损耗量按其使用量的 1%计算。钢板桩若由施工单位提供，则其损耗费应支付给打桩的施工单位。若使用租赁的钢板桩，则按租赁费计算。

[应用释义] 在《全国统一市政工程预算定额》中，钢板桩的使用费标准按各省市

的情况具体所定，在不同的地方有不同的规定。

钢板桩摊销时间是按10年考虑的；钢板桩的损耗量按其使用费量的1%计算。

在定额还有另外的规定：钢板桩若由施工单位提供，则其损耗费应支付给打桩的施工单位。

若使用租赁的钢板桩，则按租赁费计算，由建设单位支付。

第二节　工程量计算规则应用释义

一、圆木桩：按设计桩长 L（检尺长）和圆木桩小头直径 D（检尺径）查《木材、立方材积速算表》，计算圆木桩体积。

［应用释义］　木桩常用松木、杉木做成。其桩径（小头直径）一般为160～260mm，桩长为4～6m。木桩自重小，具有一定的弹性和韧性，又便于加工、运输和施工。木桩在淡水下是耐久的，但在干湿交替的环境中极易腐烂，故应打入最低地下水位以下0.5m。由于木桩的承载能力很小，以及木材的供应问题，现在只在木材产地和某些应急工程中使用。

圆木桩：按设计桩长 L（检尺长）和圆木桩小头直径 D（检尺径），查《木材、立方材积速算表》，计算圆木桩体积。

二、钢板桩：以吨为单位计算。

钢板桩使用费＝钢板桩定额使用量×使用天数×钢板桩使用费标准（元/t·d）

［应用释义］　钢板桩作为建造水上、地下构筑物或基础施工中的围护结构，由于它具有强度高、结合紧密、不漏水性好、施工简便、速度快、可减少基坑开挖土方量、对临时工程可以多次重点使用等特点，因而广泛用于地下深基础作为防水、围堰、坑壁等支撑。

钢板桩打入时如出现倾斜和锁口结合部有空隙，到最后封闭合拢时有偏差，一般用异形桩，当异形桩加工困难时，则用轴线修正法进行修正，而不用异形桩。

本章定额中，钢板桩的工程量是以计算钢板的重量为基础，以吨为单位，钢板桩的工程量用其密度与体积的乘积来计算，然后再套用定额以求其基础定额。

打桩机打拔钢板桩的定额按桩长在6m，10m，15m，20m内及土的级别的划分执行。

打桩机打拔钢板桩的工程量以钢板桩的重量为标准，以吨为计量单位。

打桩机打拔钢板桩的项目包括人工即综合人工，材料即钢丝绳，机械即振动式打桩机。

钢丝绳：在打桩机中受力，穿过导向滑轮由钢丝拧成的带状物制成。

方木垫：由木质材料制成的方形垫。

振动式打桩机：见第二章打拔工具桩第一节说明应用释义第七条释义。

钢板的使用费一般按下式进行计算：

钢板桩使用费＝钢板桩定额使用量×使用天数
×钢板桩使用费标准（元/t·d）

三、凡打断、打弯的桩，均需拔除重打，但不重复计算工程量

［应用释义］　在实际施工中，由于种种原因没有使桩打入正确的设计位置或者在打桩过程中造成打弯更有甚者是打断，在定额中规定，弯桩、断桩需拔除重打，不得重复计

算工程量。

所以在施工过程中应注意，防止打弯或打断必须做好预防措施，下面介绍施工中容易出现的质量问题。

沉入桩根据施工方法又分为：锤击沉桩、振动沉桩、静力压桩、钻孔埋桩和射水沉桩五种，沉入桩是仅次于钻孔灌注桩的一种深基础，沉入桩施工时，要注意在初期控制桩的下沉速度要慢，并随时控制桩位和桩的方向。

沉入桩按桩身材料又分为：预制钢筋混凝土桩、预应力混凝土桩、钢板桩、钢管桩。

沉入桩沉桩过程中，易发生桩身偏移，还会产生下述几种异常情况，不论发生何种异常情况，都应暂停沉入，分析原因，采取适当措施后，才能继续沉桩。

1. 桩顶位移，桩身倾斜

(1) 现象：沉桩中，相邻桩产生横向位移或桩身垂直偏差过大。

(2) 危害：桩顶位移，使桩的间距偏差超过标准。桩身垂直偏差过大，使桩身受力情况恶化。

(3) 原因分析：

① 桩入土遇到障碍物，把桩尖挤向一侧，钻孔埋桩时，钻孔垂直偏差过大；多节桩施工，相接两节桩不在同一轴线上。

② 稳桩时，桩不垂直，桩帽，桩锤及桩不在同一直线上，或桩顶不平。

(4) 预防措施：

① 施工前，应将地下障碍物清理干净，整平场地或使沉桩设备底盘保持水平（尤其是桩位范围），必要时可用钎探了解地下情况。

② 初沉桩时，如发现桩不垂直应及时纠正，稳桩要垂直。

③ 钻孔埋桩时，钻孔垂直偏差严格控制在1%以内，埋桩时，桩身顺孔埋入。

(5) 治理方法：

① 把沉入一定深度发生倾斜的桩拔出，清理完障碍物或回填素土后重新沉桩。

② 如桩帽与桩接触面处及替打木不平整，应进行处理后，方才继续沉入。

2. 桩贯入度突然变小或加大

(1) 现象：桩被打入时，其每次锤击桩的贯入深度（单位为厘米）突然减小或增大。

(2) 危害：桩贯入度突然变大或变小，表明沉入状况不正常。如不停打，找原因纠正，不是桩身破坏，就是桩的承载力不够。

(3) 原因分析：

① 桩尖遇到大孤石等地下障碍物，使贯入度突然变小；桩尖进入软土层，贯入度突然变大。

② 桩身破断，桩尖劈裂，也会使贯入度突然加大，但同时桩身倾斜。

(4) 治理方法：

① 尽量详细地查清桩位地下土质，障碍物，选择好沉桩方法，避免出现贯入度异常。

② 当贯入度突然变小时，不要硬打，应查明原因，对症处理。

③ 当贯入度突然加大，并发生桩身倾斜时，管桩可用落水法、铁钩、电钳、照明等方法探明是否破断，如探测不明，则应拔出桩后进行处理。

3. 桩不能沉入

(1) 现象：桩身不下沉，反而发生桩身颤动，锤回弹或桩身上涌。

(2) 危害：使沉桩作业无法进行，影响工程进度。

(3) 原因分析：

① 如发生桩身颤动，锤反弹，多因桩入土不深即遇障碍物。

② 如发生桩身上涌，是因桩的周围土体侧向位移受到限制，当桩距较小时，在软黏土层中极易发生桩被挤坏，桩身向上隆起。

(4) 防治办法：

① 要事先摸清桩位地质及地下障碍物，要合理安排沉桩的顺序，根据不同土质及桩数多少，分别采取由中间向两边打法或分段打桩法可防止出现桩不能沉入的问题。

② 当锤回弹时，可偏移桩位，加装铁靴，射水配合沉桩。

③ 当桩身上涌时，当涌起量过大，应作冲击试验，不合格的桩要进行复打。

4. 沉入桩质量标准

(1) 外观质量标准：

① 混凝土桩必须待混凝土强度达到设计要求，且现场验收合格后，才可沉桩。预制桩不得有蜂窝、露筋、裂缝。

② 管柱桩直径及强度必须满足设计要求，管柱两端接头法兰盘端面应平整，并与桩面轴线垂直，连接的管柱应与原管柱保持同一轴线，其连接施焊应对称进行，接口均需进行防护处理。

③ 钢管桩的材料规格、外形尺寸和防护应符合设计和施工规范的要求。钢管桩现场接桩焊接的电焊质量应进行探伤检查，应符合规范标准及设计要求。

④ 桩沉入后，桩身或柱头不得有劈裂或出现裂纹。

⑤ 接桩必须牢固、顺直，应使接榫整齐，不得脱榫。法兰盘和连接螺栓不应突出管柱外壁。

⑥ 需嵌入承台的桩头锚固钢筋的长度，应符合设计要求。

⑦ 沉入混凝土桩应按设计要求抽取一定比例进行无破损检测。

(2) 沉入桩实测量标准，见表 2-30、表 2-31、表 2-32。

沉入桩允许偏差表 **表 2-30**

<table>
<tr><th rowspan="2">序号</th><th rowspan="2" colspan="3">项　目</th><th colspan="3">允许偏差（mm）</th><th rowspan="2">检验方法</th></tr>
<tr><th colspan="2">市政行标
CJJ 2—90</th><th>公路行标
JTJ 071—94</th></tr>
<tr><td rowspan="8">1</td><td rowspan="8">桩位</td><td rowspan="2">基础桩</td><td>中间桩</td><td colspan="2">$d/2$</td><td>$d/2$ 且不大于 250</td><td rowspan="6">用经纬仪测量检查</td></tr>
<tr><td>外缘桩</td><td colspan="2">$d/4$</td><td>$d/4$</td></tr>
<tr><td rowspan="4">排架桩</td><td rowspan="2">顺桥轴方向</td><td>支架上</td><td>40</td><td rowspan="2">40</td></tr>
<tr><td>船上</td><td>50</td></tr>
<tr><td rowspan="2">垂直桥轴方向</td><td>支架上</td><td>50</td><td rowspan="2">50</td></tr>
<tr><td>船上</td><td>100</td></tr>
<tr><td rowspan="2">板桩</td><td>桩间距</td><td colspan="2">不脱榫</td><td rowspan="2">—</td><td>观察</td></tr>
<tr><td>桩与基础边线或中线间距</td><td colspan="2"><30</td><td>用尺量</td></tr>
<tr><td>2</td><td colspan="3">△桩尖高程</td><td colspan="2">±100</td><td>不高于设计规定</td><td>用水准仪测量桩顶高程计算</td></tr>
</table>

续表

序号	项　目		允许偏差（mm）市政行标 CJJ 2—90	允许偏差（mm）公路行标 JTJ 071—94	检验方法
3	△贯入度		不低于设计标准	小于设计规定	查沉桩记录
4	倾斜度	垂直桩	$L/100$	1/100	用垂线测量计算
		斜桩	$\pm 15\%/\tan\theta$	$\pm 15\%/\tan\theta$	

注：1. d 为桩径或短边尺寸；L 为桩身长，mm；

2. θ 为设计斜桩纵轴线与铅垂线间的夹角，单位：度（°）；

3. 摩擦桩控制入土深度应以高程为主，而以贯入度作为参考；桩承桩控制入土深度应以贯入度为主，而以高程为参考。

沉入钢管桩允许偏差表（市政行业标准）　　**表 2-31**

序号	项　目			允许偏差（mm）	检验频率 范围	检验频率 点数	检　验　方　法
1	△停打标准			应符合设计规定	每根桩	1	查沉桩记录
2	桩位	顺桥纵轴线方向		$d/10$		1	用经纬仪测量
		垂直桥纵轴线方向		$d/5$		1	
		垂直桩垂直度		$L/100$		1	用垂线测量计算
		斜桩倾斜度		$\pm 15\%\tan\theta$		1	
		切割时桩顶高程		±50		1	用水准仪测量
		桩顶端面平整度		≤10		1	用水平尺测量
3	焊接	接头间隙		2		2	用塞尺量，纵横向各 1 点
		接头上、下管错口	$d<700$	2		1	用尺量
			$d\geqslant 700$	3			
		咬肉深度		0.5		2	
		加强层高度		2			
		加强层厚度		盖过焊口每边不大于 3		2	

注：1. d 为桩的直径；L 为桩的长度 mm；

2. θ 为斜桩设计纵轴线与铅垂线间的夹角，单位：度（°）。

沉入管柱桩允许偏差表　　**表 2-32**

序号	项　目		允许偏差（mm）	检　查　方　法
1	管柱内芯混凝土强度（MPa）		在合格标准内	查抗压强度试验单
2	管柱顶面中心偏位	管柱群	250	用经纬仪抽查 30％桩
		单排柱	顺桥向 150；横桥向 250	
3	倾斜度	不钻岩	2/100	检查沉桩记录
		钻　岩	1/100	
		单排顺桥向		
4	管柱底高程		不小于设计规定	检查沉桩记录
5	钢筋骨架底面高程		±50	检查记录

5. 沉井的质量问题

根据工程地质和工程特点，沉井下降方法有不排水下沉和排水下沉两种。如果施工不当，会在下沉时发生质量问题，影响正常使用：

(1) 沉井偏斜

① 现象：沉井筒体偏斜，沉井井筒中心线与刃脚中心线不垂直。

② 危害：沉井不能准确就位，造成沉降过大或纵、横轴线位置不符合设计要求。

③ 原因分析：

a. 沉井制作场地土质不良，预制前未进行地基处理。

b. 在抽除支承垫木时，不按对称均匀进行，抽除后又未及时回填夯实，致使沉井在制作和初沉阶段偏斜。

c. 刃脚与井壁施工质量差，如刃脚不平、不垂直、刃脚和井壁中心线不铅直，使刃脚失去导向作用。

d. 开挖面偏挖，局部超挖过深，沉井正面阻力不均匀，不对称，下沉中途停沉和突沉。

e. 不排水下沉沉井，在中途盲目排水迫沉，或沉井内补水不及时。

f. 下沉过程中没有及时采取防偏、纠偏措施。

④ 预防措施：

a. 沉井预制场应事前平整夯实，对不良土质及软硬不均者，采取地基加固方法处理。

b. 抽除支承垫木应依次、对称、分区、同步进行，每次抽去垫木后，刃脚下应立即用砂或砂砾填实。定位支点垫木，应最后同时抽除。

c. 严格按操作规程施工，刃脚、井壁施工质量必须符合设计要求。

d. 按合理顺序挖土，使沉井正面阻力均匀对称。

e. 加强对沉井外壁减阻措施的管理和岗位责任制的落实。

⑤ 治理方法：

a. 沉井下沉可采取偏除土，偏压重，顶部施加水平力，或刃脚下偏支垫等方法纠正倾斜。

b. 纠正位移时，可先偏除土，使沉井底面中心向墩位设计中心倾斜。然后在相对侧偏除土，使沉井逐步移近设计中心。

c. 纠正扭转：当沉井中心位置基本符合要求，仅水平角度扭转时，可在一对角线采取偏除土，在另外二角采取偏取土，借助于刃脚下不相等的土压力形成的扭矩，使沉井在下沉中逐步纠正扭转角度。

(2) 沉井停沉

① 现象：沉井下沉困难以及不下沉。

② 危害：沉井作业难于进行，延误工期。

③ 原因分析：

a. 开挖面挖土深度不够，正面阻力过大，遇坚硬土层，破土困难。

b. 沉井偏斜，致使刃脚下局部土体未能顺利挖除，形成较大的正面阻力。

c. 壁后无减阻措施或减阻措施遭到破坏，侧面摩阻力增大。

d. 沉井在软黏土层中因故中途停止下沉时间过久，侧压力恢复增长。

④ 预防措施：

a. 加强测量，根据土质条件调整挖土深。

b. 对个别坚硬土层应提前采取打钻、爆破等措施。

c. 在软黏性土层中，对下沉系数较小的沉井，应连续挖土连续下沉，中间不应有较长时间停歇。

⑤ 治理方法：

a. 降低井内水位，减小沉井浮力，增加沉井自重。

b. 有条件提高沉井时，提高井壁或加载助沉。

c. 加设空气幕或用射水法助沉，减少井壁土的摩阻力等。

(3) 沉井突沉

① 现象：沉井在瞬时内较大下沉，突沉前通常有停沉现象出现，严重时往往同时井筒偏斜，地面塌陷。

② 危害：使沉井的位置失去控制，产生井位轴线偏移或井筒偏斜。

③ 原因分析：

a. 将沉井下沉在软土地层中，当井筒内外土层不平衡时，易产生塑流。故井筒内挖土较深，或刃脚下的土被挖，而失去支承时，常会产生大量下沉。

b. 当黏土层中挖土超过刃脚太深，形成较深的锅底，或黏土层只局部穿透，但其下部的砂层却被水力吸泥机吸空时，刃脚下黏土失稳会引起突然坍塌，沉井就可能随之突沉，在不排水下沉施工中途采取排水迫沉时，突沉情况尤为严重。

④ 预防措施：

a. 在软土地层的沉井，可增大刃脚踏面宽度，或增设底梁以提高正面支承力，挖土时在刃脚邻近宜保留约 50cm 宽的土堤，使沉井挤土下沉。

b. 在黏土层中要严格控制挖土深度，黏土层下有砂层时，更应防止把砂层吸空。

⑤ 治理方法：

a. 发现沉井有涌砂或严重塑流等险情，为防止意外事故发生和控制突沉，可把沉井改为不排水下沉施工。

b. 当沉井沉不下时，应按相关的子目执行不可过多超前挖深或排水迫沉。

6. 沉井质量标准

(1) 沉井外观质量标准

① 沉井周壁混凝土不得有蜂窝、露筋和裂缝，表面应光滑、平整、坚实；下沉后内壁不得渗漏。

② 沉井下沉中出现开裂，必须查明原因，进行处理后，才可继续下沉。

③ 沉井下沉应在井壁混凝土达到规定强度后进行。浮式沉井在下水，浮运前，应进行水密性试验。

④ 沉井接高时，各节的竖向中轴线应与第一节竖向中轴线相重合。接高前应纠正沉井的倾斜，接高时施工缝应清除浮浆和凿毛。

⑤ 沉井下沉到设计高程时，应检查井底，确认符合设计后封底；封底混凝土表面应平整，不允许有渗漏现象。

(2) 沉井实测实量质量标准（见表 2-33）

沉井基础实测实量允许偏差表　　表 2-33

序号	项目			允许偏差（mm）市政行标	允许偏差（mm）公路行标		检验方法
1	制作	△各节沉井混凝土强度（MPa）		在合格标准之内	在合格标准之内		查混凝土强度试验单
2	制作	沉井平面尺寸	长、宽	±50	±0.5%，大于24m时±120		用尺量
3	制作	沉井平面尺寸	半径	±50	±0.5%，大于12m时±60		用尺量
4	制作	井壁厚度		±15	混凝土	+40，−30	用尺量
	制作	井壁厚度		±15	钢壳和钢筋混凝土	±15	用尺量
5	制作	井壁垂直度		0.25%H，且不大于25	—		用垂线测量
6	制作	两对角线长度差		75	—		用尺量
	制作	井壁平整度		5	—		用2m直尺取最大值
7	制作	井壁麻面		各面不超过1%	—		用尺量各面麻面总面积
8	下沉	轴线位移 一般	顺桥向	1%H（H<10000mm时，允许100mm）	2%H		用经纬仪检测
	下沉	轴线位移 一般	横桥向	1.5%H（H<10000mm时，允许150mm）	2%H		用经纬仪检测
	下沉	轴线位移	浮式	—	1/50H+250		用经纬仪检测
9	下沉	沉井最大倾斜度		2%H	20%H		用经纬仪检测
10	下沉	沉井刃脚高程		±100	符合设计规定		用水准仪测量
11	下沉	沉井平面转角（°）		—	一般	1	吊垂线检查
	下沉	沉井平面转角（°）		—	浮式	2	吊垂线检查

注：1. 表中 H 为沉井下沉深度，mm；

2. 表中市政行标指建设部市政行业标准 CJJ 2—90；表中公路行标指交通部公路行业标准 JTJ 071—94。

四、竖、拆打拔桩架次数，按施工组织设计规定计算。如无规定时按打桩的进行方向：双排桩每100延长米、单排桩每200延长米计算一次，不足一次者均各计算一次。

[应用释义]　在市政工程的现场施工中，不可能不装卸一些必要的机械工具，此处所指的竖、拆打拔桩架就是一个实例。下面按打拔钢板桩为例释义竖拆打拔桩架。

钢板桩中的导向夹具指的是围檩支架，其作用为保护钢板桩垂直打入和打入后板桩墙面平直。围檩支架由周檩和周檩柱组成，其形式：在平面位置上有单面和双面；在高度上有单层和双层及多层桁架式。第一层围檩的安装高度约在离地面50cm处。双层围檩之间的净距以比两块桩柱的组合宽度大于8～10mm为宜，围檩支架有钢质（H型钢，I字型，槽钢等）和木质，但都需十分牢固。围檩支架每次安装的长度，视具体情况而定，应考虑周转使用，以提高利用率。围檩柱的截面和打入土中的深度应通过计算确定。

竖、拆打拔桩架按有关规定执行，若没有规定，则按进行方向：双排桩每100延长米，单排桩每200延长米计算一次，不足的按一次计算。

五、打拔桩土质类别的划分，见表 2-34。

打拔桩土质类别划分表　　表 2-34

土壤级别	鉴别方法								说明
	砂夹层情况			土壤物理，力学性能				每 10m 纯平均沉桩时间(min)	
	砂层连续厚度(m)	砂粒种类	砂层中卵石含量(%)	孔隙比	天然含水量(%)	压缩系数	静力触探值	动力触探击数		
甲级土				>0.8	>30	>0.03	<30	<7	15 以内	桩经机械作用易沉入的土
乙级土	<2	粉细砂		0.6～0.8	25～30	0.02～0.03	30～60	7～15	25 以内	土层中夹有较薄的细砂层，桩经机械作用易沉入的土
丙级土	>2	中粗砂	>15	<0.6		<0.02	>60	>15	25 以外	土层中夹有较厚的粗砂层或卵石层，桩经机械作用较难沉入的土

注：本册定额仅列甲、乙级土项目，如遇丙级土时，按乙级土的人工及机械乘以系数 1.43。

[应用释义]　工程地质学上所说的土或土层是指与工程建筑物或构筑物的变形和稳定相关的第四纪沉积物。它是松散物质沉积成土后，如果能稳定一个相当长的时间，则靠近地表的土体将经受生物化学和物理化学作用，即成壤作用形成所谓土壤。未形成土层的表层受到剥蚀、侵蚀而再破碎、再搬运、再沉积等地质作用，时代较老的土体在上覆沉积物的自重压力及地下水作用下，经受成岩作用，逐渐固结成岩，强度增高，土体固结成岩后，又可在适宜的条件下被风化、搬运、沉积成土。如此周而复始，不断循环。

一般说来，地质成因相同，处于相同或相似的形成条件下的土体，其工程地质特征也将具有很大的一致性。因此，对第四纪沉积物的成因类型是很有必要的。按成因不同，作为第四纪沉积物的土可分为残积土、坡积土、洪积土、湖积土、海洋土、风积土及冰积土等。

土层构造层是土体中具有相同结构的相互组合的表现：

(1) 碎石土常呈块状构造、假斑状构造。粗碎屑之间有细碎屑或土填充。粗碎屑含量多时，其力学强度较大，但透水性也较大。当粗碎屑由土包裹，则其工程性质与土有关。

(2) 砂类土中常见有水平层理和交错层理构造，有时与黏性土互层，构成“千层土”或夹层。

(3) 黏性土的构造可分为原生构造与次构造。原生构造是土在沉积时形成的。此类构造的特征多现为层状、片页状、条带状等，其工程地质性质表现出各向异性。次生构造是在土层形成后成壤作用形成的。如块状、团粒状、柱状、片状、鳞片状等。此外，黏性土体中还常因其物质成分的不均一性，干燥后出现各种裂隙，如垂直裂隙，网状裂隙等，这些裂隙导致土体强度降低，透水性增强，造成土体工程地质性质的各向异性。

1. 土的物理性能指标

土的三相之间的不同比例将表现出不同物理状态，可用土的三相比例指标作为土的基本物理性质指标，图 2-35 表现了他们之间的数量关系。

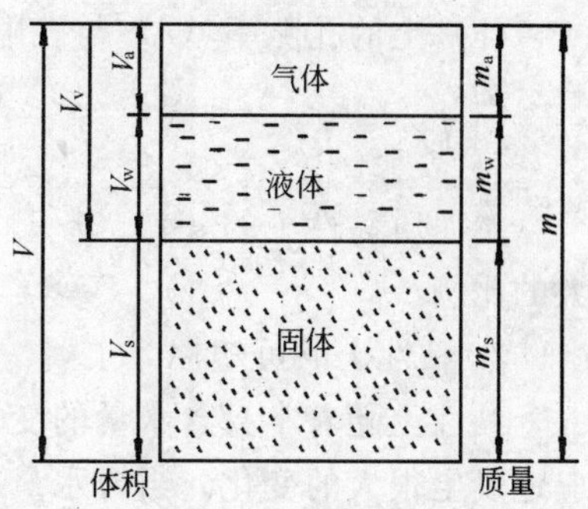

图 2-35　土的三相示意图

V 为土的总体积，cm^3；V_s 为土粒体积，cm^3；V_v 为孔隙体积，cm^3；V_w 为水的体积，cm^3；V_a 为气体体积，cm^3；m_s 为土的总质量，g；m_a 为气体质量 $m_a \sim 0$。

土的含水量 W、密度 ρ 和土粒相对密度 G 可由试验测定，而其他指标如孔隙比 e，孔隙率 n 和饱和度 S_v 等，都可由试验指标换算而得。有关这类指标的定义将加以说明。这些物理指标的工程应用可参考土力学著作。

（1）土粒相对密度（G 或 d_s），土粒质量 M_s 与其体积 V_s 与纯水在 4℃时的质量之比称土粒相对密度（无量纲）即：

$$G = M_s / (V_s . \rho_W) \tag{2-76}$$

式中　ρ_W——4℃时纯水的密度，$\rho_W = 1g/cm^3$。

实用上，土粒相对密度在数值上等于土粒密度，可用土粒质量与其所占体积的比值求得，土粒的相对密度值的大小仅与组成土粒的矿物成分有关，而与土的孔隙大小和含水多少无关。土是由多种矿物组成的，因此，实验室测得的土粒相对密度实质上是土中各种矿物密度的加权平均值。土中主要矿物本身的密度相差并不大，因此土粒相对密度值一般在 2.65～2.80 之间。砂土的相对密度值一般在 2.65～2.70 之间，黏性土的相对密度值一般在 2.70～2.75 之间或更大些，但有机质土的相对密度较小，约为 2.40～2.50，泥炭土则更小，仅为 1.50～1.80。

（2）土的密度（ρ），土的密度是指单位体积土的质量，以"g/cm^3"计，这个密度也称为质量密度，但工程上用于土中应力计算时，还常将重力密度来表示，是指单位体积土的质量，以"g/cm^3"计，这个密度也称为质量密度，但工程上用于土中应力计算时、还常将重力密度来表示，是指单位体积吨的重力，其间关系：

$$r = \rho g = \rho \times 9.80 (N/cm^3 \times 10^{-3}) \tag{2-77}$$

根据土的饱和水状况和受力情况，有以下几种密度：

天然密度：$\rho = m/v = (m_w + m_s)/(V_v + V_s)$

干密度：$\rho_d = m_s / V$

饱和密度：$\rho_{sat} = (m_s + V_v \rho_w)/V$

浮密度（考虑水土粒的浮力，又称有效密度）：$\rho' = (m_s - V_s \rho_w)/V$

式中符号含义见图 1-2-1。

（3）土的含水量：$W = (m_w / m_s) \times 100\%$　(2-78)

黏性土的 W 的多少反映其物理力学性质，坚硬黏土的 W 可能很小，但饱和软黏土的 W 可以达 50%～200%或更大。

（4）土的饱和度：

$$S_r = (V_w / V_v) \times 100\% \tag{2-79}$$

当土中无水（$V_w = 0$）时，$S_r = 0$；土中孔隙充满水（$V_w = V_v$）时，$S_r = 100\%$，称饱和土。根据 S_v 的大小（不同湿度状态）可表明砂土的含水状况稍湿的（$S_r \leqslant 50\%$），很湿的（$50\% \leqslant S_r \leqslant 80\%$），饱和的（$S_r > 80\%$），由 S_r 和土的密实度可确定砂土的承载力。

(5) 土的孔隙率 (n) 与孔隙比 (e):

$$\text{对砂土：} n=V_v/V\times100\%$$

$$\text{对黏性土：} e=V_v/V_s\times100\%$$

淤泥质黏性土的 $e=1.0\sim1.5$，而淤泥的 e 可达 1.5 以上，其反映孔隙、体积占了很大的比例。

2. 黏性土的可塑性

黏性土随着本身含水量的变化，可以处于各种不同的物理状态，其工程地质性质也相应地发生很大的变化。当含水量很小时，黏性土比较坚硬，处于固体状态，具有较大的承载力强度、随着土中水量的增大，土逐渐变软，并在外力作用下可任意改变形状，即土处于可塑状态；若再继续增大土中含水量，土变得愈来愈软弱，甚至不能保持一定的形状，呈现流动状态。黏性土的这种因为含水量的变化而表现出来的各种不同的物理性质也称为土的稠度。

黏性土能在一定的含水量范围内呈现可塑状态，这是对于黏性土区别于砂、砾类土的一大特性。黏性土也因此称为塑性土。所谓可塑性，就是指土在外力作用下，可以揉塑成任意形状而不发生裂缝，并当外力解除后仍能保持原来的形状，不回弹也不坍塌的这样一种性能。随着含水量的变化，黏性土由一种稠度状态转变为另一种状态。相应于转变点的含水量叫界限含水量，也称为稠度界限。

界限含水量是黏性土的重要特性指标，它对于阐明和描述黏性土的性质有着重大的意义。而且各种黏性土有着各自不同的界限含水量。因此，可据此建立起黏性土的可塑性指标。

(1) 液限 W_L（也称塑性上限）

黏性土由流动状态转变为可塑状态的界限含水量，也叫作塑性上限。

(2) 塑限 W_p（也称塑性下限）

黏性土由可塑状态变为半固体状态的界限含水量。黏性土由半固体状态不断蒸发水分，则体积便继续缩小，直到体积不再缩小时的界限含水量叫缩限 W_s。这个指标不能直接反映土的可塑性，但它可以说明黏性土因含水量的增减体积随之胀缩的敏感程度。

(3) 塑性指数 I_p

土的液限与塑限的差值，用不带百分号的数值表示：$I_p=W_L-W_p$

I_p 值主要与土内含黏粒的多少、土粒的矿物成分及孔隙溶汇的化学成分等有关。I_p 的值大小同时也反映黏粒与水相互作用的程度，所以它是反映黏性土特性变化的一个综合性指标。当土的生成条件相似时，塑性指数相近的黏性土，一般均表现出相似的物理力学性质。因此常用塑性指数作为黏性土的分类标准。

(4) 液性指数 I_L

土的天然含水量和塑限的差值与塑性指数之比，以小数表示：

$$I_L=(W-W_p)/(W_L-W_p)=(W-W_p)/I_p \tag{2-80}$$

土的天然含水量 W 虽然能表示天然状态下土的干湿情况，但不能说明土处于什么样的稠度状态，因而对不同的土，即使具有相同的含水量，也未必处于同样的状态。通常采用液性指数来判别黏性土在天然状况下的稠度。当土的天然含水量 W 小于塑限 W_p 时，I_L 小于 0，天然土处于坚硬状态；当 W 大于 W_L 时，I_L 大于 1、天然土处于流动状态；当 W 处于 W_p 与 W_L 之间时，即 I_L 在 0～1 之间，则天然土处于可塑状态。其中可塑状态还可以进一步细分，分硬塑（$0<I_L\leqslant0.25$）、可塑（$0.25<I_L\leqslant0.75$）、软塑（$10.75<I_L\leqslant1.00$）与流塑（$I_L>1.00$）状态。应当指出：由于塑限和液限目前都是用于扰动土进行测定的，土的结构已彻底破坏，而天然土一般在自重作用下已有很长的历史。它获得了一定的结构强度，以致土的天然含水量即使大于它的液限也未必就会发生流动，含水量大于液限只意味着：若土体结构遭到破坏，它将转变为黏滞泥浆。

例：已知 $W=30\%$，$W_p=18\%$，$W_L=40\%$、试确定土的类型和状态。

解：$I_p=W_L-W_p=40-18=22>17$。属于黏性土。

$I_L=(W-W_p)/I_p=(30-18)\div22=0.55$

0.55 属于（0.25～0.75），属可塑状态。

即此种土为可塑状态下的黏性土。

3. 土的渗透性

土体是多孔的介质，常有连续的孔隙和裂隙，当土体在上下水头差的作用之下发生渗流土体的透水性称为渗透性。

4. 土的压缩性及其指标

土在压力作用下，由于孔隙体积的减少或土粒间错位挤密，孔隙中水、气的挤出，均可导致土产生压缩变形；而土粒（或水）的压缩是可以忽略不计的。

为了计算地基土受荷后的沉降（压缩量）常用压缩仪器测定土的压缩性参数。

在不同的压力 P_i 作用下，可得到土在该压力下的孔隙比 e_i，压力增大其孔隙比是逐渐减少的，得到土的压缩试验曲线如图 2-36。

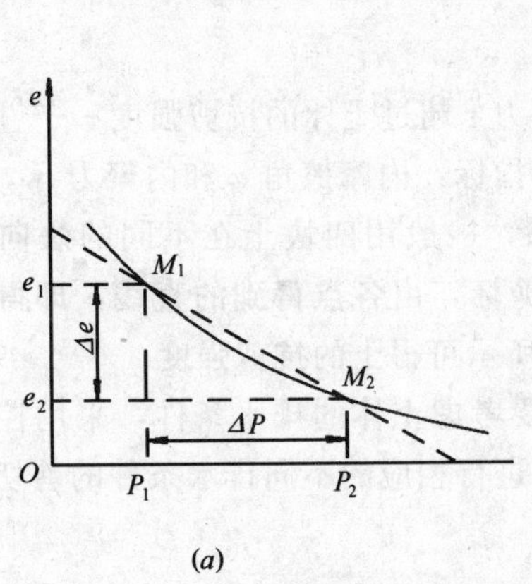

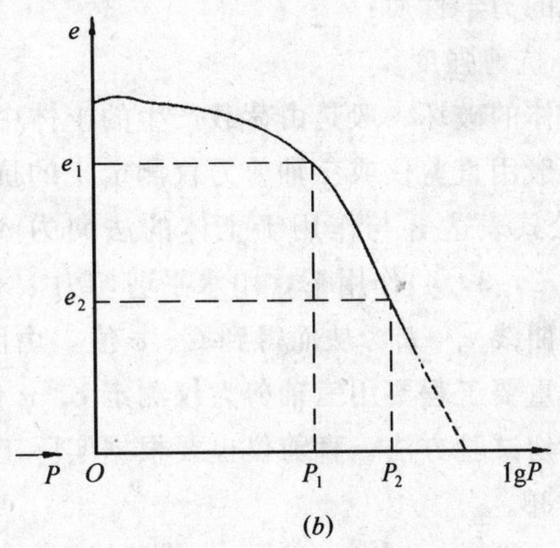

图 2-36　土的压缩试验曲线

（a）$e—p$ 曲线；（b）$e—\lg P$ 曲线

从图中可得到压缩系数 α_{1-2} 值：

$$\alpha_{1-2}=(e_1\text{-}e_2)\ /\ (P_2-P_1)\ \times1000\text{MPa}^{-1} \tag{2-81}$$

式中　α_{1-2} 为压力在 $P_1=100\text{kPa}$ 和 $P_2=200\text{kPa}$ 时的值；

P_1、P_2 的孔隙比为 e_1 及 e_2。α_{1-2} 是该 $e—P$ 曲线的割线 M_1M_2 斜率 $\Delta e/\Delta p$。

从图中可得到压缩指数 C_c 值，这是在较高的压力范围内，$e—\lg P$ 接近一直线时的斜率，其横座标是 P_1、P_2 的对数值。

$$C_c=(e_1-e_2)/(\lg P_2-\lg P_1) \tag{2-82}$$

α_{1-2}，C_c 值越大，反映土的压缩性越大。当 $\alpha_{1-2}\geqslant 0.5\text{MPa}$ 时，属于高压缩性土，如含水量高的饱和淤泥质黏性土。由 e—$\lg P$ 可判断土的天然固结状态。

当 $\alpha_{1-2}<0.1$ 时，属于低压缩性土；

当 $0.1\leqslant\alpha_{1-2}<0.5$ 时，属于中压缩性土；

当 $\alpha_{1-2}\geqslant 0.5$ 时，属于高压缩性土。

工程上也常用室内试验求压缩模量 E_s 作为土的压缩性指标。在侧限条件（土样在压缩仪内）下，土的竖向压应力 δ 与土的竖向应变 ε 之比值 $E_s=\delta/S$ 称为土的压缩模量，经换算有：

$$E_s=(He_1)/\alpha_{1-2}(\text{MPa}) \tag{2-83}$$

式中 e_1 为相应于压力 P_1 时的孔隙比。

高压缩性土的 $E_s<2.5\text{MPa}$；

在工程上可用 α_{1-2} 或 E_s 值计算地基的变形。

表 2-35 为地基土按 E_s 值划分压缩等级规定地基土按 E_s 值划分压缩等级的规定。

地基土按 E_s 值划分压缩性等级的规定 **表 2-35**

室内压缩模量（MPa）	2～4	4.1～7.5	7.6～11	11.1～15	>15
压缩性等级	高压缩性	中高压缩性	中压缩性	中低压缩性	低压缩性

土的力学性质：

1. 抗剪强度

土体的破坏一般是由荷载产生的土体中的剪应力 τ 超过土体的抗剪强度 τ_f 产生。

一般用直剪仪或三轴剪力仪测定土的抗剪强度指标：内摩擦角 φ 和内聚力 c，用 Coulomb 公式表达 τ_f 与作用于土体的法向力 δ 的关系，一般用四块土在不同的法向应力 δ_i（$i=1$，2，3，4）作用下，用水平剪切力 τ_i 使土体剪坏，由各点得到的直线，即得到其抗剪强度曲线 τ_i—δ_i，从而得到 C、φ 值，由图 2-37 所示可得土的抗剪强度。

对重要工程要用三轴剪力仪测定 c、φ 值，但要考虑土体的排水条件，采用控制排水条件剪切试验方法；直剪仪也要根据实际工程情况进行相应的不同排水条件的剪切试验如下图 2-38。

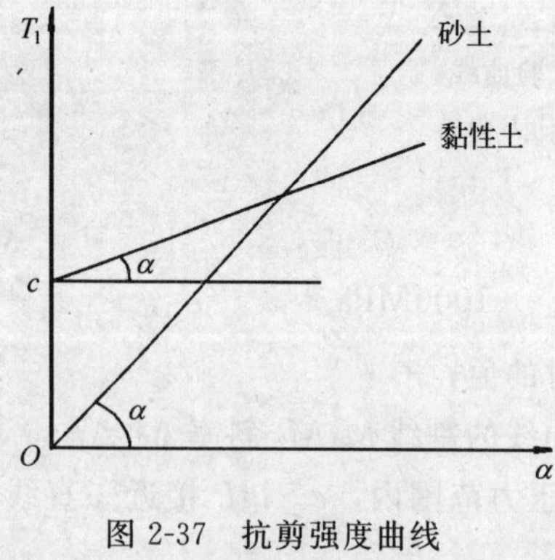

图 2-37 抗剪强度曲线

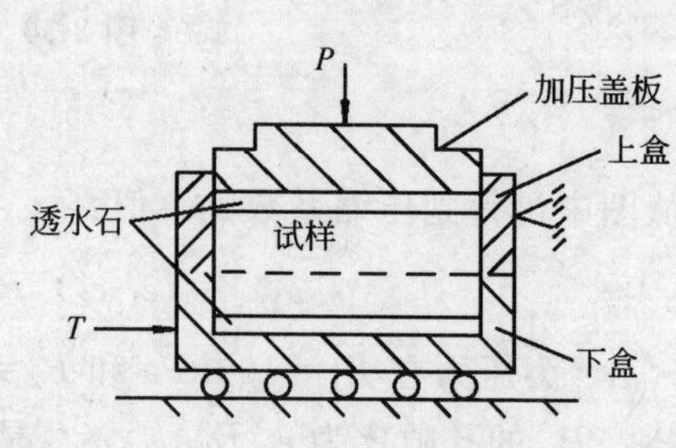

图 2-38 剪切试验示意图

黏性土：$\tau_f = \delta \cdot \tan\varphi + c$

砂土：$\tau_f = \delta\tan\varphi$

2. 土的静力触探与动力触探

触探是通过探杆用静力或动力将探头贯入土层、并量测各层土对触探头的贯入阻力大小的指标，从而间接地判断土层及其性状的一种勘探方法和原位测试技术。作为勘探方法，触探可用于划分土层，了解地层的均匀性；作为测试技术，则可估计黏性土和砂土地基容许承载力、变形模量和压缩模量等。

(1) 静力触探

静力触探是将单桥电阻应变式探头或双桥电阻应变式探头以静力贯入所要测试的土层中，用电阻应变仪或电位差计量测土的比贯入阻力或分别量测锥头阻力和侧壁摩擦力，从而判定土的力学性质，如表 2-36、2-37 所示与常规的勘探方法比较，它能快速、连续地探测土层及其性质的变化，还能确定桩的持力层以及预估单桩承载力、为桩基设计（桩长、桩径、数量）提供依据，但不适用于难以贯入的坚硬地层。

测定比贯入阻力的型号及规格　　**表 2-36**

型　号	锥底直径（mm）	锥底面积（cm^2）	有效侧壁长度（mm）	锥角（°）	电桥测路
1—1	35.7	10	57	60	单桥
1—2	43.7	15	70	60	单桥
1—3	50.4	20	81	60	单桥

测定锥头阻力和侧壁摩擦力的探头型号及规格　　**表 2-37**

型　号	锥底直径（mm）	锥底面积（cm^2）	有效侧壁长度（mm）	锥角（°）	电桥测路
Ⅱ—1	35.7	10	200	60	双桥
Ⅱ—2	43.7	15	300	60	双桥

静力触探的选用方法：

①比贯入阻力，系用单桥探头，在贯入土层中测得锥底单位面积阻力，即

$$P_s = P/A \tag{2-84}$$

式中　P_s——比贯入阻力，N/cm^2；

P——总贯入阻力，N；

A——探头锥底面积，cm^2。

②锥头阻力和侧壁摩擦力　系用双桥探头在贯入中分别测得探头阻力和侧壁摩擦力，即

$$q_c = Q_c/A \tag{2-85}$$

$$f_s = P_f/F_s \tag{2-86}$$

式中　q_c——锥头单位阻力，N/cm^2；

Q_c——锥头总阻力，N；

f_s—摩擦筒侧单位摩擦力，N/cm^2；

P_f——侧壁总摩擦力，N；

F_s——摩擦筒表面积，cm^2。

静力触探的操作要点及注意事项：

① 安装贯入设备时，应将支架调至水平，保持触探杆垂直贯入；

② 贯入前，将仪器预调平衡，使检流计指针恒指零点为准；检查电源，电压是否符合要求；使用自动记录仪时，应正确选择工作电压；

③ 先将探头压入地表下0.5m左右，然后提升5cm，使探头在非受压状态的温度与地温平衡，以后每次接上触探杆，均应提升5cm，使探头温度与地温度重新平衡；

④ 测试时应控制均速连续贯入，速率宜采用0.5～1.0m/min；

⑤ 量测读数，一般要求每贯入10cm读一次，亦可根据具体情况增减（自动记录仪除外）；

⑥ 工作现场应尽量避开高压输电线路、大功率电动机及变压器等，以防止强磁场对仪器的影响。如必须在上述场地或雨天工作时，宜将仪器外壳接地，以保持正常工作；

⑦ 触探头必须事先经过标定，符合下列标准方可使用；

a. 应力与应变关系呈直线，并通过坐标原点；

b. 分级加荷、卸荷，应反复三次以上，且加荷应接近空心柱设计的最大荷载；

c. 每次标定时，要注意转换顶柱方位。

⑧ 探头必须密封，严防进水和受潮；

⑨ 防止探头在阳光下曝晒，保持探头内部的顶柱能自由活动，并安装正确；

⑩ 在高温或严寒季节，应加强对仪器的防护。

（2）动力触探

系利用一定重量的落锤，以一定的落距将触探头打入土中，根据打入的难易程度（贯入度）得到每贯入一定深度的锤击次数作为表示地基强度的指标值。其设备主要由触探头、触探杆和穿心锤三个部分。测试方法有轻型动力触探、中型动力触探、重型①动力触探和重型②动力触探四种，可测得触探指标N_{10}、N_{28}、$N_{63.5}$，$N_{(63.5)}$，即可确定土的容许承载力，变形模量，也可划分土层、了解土层的均匀性。常用动力探测系数划分土层中土的类别，如表2-38。

中型动力触探试验触探杆长度校正系数 α **表 2-38**

L	≤1	2	3	4	5	6	8	10	12	15
α	1.00	0.96	0.90	0.85	0.83	0.81	0.78	0.76	0.75	0.74

注：1. L为触探杆长度，m；

2. α值系由人力拉锤自动脱钩法表2-39测得。

重型①动力触探试验触探杆长度校正系数 α **表 2-39**

α	1.00	0.92	0.86	0.81	0.77	0.73	0.70
L	≤3	6	9	12	15	16	21

注：1. L为触杆长度，m；

2. α值系由自动落锤测得。

桩径外加作用较易沉入的土，土中夹有较薄的砂层，砂层连续厚度＜1m的土称为一级土；桩径外力作用较难沉入的土，土中夹有不超过3m的连续厚度砂层，砂层连续厚度>1m，而且砂层中卵石含量<15%时称为二级土。

无砂层的土，按土的物理性能指标即上述的压缩系数和孔隙比及每米沉桩时间的平均值来确定其级别。

压缩系数>0.02，孔隙比>0.7，并且每米纯沉桩时间平均值<2min时为一级土，当压缩系数<0.02，孔隙比<0.7，并且当每米纯沉桩时间的平均值>2min，土属于二级土。

当桩长小于12m时，土层厚度以桩长的1/3计算，静力触探值与动力触探系数要达到所规定的指标。

例如桩长为9m时，试通过试验方法确定土的级别：

通过静力触探值与动力触探系数实测定，取土层3m$\left(9\times\frac{1}{3}=3\text{m}\right)$，如果静力探测值为54（54>50），动力触探系数为17（17>12），则土为二级土。

桩长在大于12m时，按5m的土层的力学性能指标即静力触探值与动力触探系数来确定土是一级土还是二级土。

例如当桩长在13m时，5m土层所测定的静力触探值与动力触探系数分别为27（27小于50），9（9小于12），则为一级土；如分别为53（53大于50），14（14大于12），则为二级土。

定额中打拔桩土质类别划分表中所规的甲级土、乙级土、丙级土，分别指的是：

甲级土：每10m纯平均沉桩时间15s以内，是桩经机械作用易沉入的土。

乙级土：每10m纯平均沉桩时间25s以内，此时，土层中夹有较薄的细砂层，桩经机械作用易沉入的土。

丙级土：每10m纯平均沉桩时间大于25s，土层中夹有较厚的粗砂层或卵石层，桩经机械作用较难沉入的土。

第三节　定额应用释义

1. 竖、拆简易打拔桩架

工作内容：准备工作，安、拆桩架及配套机具，打拔缆风桩，铺走道路、埋拆地垄。

定额编号　1-453～1-454　竖、拆卷扬机打拔桩架　P100

［应用释义］　汽车式起重机：汽车式起重机是将起重机构安装在普通载重汽车或专用汽车底盘上的一种自行式全回转起重机，这种起重机的优点是运行速度快能迅速转移，对路面破坏性很小。但吊装作业时必须支腿，因而不能负荷行驶。且不适合松软或泥泞地面作业。

国产汽车起重机有：Q2-8型、Q2-16型等。最大起重量分别为8t、15t。

国产重型汽车式起重机有Q2-32型，起重臂长30m，最大起重量32t。可用于一般厂房的构件安装。

Q3-100型，起重臂长12～60m，最大起重量100t。

板方材：指方形木材，且宽是厚的3倍或3倍以上。

槽钢：槽钢伸出肢比工字钢大，可用作斜弯曲（双向弯曲）构件。由于槽钢的腹板较厚，所以由槽钢组成的构件用钢量较大。槽钢分普通槽钢和轻型槽钢两种，也是以截面高度的厘米数编号，例如[32a 即指截面高度为 320mm，而腹板较薄，槽钢的腹板厚度在[12.6以上也有 a、b 两类或 a、b、c 三大类。目前我国生产的槽钢为 5～40 号，长度为 5～19m。轻型槽钢的翼缘比普通槽钢的翼缘宽而薄，回转半径略大，重量也较轻。

桩架：桩架主要由底盘、导向杆（龙门）、斜撑滑轮组、动力设备等组成，其功能应包括沉桩导向、吊锤、吊桩、吊射水管、配重加压和拔管等。桩架可用钢或木制成。高度可按桩长需要分节组装，每节长 3～4m，选择桩架高度，一般按桩长＋滑轮组高＋桩锤高度＋桩帽高度＋起锤移位高度（取 1～2m）等决定。行走移动采用棍撬加滚筒轮胎、轮轨、履带及旱船步履等方式，一般利用桩机的动力设备或配套设备进行桩架装卸作业和移动桩架。

桩架有木桩架、滚筒式桩架、柴油打桩机桩架、多能桩架、履带式桩架和旱船步履式桩架。

沉桩机械有柴油打桩机、振动沉桩机、钻孔沉桩机。钻孔沉桩机中有冲击式钻孔机、旋转式钻孔机，后有人工手摇钻孔机、螺旋式钻孔机、潜水钻孔机等。

卷扬机：卷扬机是施工现场中的一种最简单的常用起重设备，它既可单独使用，又可作为起重机的组成部分，它由电动机，联轴器、制动器、减速器和卷筒所组成，通过钢丝绳将重物，如施工材料、机具、构件等提升到一定高度。

卷扬机种类很多，一般分手动、电动、快速、慢速、单筒、双筒。电动卷扬机又分为可逆式卷扬机和摩擦式卷扬机。

卷扬机选用时可查建筑机械产品目录及有关手册，其主要技术参数是钢丝绳的额定拉力、卷筒容量、钢丝绳速度和电动机功率等。

卷扬机使用时应特别注意以下问题：

(1) 卷扬机的地脚锚固要牢固，并加足够压重，以防倾覆和滑移。

(2) 钢丝绳一般应从卷筒下方绕出，以减少倾覆力矩。

(3) 为安全起见工作时卷筒上最少应保留 3 圈的钢丝绳，而且钢丝绳末端与卷筒的固接应可靠。

(4) 要安装导向滑轮至卷筒的距离应使钢丝绳偏角 α 小于或等于 $1.5°\sim2°$。

(5) 重物在空中长时间停驻时，必须用棘轮或棘爪制动，不得单凭制动器来制动，以确保安全。

2. 陆上卷扬机打拔圆木桩

工作内容：准备工作，木桩制作，打桩，按拆夹木，打（拔）桩，桩架调面，移动，打拔缆风桩，埋拆地垄，灌砂，清场整堆。

定额编号　1-455～1-462　甲级土、乙级土　P101

[应用释义]　打拔桩架：见定额编号 1-453～1-454 竖、拆卷扬机打拔桩架释义。

机械有柴油打桩机、振动沉桩机、钻孔沉桩机。

履带式打桩机：桩架的行走靠桩机底部履带的行走而运行的打桩机。

甲级土、乙级土：见定额编号 1-475～1-478 甲级土、乙级土释义。

中粗砂：指不同粒径的砂粒混合在一起，其中粒径大于3mm占60%以上。

板方材：指截面的宽是厚的3倍或3倍以上的方形木材。

卷扬机是现场施工中的一种最简单的常用起重设备，它既可单独使用，又可作为起重机的组成部分，它由电动机、联轴器、制动器、减速器和卷筒所组成，通过钢丝绳将重物如施工材料、机具，构件等提升到一定高度。

卷扬机种类很多，一般可分为手动、电动、快速、慢速、单筒、双筒。电动卷扬机又可分可逆式卷扬机和摩擦式卷扬机。

槽钢：指该钢材的断面形式为[形。

柴油打桩机：见第二章打拔工具桩第一节说明应用释义第八条释义。

3. 陆上卷扬机打拔槽型钢板桩

工作内容：准备工作，打桩，桩架调面，移动，打、拔缆风桩，拔桩、灌砂，埋、拆地垄，清场、整堆。

定额编号 1-463～1-470 甲级土、乙级土 P102

[应用释义] 钢板桩：见第二章打拔工具桩第二节工程量计算规则应用释义第二条。

桩架有木桩架、滚筒式桩架、柴油打桩机桩架、多能桩架。轨道式指桩身的移动靠地面铺设的钢质轨道运行；走管式指桩架的移动靠桩身下两根滚轴移动。导杆式柴油打桩机的性能查相关资料。

砂：普通砂和石英砂两种。普通砂系指天然山矿、河砂而言。它是由坚硬的天然岩石经自然风化逐渐形成的疏散颗粒的混合物。石英砂分天然石英砂、人造石英砂及机制石英砂三种。普通砂按细度模数区分：粗砂为3.7～3.1，中砂为3.0～2.3，细砂为2.2～1.6，特细砂为1.5～0.7。煤屑、云母等不得超过砂重量的0.5%，三氧化硫不超过砂重量的1%。石英砂多用于石英岩加以焙烧，多数用于配制耐磨腐蚀砂浆和胶泥。本章中的砂可用天然级配的中、粗砂或其他有良好渗水性的代用材料，粒径以0.3～3mm为宜，含泥量不应大于5%。砂桩的灌砂量应按桩孔的体积和砂在中密状态时的干土密度计算（一般取2倍桩管入土体积），其实际灌砂量（不包括自重）不得少于计算的95%。如发现砂量不够或砂桩中断等情况。

碎石2～4cm：指直径为2～4cm的石子。石子是由天然岩石或卵石经破碎、筛分而得到的，粒径小于5mm的为碎石。碎石的强度可用岩石立方体强度和压碎指标两种方法评价。各地对石子有可靠的经验时，可以目测检验。碎石的坚固性用Na_2SO_4溶液法评价。在干燥条件下使用的混凝土，在Na_2SO_4溶液中循环5次，循环后的重复损失不应大于12g，但有抗疲劳、耐磨、抗冲击等要求。碎石中不宜含有块状黏土。碎石中的有害物质含量：硫酸盐含量，不宜大于重量的1%。碎石如果含有颗粒状硫酸盐和硫化物，则应经专门检验合格后方可采用。当怀疑碎石中因含有无定形SiO_2而可能引起碱骨料反应时，应根据使用条件，进行专门试验，以确定是否可用。

4. 陆上柴油打桩机打圆木桩

工作内容：准备工作，木桩制作（加靴），打桩，桩架调面，移动，打拔缆风桩，埋、拆地垄，清场、整堆。

定额编号　1-471～1-474　甲级土，乙级土　P103

［**应用释义**］　柴油打桩机：见第二章打拔工具桩第一节说明应用释义第七条释义。

甲级土、乙级土：见定额编号 1-475～1-478 甲级土、乙级土释义。

5. 陆上柴油打桩机打槽型钢板桩

工作内容：准备工作，打桩，桩架调面，移动，打、拔缆风桩，埋、拆地垄，清场、整堆。

定额编号　1-475～1-478　甲级土、乙级土　P104

［**应用释义**］　甲级土：土的物理力学性能中孔隙比大于 0.8，天然含水量大于 30%，压缩系数大于 0.03，静力触探值小于 30，动力触探击数小于 7，每 10m 纯平均沉桩时间 15s 以内，桩经机械作用易沉入的土。

乙级土：土的物理力学性能中孔隙比在 0.6～0.8 之内，天然含水量 25%～30%，压缩系数为 0.02～0.03、静力触探值 30～60，动力触探系数为 7～15，每 10m 纯平均沉桩时间 25s 以内，土中夹有较薄的细砂层，桩经机械作用易沉入的土。

6. 水上卷扬机打拔圆木桩

工作内容：准备工作，木桩制作，打桩，船排固定、移动，拔桩，清场、整堆。

定额编号　1-479～1-486　甲级土、乙级土　P105

［**应用释义**］　驳船：用来运输建筑材料（如砂石、草袋、砖、水泥）的船。

圆木桩：指树干削去皮，把树干上端削尖，同时把树干修正为一直杆。此处圆木桩用作工具桩，一般只适用于产木材的地方。

5m 以内：指桩深小于或等于 5m。

打拔桩架：见定额编号 1-453～1-454 竖、拆卷扬机打拔桩架释义。

7. 水上卷扬机打拔槽型钢板桩

工作内容：准备工作，打桩，船排固定、移动，拔桩，清场、整堆。

定额编号　1-487～1-492　中级土、乙级土　P106

［**应用释义**］12m 以内：表示桩的深度小于或等于 12m。

槽型钢板桩：槽型钢板桩分普通槽钢和轻型槽钢两种。用符号“[”表示并附上号数，号数代表截面高度的厘米数。14 号和 25 号以上的普通槽钢同一号数中又分为 a、b 两类和 a、b、c 三类，其腹板厚度和翼缘宽度分别递增 2mm。

钢板桩：见定额编号 1-463～1-470 甲级土、乙级土释义。

简易打桩架：有木桩架，滚筒式桩架，柴油打桩机桩架，多能桩架。轨道式指桩身的移动靠地面铺设的钢质轨道运行；走管式指桩架的移动靠桩身下两根滚轴移动。导杆式柴油打桩机的性能查相关资料。

甲级土、乙级土：见定额编号 1-475～1-478 甲级土、乙级土释义。

圆木桩、驳船：见定额编号 1-479～1-486 甲级土、乙级土释义。

打拔桩架：见定额编号 1-453～1-454 竖、拆卷扬机打拔桩架释义。

中粗砂：指粒径大于 0.25mm，颗粒含量超过全重的 50%，且粒径大于 0.5mm 的颗粒超过全重的25%以上。是一种介于中砂和粗砂的砂。

定额编号　1-493～1-498 甲级土、乙级土　P107

［应用释义］　驳船：见定额编号1-479～1-486甲级土、乙级土释义。

甲级土、乙级土：见定额编号1-475～1-478甲级土、乙级土释义。

8. 水上柴油打桩机打圆木桩

工作内容：准备工作，木桩制作（加靴），船排固定、移动，打桩，清场、整堆。

定额编号　1-499～1-502　甲级土、乙级土　P108

［应用释义］　柴油打桩机：是指桩锤以柴油为燃料的工作机，施工过程不需要电源和其他动力装置，设备重量轻、功率高。柴油桩锤按其构造分筒式、活塞式和导杆式三种，重3～100kN。它是利用燃油爆炸、推动活塞往复运动进行锤击打桩，其工作原理（以导杆式为例）如下：当汽缸迅速下落击桩时，汽桩中的空气受到压缩，温度猛增，与此同时，柴油从喷油咀又喷入汽缸而自行燃烧，所造成的压力又使汽缸上抛，待其丧失上升高度，则重新降落击桩。柴油桩锤与桩架、动力设备配套组成柴油打桩机。

9. 水上柴油打桩机打槽型钢板桩

工作内容：准备工作，船排固定、移动，打桩，清场、整堆。

定额编号　1-503～1-508　甲级土、乙级土　P109

［应用释义］　12m以内：指桩长小于或等于12m。

槽型钢板桩：槽型钢板桩分普通槽钢类和轻型槽钢类两种。用符号“[”表示并附上号数，号数代表截面高度的厘米数。14号和25号以上的普通槽型钢同一号数中又分别有a、b和a、b、c类型，其腹板厚度和翼缘宽度分别递增2mm。

驳船：见定额编号1-479～1-486甲级土、乙级土释义。

甲级土、乙级土：见定额编号1-475～1-478甲级土、乙级土释义。

第三章　围　堰　工　程

第一节　说明应用释义

一、本章定额适用于市政工程围堰施工项目。

［应用释义］　围堰是保证基础工程开挖、砌筑、灌注等的临时挡水构筑物。此种设施方法简单、材料易筹备、宜在基础较浅、地质不复杂、水深不超过6m时采用。

1. 下面介绍几种主要围堰的形式和适用范围

(1) 土围堰：主要适用于水深≤2m，流速0.3m/s，河床不透水，冲刷水，近浅滩的河边尤为适用。

(2) 草围堰：主要适用于水深≤3.5m，流速1～2m/s，河床不透水，可采用：①草（麻）袋围堰黏土填心；②先外围堰抽水后，内围堰黏土填心，在水不深而河床有一层不厚的透水层时适用。

(3) 木桩编条围堰：主要适用于水深3m以下，流速小于2m/s，河床不透水。

(4) 木板柱围堰：主要适用于水深5m以下，河床土质能打桩并对板柱入土部分能提供必要的反压能力，主要形式有两种：①双层木板围堰；②多级木板桩围堰适用于开挖深度较大的基础。

(5) 钢板桩围堰：适用于水深4～18m，覆盖层较厚、河床砂类土、半干硬黏性土、碎石类土，或较软岩层。有以下几种主要形式：

① 平形：断面模量小、不宜于直线围堰；

② 槽形：断面模量大适宜防水与防土压力围堰；

③ Z形：断面模量大必须二块以上组成后插打。

2. 围堰尺寸

(1) 堰顶高度：即堰底到堰顶的高度，应高于施工期可能出现的最高水位50～70cm。

(2) 围堰外形：围堰的外部轮廓，应考虑河流断面被压缩后流速增大引起水流对围堰、河床的集中冲刷及影响通航，导流等因素。

(3) 堰内面积：应满足基础施工的需要。

(4) 围堰断面：应满足堰身强度和稳定（防止滑动、倾覆）的要求。

(5) 堰顶宽度：应满足施工必须的通道宽度。

① 一般堰顶宽度为1～2m。

② 有黏土心墙时为2～2.5m。

③ 满足行车需要。

3. 围堰防水

(1) 嵌入：围堰底部必须嵌入基底。

(2) 清底：筑堰前应将堰底河床上的树根、石块、杂物等清除，尤其是嵌入部分必须清底。

(3) 错缝：草袋码放平整要错缝、纵横向压茬 1/3。

(4) 装土：

① 草袋装土量适中、墩实、一般装 1/2～2/3 土；

② 通常条件较好、水量不大时可用草袋直接围堰，条件不好时用多层草袋围堰，中间加黏土心，筑堰的土宜用黏性土或砂夹黏土；

③ 堰顶填土出水面后应进行夯实。

(5) 堰内外坡度：

① 堰外边坡一般为 1∶2～1∶3；

② 堰内边坡一般为 1∶1～1∶1.5；

③ 坡脚与基坑边缘距离根据河床土质及基坑深度而定，但不得小于 1m；

④ 当筑堰引起流速增大，使堰外坡有受冲刷危险时，可在外坡面用草皮、柴排、片石或草袋等加以防护。

二、本章围堰定额未包括施工期内发生潮汛冲刷后所需的养护工料。潮汛养护工料可根据各地规定计算。如遇特大潮汛发生人力所不能抗拒的损失时，应根据实际情况，另行处理。

[应用释义]　围堰：就是在基坑四周修筑一道临时、封闭、挡水的构筑物，然后抽除围堰内的水，使基坑开挖在无水的状态下进行，街墩台修筑出水面后，再对基坑回填并拆除围堰。

围堰所用的材料和形式应根据当地水文、地质条件，材料来源及基础形式而定，但不论何种材料和形式的围堰，均应注意下列要求：

(1) 堰顶高程宜高出施工期间可能出现的最高水位（包括浪高）0.5～0.7m。

(2) 由于围堰的修筑，使河床断面缩小、流速增大、将引起河床较大的集中冲刷、危及围堰安全或严重漏水，也可能影响通航，为防止上述不利情况，围堰的断面不应超过原河床流水断面的 30%。

(3) 围堰内应满足坑壁放坡和砌筑基础时的工作面的要求。

下面介绍几种常用的围堰形式及要求：

1. 土围堰

这是一种最简易的围堰，适用于水深 2m 以内，流速 0.5m/s 以内，河床土质渗水性较小的河床。在筑堰前，应将河底杂物淤泥清捞干净以防漏水，堆筑时应从上游开始至下游合拢。倒土时应将土沿着已出水面的堰面顺流送入水中，不要直接向水中倾倒。水面以上填土要分层夯实。堰内抽水时，应注意及时对围堰加以检查，有漏洞渗水及时堵住。为防止修筑围堰引起河床流速增大，可在堰外临水面用草皮、柴排、片石或草袋加以防护。如河床渗水量较大，可修筑多道围堰、分级开挖。

2. 土袋围堰

土袋围堰适用于水深 3.5m 以内，流速 1.0～2.0m/s 以内，河床土质渗水性较小的河床。

土袋围堰的草（麻）袋内装粘土，一般装至袋容量的60%，堆码在水中的土袋，其上下层、内外层应相互错缝，尽量堆码密实整齐，必要时可由潜水配合进行，并整理坡脚，土袋采用草包、麻袋和尼龙编织袋；草包具有易拆除优点，但麻袋和尼龙编织袋具有不透水性的效果要更佳。

3. 板桩围堰

根据河床土质、水深、流速等条件可分别采用圆木桩、木板桩和钢板桩围堰。

(1) 圆木桩围堰

一般利用河中支承打桩架的圆木桩，在圆木桩之间插以竹篱笆，再在竹篱笆之间填以黏土，既可作桩架行走之用，又可作围堰。此圆木桩围堰适用于水深3～5m，而流速不大于3.5m/s，河床土质渗水性差的河床。

(2) 木板桩围堰

一般适用于砂性土、黏性土和不含卵石且透水性较好的其他土质河床。

当水深在2～4m时，可采用单层木板桩，如渗水严重时，可在外侧堆土；如堆土外侧面表面不加任何防冲刷防护时，仅适用于流速不大于0.5m/s的河流。

当水深在4～6m时，可用中间填土的双层木板桩围堰，具有压缩河床断面少，体积小等优点，但需耗费大量木材，两层木板桩间距为水深的0.5～1倍或0.4～0.6倍的基坑深度，但不应小于2m。若围堰较高，为防止水压力作用下产生过大变形，可在中间增设拉紧螺栓，以增加两层板桩之间的整体性。填土应夯实以防漏水。固定桩为木板桩施工时起导向定位作用。

(3) 钢板桩围堰

当水深大于5m且不能用其他围堰的情况下，砂性土、半干硬性黏土、碎卵石类土及风化岩等透水性好的河床，根据需要可修筑成单层、双层和构体式。适用于防水及挡土，施工方便，入土深度应大于河床以上部分长度。

钢板桩围堰可布置成矩形、圆形，在双层围堰夹层中应填以黏土；特殊情况下，夹层下部浇筑水下混凝土以提高防渗能力。

墩台施工完毕后，应将修筑围堰的圆木桩、木板桩、钢板桩拔除，所填土须清除至主河床底。

(4) 钢筋混凝土板桩围堰

钢筋混凝土板桩围堰适用于黏性土、砂类土、碎类、碎石土河床，除用于基坑挡土防水以外，可不拔除而作为建筑物结构的一部分或作为水中墩台基础的防护结构物，亦可拔除周转使用。

潮汛冲刷：当围堰砌筑完成后，在潮水涨落时对围堰构筑物的冲力作用经过长时间的反复作用是对围堰构筑物的一种损害过程。

养护：当围堰构筑物砌筑完成后，要进行一定时间的维护，维护时要在一定温度和湿度情况下进行，其构筑物的强度将逐渐增大。

三、围堰工程 50m 范围以内取土、砂、砂砾、均不计土方和砂砾的材料价格。取 50m 范围以外的土方、砂、砂砾，应计算土方和砂、砂砾材料的挖、运或外购费用，但应扣除定额中土方现场挖运的人工：55.5 工日/100m^3 黏土。定额括号中所列黏土数量为取自然土方数量，结算中可按取土的实际情况调整。

［**应用释义**］　土：是连续、坚固的岩石在风化作用下形成的大小悬殊的颗粒，经过不同的搬运方式，在各种自然环境中生成的沉积物。在漫长的地质年代中，由于各种内力和外力地质作用形成了许多类型的岩石和土。岩石经历风化、剥蚀、搬运、沉积生成土，而土历经压密、固结、胶结、硬化也可再生成岩石。

土的物质成分包括有作为土骨架的固态矿物颗粒，孔隙中的水及其溶解物质以及气体，因此，土是由颗粒（固相），水（液相）和气（气相）所组成的三相体系。

土的颗粒级配：在自然界中存在的土都是由大小不同的土粒组成的。土粒的粒径由粗到细逐渐变化时，土的性质相应地发生变化，因而可以将土中各种不同的粒径的土粒，按适当的粒径范围分为若干粒组，各个粒组随着分界尺寸的不同而呈现出定质的变化。划分粒组的分界，尺寸称为界限粒径。目前土的粒组划分方法并不完全一致，根据界限粒径 200mm、60mm、2mm、0.075mm 和 0.005mm 把土粒分为六大粒组：漂石（块石）颗粒，卵石（碎石）颗粒、圆砾（角砾）颗粒、砂粒、粉粒及黏粒。

土根据其含水量的多少可分成无黏性土和黏性土，考虑无黏性土的性质时主要考虑无黏性土的密实度，对于同一种无黏性土，当其孔隙比小于某一限度时，处于密实状态。随着孔隙比的增大，则处于中密、稍密直到松散状态，无黏性土的最小孔隙比、最紧密状态的孔隙比，用符号 e_{min} 表示；其最大孔隙比是土处于最疏松状态时孔隙比，用符号 e_{max} 表示。

无黏性土的相对密实度，以最大孔隙比 e_{max} 与天然孔隙比 e 之差，和最大孔隙比 e_{max} 与最小孔隙比 e_{min} 之差的比值 D_r 表示，即

$$D_r=\frac{e_{max}-e}{e_{max}-e_{min}} \tag{2-87}$$

从上式可知，若无黏土的天然孔隙比 e 接近于 e_{min}，即相对密实度 D_r 接近于 1 时土呈密实状态；当 e 接近于 e_{max} 时，即相对密实度 D_r 接近于 0，则呈松散状态，根据 D_r 值可把砂土的密实度状态划分为下列三种：

$0.67<D_r\leqslant 1$　　密实的

$0.33<D_r\leqslant 0.67$　　中密的

$0<D_r\leqslant 0.33$　　松散的

相对密实度试验适用于透水性良好的无黏性土，如纯砂，纯砾等，相对密实度是无黏性粗粒土密实度的指标，它对土工构筑物和地基的稳定性，特别是在抗震稳定性方面具有重要的意义。

黏性土的界限含水量：

同一种黏性土随其含水量的不同，而分别处于固态、半固态、可塑状态及流动状态。所谓可塑状态，就是当黏性土在某含水量范围内，可用外力塑成任何形状而不发生裂纹，并当外力移去后仍能保持既得的形状，土的这种性能叫做可塑性。黏性土由一种状态转到

另一种状态的分界含水量，叫做界限含水量。

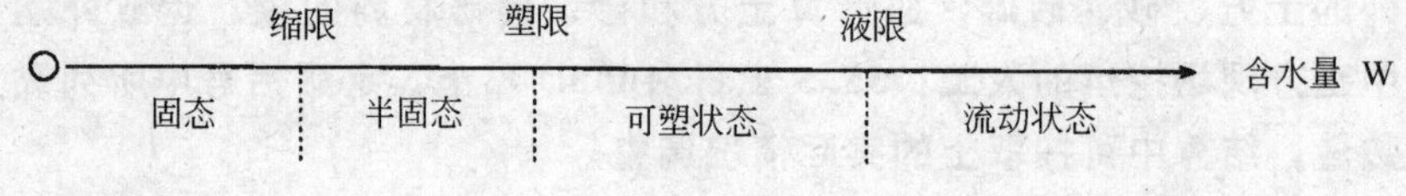

图 2-39　黏性土的界限含水量

由图 2-39 所示，土由可塑状态转到流动状态的界限含水量叫做液限（也称塑性上限含水量或流限），用符号 W_L 表示；土由半固态转到可塑状态的界限含水量叫做塑限（也称塑性下限含水量）用符号 W_p 表示；土由半固体状态不断蒸发水分，则体积逐渐缩小，直到体积不再缩小时土的界限含水量叫缩限，用符号 W_s 表示。界限含水量都以百分数表示。

黏性土的塑性指数和液性指数。

塑性指数是指液限和塑限的差值（省去%符号），即土处在可塑状态的含水量变化范围，用符号 I_p 表示，

即　　　$I_p = W_L - W_p$

显然，液限和塑限之差（或塑性指数）愈大，土处于可塑状态的含水量范围也愈大。换句话说，塑性指数的大小与土中结合水的可能含量有关，亦即与土的颗粒组成、土粒的矿物成分以及土中水的离子成分和浓度等因素有关。

从土的颗粒来说，土粒越细且细颗粒的含量越高，则其比表面和可能的结合水含量愈高，因而 I_p 也随之增大。

塑性指数在一定程度上综合反映了影响黏性土特征的各种重要因素。

液性指数是指黏性土的天然含水量和塑限的差值与塑性指数之比，用符号 I_L 表示，即：

$$I_L = \frac{W - W_p}{W_L - W_p} = \frac{W - W_p}{I_p} \tag{2-88}$$

从式（2-88）可见，当土的天然含水量 W 小于 W_p 时，I_L 小于 0，天然土处于坚硬状态，当 W 大于 W_L 时，I_L 大于 1，天然土处于流动状态；当 W 在 W_p 与 W_L 之间时，即 I_L 在 0～1 之间，则天然土处于可塑状态。因此可以利用液性指数 I_L 来表示黏性土所处的软硬状态。I_L 值愈大，土质愈软；反之，土质愈硬。黏性土软硬状态划分，见表 2-40。

黏性土软硬状态的划分　　　　**表 2-40**

状　态	坚　硬	硬　塑	可　塑	软　塑	流　塑
液性指数	$I_L \leqslant 0$	$0 < I_L \leqslant 0.25$	$0.25 < I_L \leqslant 0.75$	$0.75 < I_L \leqslant 1.0$	$I_L > 1.0$

四、本章围堰定额中的各种木桩、钢桩均按本册第二章水上打拔工具桩的相应定额执行，数量按实计算。定额括号中所列打拔工具桩数量仅供参考。

[应用释义]　桩基础：建筑物场地浅层的土质不能满足建筑物对地基承载力和变形的要求，而又不适宜采取地基处理措施时，就要考虑以下部坚实土层或岩层作为持力层的深基础方案。

桩基一般由设置于土中的桩和承接上部结构的承台组成，桩顶埋入承台中。随着承台与地面的相对位置的不同，而有低承台桩基和高承台桩基之分。前者的承台底面位于地面以下；而后者的则高出地面以上，且常处于水下。在市政工程中，几乎都使用低承台桩基。而且大量采用的是竖直桩，甚少采用斜桩。桥梁和港口工程中常用高承台桩基，且较多采用斜桩，以承受水平荷载。

1. 预制桩与灌注桩

按施工方法不同，可分为预制桩和灌注桩两大类：

（1）预制桩

预制桩按所用材料不同，可分为混凝土预制桩、钢桩和木桩，而沉桩的方式有锤击或振动打入、静力压入和旋入等。

① 混凝土预制桩

混凝土预制桩的截面形状、尺寸和长度可在一定范围内按需要选择，其横截面有方、圆等各种形状。普通实心方桩的截面边长一般为300～500mm。现场预制桩的长度一般在25～30m以内。工厂预制桩的分节长度一般不超过12m，沉桩时在现场连接到所需长度。

分节预制桩应保证接头质量以满足桩身承受轴力、弯矩和剪力的要求，分节接头采用钢板，角钢焊接后，宜涂以沥青以防锈蚀。还有采用机械式接桩法以钢板垂直插头加水平销连接，施工快捷，又不影响桩的强度和承载力。

大截面实心桩的自重较大，其配筋主要受起吊、运输、吊立和沉桩等各阶段的应力控制，因而用钢量较大。采用预应力（抽筋或不抽筋）混凝土桩，则可减轻自重、节约钢材、提高桩的承载力和抗裂性。

预应力混凝土管桩采用先张法预应力工艺和离心成型法制作，经高压蒸汽养护生产的PHC管桩，其桩身混凝土强度等级为C80或高于C80；未经高压蒸汽养护生产的为PC管桩（C60～C80）。建筑工程中常用的PHC、PC管桩的外径为300～600mm，分节长度为5～13m。桩的下端设置开口的钢桩尖或封口十字刃钢桩尖，沉桩时桩节处通过焊接端头板接长。

② 钢桩

常用的钢桩有下端开口或闭口的钢管桩以及H型钢桩等。一般钢管桩的直径为250～1200mm。H型钢桩的穿透能力强，自重轻，锤击沉桩的效果好，承载能力高，无论起吊、运输或是沉桩、接桩都很方便，其缺点是耗钢量大，成本高，我国只在少数重要工程中使用。

③ 木桩

木桩常用松木、杉木做成。其桩径（小头直径）一般为160～260mm，桩长为4～6m。木桩自重小，具有一定的弹性和韧性，又便于加工、运输和施工。木桩在淡水下是耐久的，但在干湿交替的环境中极易腐烂，故应打入最低地下水位以下0.5m。由于木桩的承载能力很小，以及木材的供应问题，现在只在木材产地和某些应急工程中使用。

（2）灌注桩

灌注桩是直接在所设计桩位处成孔，然后在孔内加放钢筋笼（也有省去钢筋笼的）再浇灌混凝土而成。与混凝土预制桩比较，灌注桩一般只根据使用期间可能出现的内力配置钢筋，用钢量较省。当持力层顶面起伏不平时，桩长可在施工过程中根据要求在某一范围内取定。灌注桩的横截面呈圆形，可以做成大直径和扩底桩，保证灌注桩承载力的关键在于施工时桩身的成形和混凝土质量。

灌注桩有几十个品种，大体可归纳为沉管灌注桩和钻（冲、磨、挖）孔灌注桩两大类、同一类桩还可按施工机械和施工方法以及直径的不同予以细分。

① 沉管灌注桩

沉管灌注桩可采用锤击振动、振动冲击等方法沉管成孔，其施工程序为打桩机就位，沉管，浇灌混凝土、边拔管边振动；安放钢筋笼，继续浇灌混凝土成型。

锤击沉管灌注桩的常用直径（指预制桩尖的直径）为 300～500mm，桩长常在 20m 以内，可打至硬塑黏土层或中、粗砂层。这种桩的施工设备简单，打桩进度快，成本低，但很易产生颈缩（桩身截面局部缩小）、断桩、局部夹土、混凝土离析和强度不足等质量问题。

振动沉管灌注桩的钢管底端带有活瓣桩尖（沉管时桩尖闭合，拔管时活瓣张开以便浇混灌混凝土）或套上预制钢筋混凝土桩尖。桩横截面直径一般为 400～500mm。常用的振动锤（振箱）的振动力为 70、100 和 160kN，在黏性土中，其沉管穿透能力比锤击沉管灌注桩稍差，承载力也比锤击沉管灌注桩低。

内击式沉管灌注桩是另一类型的沉管灌注桩。施工时，先在地面竖起钢套筒；在筒底放进约 1m 高的混凝土（或碎石），并用长圆柱形吊锤在套筒内锤打以便形成套筒，浇灌混凝土并继续锤击，使塞头脱出筒口，形成扩大的桩端，锤击成的扩大的桩端直径可达桩身直径的 2～3 倍，当桩端不再扩大而使套筒上开时，开始浇灌桩身混凝土（吊下钢筋笼），同时边拔套筒边锤击，直至到达所需高度为止。这种桩的主要优点是，在套筒内可用重锤加大冲击能量，以便采用干硬性混凝土，形成与桩周围土紧密接触的密实桩身和扩大的桩端以提高桩的承载力。这种桩穿过厚砂能力较低，打入深度难以掌握，但条件合适可达强风化岩。

② 钻（冲、磨）孔灌注桩

各种钻孔桩在施工时都要把桩孔位置处的土排出地面，然后清除孔底残渣，安放钢筋笼，最后浇灌混凝土。

直径为 600 或 650mm 的钻孔桩，常用回转机具成孔，桩长 10～30m。

目前国内的钻（冲）孔灌注桩在钻进时不下钢套筒，而是利用泥浆保护孔壁以防塌孔，清孔（排走孔底沉渣）后，在水下浇灌混凝土。其施工程序为：成孔；下导管和钢筋笼；浇灌水下混凝土，成桩。常用桩径为 800mm、1000mm、1200mm 等。更大直径（1500～2800mm）钻孔桩一般用钢套筒护壁，所用钻机具有回旋钻进、冲击；磨头磨碎岩石和扩大桩底等多种功能，钻进速度快，深度可达 60m，能克服流砂、消除孤石等障碍物，并能进入微风化硬质岩石。其最大优点在于能进入岩层，刚度大，因此承载力高而桩身变形很小。

③ 挖孔桩

挖孔桩可采用人工或机械挖掘成孔。人工挖孔桩施工时应人工降低地下水位。每挖深 0.9～1.0m 就浇灌或喷射一圈混凝土护壁（上下圈之间用插筋连接），达到所需深度时，再进行扩孔，最后在护壁内安装钢筋笼和浇灌混凝土。

在挖孔桩施工时，由于工人下到桩孔中操作，可能遇到流砂、塌孔、有害气体、缺氧、触电和上面掉下重物等危险而造成伤亡事故，因此应严格执行有关安全生产的规定。

挖孔桩的直径不宜小于1m，深度为15m者，桩径应在1.2～1.4m以上，桩身长度宜限制在30m内。

挖孔桩的优点是，可直接观察地层情况，孔底易清除干净，设备简单，噪声小，场区各桩可同时施工，桩径大，适应性强，又较经济。

2. 桩的质量检验

采用某种方法设置于土中的预制桩，或在地下隐蔽条件下成型的灌注桩，均应进行施工监督，现场记录和质量检测，以保证质量，减小隐患。特别是柱下采用一根或少量大直径桩的工程，桩基的质量检测就更为重要。目前已有多种桩身结构完整性的检测技术，下列几种较为常用。

(1) 开挖检查

这种方法只能对所暴露的桩身进行观察检查。

(2) 抽芯法

在灌注桩桩身内钻孔（直径100～150mm)，了解混凝土有无离析、空洞、桩底沉渣和入泥等情况，取混凝土芯样进行观察和单轴抗压试验。有条件时可采用钻孔电视直接观察孔壁孔底质量。

(3) 声波检测法

利用超声波在不同强度（或不同弹性模量）的混凝土中传播速度的变化来检测桩身质量。为此，预先在桩中埋入3～4根金属管，然后，在其中一根管内放入发射器，而在其他管中放入接收器，并记录不同深度处的检测资料。

(4) 动测法

包括PDA（打桩机分析仪）等大应变动测，PT（桩身结构完整性分析仪）和其他（如锤击激振、机械阻抗、水电效应、共振等）小应变动测。对于等截面、质地均匀的预制桩，这些测试效果可靠或较可靠，灌注桩的动测检验，目前已有相当多的实践经验，而具有一定的可靠性。

五、草袋围堰如使用麻袋、尼龙袋装土围筑，应按麻袋、尼龙袋的规格、单价换算，但人工、机械和其他材料消耗量应按定额规定执行。

[应用释义] 草袋围堰：草袋围堰适用于水深3.0m以内，流速1.5m/s以内，河床土质渗水性较小的河床。

堰底处理及填筑方向与土围堰相同。草袋内应装袋容量1/2～1/3松散的黏土或粉质黏土，袋口缝合。堆码在水中的土袋，其上下层和内外层（竖向）应相互错缝，尽量堆码密实整齐，可能时由潜水配合堆码，并整理坡脚。土袋围堰也可用双排土袋与中间填充黏土组成，填土时不可随意倾填，以防土填在草袋上使围堰强度降低。草袋采用麻袋、尼龙袋装土但尼龙袋不易腐烂，但拆除困难。

人工消耗量：即用人工将围堰的材料砌筑成围堰的构筑物所消耗的人力。

机械消耗量：即人工将围堰的材料砌筑成围堰的构筑物时所用的机械运输消耗的能量。

材料消耗量：人工或机械在进行围堰工程时所需要的材料如草袋、麻袋、尼龙袋、黏土、砂石等的消耗量。

六、围堰施工中若未使用驳船，而是搭设了栈桥，则应扣除定额中驳船费用而套用相应的脚手架子目。

［**应用释义**］ 驳船：就是在江河中起运输作用的船，主要运输一些如：石头、砂子、草袋等材料，船直接将材料运输到围堰地方下料进行围堰。

栈桥：即利用木材或混凝土柱，临时架起的桥，主要是用来运输一些围堰时所需的材料。当围堰砌筑完成后，要拆除桥。

七、定额围堰尺寸的取定：

1. 土草围堰的堰顶宽为1～2m，堰高为4m以内。

2. 土石混合围堰的堰顶宽为2m，堰高为6m以内。

3. 圆木桩围堰的堰顶宽为2～2.5m，堰高5m以内。

4. 钢桩围堰的堰顶宽为2.5～3m，堰高6m以内。

5. 钢板桩围堰的堰顶宽为2.5～3m，堰为6m以内。

6. 竹笼围堰竹笼间黏土填心的宽度为2～2.5m，堰高5m以内。

7. 木笼围堰的堰顶宽为2.4m，堰高为4m以内。

［**应用释义**］ 堰顶宽度：围堰构筑物的顶部宽度，它应满足施工必须的通道宽度。

（1）一般堰顶宽为1～2m。

（2）有黏土心墙时为2～2.5m。

（3）满足行车需要。

堰高：围堰构筑物从底部到顶部的高度，应高出施工期可能出现的最高水位50～70cm；用于防地下水的围堰，宜高出地下水位或地面20～40cm。

填心：即在竹笼围堰时竹笼间需用黏土填充称之为黏土填心。

八、筑岛填心子目是指在围堰围成的区域内填土、砂及砂砾石。

［**应用释义**］ 筑岛填心：即在围堰围成的区域内填充一些填充料，如填土、砂及砂砾石。

土：见第三章围堰工程第一节说明应用释义第三条释义。

土中的固体颗粒的大小和形状、矿物成分及其组成情况是决定土的物理力学性质的重要因素。粗大土粒往往是岩石经物理风化作用形成的碎屑，或是岩石中未产生化学变化的矿物颗粒，如石英和长石等；而细小土粒主要是化学风化作用形成的次生矿物和生成过程中混入的有机物质。粗大土粒其形状都呈块状或粒状，而细小土粒其形状主要呈片状。土粒的组合情况就是大大小小土粒含量的相对数量关系。

在自然界中存在的土都是由大小不同的土粒组成的。根据界限粒径200mm、60mm、2mm、0.075mm和0.005mm把土粒分为六大粒组：漂石（块石）颗粒，卵石（碎石）颗粒、圆砾（角砾）颗粒、砂粒、粉粒及黏粒。它们的粒径范围及一般特征如下：

漂石或块石颗粒＞200mm透水性很大，无黏性、无毛细水；卵石或碎石颗粒，200～

60mm 透水性很大，无黏性、无毛细水；圆砾或角砾颗粒粒径范围为 2～60mm 透水性大，无黏性，毛细水上升高度不超过粒径的大小。

砂粒：粒径范围为 0.075～2mm。一般特性：易透水，当混入云母等杂质时透水性减小，而压缩性增加，无黏性遇水不膨胀，干燥时松散；毛细水上升高度不大，随粒径变小而增大。

粉粒：粒径范围 0.005～0.075mm。一般特性：透水性小，湿时稍有粘性，遇水膨胀小，干时稍有收缩，毛细水上升高度较大较快，极易出现冻胀现象。

黏粒：粒径范围：＜0.005mm 一般特性：透水性很小，湿时有黏性，可塑性，遇水膨胀大，干时收缩显著毛细水上升高度大，但速度较慢。

土中水：在自然条件下，土中总是含水的土中水可以处于液态、固态和气态。土中细粒愈多即土的分散度愈大，水对土的性质的影响也愈大，研究土中水，必须考虑到水的存在状态及其与土粒的相互作用。

存在于土粒矿物的晶体格架内部或是参与矿物构造中的水称为矿物内部结合水，只有在比较高的温度 180℃～680℃（随土粒的矿物成分不同而异）下才能化为气态水而与土粒分离。

存在于土中的液态，水可分为结合水和自由水两大类。

1. 结合水（吸附水）

结合水是指受电分子吸引力，吸附于土粒表面的土中水，这种电分子吸引力高达几千到几万个大气压使水分子和土粒表面牢固地粘结在一起。

根据双电层的概念可知，反离子层中的结合水分子和交换离子，愈靠近土粒表面，则排列得愈紧密和整齐、活动性也愈小，因而，结合水又可以为强结合水和弱结合水两种。强结合水是相当于反离子层的内层（固定层）中的水，而弱结合水则相当于扩散层中的水。

(1) 强结合水

强结合水是指紧靠土粒表面的结合水，它的特征是：没有溶解盐类的能力，不能传递静水压力，只有吸热变成蒸汽时才能移动。这种水极其牢固地结合在土粒表面上，其性质接近于固体，密度约为 1.2～2.4g/cm^3，冰点为－78℃，具有极大的黏滞度、弹性和抗剪强度。如果将干燥的土移至天然湿度的空气中，则土的质量将增加，直到土中吸着的强结合水达到最大吸着度为止。土粒愈细，土的比表面愈大，则最大吸着度就愈大，砂土的最大吸着约占土粒质量的 1%而黏土则可达 1.7%。黏土中只含有强结合水时，呈固体状态；磨碎石则呈粉末状态。

(2) 弱结合水

弱结合水紧靠于强结合水的外围形成一层结合水膜。它仍然不能传递静水压力，但水膜较厚的弱结合水能向邻近的较薄的水膜缓慢转移，当土中含有较多的弱结合水时，土则具有一定的可塑性，砂土比表面较小，几乎不具可塑性，而黏性土的比表面较大，其可塑性范围就大。

弱结合水离土粒表面愈远，其受到的电分子吸引力愈小，并逐渐过渡到自由水。

2. 自由水

自由水是存在于土粒表面电场影响范围以外的水。它的性质和普通水一样，能传递静水压力，冰点为 0℃，有溶解能力。

自由水按其移动所受作用力的不同，可以分为重力水和毛细水。

(1) 重力水

重力水是存在于地下水位以下的透水层中的地下水，它是在重力或压力差作用下运动的自由水，对土粒有浮力作用，重力水对土中的应力状态和开挖基槽、基坑以及修筑地下构筑物时所应采取的排水防水措施有重要影响。

(2) 毛细水

毛细水是受到水与空气交界面处表面张力作用的自由水。毛细水存在于地下水位以上的透水层中。毛细水按其与地下水面是否联系可分为毛细悬挂水（与地下水无直接联系）和毛细上升水（与地下水相连）两种。

当土孔隙中局部存在毛细水时，毛细水的弯液面和土粒接触处的表面引力反作用于土粒上，使土粒之间由于这种毛细压力而挤紧，土因而具有微弱的黏聚力，称为毛细黏聚力。在现场常常可以看到稍湿状态的砂堆，能保持垂直陡壁达几十厘米高而不塌落，就是因为砂粒间具有毛细黏聚力的缘故。在饱和水的砂或干砂中，土粒之间的毛细压力消失，原来的陡壁就变成斜坡，天然坡面与水平面所形成的最大坡角称砂土的自然坡坡角。在工程中，要注意毛细上升水的上升高度和速度，因为毛细水的上升对于建筑物地下部分的防潮措施和地基土的浸湿和冻胀等有重要影响。

地面下一定深度的土温，随大气温度而改变。当地层温度降至零摄氏度以下，土体便会因土中水冻结而形成冻土。某些细粒土在冻结时，往往发生体积膨胀，即所谓冻胀现象。土体发生冻胀的机理主要是由于土层在冻结时，周围未冻区土中的水分向冻结区迁移、集聚所致。弱结合水的外层在－0.5℃时冻结，水越靠近土粒表面，其冰点越低，大约在－20～－30℃以下才能全部冻结。当大气负温传入土中时，土中的自由水首先冻结成冰晶体，弱结合水的最外层也开始冻结，使冰晶体逐渐扩大，于是冰晶体周围土粒的结合水膜变薄，土粒产生剩余的分子引力；另外，由于结合水膜变薄，使得水膜中的离子浓度增加，产生了渗附压力，在这两种引力的作用下，下卧未冻区水膜较厚处的弱结合水便被上吸到水膜较薄的冻结区，并参与冻结使冻结区的冻晶体增大，而不平衡引力却继续存在，假使下卧未冻区存在水源（如地下水位距冻结深度很近）及适当的水源补给通道（即毛细通道）能继续不断地补充到冻结区来，那么，未冻结区的水分（包括弱结合水和自由水）就会继续向冻结区迁移和积累，使冰晶体不断扩大，在土层中形成冰夹层，土体随之发生隆起出现冻胀现象。当土层解冻时，土中积聚的冰晶体融化，土体随之下陷，即出现融陷现象。土的冻胀现象和融陷现象是季节性冻土的特性。亦即土的冻胀性。

九、双层竹笼围堰竹笼间黏土填心的宽度超过 2.5m，则超出部分可套筑岛填心子目。

[应用释义]　竹笼围堰：在岩层裸露的河底，由于不能打桩或者流速较大，水深在3～4m的情况下，可采用竹笼围堰；当风浪较大时，在竹笼内填入黏土。采用竹笼围堰是用竹片编成长圆竹笼，直径为80～120cm，内装卵石或石块，笼长视堰高而定，竹笼之间以钢丝成十字形联结。

双层竹笼围堰：就采用双层竹笼，里外各一层中间填入砂石，来修筑一道临时、封闭、挡水的构筑物。

筑岛填心：即在双层竹笼中间填充材料，然后夯实。

十、施工围堰的尺寸按有关设计施工规范确定，堰内坡脚至堰内基坑边缘距离根据河床土质及基坑深度而定，但不得小于1m。

［应用释义］　基坑：在进行建筑物和构筑物施工时的基础部分需要埋置一定的深度；根据基础埋置深度分为浅基础与深基础，浅基础一般采用明挖工程，深基础可采用多种方法施工，如打入桩、钻孔灌注桩、沉井、沉箱等。

常用的浅基础（如扩展基础，双柱联合基础等）体型不大，结构简单，在计算单个基础时一般不遵循上部结构与基础的变形协调条件，也不考虑地基与基础的相互作用。

1. 基坑开挖

(1) 不加固基坑坑壁的开挖

① 适用条件

a. 在干涸无水河滩、河沟，或有水经改河或修筑围堰后能排除地面水的河沟；

b. 地下水位低于基坑底或基坑壁的渗水不影响对坑壁的稳定；

c. 基础埋置不深、施工工期短，挖基坑时，不影响邻近建筑物的安全。

当基坑深度大于5m时，可采用二次放坡法施工，坑顶的平面尺寸根据公式：

$$A=a+2\times(0.5\sim1\text{m})+2\times H\times n \tag{2-89}$$

$$B=b+2\times(0.5\sim1\text{m})+2\times H\times n \tag{2-90}$$

式中　A——为基坑坑顶的长；

B——为基坑顶的宽；

H——基础底高程与地面平均高程之差；

n——边坡率。

基坑的弃土应尽量抛远。

② 注意事项

a. 为避免地面水冲塌坑壁，在基坑顶缘适当距离设截水沟；

b. 坑顶边应留护道，有弃土或静载的不应小于0.5m，有动载的不应小于1.0m；

c. 施工时应随时观察基坑顶边，边缘面层有无裂缝、坑壁有否松散塌落，防止土体崩塌，确保施工人员安全；

d. 基坑施工应分段，不可延续过长，切忌基坑泡水，确保基坑排水通畅；

e. 当采用机械挖土时，挖至设计高程0.1～0.2m时，由人工挖除。

(2) 加固坑壁的基坑开挖

当地下水位较高而基坑较深、坑壁土质不易稳定、工期紧、放坡开挖工程量大、邻近建筑物影响大，可考虑先将基坑的坑壁加固后，再开挖基坑或边开挖基坑边加固坑壁，加固坑壁的方法有：板桩、围护、压密注浆、悬喷桩、霹雳柱、粉喷桩、树根桩、地下连续墙（造壁法）和喷射混凝土护壁等。

① 板桩围护

当基坑深度，在3～5m内，基坑平面尺寸较大，地下水位较高，土质较软且不含碎卵石时，可采用木板桩围护基坑，其成本低，易加工，但强度不高。

钢板桩的优点是强度大，能穿透半坚硬黏土层、碎卵石类土和风化岩石，具有锁口，连接紧密，不易漏水，能承受锁口拉力，可焊接接长，能多次使用，但一次性投资较多适用于深度大于 5m 的基坑。

② 压密注浆加固坑壁土体

当基坑临近河边且受潮汐影响，可采用压密注浆加固基坑四周的土体，使土体中含有一定密度的水泥浆可防渗水及稳固土体。

压密注浆的施工方法为：先根据设计要求向土中打入直径为 5cm 的空心管，然后向管道内压注一定数量的水泥浆，压力为 0.3～0.6MPa，边压浆边拔出管道，待水泥浆与土体结成板块后便可开挖基坑。

③ 旋喷桩与霹雳桩

其作用均是加固基坑四周的土体。旋喷桩的施工方法是先用直径 10cm 的钻头钻一定深度的孔，放入 10cm 粗的管道，并向管道内边喷射水泥边提升管道，喷射压力为 0.3～0.5MPa，水泥喷射量一般为 10kg/m；霹雳桩施工方法是用 10cm 的钻头钻一定深度的孔，然后放入孔壁带有许多小孔的塑胶管，向管内压入水泥浆通过管通小孔而压入土体，压力为 0.5～1MPa，水泥浆压入土体后塑胶管不再拔出，待水泥浆与土体结成板块后便可开挖基坑。

④ 粉喷桩

粉喷桩的作用是加固基坑四周的土体。施工方法：先用直径 60cm 的钻头钻孔，待钻到设计深度后，边向钻杆中心压入水泥边开动钻杆，使水泥与孔中的土进行搅拌再逐步、缓慢提升钻杆，其压力为 0.4～0.6MPa，水泥用量为 50kg/m，粉喷桩可沿基坑四周连续钻孔，待粉喷桩的强度达到设计要求后，便可开挖基坑。

⑤ 树根桩

树根桩适用于基坑围护遇障碍时的补救措施，如地下管线横穿基坑，使基坑围护留有一段空隙，便可在空隙内修筑树根桩。先用直径 20cm 的钻头钻孔至要求深度，放入钢筋笼再灌注混凝土，待混凝土达设计要求后便可开挖基坑。

⑥ 喷射混凝土护壁

其原理是在基坑开挖后的坑壁面上喷射混凝土，待混凝土凝固后起护壁作用。不断下挖，不断喷护直至设计高程为止。

对一般深度的各种土层，即便是地质条件不良（有流砂、淤泥）地段。或者在雨期施工时，渗水量小于 $60m^3/h$，只要坑壁稍有自承时间，均可采用喷护法开挖基坑。

喷射混凝土的厚度主要取决于地质条件、基坑尺寸、渗水量大小、基坑深度等因素，对于不同土层可参考表 2-41 数值。

喷层厚度表（cm） **表 2-41**

渗水情况 / 地质条件	无水基础	有少量渗水基坑	有大量渗水基坑
粉砂、流沙、淤泥	10～15	15	15～20 加较多木桩及塞草袋
砂黏土	5～8	8～10	15～20 加较多木桩及塞草袋
黏砂土	3～5	5～8	15～20 加较多木桩及塞草袋
卵碎石土	3～5	5～8	15～20 加较多木桩及塞草袋
砂夹卵石	3～5	5～8	8～10

喷射混凝土的配合比一般为水：水泥：砂石＝（0.4～0.5）：1：4，速凝剂的掺加量为水泥用量的3％～4％，掺入后停放时间不应超过20min，骨料最大粒径为16～25mm。

一次喷射能否达到设计厚度，主要取决于混凝土与土之间的粘结力和渗水量大小。如一次喷射达不到规定厚度，则应在混凝土终凝后再补喷，直至达到设计厚度为止。

喷射混凝土的强度一般7d可达13.7MPa，最终可达26.3MPa，实践证明，这一方法与明挖法相比无论在技术上和经济上均有一定的优势，可减少土方工程量的1/2～2/3，目前不仅用在石质地层隧道及其他地下工程的初砌，也用在松软地基的明挖基坑。

在基坑开挖时，应先确定开挖界限，除较浅基坑外，考虑到受力条件，应尽量采用圆形基坑（基础可为其他形状），下挖一段后，即用混凝土喷射机喷射一层含速凝剂的混凝土，以保护坑壁，然后再往下挖一段，再喷护一段，直至坑底。每段下挖深度，较稳定的土层可为1m左右；地质条件愈差，下挖深度愈小。对于无水、少水的坑壁，喷护应由下向上进行；有渗水的坑壁、喷护则应由上向下进行，以防新喷的混凝土被水冲坏，亦可在坑壁内埋入泄水管以引流地下水。

对于极易坍塌的流沙、淤泥层，仅喷护混凝土不足稳定坑壁，可先在坑壁打入木桩或在打好成排的木桩上编制竹篱，在有大量流砂地方塞以草袋，然后喷射15～20cm厚的混凝土，以防止坍塌。

2. 基坑排水

当土质较好，基坑较浅，基础施工工期短，可采用明沟排水；当地质条件较差，基坑较深，基底渗水量，较多时，一般采用人工排水方法。

无论采用明沟排水还是井点排水均要考虑，以下几个因素：

（1）土的种类及渗水量；

（2）地下水位高程及需降低水位的高程；

（3）基坑深度及坑壁支撑方式；

（4）施工工期的长短。

3. 渗水量计算

基坑的渗水量一般有经验系数法，流网分析法和公式计算法两种：

（1）经验计算法

当土质较好，基坑不深，渗水不多，无工期要求而采用明挖法施工时，基坑底与四周的渗水量为：

$$Q=q_1F_1+q_2F_2 \tag{2-91}$$

式中　Q——基坑渗水量，m^3/h；

q_1、q_2——基坑底面与侧面的单位渗水量，m^3/h；

F_1、F_2——基坑底面和侧面的渗水面积，m^2。

求得总渗水量后，一般以1.5Q配备水泵，水泵设备以多台数，小功率为好。

（2）公式计算法（完整潜水井公式）

当基坑土质为粉砂土或细砂土时，可采用井点降水，将井点管的出水看成是从一个较深的井内出水，则井内的出水量可认为是基坑内的总渗水量。一般来说，采用井点降水只须将水位降低至基坑底0.5～1m即可，其渗水量为：

$$Q=\frac{1.336KH^2}{\lg\frac{2D}{r_0}} \tag{2-92}$$

式中 K——渗透系数，m/d；

D——基坑距河岸线距离，m；

H——稳定水位至基坑底下的水位差，m；

r_0——引用基坑半径，m，对于矩形基坑 $r_0=\mu\frac{A+B}{4}$。

基坑在平面形状上不规则时，$r_0=\sqrt{\frac{S}{\pi}}$，其中 A、B 分别为基坑顶的长、宽，S 为基坑顶的面积，μ 值见表 2-42。

μ 值 **表 2-42**

$\frac{B}{A}$	0.1	0.2	0.4	0.6	0.8	1.0
μ	1.0	1.12	1.16	1.18	1.18	1.18

4. 排水方法

(1) 集水坑排水法

集水坑排水除严重流砂时不宜采用外，一般情况下均可采用。它主要是用水泵将水排出坑外，排水时，泵的抽水量应大于集水坑的渗水量。

集水坑（沟）应设在基础范围之外，坑或沟底要低于基坑底面，深度应大于吸水龙头的高度，坑壁用竹筐围护，防止龙头堵塞。基坑施工，接近地下水位时，应在坑角挖集水坑或沟，使渗出的水，从沟流集到坑，然后用泵抽出，随着基坑的挖深、集水沟也应随着加深，并低于坑底面约 0.30～0.50m 集水沟内边缘与基础边缘之间应有一定宽度（不应小于沟深）以防基础边缘土塌空而使基底土被挤出。水沟应有专人清理，保持畅通，必要时还应在坑壁上采取防水措施。若基坑上部为土，下部为石时，可在土石交界处设置平台以便开挖集水沟，岩石部分可按基础尺寸垂直下挖，基坑用混凝土封底。一个基坑抽水时，能使邻近基坑的地下水位降低，因此，几个基坑同时开挖可减小抽水量。若坑内渗水量不大时，可用人力或手泵抽水。旱地明挖基坑，要向下坡方面排水，并将水引开，以免其再渗入坑内。

(2) 井点排水法

井点法是在基坑周围布置钻孔，插入井点管，并抽水降低坑沟水位。排水前，由土层的渗透系数可求出降低水位的深度。由工程特点而选择各井点排水方法及设备。各井点法排水适用于粉、细砂或地下水位较高，挖基较深、坑壁不易稳定和用普通方法排水难以解决的基坑。当采用一级轻型井点仍不能达到要求的降水深度时，可采用二级轻型井点，排水时应注意如下事项：

(1) 降低底层土层地下水位时，应尽可能将滤水管埋设在透水性好的土层中；

(2) 在水位降低的范围内设置观测孔，其数量视工程情况而定；

(3) 应对整个井点系统加强维护和检查，保证不间断地抽水；

(4) 应考虑水位降低区域构筑物可能产生的附加沉降，并应做好沉降观测，必要时要采取防护措施。

各种井点法的适用范围 表 2-43

井点类型	土的渗透系数（m/d）	降低水位深度
轻型井点	0.1～80	≤6～9
射流泵井点	0.1～50	≤10
电渗井点	0.1～0.002	5～6
喷射井点	0.1～50	8～20
深井泵	0.1～80	>15
管井井点	20～200	3～5

井点排水基坑内的运动状况与集水坑不同。基坑排除坑壁水时，水向中间渗流，坑底以下的水向上渗流，因此，基坑周围和坑底的土颗粒会有流失而使土变松。对渗水性强的地层，应设法利用一个基坑抽水而使邻近几个基坑的水位降低。

(3) 改河截流的排水法

在不通航的小河沟、山间小溪，因水浅、流量小，地形有利时，可用改河截流防水排水。改河截流可分为局部和全部改道两种情况，当修筑中小桥跨越小溪沟或季节性河流，可综合各种排水防水方法以及桥梁的施工工艺加以选择。

5. 基坑回填

当围堰施工完毕后，即可对基坑进行回填。

基坑回填应满足下列要求：

(1) 基坑回填时，其结构的混凝土强度应不低于设计强度的70%；

(2) 在覆土线以下的结构必须通过隐蔽工程验收；

(3) 基坑内积水需抽除，淤泥及杂物清除干净；

(4) 回填须采用含水量适中的粉质黏土或砂质黏土。

填土应分层铺筑，分层夯实或压实，每层松铺厚度一般为30cm，在结构物两侧同时回填，同步上升，若基坑为道路路基，则应按道路施工的要求进行。

设有支撑的基坑，在回填土时，应随土方填筑高度分次由下往上拆除，严禁采取一次拆除后填土作业。

6. 基坑开挖及基坑回填土的质量标准

(1) 基坑开挖的质量标准及允许偏差，见表 2-44。

基坑开挖允许偏差 表 2-44

序号	项目	允许偏差（mm）	检查频率		检验方法
			范围	点数	
1	坑底高程	±30	每座	5	用水准仪测量
2	纵横轴线	50	每座	2	用经纬仪测量纵横各测一点
3	基坑尺寸	不小于设计	每座	4	用尺量，每边各计一点

外观要求如下：

① 不得扰动基底土壤，防止超挖；如发生超挖，严禁用土回填，应填以碎石；

② 保持边坡稳定，防止塌方；

③ 基底不得浸水或冰冻；

④ 基底的淤泥应清除干净，杂物与旧桩须处理。

(2) 基底回填土的质量标准及允许偏差见表 2-45，外观要求如下：

① 填土经碾压、夯实后不得出现翻浆、“弹簧”现象；

② 填土中不得含有淤泥、腐植土及有机物质等。

填土的相对密实度标准 **表 2-45**

序号	项目	相对密实度/(%)	检查频率		检 验 方 法
			范围	点数	
1	密实度	≥90	每个构筑物	每层一组	用环刀法检验

7. 基底验收及处理

当基坑已挖至设计基底高程时，或在特殊地基上已按设计要求加固处理完毕后，必须按规定经过基底验收，方得进行基础圬工施工。

为使基底验收及时，项目负责人应先期通知监理及上级检验人员及时检验。

(1) 基底检验内容

① 检查基底的平面位置、尺寸、高程是否符合设计要求；

② 检查基底土质及其均匀性、稳定性、容许承载力是否符合设计要求；

③ 检验特殊地基经加固处理后是否达到设计要求，对特别复杂的地基，应进行荷载试验，对大中桥，有可能时，应同时做土工试验，以便与荷载试验核对；

(4) 检查开挖基坑和基底处理施工过程中有关施工记录和试验等资料。

(2) 基底处理

① 岩石

清除风化层、松碎石块及污泥等，如岩石倾斜度大于 15°时，应挖成台阶，使承重面与受力方向垂直，砌筑前应将岩石表面冲洗干净。

② 砂砾层

整平夯实，砌筑前铺一层 2cm 的浓稠砂浆。

③ 黏土层

铲平坑底，尽量不扰动天然结构；不得用回填土的方法来整平基坑，必要时，加铺一层厚 10cm 的碎石层，层面不得高出基底设计高程；基坑挖好后，要尽快处理，防止暴露过久或被雨水淋湿而变质。

④ 软硬不均匀地层

如半边岩石，半边土质时，应将土质部分挖除，使基底全部落在岩石上。

⑤ 溶洞

暴露的溶洞，应用浆砌片石或混凝土填灌堵满，如处理有困难或溶洞仍继续在发展时，应考虑改墩台。

⑥ 泉眼

为了不让泉水泡浸或冲洗砌体，应该将泉眼堵塞，如无法堵塞时，应将泉水引走，使泉水与砌体隔离开，待砌体达到一定强度后，方可让泉水泡浸砌体。

第二节　工程量计算规则应用释义

一、围堰工程分别采用立方米和延长米计量

[应用释义]　围堰工程：就是保证基础工程开挖、砌筑、浇筑等的临时挡水构筑物，此种设施方法简单、材料易筹备，宜在基础较浅、地质不复杂、水深不超过 6m 时采用。

有以下几种围堰形式：土围堰，草袋围堰，木桩，编条围堰，木板桩围堰，钢板桩围堰，钢筋混凝土板桩围堰。

立方米：国际单位制中体积的单位，符号 m^3。

延长米：一般单位制体积单位。

二、用立方米计算的围堰工程按围堰施工断面乘以围堰中心线的长度

[应用释义]　围堰的施工断面：即围堰临时建成的挡水构筑物，沿一个垂直平面将其剖开，为围堰施工断面。

围堰中心线：即围堰中间部分沿长度方向的线。

故计算围堰工程时应按围堰施工断面的面积乘以围堰中心线的长度并用立方米计算。

三、以延长米计算的围堰工程按围堰中心线的长度计算

[应用释义]　围堰工程是指在基础较浅，地质不复杂，水深不超过 6m 时，保证基础工程开挖砌筑，浇筑等的临时挡水构筑物。

其种类有土围堰，草袋围堰，木桩编条围堰，木板桩围堰，钢板桩围堰。

围堰高度要求高出施工时可能出现的最高水位 50～70cm；用于防地下水的围堰，要高出地下水位或地面 20～40cm，面积要求能满足施工的需要，堰顶宽度满足施工时必须通道宽度，外形要求不影响河床的集中冲刷及影响导航，导流等因素。

在以延长米计算围堰工程时，按围堰中心线的长度计算，不与边线，曲线等不符合定额计算规则的线条长度计算。

四、围堰高度按施工期内的最高临水面加 0.5m 计算

[应用释义]　围堰高度：即从堰底部到围堰顶部的总高度。其高度应高出施工期可能出现的最高水位 50～70cm；用于防地下水的围堰；宜高出地下水位或地面 20～40cm。由于围堰的修筑时可能出现大浪和潮汐等。因此水位有时高有时低，故取可能出现的最高水位应根据当地水文资料查找。

五、草袋围堰如使用麻袋、尼龙袋装土其定额消耗量应乘以调整系数，调整系数为：装 1m^3 土需用麻袋或尼龙袋数除以 17.86。

[应用释义]　草袋围堰：见第三章围堰工程第一节说明应用释义第五条。

调整系数：即当在草袋围堰时，草袋装土的实际量和草袋的容积存在一些差距，如麻袋、尼龙袋装土，应只有草袋容量的$\frac{1}{3}$～$\frac{1}{2}$，故需要作一些调整，本定额规定草袋围堰如使用麻袋、尼龙袋装土其定额消耗量应乘以调整系数，调整系数为装 $1m^3$ 土需用麻袋和尼龙袋数除以 17.86。

第三节　定额应用释义

1. 土草围堰

工作内容：清理基底，50m 范围内的取、装、运土，草袋装土、封包运输，堆筑、填土夯实，拆除清理。

定额编号　1-509　筑土围堰　P115

[**应用释义**]　土草围堰：即利用土和草袋为围堰的材料，进行的围堰分成筑土围堰和草袋围堰。

筑土围堰：这是一种最简单的围堰方式，直接用土围堰。这种围堰一般适用于水深 2m 以内，流速 0.5m/s 以内，河床土质渗水性较小的河床。

草袋围堰：主要用草袋（麻袋、尼龙袋）等装土后系好再进行围堰的一种方式，主要适用于水深≤3.5m，流速 1～2m/s 不透水河床。也可采用黏土填心。

清理基底：对基底进行处理，包括一般处理、软土地基的处理、湿陷性黄土地基的处理。

一般处理：

（1）岩石基底

① 对未风化的坚硬岩层，应将表面风化层或其上松裂碎石块、淤泥、苔藓等物清除，并呈现出新鲜岩面；

② 已风化的岩层，应按基础尺寸把风化的表面岩层凿掉，并用基础混凝土填满基底，封闭岩层；

③ 当岩层倾斜（岩石倾斜度大于 15°）时，应将岩面凿平或凿成台阶（注意使承重面与重力线垂直以防滑动）；

④ 各种情况基底岩面清理平整后，均应冲洗干净。

（2）碎卵石类或砂类土层基底

① 将承重面上泥土清除且整平夯实后，铺垫一层厚 2cm 稠水泥浆（使砌材与基底密贴）；

② 当坑底渗水不能彻底排干时，应将水引至基础外排水沟，设集水坑抽走；

③ 对于含水且稳定性较好的土质，可在基底铺一层 25～30cm 厚的片、碎石，随后即在其上砌筑基础。

（3）黏性土层基底

① 该基底清理只能铲平不宜填平，且不应扰动土的天然结构，修整妥善后，应尽快砌筑基础，严防暴露或浸水过久；

② 如基底已松软，应予清除或在基底夯填大于 10cm 厚的碎石，其顶面应低于基底标高。

（4）软硬不均地层基底

① 当一个基底内有一部分为土，一部分为石时，应将土层部分挖至全部石层处，对高低倾斜处可凿成台阶或用混凝土加固，必要时可布钢筋加强；

② 基底内土质松密不均时，应将基底全部下挖至满足设计承载力要求为止，或将松软土挖除，换好土等。

(5) 软土地基的处理

软土地基是指承压应力小，土层为沉积的软弱饱和黏性土，沉降量大的地基。这种地基多以淤泥形式出现，如在其上架桥，会使桥基下沉、桥梁开裂、倾斜、失稳甚至倒塌，所以必须对软土地基处理加固后才可建桥。

① 软土主要特征：

a. 天然含水量高　接近或大于液限；

b. 孔隙比大　一般>1.0；

c. 压缩系数高　$\alpha_{1-2}>0.5\text{cm}^2/\text{kg}$ 或 $\alpha_{1-3}>0.1\text{cm}^2/\text{kg}$；

d. 强度低　快剪内摩擦角 $\varphi<5^\circ$，黏聚力 $C<0.2\text{MPa}$；

e. 渗透系数小　$K=10^{-7}\sim10^{-8}\text{cm/s}$。

② 处理原则：

a. 软土层的厚度、物理力学性质、承载力大小；

b. 施工期限与施工水平；

c. 机具、材料等供应情况；

d. 因地制宜，就地取材。

③ 处理方法：

a. 换土

(*a*) 换灰土

ⓐ 适用条件，基底下软土层在 2m 以内时，将土层全部挖除，回填石灰黏砂土，多用于不渗水基坑。

ⓑ 材料：黏性土就地取材，打碎过筛，粒径<15mm；石灰采用经粉化后，活性氧化物含量较高的成品，粒径<5mm。

ⓒ 拌合：按体积配合比，石灰：土为 2：8 或 3：7 均匀翻拌；根据气温与土的温度适量浇水（用手握紧灰土成团，两手轻捏即碎，则含水量合适）。

ⓓ 回填：先将坑底夯实两遍；回填灰土，根据回填土总厚度分段、分层、夯实，达到密实要求，灰土虚铺厚度；上下层灰土接缝错开 0.5m；回填灰土应当日夯实，并及时进行基础施工，防止暴露过久；石灰土作业一般在地冻前一个月内不宜再施工，如必须在初冻时期施工时，应采取覆盖保温或防冻剂等防冻措施。

(*b*) 换砂卵石

ⓐ 适用条件：基底下软土厚度在 2m 内，可将软土挖除回填砂卵石。

ⓑ 材料：采用级配良好、质地坚硬的中砂、粗砂和卵石、碎石；其内不得含草根等杂物，含泥量<3%；石子粒径宜<5cm。

b. 砂垫层

垫层：垫层是介于基层和土基之间的层次，起排水隔水、防冻或防污等作用；调节和改善土基的水温状况，以保证面层和基层有必要的强度稳定性和抗冻胀能力，扩散由基层传来的荷载应力，以减小土层所产生的变形；因此在一些路基水温状况不良或有冻胀的土基上，都应在基层之下加设垫层。

垫层可采用颗粒材料（如砂砾、煤渣）或无机结合料稳定粗粒土等铺筑。垫层应比底基层每侧至少宽出 25cm 或与基础同宽。

砂垫层：即采用砂砾等颗粒材料铺筑的垫层。

(*a*) 适用条件：当基底下软土层较厚，又不可能全部挖除时，可挖去部分软土，回填砂垫层处理。

(*b*) 材料：采用中砂、粗砂、砾砂，其中黏土含量应<3%～5%。

(*c*) 回填：砂垫层的厚度应<3.0m；分层夯填，应注意第一层铺砂厚 5～10cm，用木夯轻轻夯打，不得使用振捣器以防扰动下卧层软土。

c. 碎石，矿渣垫层

碎石、矿渣垫层：采用碎石、矿渣等颗粒材料等铺垫的垫层。

(*a*) 适用条件：由于碎石、矿渣有足够强度、稳定性好等特点，因此，这种垫层是应用较多的地基加固方法。

(*b*) 材料：碎石、矿渣应级配较好、粒径为 50～60cm，含泥量<5%；此外，还有中砂或细砂。

(*c*) 回填：先在垫层四周和底部设置一层 30cm 的砂框再在其上分层回填碎石，矿渣；底层夯实时，不得扰动下面的软土。

填土夯实：通过夯锤或机械，夯击或碾压填土或疏松土层，使其孔隙体积减小，密实程度提高。夯实能降低土的压缩性，提高其抗剪强度；减弱土的透水性，使经过处理的表层弱土成为能承担较大荷载的地基持力层。

重锤夯实法是利用起重机将重锤提到一定高度，然后使其自由落下，重复夯打，把填土表层夯实。这种方法可用于处理非饱和黏性土或杂填土，提高其强度，减小其压缩性和不均匀性，也可用于处理湿陷性黄土，消除其湿陷性。

重锤夯实法的主要机具是起重机和重锤，重锤为一截头的圆锥体，锤重不小于 15kN，锤底的直径约为 0.7～1.5m。

堆筑：将围堰材料堆放在一起筑成构筑物。

筑土围堰：在筑堰前，应将河底杂物淤泥清捞干净以防漏水，堆筑时应从上游开始至下游合拢，倒土时应将土沿着已出水面的堰面顺流送入水中，不要直接向水中倾倒。水面以上填土要分层夯实。堰内抽水时，应注意及时对围堰加以检查，有漏洞渗水及时堵住。为防止修筑围堰引起河床流速增大，可在堰外临水面用草皮、柴排、片石或草袋加以防护。如河床渗水量较大，可修筑多道围堰、分级开挖。

封包运输：即将装好土的草袋、麻袋、尼龙袋等用绳索或其他线状物体系好，并运输到围堰地点。

定额编号 1～510 草袋围堰 P115

[应用释义] 草袋围堰：即用草袋、麻袋、尼龙袋等装入填充材料（土、石等）后封包，用人工或驳船运输到围堰地方进行围堰。

电动夯实机：即利用起重机将重锤提到一定高度然后自由落下，重复夯打，把地基表层夯实。它主要由电动机、起重机和重锤组成，重锤为一截头的圆锥体，锤重不小于

15kN，锥底的直径约为 0.7～1.5m。

驳船：用来运输围堰所需材料（如土、砂、石、草袋等）的船，根据吨位不同有 30t、50t 等。

2. 土石混合围堰

工作内容：1. 过水土、石围堰：包括清理基底，50m 内取土，块石抛填，浇捣溢流面混凝土，不包括拆除清理；2. 不过水土、石围堰：包括清理基底，50m 内取土，块石抛填，干砌、堆筑，拆除清理。

定额编号　1～511　过水土、石围堰　P116

［**应用释义**］　过水土：即土颗粒的直径过大，土颗粒与颗粒之间的间距较大，从而导致透水性好，这种土颗粒包括圆砾或角砾颗粒、砂粒等。

石围堰：围堰的材料是石头，通常用石头干砌、堆筑和抛填块石，围填堰边缘，然后，浇捣混凝土防止溢流。

块石：根据土的界限粒径的划分，土粒径大于 200mm 的土粒为块石，它具有透水性很大，无黏性，无毛细水的特性。

碎石：由天然岩石或卵石经破碎、筛分而得的，粒径大于 5mm 的岩石颗粒。

混凝土：是由胶凝材料，水和粗细骨料按适当比例配合、拌制成拌合物，经一定时间硬化而成的人造石材。

混凝土常按照表观密度的大小分类，一般可分为：

重混凝土：相对表观密度（试件在温度为 105±5℃的条件下干燥至恒重后测定）大于 $2600kg/m^3$，是用特别密实和特别重的骨料制成的。如重晶石混凝土、钢屑混凝土等。它们具有不透 x 射线和 γ 射线的性能。

普通混凝土：相对表观密度为 $1950～2500kg/m^3$，是用天然的砂、石作为骨料配制成的。

轻混凝土：相对表观密度为小于 $1950kg/m^3$，它又可以分为三类：(1) 轻骨料混凝土，其相对表观密度范围是 $800～1950kg/m^3$，是用轻骨料如浮石、火山渣、陶粒、膨胀珍珠岩、膨胀矿渣、煤渣等配成。(2) 多孔混凝土（泡沫混凝土，加气混凝土），其相对表观密度范围是 $300～1000kg/m^3$。泡沫混凝土是由水泥浆或水泥砂浆与稳定的泡沫制成的。加气混凝土是由水泥、水与发气剂配制成的。(3) 大孔混凝土（普通大孔混凝土、轻骨料大孔混凝土），其组成中无细骨料，普通大孔混凝土的相对表观密度范围为 $1500～1900kg/m^3$，是用碎石、卵石、重矿渣作为骨料配制成的。轻骨料大孔混凝土的相对表观密度范围为 $500～1500kg/m^3$，是用陶粒浮石、碎砖、煤渣等作骨料配制成的。

混凝土具有许多优点，可根据不同要求配制各种不同性质的混凝土；在凝结前具有良好的塑性，因此可以浇制成各种形状和大小的构件或结构物；它与钢筋有牢固的粘结力能制作钢筋混凝土结构和构件；经硬化后有抗压强度高与耐久性良好的特性，组成材料中砂、石等地方材料占 80%以上，符合就地取材的原则，但混凝土也存在着抗拉强度低，受拉时变形小，容易开裂，自重大等缺点。

圆木：就是截面为圆形的木材。

板方材：就是截面的宽度是厚度的 3 倍及其 3 倍以上的方材。

砂砾：就是粒径在 2～60mm 的土粒。其特性透水性大，无黏性，毛细水上升高度不超过粒径大小。

黏土：粒径为小于 0.005mm 的土粒，其特性透水性很小，湿时有黏性、可塑性遇水膨胀大，干时收缩显著；毛细水上升高度大，但速度慢。

浇捣：在浇灌混凝土时，由于粗、细骨料和砂浆有间隙通过振捣棒将混凝土振捣密实的过程，其目的是为了提高混凝土的密实度硬化后抗压强度及其他一些性能。

定额编号　1-512　不过水土，石围堰　P116

[应用释义]　不过水土：围堰时用土填充，其密度相当高而不易透水或透水性很小的土。

干砌：直接利用石头堆筑，不需要其他任何胶凝材料的工艺。

滚筒式混凝土搅拌机：直接将粗、细骨料、水泥和水按照一定配合比放在圆筒里进行搅拌的机器。施工时可直接利用搅拌后的混凝土。

木工圆锯机：将木材放进一定规格的直径的圆孔内进行加工成圆木的机械。

3. 圆木桩围堰

工作内容：安挡土篱笆、挂草帘、钢丝固定木桩，50m 内取土、夯填、拆除清理。

定额编号　1-513～1-515　双排圆木桩围堰高　P117

[应用释义]　圆木桩围堰：利用河中支承打桩架的圆木桩，在圆木桩之间插以竹篱笆，再在竹篱笆之间填以黏土，作为围堰。

圆木桩围堰适用于水深 3～5m 而流速不应大于 3.5m/s 河床土质渗水性差的河床。

挂草帘：在圆木桩之间挂一些用草编的帘子。

夯填：在圆木桩之间填些黏土，并进行夯实。

镀锌钢丝：在圆木桩之间连接用钢丝，并镀锌防止钢丝生锈。

圆木桩：木材经过木工圆锯机加工后为圆木并用于支承打桩架。

4. 钢桩围堰

工作内容：安挡土篱笆、挂草帘、钢丝固定，50m 以内取土、夯填，拆除清理。

定额编号　1-516～1-518　双排钢桩围堰高　P118

[应用释义]　钢桩围堰：当水深大于 5m 且不能用其他围堰的情况下，采用钢桩。它适用于砂性土、半干硬性黏土、碎卵石类土及风化岩等透水性好的地基。根据需要可修筑成单层，双排和构体式，适用于防水挡土施工方便，入土深度应大于河床以上部分长度。

草帘：一般为人工用草编织的帘子，用于挡砂、土的倾滑。

竹篱片：用竹子编的篱笆。

槽钢：伸出肢比工字钢大，可用作斜弯曲（双向弯曲）的型钢。一般槽钢的腹板较厚，所以由槽钢组成的构件用钢量较大。槽钢分普通槽钢和轻型槽钢两种，用其截面高度的厘米数编号，例如[32a 即指截面高度为 320mm、而腹板较薄，槽钢的腹板厚度在[12.6以上有 a、b 两类或 a、b、c 三类。目前我国生产的槽钢为 5～40 号，长度为 5～19m；轻型槽钢的翼缘比普通槽钢的翼缘宽而薄，回转半径略大，重量也较轻。

5. 钢板桩围堰

工作内容：包括 50m 内取土、夯填、压草袋、拆除清理。

定额编号　1-519～1-521　双排钢板围堰高　P119

［应用释义］　钢板桩围堰：当水深大于 5m 且不能用其他围堰的情况下，砂性土、半干硬性黏土、碎卵石类土及风化岩等透水性好的河床。根据需要可修筑成单层、双层和构体式。适用于防水及挡土，施工方便，入土深度应大于河床以上部分长度。

钢板桩围堰可布置成矩形、圆形，在双层围堰夹层中应填以黏土；特殊情况下，夹层下部浇筑水下混凝土以提高防渗能力。

双排钢板围堰：即采用双排钢板，中间夹层填以黏土，并夯实，特殊情况下，可在夹层下部浇筑水下混凝土可以防止水的渗透。

草袋：一般人工或机器用草制做成的袋子，用来装土等其他材料，以便于砌筑、堆筑。

黏土：见定额编号 1-511 过水土、石围堰释义。

土的渗透性：一般指水流通过土中孔隙难易程度的性质，或称透水性。地下水的补给与排泄条件，以及在土中的渗透速度与土的渗透性有关。在计算地下水涌水量时需要土的渗透性指标。

电动夯实机：是重锤夯实法的主要机具，它由电动机、起重机、重锤组成。

电动夯实机的工作原理，就是通过电动机，利用起重机将重锤提到一定高度，然后使其自由落下，重复夯打，把地基表层夯实。这种方法可用于处理非饱和黏性土或杂填土，提高其强度，减少其压缩性和不均匀性，也可用于处理湿陷性黄土，消除其湿陷性。

重锤夯实的效果与锤重，锤底的直径，落距，夯击的遍数，夯实土的种类和含水量有密切的关系。合理选定上述参数和控制土的含水量，才能达到较好的夯实效果。因此在用电动夯实机夯实时，一方面控制含水量。使土在最优含水量条件下夯实；另一方面，若夯实土的含水量发生变化，则可以调节夯实功的大小，使夯实功适应土的实际含水量。

一般情况下，增大夯实功或增加夯击的遍数，可以提高夯实的效果。但是当夯实到达某一密实度时再增大夯实功和夯击遍数，土的密度却不再增大了，甚至有时会使土的密度降低。夯实功和夯击的遍数一般通过现场试验确定。

根据实践经验，夯实的影响深度约为重锤底直径的一倍左右，夯实后杂填土的承载力基本值可达到 100～150kPa。对于地下水位离地表很近或软弱土层埋置很浅的情况，重锤夯实可能产生橡皮土的不良效果。所以，电动机夯实要求影响深度高出地下水位 0.8m 以上且不宜存在饱和软土层。

最优含水率：在一定压实机械的功能下，土最易于被压实，并能达到最大密实度时的含水量，称为最优含水量 W_{op}，相应的干密度则称为最大干密度 ρ_{max}。

经试验统计证明：最优含水量 W_{op} 与土的塑限 W_p 有关，大致为 $W_{op}=W_p+21\%$。土中黏土矿物含量大，则最优含水量愈大。

6. 双层竹笼围堰

工作内容：包括选料、破竹、编竹笼、笼内填石，安放，笼间填筑、50m 内取土、夯填，拆清清理。

定额编号　1-522～1-524　双层竹笼围堰高　P120

［应用释义］　双层竹笼围堰：当水深大于 5m，且流速大于 2m/s 时由于打桩已不可能，采用双层竹笼围堰，具体施工方法如下：

首先，将毛竹破开编织成竹笼然后将块石放在竹笼中封好，用人工或机械运到驳船上，驳船把装有块石的竹笼运到围堰的地方再将竹笼抛至围堰的水中即可。

块石：粒径大于 200mm 的土颗粒，其特性一般透水性很大，无黏性，无毛细水。

镀锌钢丝：在钢丝的表面镀上一层锌，来防止钢丝生锈。

驳船：见定额编号 1-510 草袋围堰释义。

夯填：即在填土的时间边夯实边填土使填土密实、均匀。

7. 筑岛填心

工作内容：50m 内取土运砂、填筑、夯实，拆除清理。

定额编号　1-525～1-526　填土　P121

［应用释义］　筑岛填心：在围堰围成的区域内填充一些填充材料如土、砂及砂砾石。

土：见第三章围堰工程第一节说明应用释义第三条释义。

砂是土颗粒中粒径在 0.075～2mm 之间的颗粒。其一般特性是易透水，当混入云母等杂质时，透水性减小而压缩性增加，无黏性，遇水不膨胀，干燥时松散，毛细水上升高度不大、随粒径变小而增大。

圆砾石：土粒的粒径在 2～60mm 之间的颗粒。

其一般特性：透水性大，无黏性，毛细水上升高度不超过粒径大小。

定额编号　1-527～1-528　填砂　P121

［应用释义］　填砂：就是在围堰围成的区域范围内填充一些砂土。这些砂土材料可以为土、砂及砂砾石。在围堰围成的区域内所需填充的砂土可视具体情况的需要而定：竹笼围堰内一般填充物为黏土，它对土作为土工构筑物和地基的稳定性，特别是固定其他物体和对水的不透性具有重要应用。

夯实：在填心时把土、砂或圆砾石等填料用电动夯实机整实以提高填料的密实性。

定额编号　1-529～1-530　填砂砾石　P121

［应用释义］　拆除清理：在基坑四周修筑一道临时、封闭，挡水的构筑物，然后抽除围堰内的水，使基坑在无水状态下进行，当基础施工完后对围堰进行拆除和清理。包括拆除围堰的材料，并对材料进行清理堆放整齐。

第四章　支　撑　工　程

第一节　说明应用释义

一、本章定额适用于沟槽、基坑、工作坑及检查井的支撑。

[应用释义]　本章支撑工程的定额只适用市政工程沟槽、基坑、工作坑及检查井的支撑。

沟槽：见定额编号 1-363～1-364 原土夯实释义。

基坑：指坑底面积在 $20m^2$ 以内的。

地槽或管道沟槽的挖土深度，均按自然地坪平均标高减去地槽或沟槽底面平均标高之差计算。自然地坪标高是指工程开挖前施工场地的原有地坪。

工作坑：一般可采用混合式工作坑，即地下水位以上采用大开挖，地下水位以下采用直槽支撑，工作坑内按涵洞中线进入口标高和坡度设置。并固定于基础上，安装时应反复测量，使其符合设计要求。

检查井：通常设在管渠交汇、转弯、管渠尺寸或坡度改变、跌水等处以及相隔一定距离的直线管渠段上。检查井在直线管渠段上的最大间距，一般可按表 2-46 采用。

检查井的最大间距　　　　**表 2-46**

管道或暗渠净高（mm）	最大间距（m）	
	污水管道	雨水（合流）管道
200～400	30	40
500～700	50	60

为了便于对管渠系统作定期检查和清通，必须设置检查井。当检查井内衔接的上下游管渠的管底标高跌落差大于 1m 时，为消减水流速度，防止冲刷，在检查井内应有消能措施，这种检查井称为跌水井。检查井内具有水封设施，以便隔绝易爆、易燃气体进入排水管渠，使排水管渠在进入可能遇火的场地时不致引起爆炸或火灾，这样的检查井称为水封井。后两种检查井属于特殊形式的检查井，或称为特种检查井。

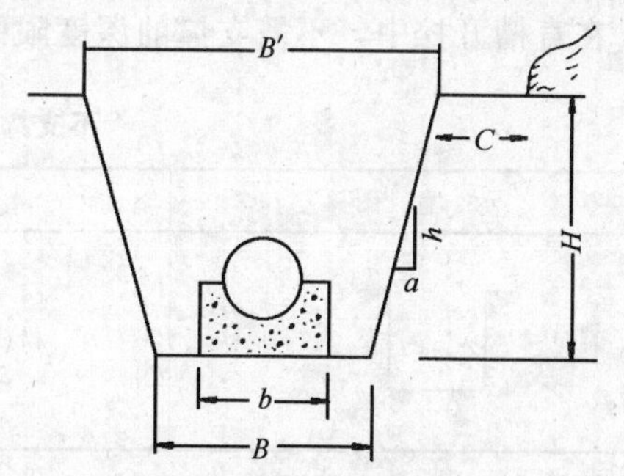

图 2-40　一步大开槽开槽断面示意图

B—槽底宽度；b—管道结构宽度（包括卵石基础）；H—槽深；B'—槽上口宽度；C—边台宽度；槽帮坡度$=\frac{h}{a}$；$\frac{B-b}{2}$为工作宽度

依据沟槽深度、土质、地下水情况、挖沟

槽方法（人工开挖、机械开挖、人机混合开挖）以及施工季节等因素，选用定开槽断面和槽帮坡度，沟槽断面见图 2-40。

在沟槽开挖过程中由于开挖的沟槽要求很深，此时沟槽壁不能满足稳定要求，所以应采取某些措施增加沟槽的稳定性。如采用支撑等。

表 2-47 是一部分开槽断面及适用范围。

部分开槽断面及适用范围 **表 2-47**

编号	示意图	名称	适用槽深/m		其他适应条件
			机挖	人挖	
1		一步大开槽	≤5	≤3	土质良好无水
2		一步支撑槽	≤5	≤3	土质差，有水
3		两步槽上开下支	≤8	≤5	上槽土质良好
4		两步槽全支撑	≤8	≤5	土质差，有水
5		板桩槽	≤8	≤3	土质及排水条件差

在直槽开挖中，不需支撑的深度限制见表 2-48。

不支撑开直槽的深度限制 **表 2-48**

示意图	土质	允许深度 (m)
	砂土和砂砾石	1.0
	粉质砂土和粉质黏土	1.25
	黏土	1.5

注：1. 在天然湿度的土中开挖沟槽，限地下水位低于槽底时方可开直槽，不支撑。

2. 直槽槽帮坡度为 20∶1～10∶1。

基坑支护中，基坑不加支撑的开挖深度，当无地下水时，不加支撑开直槽的最大挖深一般不超过表 2-49 中规定。

表 2-49

土　　名	深　度（m）
堆填的砂土和砾石土	1.0
粉质砂土和粉质黏土	1.25
黏　　土	1.5
特别坚实的土	2.0

开挖坑壁土不稳定，或设置边坡有困难时，则应在开挖中设置支撑，以确保安全施工。

1. 坑壁支撑选用原则

(1) 深度在 5m 以内的直槽，宜用板撑支护，按表 2-50 规定选用：

表 2-50

序号	土的情况	基坑深度（m）	支　　撑
1	天然湿度的黏土类土，地下水很少	3 以内	不连续的支撑
2	天然湿度的黏土类土，地下水很少	3～5	连续支撑
3	松散的和湿度很高的土	不论深度如何	连续支撑
4	地下水很多且有带走土的危险、松散的和湿度较高的土	不论深度如何	如未采用降低地下水位法则用板桩支撑

(2) 坑壁支撑必须坚实、牢固，要按规定将支撑或锚桩打至要求深度和实底。

(3) 遇有土质变化等情况，应及时采取必要的加固措施。

支撑：当地质条件和场地环境允许，基坑（槽）的开挖以采用放坡开挖较为经济。但在建筑物稠密的市区，常因场地或邻近已有建筑物或构筑物的限制，不允许放坡开挖，此时就需要采取土壁支撑措施，以保证施工安全，顺利进行，并减少对邻近建筑物或构筑物的不利影响。

2. 土壁支撑的方法

木板水平支撑、板桩支护、地下连续墙、柱列式灌注桩、土锚杆等。

首先介绍基坑（槽）挖深 5m 以内常用的木板水平支撑的支护方法。

木板水平支撑土壁支护，也称木板横撑式土壁支护，根据档土木板放置方式不同，可分为：

(1) 断续式水平挡土板支撑。靠土壁为断续布置的水平挡土木板，挡土木板由立柱支承，水平工具式横撑撑牢。适用于挖土深度小于 3m，湿度小的黏性土的基槽。

(2) 连续式水平挡土板支撑。靠土壁为连续布置的水平挡土木板，挡土木板由立柱支承水平工具式横撑撑牢。适用于挖掘天然湿度的黏性土或松散、湿度大的土，开挖 3～5m 深度的情况。

(3) 垂直挡土板支撑。靠土壁为垂直的挡土木板，挡土板由横楞支承，水平工具式横撑撑牢。适用于开挖松散和高湿度的土层，挖土深度可大于 5m 的情况。

机砖：以黏土为原料，经搅拌均匀，使黏土体处于可塑状态，用机械挤压成坯，砖经风干后送入窑内，在 900～1000℃高温下煅烧即成为砖。砖按生产工艺可分为机制砖和手工砖；按规格可分为实体砖和空心砖；按颜色可分为红砖和青砖，直接降温出窑即为红砖，在烧后从窑顶徐徐灌水，使砖内氧化铁还原，便成为青砖。

圆木：指已经除去皮、根、梢，并按一定尺寸加工成规定直径和长度的杉木，其木质较软，耐腐蚀性强。

钢板桩适用于砂土、黏性土，碎石类土层，开挖深度可达 30m。钢板桩的断面有 U 形、平板形和 Z 形，钢板桩的桩与桩之间由各种形式的锁口相互咬合。重复使用时，应对锁口和桩尖进行修整。钢板桩接长时，应焊夹板加固。

钢板桩是在开挖沟槽或基坑之前沿边线打入土中，因此，板桩撑在沟槽或基坑开挖及其后工序施工中，始终起保障安全作用。

在各种支撑中，板桩支撑是安全度最高的支撑。因此，在弱饱和土层中，经常选用板桩撑。

支撑的目的：

开挖管沟或基坑，如土质与周围场地条件允许，采取梯形槽（大开槽）开挖，往往比较经济。但有时受环境限制且开挖的土方量太大，此时可采取直槽加支撑的施工方法。

支撑：是防止沟槽或基坑土壁坍塌的挡土结构，一般采用木材或钢材制作。

3. 沟槽或基坑支撑

沟槽或基坑支撑与否应根据工程特点，土质条件、地下水位、开挖深度、开挖方法、排水方法、地面荷载等因素确定。一般情况下，高地下水位或砂性土质并采用集水井排水时，沟槽或基坑土质较差、深度较大而又开挖成直槽时，均应支撑。

沟槽或基坑支撑应满足下列要求：

(1) 支撑应具有足够的强度，刚度和稳定性，保证施工安全。

(2) 便于支设和拆除。

(3) 不妨碍沟槽或基坑开挖及后续工序的施工。

疏撑又称断续式水平支撑，它是用 3～5 块撑板紧贴槽壁，纵梁靠在撑板上，横撑撑

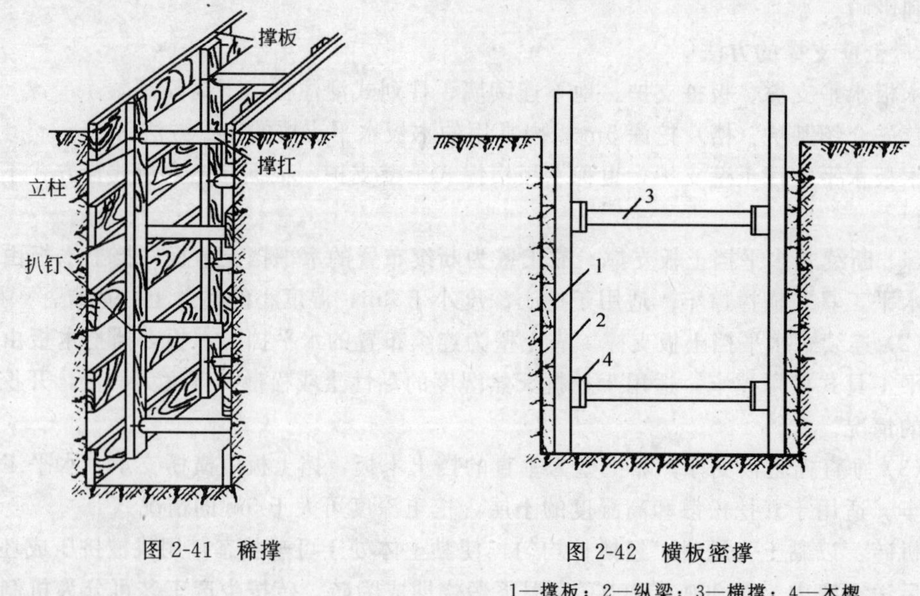

图 2-41 稀撑

图 2-42 横板密撑

1—撑板；2—纵梁；3—横撑；4—木楔

在纵梁上，如图 2-41 所示，适用于黏性土无地下水，挖深较大，地面上建筑物靠近沟槽的情况。

密撑分横板密撑和立板密撑。

横板密撑也称连续式水平支撑，它的支撑方法与疏撑基本相同，但撑板水平排列紧密，如图 2-42 所示，适用于土质有轻度流砂现象及挖掘深度为 3～5m 的沟槽。

立板密撑也称垂直支撑，如图 2-43 所示。它适用土质较差，有地下水或有流沙及挖土深度较大时采用。立板支撑的特点是支撑和拆撑方便。

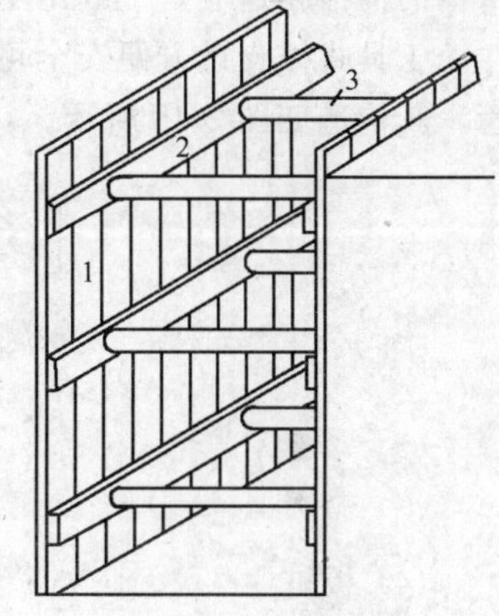

图 2-43 立板密撑

1—撑板；2—横木；3—撑杠

板桩支撑适用于沟槽开挖深度较大、地下水丰富、有流砂现象或砂性饱和土层。板桩在沟槽开挖之前用打桩机打入土中。因此，板桩支撑在沟槽开挖及其以后各项工序施工中，始终起安全保护作用。桩板的啮合和深入槽底一定长度能有效地防止流沙渗入沟槽。

4. 支撑结构基本要求

(1) 牢固可靠。支撑应做强度和稳定校核，所用的材料的质地和规格尺寸应合格。

(2) 在保证施工安全的前提下，尽可能节约材料，尽可能采用工具式支撑代替木支撑。

(3) 支撑形式应便于支设和拆除，并便于后续工序的操作。

(4) 支撑后，沟槽中心线每侧净宽不应小于施工设计的规定。

(5) 横撑不应妨碍下管和稳管。

(6) 钢板桩的允许偏差：轴线的位置为 50cm，垂直度应为露出高度的 15%。

挡土板间距不同时：

支撑材料及其尺寸应根据设计计算要求及施工现场的实际情况确定。劈裂和腐朽的木材不得做为支撑材料或托木。

5. 支撑结构

(1) 撑板

撑板分木撑板和钢制撑板。

木撑板板长不宜大于 4m，板宽为 20～30cm，厚度为 30～50mm，材质不宜低于三级材。

金属撑板由钢板焊接于型钢上拼成，型钢间用型钢连系加固，其长度有 2m、4m、6m 等几种规格，如图 2-44 所示。

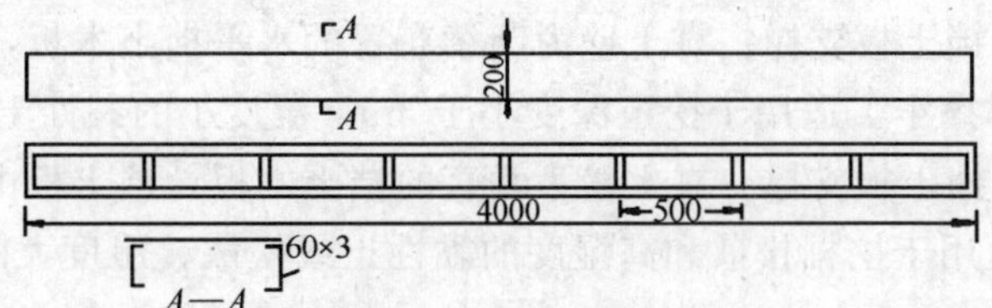

图 2-44 金属撑板

(2) 横梁和纵梁

横梁和纵梁一般用木材制作，其截面尺寸不宜小于 15cm×15cm，有时也用型钢制作

（槽钢、工字钢等）。

（3）横撑（也称为撑杠，撑木）

横撑分木横撑和工具式横撑。

木横撑截面尺寸一般采用10cm×10cm～15cm×15cm的方木或采用小头直径不少于10cm的圆木。当横撑的支撑点间距大于2.5m时，其截面应加大或换用钢梁，长度应与所撑的沟槽相适应，一般比支撑未打紧前长2～5cm为宜。

工具式撑支设方便安全可靠，并可节约木材。可根据沟槽宽度选用适宜长度的圆套管，其构造如图2-45所示。

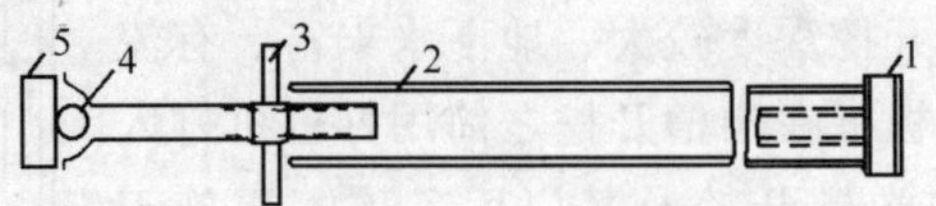

图2-45 工具式撑杠

1—撑头板；2—圆套管；3—带柄螺母；4—球铰；5—撑头板

（4）板桩

板桩分为木板桩和钢板桩两类。

木板桩应选用强度较高的木材制作，木板桩一般应制作成企口式，如图2-46所示。板桩与板桩之间相互吻合。板桩的厚度一般为6.5～8cm，也可根据设计计算确定。

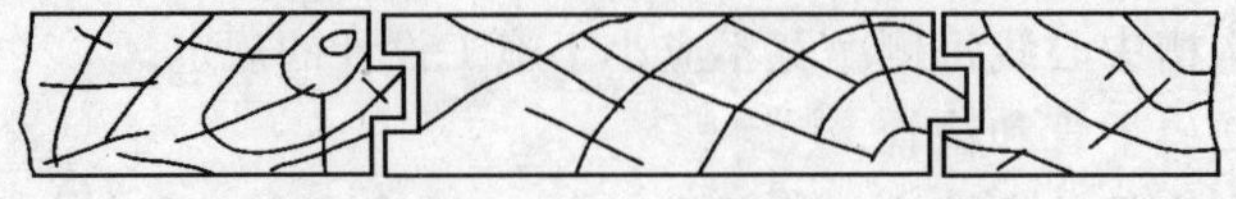

图2-46 企口板桩断面示意

常用的钢桩有槽钢和工字钢，有时也使用特制的钢板桩。

钢板桩的长度应根据沟槽挖深选用，弯曲的钢板桩，应经矫正后方可使用。

二、挡土板间距不同时，不作调整。

[应用释义] 在市政工程施工过程中，用挡土板挡住土坡，防止其滑坡，所以市政工程的定额就有挡土板的子目。

土壁的支护方法有：木板水平支撑、板桩支邦、地下连续墙、柱列式灌注桩、土锚杆等。

木板水平支撑土壁支护，也称木板横撑式土壁支护，根据挡土木板放置方式不同，可分为：

（1）断续式水平挡土板支撑：靠土壁为断续布置的水平挡土木板，挡土木板由立柱支承，水平工具式横撑撑牢。适用于挖土深度小于3m，湿度小的黏性土的基槽。

（2）连续式水平挡土板支撑：靠土壁为垂直的挡土木板，挡土板由横楞木支承、水平工具式横撑撑牢。适用于挖掘松散和高湿度的黏性土或松散、湿度大的土，开挖深度3～5m的情况。

（3）垂直挡土板支撑：靠土壁为垂直的挡土板，挡土板由横楞木支承，水平工具式横撑撑牢。适用于挖掘松散和高湿度的土，挖土深度可大于5m的情况。

水平挡土板支撑（断续或连续）和垂直挡土板支撑的施工计算原理相同，以常用的水平挡土板支撑为例简述如下：

支撑由“挡土板——立柱——横撑”所组成，荷载为土压力，土压力的大小及其分布，与土的性质、挖深及支撑变形有关，施工中随挖、随设、随支撑，构件刚度不一，撑紧程度不相同，故实测表明作用在木板支撑的土压力大小及其分布很复杂，且缺乏规律性，因此，常采用简化、近似的方法计算。因为立柱对挡土板、横撑对立柱的支承均有一定的弹性。因此，挡土板、立柱均按简支梁计算，而不宜按连续梁计算。水平挡土板以最深处受力最大的一块板为计算依据，简支梁跨度为立柱的间距（中至中）。立柱的荷载为水平挡土板的支撑反力，其简支梁的跨度为横撑木的间距。横撑木按压杆计算，所受压力为相邻两跨各 1/2 跨度上的荷载计算。

三、除槽钢挡土板外，本章定额均按横板、竖撑计算，如采用竖板、横撑时，其人工工日乘以系数 1.20。

［应用释义］　在定额中规定：槽钢挡土板的人工工日按定额中规定的计算，其余的挡土板如木挡土板、钢筋混凝土挡土板，在采用竖板、横撑时，人工工日按定额应乘以系数 1.20。

竖板：适用于松散的或湿度很高的土，挖土深度可超过 5m。支撑方法是：挡土板垂直放置，然后每侧上下各水平放置木方一根，再用工具式横撑顶紧，没有工具式横撑，可用撑木、端头加木楔顶紧。

横撑：有连续式和断续式两种，连续式适用于较湿的或散粒的土，挖土深度小于 5m，挡土板水平放置，相互靠紧，不留间隔，然后两侧同时对称立上竖木方。

横撑用于土质较好，地下水量较小的沟槽，随着沟槽逐渐挖深而分层铺设，支设容易，但拆除时不安全，因为拆除横撑时首先要拆除最下面的撑杠和撑板。

竖撑用于土质较差、地下水量较大的或有流砂的情况下。竖撑的特点是撑板可在开槽过程中用打桩机先打入土中，在回填以后再逐根拔出。因此，施工十分安全。

横撑和竖撑均由撑板、立柱和撑杠组成。撑板分木撑板和金属撑板两种，木撑板不应有裂纹等缺陷。通常采用的是金属撑板，由钢板焊接槽钢上拼成，槽钢间用型钢（工字钢、槽钢、H 型钢）焊接加固。

立柱和撑杠一般采用型钢（工字钢、槽钢、H 型钢）。

撑杠由撑头和圆套管组成。撑头为一丝杠，以球铰连接于撑头板，带柄螺母套于丝杠。使用时，将撑头丝杠插入圆套管内，旋转带柄螺母，柄把止于套管端，而丝板伸长，则撑头板就紧压立柱，使撑板固定。丝杠在套管内的最短长度为 20cm。这种工具或撑杠由于支设方便，更换不同长度的套管，可以满足不同槽宽的需要，因而得到了广泛使用。

四、定额中挡土板支撑按槽坑两侧同时支撑挡土板考虑，支撑面积为两侧挡土板面积之和，支撑宽度为 4.1m 以内。如槽坑宽度超过 4.1m 时，其两侧均按一侧支挡土板考虑。按槽坑一侧支撑挡土板面积计算时，工日数乘以系数 1.33，除挡土板外，其他材料乘以系数 2.0。

［应用释义］　在基坑或沟槽开挖时，由于放坡限制或为缩小施工面减少土方量时则

须设置支撑挡土板。

密撑指满支撑挡土板，也即连续式挡土板支撑。对湿度大，松散的土可采用连续式水平挡土板支撑。

疏撑指间隔支撑挡土板。当挖土深度小于 3m 可用断续式水平支撑。

单面支撑：在挖土的一边支挡土板。

双面支撑：在挖土（如地槽）两边支挡土板。

具体根据施工组织设计要求和实地土质情况选用，但他们都以槽坑垂直支撑面单面面积计算。预算定额中均已考虑了木板的制作、安装、拆除和运输等所需的人工、材料等费用。

疏撑：即间隔支撑挡土板，与实际间距不同时定额不作换算，其实质是因为计算支挡土板工程量的计算是以槽坑垂直支撑面积计算。

在《全国统一市政工程预算定额》中规定：在槽坑开挖用挡土板支撑，对于底宽小于 4.1m 的，按双面支撑面积计算、若底宽大于 4.1m 按单面挡土板计算，工日数此时放大到 1.33，除挡土板材料的费用外，其他材料应放大到 2.0。

五、放坡开挖不得再计算挡土板，如遇上层放坡、下层支撑则按实际支撑面积计算。

[应用释义] 放坡：由于在土方工程施工过程中，当普通土（即Ⅰ、Ⅱ类土）挖的深度超过 1m（有的为 1.2m），坚土（即Ⅲ类土）和砂砾坚土（即Ⅳ类土）挖深超过 1.5m（有的地方分别规定为 1.5m 和 2m）时，为了防止土壁崩塌，保持边坡稳定，这时需加大挖土上口宽度，使挖土面保持一定坡度，此为放坡。

实践经验表明：土壁稳定与土的类别、含水量和挖土深度有关。当挖土深度不大时，可采用直立土壁开挖方式；当挖土深度超过规定限度时，为保证安全施工，就需采用放坡土壁开挖方式。在土壤放坡系数和放坡起点深度表中 0.33、0.50、0.25 都称放坡系数，常用 k 表示。土壁坡度以 $1:k$ 表示，对于一～四类土，各地区土层厚度多有不同，放在确定土的放坡系数时，也有所不同。

土的放坡系数大小，通常应由施工组织设计确定，如果施工组织设计无规定时，可由当地的主管部门的预算定额规定。土的放坡系数确定。

$$k=D/H \tag{2-93}$$

$$H:D=1:D/H=1:k\text{(坡度)}$$

式中 H——表示挖土深度；

D——为放坡宽度；

k—为放坡系数。

如果在同一地槽、地坑或管道沟中，有几种土层较薄且类别不同时，其土壁放坡系数，可由下式确定：

$$k=\frac{H_1k_1+H_2k_2+\cdots+H_nk_n}{H}=\frac{\sum_{i=1}^{n}H_ik_i}{H} \tag{2-94}$$

式中，k——表示综合放坡系数；

H_i——某土层（i）的厚度（$0<i\leqslant n$）；

k_i——某土层（i）的放坡系数；

H——坑或槽挖土总深度。

由于放坡和挡土板其目的是相同的，都是为防止槽坑壁坍塌，如果采用了放坡就不必采用挡土板。

在上层放坡，下层支撑这种情况下，上层按放坡计算，下层按支撑挡土板计算。

六、钢桩挡土板中的槽钢桩按设计以吨为单位，按第二章打、拔工具桩相应定额执行。

[应用释义] 钢板桩作为建造水上、地下构筑物或基础施工中的围护结构，由于它具有强度高结合紧密，不漏水性好，施工简便，速度快，可减少基坑开挖土方量、对临时工程可以多次重复使用等特点，因而广泛用于地下深基础作为防水、围堰、坑壁支撑。

打拔钢板桩时，先用吊车将钢板桩吊到插桩点进行插桩，插桩时锁口对准，每插入一块即套上桩帽上端加硬木垫，轻轻锤击数下，为保证桩的垂直度，应用两台经纬仪加以控制。为防止锁口中心线平面位移，可在打桩行进方向的钢板桩锁口处设卡板，阻止板桩位移，同时在围檩上预先标出每块钢板桩的位置，以便随时检查纠正。打桩开始时的一、两块钢板桩的打设位置和方向要确保精度，以起导向板的作用，所以每入土 1m 测量一次，打到预定深度后，立即用钢筋或钢板与围檩支架临时电焊固定。

钢板桩打入时如果出现倾斜或锁口结合部有空隙，到最后封闭合拢时有偏差，一段用异形桩，当异形桩加工困难时，则用轴线修正法进行修正，而不用异形桩。

本章定额中，钢板桩的工程量是以计算钢板的重量为基础，以吨为单位，钢板桩的工程量用其密度与体积的乘积计算，然后套用相应定额以求其基础定额。

钢板桩支撑适用于沟槽开挖深度较大、地下水丰富、有流沙现象或砂性饱和土层。

钢板桩在沟槽开挖之前用打桩机打入土中。因此，板桩支撑在沟槽开挖及其以后各项工序施工中，始终起着保护作用。桩板的啮合和深入槽底一定长度能有效地防流沙渗入沟槽。

常用钢桩有槽钢和工字钢，有时也使用特制的钢板桩，钢板桩的长度应根据沟槽挖深选用，弯曲的钢板桩，应经矫正后方才使用。

钢板桩的支设是用打桩机将板桩打入沟槽底以下。

在采用钢支撑时，应随挖随撑，支撑牢固，施工中经常检查，如有松动变形时，应及时加固或更换，在雨期或化冻期更应加强检查。

七、如采用井字支撑时，按疏撑乘以系数 0.61。

[应用释义] 支撑分为连续式水平支撑、断续式水平支撑、连续式垂直支撑。

连续式水平支撑：适用于较湿的或散粒的土，挖土深度小于 5m，挡土板水平放置，相互靠紧，不留间隙，然后两侧同时对称立上竖方木，再用工具式横撑顶紧。

连续式竖直支撑：适用于较湿（湿度较高）或松散的土，挖土深度可超过 5m。支撑方法是：挡土板垂直放置，然后每侧上下各水平放置木方一根，再用工具式横撑顶紧，没有工具式横撑，用撑木代替，端头加木楔顶紧。

断续式水平支撑：适用于天然湿度的黏土，挖土深度小于 3m 时，支撑方法为：挡土板水平放置，中间留出间隙，然后两侧同时立上竖方木，再用工具式横撑顶紧。无工具式横撑，可用木撑代替，但端头加木楔顶紧。

密撑：连续支撑法。

疏撑：间断支撑法。

井字支撑：两块撑板水平紧贴槽壁，用纵梁立靠在撑板上，横撑撑在纵梁上，一般用于沟槽的局部加固，如图 2-47。

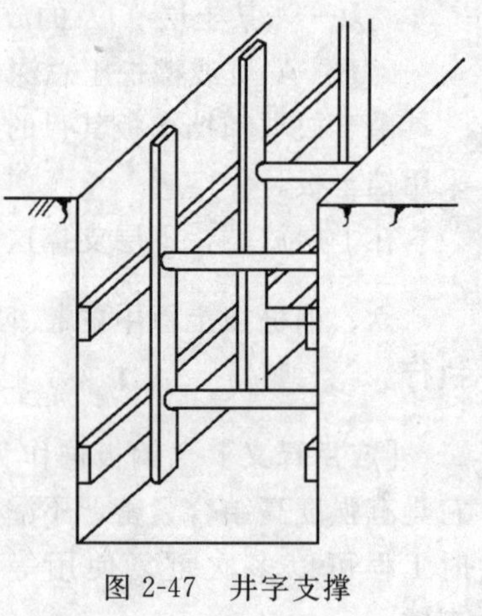

图 2-47 井字支撑

井字形支撑属于密撑，在定额中没有单独给井字形支撑开辟单元，直接套用疏撑，乘以系数 0.61 即可。

第二节 工程量计算规则应用释义

支撑工程按施工组织设计确定的支撑面积以平方米计算。

[应用释义] 在槽坑的开挖过程，为防止槽坑侧壁滑坡、坍塌等事故的出现，必须做好安全施工，此时就应加支撑或放坡。由于定额是由全国大范围而言的，不是包罗万象、各种不同情况都出现的，而是针对绝大部分的工程定额。

在《全国统一市政工程预算定额》中所没有提到的子目，是由施工组织设计自行确定的，此时就应该具体情况具体对待，此时的支撑面积由施工、设计人员根据实际情况来确定。

此处的支撑面积是指加支撑的槽坑壁的面积，以实际支撑了的面积为计算依据的，单位是平方米。

支撑工程作为市政工程中的一个子目，主要指的是沟槽和基坑的支撑。支撑的目的是：

沟槽的支撑是防止施工过程中槽壁坍塌的一种临时有效的挡土结构，是一项临时性施工安全技术措施。

支撑一般是由木材或钢材（型钢）制成。支撑的荷载是沟槽土的侧压力。一般情况下，如施工现场狭窄而沟槽土质较差、沟槽深度较大，地下水水位较高且沟槽又必须挖成直槽时，均应设支撑。

支撑可减少挖方量，缩小施工占地面积，减少拆迁，又可保证施工安全。但支撑增加了材料消耗，有时甚至影响后续工序的操作。

支撑的种类及适用条件：

沟槽开挖多采用木板撑，地下构筑物基坑开挖多采用锚杆护坡、灌注桩或其他类型的支撑。

沟槽支撑的形式和方法，应根据土质、工期、施工季节、地下水情况、槽深及开挖宽度，地面环境等因素确定。有如下几种：

(1) 井字撑；(2) 稀撑；(3) 横板密撑；(4) 立板密撑；(5) 板桩支撑。

第三节　定额应用释义

1. 木挡土板

工作内容：制作、运输、安装、拆除，堆放指定地点。

定额编号　1-531～1-532 密挡土板　P126

[**应用释义**]　木挡土板：凡宽度为厚度 3 倍或 3 倍以上的称为板材。木挡土板系直接与沟槽侧壁直接接触，将支撑传递来的力作用于沟槽侧壁，维护侧壁的稳定。

木支撑：经加工制作的木料，一般规定宽度不足厚度 3 倍称为枋木。木支撑对挡土板起支撑顶紧作用。

钢套管：常与铁撑角二者配合使用，即为铁支撑，作为工具式支撑。

机砖：其原料是以砂质黏土为主，其主要化学成分是二氧化硅（SiO_2），氧化铝（Al_2O_3）和氧化铁（Fe_2O_3）等经取土调制、制坯、干燥、焙烧后即成为普通机砖。

密挡土板：即采用连续支撑法支撑的挡土板。

定额编号　1-533～1-534　疏挡土板　P126

[**应用释义**]　疏挡土板：指用间断支撑法支撑的挡土板。

钢支撑：采用钢支撑时，应随挖随撑，支撑牢固，施工中应经常检查，如有松动变形时，应及时加固或更换，在雨期和化冻期更应加强检查。

木挡土板、木支撑：见定额编号 1-531～1-532 密挡土板释义。

2. 竹挡土板

工作内容：制作、运输、安装、拆除、堆放指定地点。

定额编号 1-535～1-536 密挡土板 P127

[**应用释义**]　密撑即为连续式支撑，疏撑即为间断式支撑。

连续式垂直支撑、连续式水平支撑、继续式水平支撑：见第四章支撑工程第一节说明应用释义第七条。

竹挡土板：与木挡土板在施工方法上无甚区别；从材料上而言是竹挡土板代替了木挡土板。一般视各地区材料供给关系而定，对木材缺乏，而竹料丰富地区，采用竹挡土板较多，对竹料，一般要使用生长 3 年以上的毛竹（楠竹）。

定额编号　1-537～1-538　疏挡土板　P127

[**应用释义**]　疏挡土板：见定额编号 1-533～1-534 疏挡土板释义。

3. 钢制挡土板

工作内容：运输、安装、拆除，堆放指定地点。

定额编号　1-539～1-540　密挡土板　P128

[**应用释义**]　钢挡土板：以槽钢桩为基础的用钢板作挡土的挡土板，常用于比较重要的工程项目上。

钢套管、铁撑脚：两者配合使用，即为铁支撑，作为工具式支撑。

圆木：指已经除去皮、根、梢，并按一定尺寸加工成规定直径和长度的杉木，其木质较软，耐腐蚀性强。

机砖：其原料是以砂质黏土为主，其主要化学成分是二氧化硅（SiO_2）、氧化铝（Al_2O_3）和氧化铁（Fe_2O_3）等经取土调制、制坯、干燥、焙烧后即成为机砖。

定额编号　1-541～1-542　疏挡土板　P128

［**应用释义**］　疏挡土板：见定额编号1-533～1-534疏挡土板释义。

木支撑：相关内容见定额编号1-531～1-532密挡土板释义。

4. 钢制挡土板支撑安拆

工作内容：制作、运输、安装、拆除，堆放指定地点。

定额编号　1-543～1-544　木支撑，钢支撑　P129

［**应用释义**］　槽钢：槽钢的伸出肢比工字钢大，可用作斜弯曲（双向弯曲）构件。由于槽钢的腹板较厚，所以由槽钢组成的构件用钢量大。槽钢分普通槽钢和轻型槽钢，也是以其截面高度的厘米数编号，例如[32a即指截面高度320mm，而腹板较薄，槽钢的腹板厚度在[12.6以上有a、b二类或a、b、c三类。轻型槽钢的翼缘比普通槽钢的翼缘宽而薄，回转半径略大，重量较轻。

钢套管、铁撑脚、钢挡土板：见定额编号1-539～1-540密挡土板释义。

支木挡土板：根据支撑所用材料划分木支撑、钢支撑定额项目。

采用钢（木）支撑时，应随挖随撑，支撑牢固，施工中应经常检查，如有松动变形时，应及时加固或更换，在雨期和化冻期更应加强检查。

圆木：见定额编号1-539～1-540密挡土板释义。

支撑的设置：

(1) 横撑和竖撑的设置，挖槽到一定深度或到地下水位以上时，开始支设支撑，然后逐层开挖逐层支设。横撑支设顺序为：首先支设撑板并要求紧贴槽壁，而后安设立柱（或横木）和撑杠，要求横平竖直，支设牢固。竖撑的支设顺序为：将撑板密排立贴在槽壁，再将横木在撑板上下两端支设并加撑杠固定。然后随着挖土，撑板底端高于槽底，再逐块将撑板打入至槽底。根据土质，每次挖深50～60cm，将撑板下锤一次。撑板打至槽底排水沟底。下锤撑板每到1.2～1.5m，加撑杠一道。

(2) 钢板桩撑设置：钢板桩是在开挖沟槽或基坑前沿开挖边线打入土中，打入到要求的深度。打桩的方法有锤击打桩，水冲沉桩、振动沉桩和静力压桩等，其中以打桩机锤击应用最好。

支撑的拆除：

在施工过程中，更换立柱和撑杠位置，称为倒撑。一般在下列情况下必须设倒撑：

(1) 原支撑妨碍下一道工序正常进行。

(2) 原支撑不稳定。

(3) 一次拆撑有危险。

(4) 由于其他原因必须重新安设支撑。

在施工期间，应经常检查槽壁和支撑的情况，尤其在有流砂地段或雨后，更应仔细检查。如发现支撑各部件有弯曲、倾斜、松动等现象，应立即采取加固措施。如槽壁有塌方预兆，应加设支撑，而不应采取倒撑方法，以免发生安全事故。

沟槽内工作全部完成后，才可将支撑拆除。拆撑与沟槽回填应同步进行，边填边拆。钢板桩的拆除可在沟槽部分回填后，采取拔桩机拔桩，拔桩后所留孔洞，应及时回填土或采取冲水灌砂填空。

第五章　拆　除　工　程

第一节　说明应用释义

一、本章定额拆除均不包括挖土方，挖土方按本册第一章有关子目执行。

［应用释义］　拆除工程：对已建设的建筑物或构筑物由于时间太久某些功能已丧失，建筑问题形成危房，或城市规划等需要拆除的建构筑物，用人工、机械或火药等进行拆除。

土方工程一般分四类：

1. 场地平整

在地面上挖填，使建筑场地平整，为符合设计标高要求的平面（一般还有一定泄水坡度的要求）。这类土方工程施工面积大，土方工程量大，应采用机械化或半机械化的施工方法。

2. 基坑、管沟施工

在地面以下开挖条形基础的基槽，地下管道的沟槽以及独立柱基础的基坑。有时多个独立柱基础之间距离很近，也可一次开挖成基槽。这类土方工程目前多采用人工挖土，劳动量大而繁重，应尽量采用中小型土方机械，以提高劳动生产率，降低工程成本。

3. 地下大型挖方工程

在地面以下开挖较大的设备基础，地下室以及卸煤坑等土方。这类土方工程，应尽量采用机械化、半机械化的施工方法。

4. 填土构筑物

在地面以上填筑路基、堤坝等构筑物，一般采用机械化施工方法，填筑土方要做边坡，填土要分层填筑压实。

土方工程的特点是工程量大，施工条件复杂。新建一个大型工业企业，其场地平整，房屋及设备基础，厂区道路及管线的土方量往往可达几十万乃至数百万立米以上，合理地选择土方机械，组织机械化施工，对缩短工期，降低工程成本有很重要的意义。土方工程多为露天作业，施工受地区气候条件影响，而且土是一种天然物质，种类繁多，施工又受工程地质及水文地质条件的影响，这些对土方工程施工方法有很大的影响。因而，在施工前应根据本地区的工程及水文地质条件及施工期间的气候特点，制定合理的施工方案组织施工。

二、机械拆除项目中包括人工配合作业。

［应用释义］　机械拆除：用一些建筑机械对旧建筑物、道路、施工现场、树根等障碍物的拆除。

爆破：炸药引爆后，经过化学分解转变为气体，其气体体积增加数百乃至数千倍，从而产生巨大的压力，冲击力和高温，使周围的介质（土、石及结构或构筑物）受到不同程度的破坏叫做爆破。

爆破方法大量应用于石方的开挖、炸除、施工现场树根等障碍物的清除，冻土开挖，拆除旧建筑物及爆扩桩的施工中。

三、拆除后的旧料应整理干净就近堆放整齐。如需运至指定地点回收利用，则另行计算运费和回收价值。

[应用释义]　根据市政工程的特点及文明施工的要求，拆除废旧材料应清理干净，就近堆放整齐待运。如需运至指定地点另行处理。应用回收价值减去由回收产生运费。

四、管道拆除要求拆除后的旧管保持基本完好，破坏性拆除不得套用本定额。拆除混凝土管道未包括拆除基础及垫层用工。基础及垫层拆除按本章相应定额执行。

[应用释义]　基础：建筑物向地基传递荷载的下部结构就是基础。

基础结构的形式很多。设计时应该选择能适应上部结构和场地工程地质条件，符合使用要求，满足地基基础设计两项基本要求以及技术上合理的基础结构方案。通常把埋置深度不大（一般浅于5m），只须经过挖槽，排水等普通施工程序就可以建造起来的基础统称为浅基础（各种单独的和连续的基础）。反之，浅层土质不良，而须把基础埋置于深处的好地层时，就要借助于特殊的施工方法，建造各种类型的深基础（桩基础、沉井和地下连续墙等）了。选定适宜的基础型式后，地基不加处理就可以满足要求的，称为天然地基，否则，就叫人工地基（例如采用换土垫层深层密实，排水固结、化学加固、加筋土技术等方法处理过的地基）。

垫层：当建筑物基础下的持力层比较软弱，不能满足上荷载对地基的要求时，常采用换土垫层来处理软弱土地基，即将基础下一定范围内的土层挖去，然后回填以强度较大的砂、碎石或灰土等，并夯至密实。

实践证明：换土垫层可以有效地处理某些荷载不大的建筑物地基问题，例如：一般的三、四层房屋，路堤、油罐和水闸等的地基。换土垫层按其回填的材料可分为砂垫层，碎石垫层、素土垫层、灰土垫层等。

1. 砂垫层的主要作用是：

(1) 提高浅基础下地基的承载力

一般来说，地基中的剪切破坏是从基础底面开始的，并随着应力的增大逐渐向纵深发展。因此，若以强度较大的砂代替可能产生剪切破坏的软弱土，就可以避免地基的破坏。

(2) 减小沉降量

一般情况下，基础下浅层地基的沉降量在总沉降量中所占的比例是比较大的。以条形基础为例，在相当于基础宽度的深度范围内的沉降量约占总沉降量的50%左右，同时由侧向变形而引起的沉降理论上也是浅层部分占的比例较大，若以密实的砂子代替了浅层软弱土，那么就可以减小大部分的沉降量。由于砂垫层对应力的扩散作用，作用在下卧土层上的压力较小，这样也会相应减少下卧土层的沉降量。

(3) 加速软弱土层的排水固结

建筑物的不透水基础直接与软弱土层接触时，在荷载的作用下，软弱土地基中的水被迫绕基础两侧排出，因而使基底下的软弱土不易固结，形成较大的孔隙水压力，还可能导致由于地基土强度降低而产生塑性破坏的危险。砂垫层提供了基底下的排水面，不但可以使基础下面的孔隙水压力迅速消散，避免地基土的塑性破坏，还可以加速砂垫层下软弱土层的固结及其强度的提高，但是固结的效果只限于表层，深部的影响就不显著了。在各类工程中，砂垫层的作用是不同的，房屋建筑物基础下的砂垫层主要起置换的作用；对路堤和土坝等，则主要是利用其排水固结作用。

2. 管道：包括给水管道，排水管道。

按照管道材料可分为金属管材和非金属管材料。

(1) 金属管材料

金属管材料主要是黑色金属，如铸铁管及钢管两大类。其他有色金属管如铅、铜、铝及一些合金管等多用于小口径管道。

(2) 非金属管

① 钢筋混凝土管及预应力钢筋混凝土管

钢筋混凝土管是用离心法制成的，其所用钢筋较少，仅为铸铁管重20%以下，普通钢筋混凝土管不能承受较高压力，一般用于低压输水管线，接口型式采用套箍石棉水泥接口，近年来采用预应力混凝土管效果较好，工作压力可达600～1200kPa，其管径为300～1000mm长度为5m。

预应力混凝土管采用承插接口，材料用特制的橡胶圈及自应力水泥，与铸铁管承插接口类似。

② 石棉水泥管

石棉水泥是用2.5∶7石棉、水泥制成具有耐压力高，表面光滑，水力性能好，绝缘性能强，质轻、价廉、容易加工等优点，但性质较脆，不耐弯折碰撞。过去有些地区使用石棉水泥管有漏水返工现象，这主要是由于运输安装埋设中碰撞，产生裂纹，在通水承压后发生漏水，如使用得法，是一种较好的管道材料。石棉水泥管直径为75～500mm，长度为3～4m，工作压力可达750kPa，接口用套箍，可分为刚性及柔性两种。

③ 塑料管

塑料管是用聚氯乙烯树脂加稳定剂，增塑剂及润滑剂经加热在制管机中挤压而成。

此种管材具有强度高，表面光滑、耐腐蚀、重量轻及加工接口方便等优点，但也有性质较脆及老化的缺点。目前生产的较大管径有10～400mm，长度为4～8m，有工作压力为250kPa的低压管及600kPa的加强管，接口用焊接，法兰及粘结等方法。

五、拆除工程定额中未考虑地下水因素，若发生则另行计算

[应用释义]　地下水：存在于地面下土和岩石的孔隙、裂隙或溶洞中的水。

地下水的埋藏条件：

地下水按其埋藏条件可分为：上层滞水、潜水和承压水三种类型。

1. 上层滞水

是指埋藏在地表浅处，局部隔水透镜体的上部，且具有自由水面的地下水。它的分布范围有限，其来源主要是由大气降水补给。因此，它的动态变化与气候、隔水透镜体厚度

及分布范围等因素有关。

上层滞水池带只有融雪或大量降水后才能聚集较多的水，因而只能被作为季节性的或临时性的水源。

2. 潜水

埋藏在地表以下第一稳定隔水层以上的具有自由水面的地下水称为潜水。潜水一般埋藏在第四纪沉积层及基岩的风化层中。

潜水直接受雨水渗透或河流渗入土中而得到补给，同时也直接由于蒸发或流入河流而排泄，它的分布区与补给区是一致的。因此潜水水位变化，直接受气候条件变化的影响。

3. 承压水

承压水是指充满于两个连续的稳定隔水层之间的含水层中的地下水。它承受一定的静水压力。在地面打井至承压水层时，水便在井中上升甚至喷出地表，形成所谓自流井。由于承压水的上面存在隔水顶板，它的埋藏区与地表补给区不一致。因此，承压水的动态变化，受局部气候因素影响不明显。

地下水的腐蚀性

地下水含有各种化学成分，当某些成分含量过多时，会腐蚀混凝土，石料及金属管道而造成危害。下面仅介绍地下水对混凝土的腐蚀作用。

地下水中硫酸根离子 SO_4^{2-} 含量过多，将与水泥硬化后生成的 $Ca(OH)_2$ 起作用，生成石膏结晶 $CaSO_4 \cdot 2H_2O$，石膏再与混凝土中的铝酸四钙 $4CaO \cdot Al_2O_3$ 起作用，生成铝和钙的复硫酸盐，$3CaO \cdot Al_2O_3 \cdot 3CaSO_4 \cdot 31H_2O$。这一化合物的体积比化合前膨胀 2.5 倍，能破坏混凝土的结构。

氢离子浓度（负对数值）$PH<7$ 的酸性地下水对混凝土中 $Ca(OH)_2$ 及 $CaCO_3$ 起溶解破坏作用。

地下水中游离的 CO_2 可与混凝土中 $Ca(OH)_2$ 化合生成一层 $CaCO_3$ 硬壳，对混凝土起保护作用。但 CO_2 含量过多时，又会与 $CaCO_3$ 化合，生成 $Ca(HCO_3)_2$ 而溶于水。这种过多的能与 $CaCO_3$ 起作用的那一部分游离 CO_2 称为腐蚀性二氧化碳。

在评价地下水是否具有腐蚀性时，尚应结合场地的地质条件和物理风化条件综合考虑。《勘察规范》订有详细的评定标准和宜采用的抗腐蚀水泥品种及其他防护措施。

六、人工拆除二渣、三渣基层应根据材料组成情况套无骨料多合土或有骨料多合土基层拆除子目。机械拆除二渣、三渣基层执行液压岩石破碎机破碎松石。

[应用释义] 基层：见定额编号 1-557～1-558 碎（砾）石释义。

用作基层的材料有沥青稳定类、无机结合料稳定类、粒料类以及片（块）石或圆石等。

多合土：由石灰、黏土、砂石或炉渣、碎砖等原材料按一定的比例混合起来的材料。

由于石灰和黏土混合后改善了黏土的和易性，在强力夯打之下，大大提高了紧密程度。而且，黏土颗粒表面的少量活性氧化硅和氧化铝与氢氧化钙起化学反应生成了不溶性水化硅酸钙和水化铝酸钙，将黏土颗粒粘结起来，从而提高黏土的强度和耐水性。

多合土多用于基层，可提高基层的强度和耐水性。

无骨料多合土：由石灰、黏土、体积比较小的砂石或炉渣、碎砖等原材料，按一定的比例混合起来的材料。

有骨料多合土：由石灰、黏土、体积比较大的碎石、碎砖等原材料，按一定的比例混合起来的材料。

液压岩石破碎机：一种将碎石压碎的机械，这种机械主要由液压油缸、电动机、压碎平台等构件组成。

二渣基层，三渣基层：按照材料可分为粉煤灰二渣基层、三渣基层、水淬渣，二渣基层，三渣基层。

粉煤灰三渣基层对材料的要求：

1. 原材料的要求

（1）粉煤灰

① 稳定颗粒以偏粗为宜。

② 化学成分 $SiO_2+Al_2O_3$ 的总含量应＞70％，900℃烧失量应≤10％。

③ 与石灰混合时能起水酸作用。用 25％熟石灰与 75％的粉煤灰（重量比）混合物加水成型后，其 65℃快速饱和水抗压强度大于 130kPa。

（2）熟石灰

① 要求较高的建筑物和构筑物采用易于消解的三级以上的生石灰。

② 生石灰必须在使用前两周加水充分消解，熟石灰的活性氧化钙含量不低于 35％。

③ 熟石灰不得含有未消解颗粒，也不得含有僵块，＞2.5mm 的颗粒含量应＜40％。

（3）碎石

① 碎石应洁净、坚硬、有棱角、粒径宜为 35～70mm 其中＞70mm 含量不超过 5％，＜35mm 含量不超过 15％。

② 碎石的压碎值应＜30％，含泥量＜3％，针片状颗粒含量＜15％。

（4）水

消解石灰拌制三渣及三渣层养生用水，可用自来水或洁净的河水，当水质可疑时，应预先进行试验鉴定。

（5）三渣早强剂

适用于粉煤灰三渣及二灰类混合料的早强。常用的为“NW 型早强剂”。

2. 粉煤灰三渣混合料的要求

（1）配合比

粉煤灰三渣配合比采用体积比（松方）即熟石灰：粉煤灰：碎石＝1：2：3。

允许误差范围为各原材料用量的±5％。

（2）粉煤灰三渣的最佳含水量应为石灰粉煤灰（二灰）细料的最佳含水量加碎石表面湿润的水分二灰细料（体积比 1：2）的最佳含水量按压力成型法测定。

（3）标准干密度按下法确定

①测定 12MPa 压力成型的两灰（石灰：粉煤灰＝1：2，体积比）的干密度。

②测碎石的干密度。

3. 水淬渣三渣基层对材料的要求

（1）原材料的要求

① 水淬渣

水淬渣是由碱性高炉或化铁炉红融渣水淬而成。表面呈多孔状，质地轻脆，干松密度为0.7～1.2t/m^3。

a. 应呈碱性，即：碱度（CaO/SiO_2）＞1.8。

b. 与石灰混合后能起水硬作用，即用熟石灰20％与水淬渣80％的重量比混合物（干密度熟石灰0.5t/m^3 水淬渣1.0t/m^3 计），其65℃快速饱水抗压强度应＞207kPa。

② 熟石灰

a. 生石灰必须在使用前两周加水充分消解。熟石灰的活性氧化钙含量不低于35％。

b. 熟石灰不得含有未消解颗粒，也不得含有僵块，＞2.5mm的颗粒含量应＜40％。

③ 碎石

a. 碎石应洁净、坚硬、有棱角。粒径宜为35～70mm，其中＞70mm含量不超过5％，＜35mm含量不超过15％。

b. 碎石的压碎值应＜30％，含泥量＜3％，针片状颗粒含量＜15％。

④ 水

消解石灰，拌制三渣，及三渣层养生用水，可用自来水或洁净的河水。当水质可疑时，应进行试验鉴定。

(2) 水淬渣三渣混合要求

① 配合比

体积比为熟石灰∶水淬渣∶碎石＝1∶2∶3。

② 最佳含水量。

以水淬二渣细料的最佳含水量为指控指标。

③ 最大干密度的确定。

a. 测定12MPa压力成型的两灰（石灰∶水淬二渣＝1∶2的体积比）的干密度。

b. 测定碎石的标准干密度。

c. 测算三渣标准干密度。

第二节　工程量计算规则应用释义

一、拆除旧路及人行道按实际拆除面积以平方米计算

[应用释义]　道路分类与分级

1. 道路的分类

(1) 按道路在城镇路网中的交通功能和对沿线建筑物的服务功能分类：快速路、主干路、次干路、支路。

(2) 按道路在城镇中所处的地位及服务范围分类：市级道路、区级道路和居住区道路。

(3) 按道路的平面及横向布置分类：单幅路、双幅路、三幅路和四幅路。

2. 道路的分级

(1) 按城市规模等条件划分道路等级（Ⅰ、Ⅱ、Ⅲ）。

（2）按交通荷载条件，车速、红线宽、设计年限等主要参数划分的道路等级：一级路、二级路、三级路和四级路。

只有认识道路类别等级，道路的路面和基层将随等级、类别不同而不同，应分别采取不同的方法进行拆除。拆除按面积以平方米计算。

二、拆除侧缘石及各类管道按长度以米计算

［应用释义］　管道的分类：按照管道的材料可分为金属管和非金属管。

1. 金属管又分为铸铁管和钢管

（1）铸铁管是给水管网及输水管道最常用的管材，它具有抗腐蚀性好，经久耐用，价格较钢管低，缺点是质脆不耐震动和弯折，工作压力较钢管低、管壁较钢管厚，且自重较大，因此再拆除时再利用务必小心弯折。

（2）钢管是由钢材制成的管状物体，有耐高压、韧性好、耐振动、管壁薄、重量轻、管节长、接口少、加工接头方便，在拆除时应清理干净。

2. 非金属管分为预应力、自应力混凝土管和塑料管

（1）预应力混凝土管

管的最大工作压力1.18MPa，管径一般为400～1400mm，管长为5m。

自应力混凝土管的工作压力为0.4～0.7MPa，管径一般为100～600mm。

预应力和自应力混凝土管均具有良好的抗渗性和耐久性，施工安装方便，水力条件好等优点。因自重大，质地脆，在搬运时严禁抛掷和碰撞，故拆除应采用起重机吊装。

（2）塑料管

塑料管分玻璃钢聚氯乙烯（FRP/PVC）复合管，高密度聚乙烯（HDPE）管，塑料管具有表面光滑，耐腐蚀，重量轻，加工接头方便等优点。

在拆除过程中，管道拆除非常复杂。因此必须对管道材料，安装过程，以及接头处应仔细试探，弄清其结构原理后才可动手，用机械或人工进行拆除。

侧缘石：是设在路边边缘的界石，也称道牙或缘人石，它是在路面上区分车行道，人行道，绿地，隔离带和道路其他部分的界线，起到保障行人，车辆交通安全和保证路面边缘整齐的作用。

侧缘石可分为侧石、平石、平缘石三种。

侧石又叫立缘石，顶面高出路面的路缘石有标定车行道范围和纵向引导排除路面水的作用。

平缘石：是顶面与路面平齐的路缘石，有标定路面范围，整齐路容，保护路面边缘的作用。采用两侧阴沟排水时常设置平缘石以利排水，也方便施工中的碾压作业。

平石：是铺筑在路面与立缘之间的平缘石，常与侧石联合设置，是城市道路中最常用的设置方式，为保证准确，不使锯齿形偏沟坡度的变动。

路缘石可用不同的材料制作，有水泥混凝土，条石块石等，缘石外形有直的、弯弧形和曲线形，应根据要求和条件使用，路缘石应有足够的强度，抗风化和耐磨耗的能力。

三、拆除构筑物及障碍物按体积以平方米计算

［应用释义］　构筑物：指与人们进行生产和生活活动有关，而不是直接使用的建筑

物，如烟囱、水塔、栈桥、堤坝、水池、油池等。

障碍物：挡住前进的物体。

四、伐树、挖树蔸按实挖数以棵计算

[应用释义]　树蔸：即树在伐掉主干后留下的树根和少量树干的部分。

在拆除新建建筑物和构筑物过程中，由于某些障碍物（如树蔸等）要进行拆除，需用人工和机械挖铲除。

五、路面凿毛、路面铣刨按施工组织设计的面积以平方米计算。铣刨路面厚度＞5cm须分层铣刨。

[应用释义]　路面凿毛：即利用手持式，风动凿岩机在路面上进行凿槽。

路面铣刨：即利用高压管，路面铣刨机的铣刨鼓边刀对路面进行铣刨后再用工人拆除。

手持风动凿岩机：在建筑工程中广泛采用的路面凿毛机械，它带有气腿支架，适用于任意角度和方向的打眼，使用风压应在0.5MPa以上。

因刨面的结构等级不同应分别采用路面凿毛和路面铣刨，对路面进行拆除。

第三节　定额应用释义

1. 拆除旧路

(1) 拆除沥青柏油类路面层

工作内容：拆除、清底、运输、旧料清理成堆。

定额编号　1-545～546　人工拆除　P134

[应用释义]　沥青：是石油原油经蒸馏等提炼出多种轻质油（如汽油、柴油等）及润滑油以后残留物，或再经加工而得的产品。它是一种有机胶凝材料，在常温下呈固体，半固体或黏性液体，颜色为褐色或黑褐色。

通常石油沥青又分建筑石油沥青、道路石油沥青和普通石油沥青三种。

①道路石油沥青：它有七个牌号，牌号越高，则黏性越小（即针入度越大）、塑性越好（即延度越大）、温度敏感性越大（即软化点越低），一般和砂石、三合土来铺设沥青柏油路。

②建筑石油沥青：针入度较大（黏性较大，软化点较高，耐热性较好）但延伸度较小（塑性较小）主要用作造油纸、油毡、防水涂料和沥青嵌缝膏，它们绝大部分用于屋面及地下防水、沟槽防水、防腐蚀及管道防腐工程。

③普通石油沥青：它含有害成分的蜡较多，一般含量大于5%，有的高达20%以上。故又称多蜡石油沥青，其化学结构为固态烷烃，多为片状或带状晶体。

普通石油沥青由于含有较多的蜡，故温度敏感性较大，达到液态时，温度与其软化点温度相差很小。

人工拆除，即利用人工对各种旧路面进行拆除，对拆除后的旧料进行清理堆放。

清底：即利用人工或机械对已经拆除的建筑物和构筑物进行清理基底。

运输：多采用机械将旧料运到堆放旧料地方的过程。

定额编号　1-547～1-548　机械拆除　P134

[应用释义]　机械拆除：即利用建筑机械包括（推土机、挖土机、内燃空气压缩机等）对旧路及不再使用构筑物进行拆除。

内燃空气压缩机：主要由内燃机、高压风管组成的建筑机械，其主要功能是对路面进行打眼、穿孔。

合金钢钻头：又称钎头，是传动冲击能量，用于破碎岩石、旧路面的主要部分，一般做成活动的，可以套上和取下，常用形式有“一字型”和“十字型”两种，钻头技术性能见表 2-51。

常用合金钻的技术性能　表 2-51

钻头类型	刃角角度	适用于岩石（路面）坚固系数
十字型	70	1～5
	90	6～10
	120	11～20
一字型	90	5～8
	110～120	8～20

按定额拆除旧路面一般采用一字型钻头。

高压风管：使高压风管的风进入钻机眼，不断对孔眼进行冲刷粉渣。

六角空心钢：见定额编号 1-391～1-394 基坑释义。

(2) 人工拆除混凝土类路面层

工作内容：拆除、清底、运输、旧料清理成堆。

定额编号　1-549～1-550　无筋　P135

[应用释义]　混凝土：见定额编号 1-511 过水土、石围堰释义。

混凝土常按照表观密度的大小分类，一般可分为：重混凝土，普通混凝土，轻混凝土。

混凝土按是否配置钢筋分成素混凝土和钢筋混凝土。

素混凝土：即无筋混凝土，在混凝土中没有配置钢筋。其工作性能为抗压强度较高，抗拉强度较低。只适用于以受压为主的构件，如柱墩、基础墙。

钢筋混凝土：就是在混凝土中配置一些钢筋以提高其抗拉强度的人工石材。

面层：是直接同车轮和大气相接触的结构层。它承受行车荷载（竖直力，特别是水平力和冲击力）的反复作用，又受到降水的侵蚀和气温变化的不利影响。因此，同其他层次相比，面层应具有较高的结构强度和气候稳定性，而且要耐久、防渗，其表面应有良好的平整度和粗糙度。

路面的使用品质主要取决于面层。例如，面层采用水泥混凝土、沥青混凝土铺筑的路面具有强度高，耐久性好，平整无尘等特点，能承担繁重交通，并保证高速行驶和常年通行，属于高级路面。次高级路面的面层类型有热拌沥青碎石、乳化沥青碎石。

面层采用泥结碎石，级配砾（碎）石及半整齐石块铺筑，因强度和耐久性较低，易生尘土、平整度差，只适用于车速不高和交通量较小的情况，属于中级路面。采用各种粒料加固或改善土铺筑的低级路面，强度和水稳性均差，能承担的交能量最小。

面层可由1～3层组成，如沥青上拌下贯式，上层采用沥青混合料而下层为沥青贯入碎石。碎（砾）石路面上所铺的砂土磨耗层和松散保护层，也可看作是碎石面层的组成部分。

定额编号　1-551～1-552　有筋　P135

［应用释义］　有筋：即在混凝土类路面配置一些钢筋。

钢筋：即主要成分是铁和碳，它的含碳量在2%以下，钢筋在混凝土结构中常分为两大类，一类是有物理屈服点的钢筋，如热轧钢筋和冷拉热轧钢筋；另一类是无物理屈服点的钢筋，如钢丝（光面钢筋，冷拔低碳丝和冷拔低合金钢丝）、钢铰线及热处理钢筋。

(3) 机械拆除混凝土类路面层

工作内容：拆除、清底、运输、废渣清理成堆。

定额编号　1-553-1-554　无筋　P136

［应用释义］　合金钢钻头（一字型）：钎头，又称钻头，是传冲击能量用于破碎岩石及路面的主要部分，一般做成活动的，可以套上和取下。常用形式有“一字型”和“十字型”两种。

六角空心钢：见定额编号1-391～1-394基坑释义。

定额编号　1-555～1-556　有筋　P136

［应用释义］　混凝土：见定额编号1-395～1-402松石释义。

有筋：即在混凝土结构中配置钢筋。作用是提高抗拉强度。

(4) 人工拆除基层或面层

工作内容：拆除、清底、运输、废渣清理成堆。

定额编号　1-557～1-558　碎（砾）石　P137

［应用释义］

碎（砾）石：是粒径大于2mm的颗粒含量超过全重50%的土，颗粒形状以圆形及亚圆形、棱形为主，其性质为透水性大，无黏性，毛细水上升高度不超过粒径大小。

基层：主要承受由面层传下来的行车荷载竖直力的作用，并把它扩散到垫层和土基，故基层应具有足够的强度和刚度，但可不考虑耐磨性能。基层受气候因素的影响虽不如面层强烈，但由于仍可能受到地下水和路表水的渗入其结构还应有足够的水稳定。基层顶面也应平整，具有与面层相同的横坡，以保证面层厚度均匀。

用作基层的材料有沥青稳定类（包括热拌沥青碎石、乳化沥青碎石混合料、沥青贯入碎石等），无机结合料稳定类（又称半刚性类型，分为水泥稳定类、石灰稳定类、工业废渣稳定类等）粒料等（包括各种碎砾石材料和天然砂砾等）以及片（块）石或圆石等。

沥青面层与半刚性基层之间可设置上基层，以加强面层与基层的共同作用或减小基层收缩所引起的反射裂缝，上基层采用沥青稳定材料或级配碎石铺筑。在基层之下，还可设置底基层。以分担基层的承重作用，并减薄其厚度。

为保护面层的边缘，基层每侧应比面层至少宽出25cm。底基层每侧宜比基层宽15cm，但膨胀土路基上的基层或透水性基层，其宽度应横贯整个路基，也可在边缘设置排水渗沟，以排除渗入该层的水分，避免引起路面破坏。

定额编号　1-559～1-560　碎砖　P137

［应用释义］　清底：即采用人工或机械对基础底部进行清理，并把旧料堆放整齐。

碎砖：即为破碎的砖，一般不再作为砌筑材料，多作用铺设基层的材料。

定额编号　1-561～1-562　矿（炉）渣、砂砾　P137

［应用释义］　矿（炉）渣：工厂火炉烧煤后留下的剩余物，它一般用作填充料及铺设基层的材料。

砂砾：是指粒径大于2mm的颗粒含量，不超过全重50%，粒径大于0.075mm的颗粒超过全重50%的土。

一般特征是易透水，当混入云母等杂质时透水性减小，而压缩性增加，无黏性，遇水不膨胀，干燥时松散；毛细水上升高度不大，随粒径变小而变大。

(5) 人工拆除基层或面层

工作内容：拆除、清底、运输、废渣清理成堆。

定额编号　1-563～1-564　毛（块）石　P138

［应用释义］　毛（块）石：是粒径大于200mm的颗粒含量超过全重50%的土。颗粒一般为圆形，亚圆形和棱角形，一般特征是透水性很大，无黏性，无毛细水。

定额编号　1-565～1-566　条方石　P138

［应用释义］　条方石：即方形的毛（块）石。其粒径大于200mm的颗粒含量超过全重50%的土，颗粒以条形和方形为主。

一般特征是透水性大、无黏性、无毛细水。

定额编号　1-567～1-568　钢渣　P138

［应用释义］　钢渣：钢渣平炉、转炉钢渣存放一年以上，呈灰褐色，有微孔密实时质地较重；严禁使用新渣、冶炼前期渣、钢渣粒径应不得小于50mm；游离氧化钙，含量应小于30%，压碎值应小于30%。

(6) 人工拆除基层或面层

工作内容：拆除、清底、运输、道渣清理成堆。

定额编号　1-569～1-570　无骨料多合土　P139

［应用释义］　多合土：即将石灰、黏土、砂石或炉渣等材料按照一定的比例拌制的土。

无骨料多合土：含有砂石、炉渣等骨料含量占全重的50%以下的多合土：

定额编号　1-571～1-572　有骨料多合土：　P139

［应用释义］　有骨料多合土：含有砂石、炉渣等骨料含量占全重的50%以上的多合土。

2. 拆除人行道

工作内容：拆除、清底、运输、旧料清理成堆。

定额编号　1-573　混凝土预制板　P140

［应用释义］　人行道：专门用来行人的道路，城市中一般用铁栏杆与车道分开。

混凝土预制板：利用钢筋，粗、细骨料、水泥，用模板制成的板。

合金钢钻头：见定额编号1-553～1-554无筋释义。

高压风管：见定额编号 1-547～1-548 机械拆除释义。

定额编号 1-574～1-575 现浇混凝土面层 P140

［应用释义］ 现浇混凝土：即在施工现场浇筑混凝土，现场浇筑混凝土由于其工艺简单、设备和原料的应用广，因此能够使其结构整体性能好，抗震性能强，平面布置灵活，成本相对降低等优点。现阶段由于施工技术的迅速发展，现场浇筑混凝土的质量得到了保障，故以现浇为主的结构得到了广泛发展。

混凝土：见定额编号 1-549～1-550 无筋释义。

定额编号 1-576～1-578 普通黏土砖 P140

［应用释义］ 普通黏土砖：即利用黏土在砖窑中一般烧制的砖，标准砖的尺寸为 240mm×115mm×53mm，每块砖的重量为 2.3～2.65kg。

六角空心钢：见定额编号 1-391～1-394 基坑释义。

3. 拆除侧缘石

工作内容：刨出、刮净、运输、旧料清理成堆。

定额编号 1-579～1-582 侧石 1-583～1-584 缘石 P141

［应用释义］ 侧缘石：是设在路边边缘的界石，也称道牙或缘石，它是在路面上区分车行道、人行道、绿地、隔离带和道路其他部分的界线，起保障行人、车辆交通安全和保证路面边缘整齐的作用。

侧缘石可分为侧石、平石、平缘石三种。

侧石、平缘石、平石：见第五章拆除工程第二节工程量计算规则应用释义第二条。

定额编号 1-585 混凝土侧缘石 P141

［应用释义］ 混凝土：见定额编号 1-511 过水土、石围堰释义。

混凝土侧缘石：用混凝土浇筑成型的侧缘石：它具有混凝土的一些性质，抗压强度高和一定的抗风化和耐磨的能力。

4. 拆除混凝土管道

工作内容：平整场地、清理工作坑、剔口、吊管、清理管腔污泥、旧料就近堆放。

定额编号 1-586～1-591 管径在（mm）以内 P142

［应用释义］ 混凝土管道：即利用混凝土预制成的管道，按照工程需要，可预制不同的管径。

平整场地：利用建筑机械推土机、铲土机对施工场地进行整平、压实。

管径：管道的内直径。

工作坑：管道埋入地下所形成的坑。

剔口：对管道的接口处进行拆除连接混凝土。

吊管：利用起重机如汽车式起重机将混凝土管道吊起的过程。

汽车式起重机：是将起重机构安装在普通汽车或专用汽车底盘上的一种自行式全回转起重机。这种起重机优点是行驶速度快，能迅速转移，对路面破坏很小但吊装作业必须支腿，因而不能负荷行驶，且不适合松软或泥泞地面作业。

按起重机最大起吊重量的大小可分为5t、8t、12t、16t的汽车式起重机。

5. 拆除金属管道

工作内容：平整场地、清理工作坑、安拆导管、剔口、吊管、清理管腔污泥、旧料就近堆放。

定额编号　1-592～1-594　人工拆除管径在（mm）以内　P143

［应用释义］　金属管道：用金属材料制成的管道，多为钢管。

圆木：即截面为圆形的木材。

工字钢：型钢的截面成“Ⅰ”字形。工字钢有普通工字钢、轻型工字钢和宽翼缘工字钢三种。普通工字钢和轻型工字钢的两个主轴方向的惯性矩相差较大，不宜单独用作轴心，受压构件或承受双向弯曲的构件，而宜用作为在腹板平面内受弯构件，或由几个工字钢组合成组合构成。宽翼缘工字钢平面内外的回转半径较接近，宜用作轴心，受压柱之类的构件。

普通工字钢用符号表示，例如I20表示工字钢高度为200mm。18号以上的工字钢，同一号数有两种或三种不同的腹板厚度。分别用a、b或a、b、c表示，并在号数中注明I32a，即腹板为a的一种，轻型工字钢的翼缘要比普通工字钢的翼缘宽而薄，回转半径也略大些。我国生产普通工字钢为10—63号，轻型工字钢的最大号数为70号，长度均为5～9m。

定额编号　1-595～1-599　机械拆除管径在（mm）以内　P144

［应用释义］　剔口：对管道的接口进行清理、剔除。

汽车式起重机：见定额编号1-586～1-591管径在（mm）以内释义。

6. 镀锌管拆除

工作内容：锯管、拆管、清理、堆放。

定额编号　1-600～1-604　公称直径在（mm）以内　P145

［应用释义］　镀锌管：在金属管的表面镀上一层薄锌，以防止管子生锈。

锯管：一般采用钢锯用人工、电动，对管子进行加工锯断。

机油：即机械油，特指用于内燃机等自动润滑系统中的润滑油。

公称：机器性能、管道的尺寸的规格或标准。

7. 拆除砖石构筑物

工作内容：1. 检查井：拆除井体、管口、旧料清理成堆；2. 构筑物：拆除、旧料清理成堆。

定额编号　1-605～1-606　砖砌检查井　P146

［应用释义］　检查井：用来对管渠系统作定期检查和清通的构筑物。

按照检查井的功能可以分为：跌水井、水封井、换气井。

检查井通常设在管渠交汇、转弯、管渠尺寸或坡度改变，跌水等处以及相隔一定距离的直线管渠段上。

检查井一般采用圆形，由井底（包括基础）、井身和井盖（包括盖底）3部分组成。

检查井井底材料一般采用低强度等级混凝土，基础采用碎石、卵石、碎砖夯实或低强度等级混凝土。

检查井井身的材料可采用砖、石、混凝土或钢筋混凝土。

检查井井盖可采用铸铁或钢筋混凝土材料，在车行道上一般采用铸铁。

定额编号　1-607　砖砌其他构筑物　P146

［应用释义］　构筑物：一般不直接在内进行生产和生活活动的建筑物。如水塔、烟囱等。

砖砌：即砌筑工程的一部分所用的砌体材料为各类砖。

8. 拆除混凝土障碍物

工作内容：拆除、运输、旧料堆放整齐。

定额编号　1-608～1-609　人工拆除　P147

［应用释义］　障碍物：挡住道路使人和物不能顺利通过的物体。

混凝土障碍物：障碍物是用混凝土浇筑成形的。

钢筋混凝土：在混凝土里配置一定的钢筋以提高混凝土的抗拉强度，这样的混凝土叫钢筋混凝土。

钢筋和混凝土这两种力学性能很不相同的材料之所以能结合一起有效地共同工作，主要是由于：(1) 钢筋与混凝土的接触面上存在有粘结强度，能够传递两者间的相互作用力，使之共同受力；(2) 钢筋与混凝土的温度线膨胀系数很接近，钢筋为 $1.2\times10^{-5}/℃$；混凝土为 $1.0\times10^{-5}\sim1.5\times10^{-5}/℃$，当温度变化时，两者间不会因产生较大的相对变形而破坏他们之间的粘结力；(3) 钢筋至构件边缘之间的混凝土保护层，起着防止钢筋锈蚀的作用，当混凝土保护层具有足够的密实性和厚度时，能够保证结构的耐久性，使钢筋与混凝土长期可靠地共同工作。

钢筋混凝土结构的主要优点：

(1) 混凝土中占比例较大的砂、石等材料，便于就地取材。由于钢筋混凝土结构构件合理地利用了钢筋和混凝土这两种材料的受力特点，在一定条件下可用来代替钢结构，因而能节约钢材、降低造价；

(2) 钢筋混凝土结构具有良好的耐久性、维护费用很低，有较好的耐火性。

(3) 钢筋混凝土的可塑性好：可根据结构浇筑成各种形状的结构。

(4) 现浇及装配式钢筋混凝土结构，整体性好，又具备较好延性，适用于抗震结构。

混凝土结构也存在一些缺点：自重过大，施工复杂，浇筑混凝土需要模板支撑，户外施工受到季节条件的限制、补修复杂。

定额编号　1-610～1-611　机械拆除　P147

［应用释义］　合金钢钻头：见定额编号 1-395～1-402 松石释义。

机械拆除：即利用建筑机械如内燃空气压缩机，手持式风动凿岩机等对建筑物进行拆除，然后用推土机、起重机进行清理并把旧料堆放整齐。

六角空心钢：见定额编号 1-391～1-394 基坑释义。

9. 伐树、挖树蔸

工作内容：锯倒：砍枝、截断、刨挖、清理异物、就近堆放整齐。

定额编号 1-612～1-615 伐树、离地面20cm处树干直径（cm）内 P149

［**应用释义**］ 树蔸：树木经砍伐后留下的树干，一般树干离地面20cm。

锯倒：人工用手锯或电锯将树木离地面20cm处锯断。

砍枝：将树干上的小树枝用斧头或其他刀具砍去。

定额编号 1-616～1-619 挖树蔸、离地面20cm处树干直径（cm）内

［**应用释义**］ 刨挖：用人工和机械把树蔸挖出的行为，刨挖树蔸主要是为了清理障碍物。

10. 路面凿毛

工作内容：凿毛、清扫废渣。

定额编号 1-620～1-621 沥青混凝土 P149

［**应用释义**］ 沥青混凝土：在混凝土组成材料中掺入适量的沥青，可以提高混凝土的防水性能。

凿毛：利用凿岩机对路面进行开凿炮眼。

凿岩机：开凿岩石用的风动工具，利用压缩空气使活塞作往复运动，冲击杆子，多用于开凿炮眼，又叫风钻。

定额编号 1-622～1-623 水混凝土 P149

［**应用释义**］ 水混凝土：在混凝土组成材料中掺入水的量比一般混凝土多，它具有更长的硬化时间。抗压强度比有所提高，但混凝土的孔隙较多，抗拉强度比一般混凝土低，一般用于受压构件的浇筑。

高压风管：使高压风管压缩空气进入钻机孔眼，不断对孔眼进行冲刷粉渣。

六角空心钢：见定额编号1-391～1-342基坑释义。

11. 路面铣刨机铣刨沥青路面

工作内容：铣刨沥青路面、清扫废渣。

定额编号 1-624 铣刨机铣刨路面厚（1—5cm） P150

［**应用释义**］ 铣刨机：用来切削混凝土、砌体物体等的一种机械，装有棒状或盘状的多刃刀具，用来加工平面，曲面和各种凹槽。工作时刀具旋转，对要切削的工件铣刨。

沥青：是石油原油经蒸馏等提炼出各种轻质油（如汽油、柴油等）及润滑油以后的残留物；或再经加工而得的产品。它是一种有机胶凝材料，在常温下呈固体、半固体或黏性液体；颜色为褐色或黑褐色。

通常石油沥青又分成建筑石油沥青、道路石油沥青和普通石油沥青三种。

（1）道路石油沥青

道路石油沥青有七个牌号，牌号越高，则黏性越小（即针入度越大）塑性越好（即延度越大），温度敏感性越大（即软化点越低）。

（2）建筑石油沥青

建筑石油沥青针入度较小（黏性较大）软化点较高（耐热性较好），但延伸度较小

（塑性较小），主要用作制造油纸、油毡、防水涂料和沥青嵌缝膏，它们绝大部分用于屋面及地下防水，沟槽防水、防腐蚀及管道防腐等工程。

（3）普通石油沥青

普通石油沥青含有害成分的蜡较多，一般含量大于5%，有的高达20%以上，故又称多蜡石油沥青。以化学结构讲，蜡为固态烷烃，多为片状或带状晶体。

普通石油沥青由于含有较多的蜡，故温度敏感性较大，达到液态时的温度与其软化点相差很小。

第六章　脚手架及其他工程

第一节　说明应用释义

一、本章脚手架定额中竹、钢管脚手架已包括斜道及拐弯平台的搭设。砌筑物高度超过1.2m可计算脚手架搭拆费用。

仓面脚手的不包括斜道，若发生则另按建筑工程预算定额中脚手架斜道计算；但采用井字架或吊扒杆转运施工材料时，不再计算斜道费用。对无筋或单层布筋的基础和垫层不计算仓面脚手费。

［应用释义］　脚手架是砌筑过程中工人进行操作、堆放材料和运输材料的临时性设施。它直接影响到工程质量、施工安全和劳动生产率。

脚手架的基本要求：宽度必须满足工人操作、材料堆置和运输的使用要求，一般砌筑工程工作布置宽度2.05～2.60m，并在任何情况下不得小于1.5m，每步架高度1.2～1.4m。脚手架必须坚固稳定，安全可靠；构造宜简单，易于拆除；最好能多次周转使用；因地制宜，就地取材。

脚手架的分类：按搭设位置，分为外脚手架和里脚手架两大类；按其构造形式，可分为多立杆式、框架式、桥式、悬吊式、挂式、挑梁式以及用于楼层间操作工具式等类脚手架；按所用材料可分为木脚手架、竹脚手架和钢管脚手架等。竹、木脚手架可就地取材、适应性强，目前在我国某些地区仍在使用，但这类脚手架周转次数少，材料耗用量大，尤其是木脚手架，已很少采用。

斜道：又称盘道、马道、附着在脚手架旁，一般用来供人员上下脚手架用。有时兼作运输，但必须注意材料运输的斜道宽度应适当增大，坡度也应较缓。

斜道又分依附式和独立式两种，斜道的搭设高度从室外自然地坪至斜道最高的一根横杆的高度为标准。根据高度不同，斜道的定额基价不相同，斜道的搭设高度分别为9m以内和20m以内。根据斜道类型和斜道搭设高度可将斜道分成四个子目，即独立斜道9m以内，20m以内及依附式斜道9m以内和20m以内。这样，出现了四个不同的基础定额。

仓面脚手架：在贮物仓库的砌筑过程中，为方便施工和输送材料而搭设的脚手架。

外脚手架：沿着市政工程外围从地面搭起，既可用于外墙砌筑，又可用于外墙装修施工。其主要结构有多立杆式、桥式、框式，其中以多立杆式和框式最为普遍。

1. 脚手架按构造形式划分

(1) 多立杆式脚手架

由立杆，大小横杆及斜撑组成（竹木脚手架还组设抛撑）。多立杆式分为双排式和单排式。双排式沿墙外侧设两排立杆；单排式沿墙外侧设一排立杆，其小横杆一端与大横杆连接，另一端支压墙体上。

单排外脚手架与双排外脚手架比较见表 2-52：

表 2-52

单　排　式	有 脚 手 眼	稳定性较好	高度不超过 30m
双　排　式	无 脚 手 眼	稳定性好	高度较大

（2）框式脚手架

装拆方便，构件规格统一。脚手架搭设宽度有 1.2、1.5、1.6m，每步架高 1.3、1.7、1.8、2.0m 等规格，可按不同组合用作内、外脚手架及各种支架，对地基及底座的要求与钢管扣件脚手架相同。

2. 脚手架按搭设位置划分

外脚手架工程量是以面积为单位计算，即外脚手架的实际铺设面积。

适用于外脚手架工程量计算一般包括以下内容：

（1）市政工程外墙设计室外地坪至檐口（或女儿墙上表面）的砌筑高度超过 3.6m 的。

（2）市政工程内墙，设计室内地坪到顶板下表面高度在 3.6m 以上的。

（3）现浇钢筋混凝土柱梁。

（4）石砌墙体，凡砌筑高度超过 1.0m 以上。

（5）围墙脚手架，凡室外自然地坪至围墙顶面的砌筑高度在 3.6m 以上的。

（6）砌筑贮仓、贮水池、大型设备基础距地面高度超过 1.2m 以上的。

（7）以下多层建筑物及檐高在 3.6m 以上的单层建筑物，均按外脚手架计算：

① 框架结构的砖墙。

② 外墙门窗洞口面积超过整个建筑物面积的 40％以上的。

③ 毛石外墙。

④ 空心砖外墙，空斗外墙、填充外墙。

⑤ 外墙裙以上的外墙面抹灰面积占整个构筑物总外墙面积 25％以上的。

（8）高颈杯形钢筋混凝土基础，其基础底面至自然地面的高度超过 3m 时。

（9）室外单独砌砖、石独立柱，墩及突出的砖烟囱。

（10）高度超过 1.2m 的砖石砌水池。

（11）施工高度在 6～10m 捣制梁，10m 以上按施工组织设计计算费用。

以上的内容都是从《规则》中归纳出来的。

特别注意，上面所列 11 项都是用脚手架费用项目进行计算，而没有说明是按单排脚手架计算，还是按双排脚手架计算。这些只是在计算规则中才有详细了解。后面的里脚手架、满堂脚手架的介绍也如此。

里脚手架：搭设于建筑物或构筑物内部，每砌完一层楼后，即将脚手架移到上一层的施工。它用于内外墙的砌筑和室内装饰施工。里脚手架用料少，但装拆频繁，故要求灵活方便，易于装拆和搬运，结构形式有折叠式、支柱式、门式多种。图 2-49 所示：

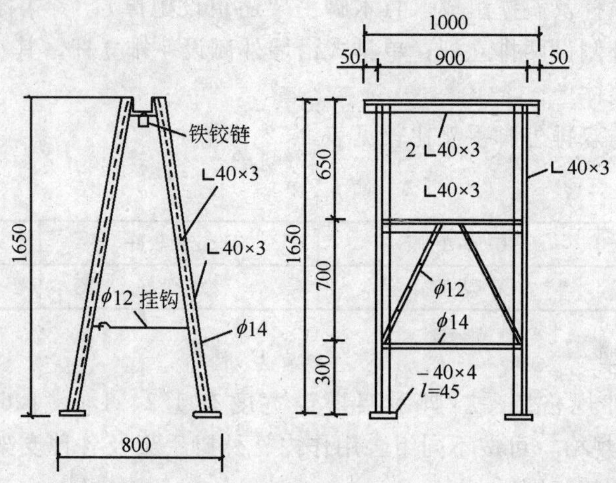

图 2-48　角钢折叠式里脚手

角钢制的折叠式里脚手架，两支架上架设脚手板，支架间距一般为 1.8～2.0m，可以设两步。第一步高 1m，第二步高 1.65m。图 2-49 所示套管式支柱，插管插在立管中，籍销孔间距调节高度，在插管顶端凹槽内搁置横杆，横杆上铺脚手板，用里脚手架砌外墙，外围应挂设安全网，且安全网应随楼层施工进度上移。

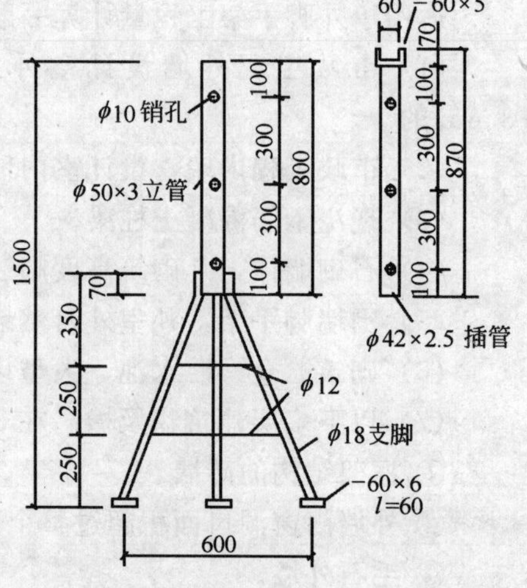

图 2-49　套管式支柱

适用于里脚手架费用计算的有：

（1）建筑物内墙脚手架，设计室内地坪至顶板下表面距离（或山墙的高度的 1/2 处）在 3.60m 以下。

（2）围墙脚手架，凡室外地坪至围墙顶面的砌筑高度在 3.6m 以下的。

（3）内墙面净高度超过 3.6m 以上需做装饰者，如已计算满堂脚手架，则不必计算里脚手架。

（4）室外单独砌筑砖石挡土墙、构造墙，高度超过 1.2m 以上时。

（5）砌砖石基础，室外自然地面以下的深度超过 1.5m 时。

（6）间壁墙定额已包括搭拆 3.6m 的简易架凳，高度超过 3.6m 的间壁墙应用里脚手架费用计算。

（7）突出屋面的房上烟囱，平均高度超过 1.2m 的。

（8）地下室外墙及深基础，按地下室内地坪至地下室或基础的顶面高度计算，高度在 3.6m 以内的，里脚手架工程是按照墙面垂直投影面积计算。在定额中，单位面积为 $100m^2$。

3. 脚手架按搭设材料划分

分为木脚手架，即用木杆与镀锌钢丝相互绑扎而成；竹脚手架则用钢丝或竹蔑和竹杆绑扎而成的，竹、木脚手架操作技术要求高，耗材多，周转次数少；钢管脚手架由 ϕ48 钢管和扣件连接而成的，装拆方便，搭设高度大，周转次数多，摊销费用低。

材料的耗用量：

(1) 脚手架材料的使用寿命期（见表 2-53）

脚手架材料的使用寿命期表 **表 2-53**

材料名称	规格	使用寿命（月）
钢管	ϕ48×3.5	180
扣件		120
底座		180
木脚手板、木杆		42
竹脚手板		24
毛竹		24
安全网		1次
绑扎材料		1次
黄席		1次

(2) 材料损耗率

按《全国统一市政工程预算定额》中规定：

钢管：4%； 防锈漆：3%； 8号钢丝：2%；

溶剂油：4%； 钢钉：2%； 毛竹 5%；

缆风绳：5%。

(3) 脚手架一次使用期的确定（见表 2-54）

脚手架一次使用期表 **表 2-54**

项目	一次使用期	项目	一次使用期
依附斜道高 5m 以内的	2个月	悬空脚手架	7.5d
脚手架及斜道 15m 以内	6个月	安全网	7.5d
脚手架及斜道 24m 以内	7个月	烟囱（水塔）高度在 45m 以内	3个月
脚手架及斜道 30m 以内	8个月	烟囱（水塔）高度在 60m 以内	3.5个月
脚手架及斜道 50m 以内	12个月	烟囱（水塔）高度在 80m 以内	4.5个月
脚手架及斜道高 70m 以内	20个月	电梯井字架高度在 20m 以内	6个月
脚手架及斜道高 90m 以内	25个月	电梯井字架高度在 30m 以内	8个月
脚手架及斜道高 110m 以内	32个月	电梯井字架高度在 50m 以内	12个月
满堂脚手架	25d	电梯井字架高度在 80m 以内	18个月
室外管道脚手架	1个月	电梯井字架高度在 100m 以内	24个月
挑脚手架	10d	架空运输管道	6个月

(4) 脚手架柱距、步高的确定（见表 2-55）

(5) 脚手架使用残值计算表（见表 2-56）

脚手架柱距、步高的确定表　　表 2-55

项　目	木　制	竹　制	钢　管
立杆间距（m）	1.5	1.5	2.0
步高（m）	1.2	1.6	1.3

脚手架使用残值计算表　　表 2-56

项　目	木　制		竹　制		金属制	
	步数	取定高度（m）	步数	取定高度（m）	步数	取定高度（m）
高 15m 以内	9	10.80	6	12.20	10	13.00
高 24m 以内					16	20.80
高 30m 以内	18	21.60			21	27.40
高 50m 以内					30	39.00
高 70m 以内					50	66.50
高 90m 以内					63	84.50
高 110m 以内					80	105.50
钢　管	10%	扣　件	5%	木脚手板、杆	10%	
竹脚手板	5%	毛　竹	5%	底　垫	5%	
缆风绳	10%	垫　木	10%	缆风桩	10%	

从上面表格中可以看出钢管脚手架的耗用较竹、木脚手架的耗用量小，摊销费用少，就经济和安全角度考虑，脚手架采用金属脚手架较好。而事实上，现在脚手架一次购用费较竹、木脚手架高，而且维修、保养也较麻烦，有些单位还是在采用传统的竹、木架设工具施工。

钢管脚手架一般都由 ϕ48 钢管和扣件（螺栓、碗扣等）连接而成、具有高强度、方便、稳定性好等优点。但是钢管脚手架对地基和搭设要求也与竹、木脚手架不同。这里将钢管脚手架对地基要求略为介绍一下，以供预算人员参考用。

（1）首先，放置脚手架的地基应平整，然后用人工或机械夯实。

（2）脚手架钢立柱截面过小，不能直接立在地面上，应加设底座和垫块来增大接触面积，减少脚手架沉降，垫块厚度不得小于 50mm。

（3）遇到有坑或槽的地方，立杆应落到实处，否则垫块会损坏，丧失其作用。一般放在坑或槽底的平坦部分，同时也可加设底梁（一般可用道木和型钢梁等）。

（4）脚手架地基由于为纯土层，经不住水的浸泡、故必须有可靠而又实用的排水措施，防止积水过长停留，腐蚀地基。

（5）脚手架旁有开挖的沟槽、应控制外立杆距沟槽的距离，以防土层受剪而发生滑移，导致脚手架局部失稳。

（6）由于通道处有行人和车辆通过，故底部垫土一般放在低于地面的坑或槽里面，并在其上加设盖板，避免由于人或车的碰动而造成脚手架的失稳。

4. 其他脚手架

烟囱是用来排放工业废气等的筒状构筑物。

构筑物：指与人们进行生产和生活活动有关，而不是直接使用的建筑物，如烟囱、水塔、栈桥、堤坝、水池、油池等。

烟囱：砖烟囱、钢筋混凝土烟囱、钢烟囱。

烟囱脚手架：专门为搭设烟囱而设置的脚手架。可分为以下几种搭设方式：

(1) 砖烟囱内井架提升式：内井架设在烟囱筒内，用倒链将可收缩的吊盘操作台悬挂在井架上。根据施工需要沿着井架向上移挂提升。竖井架根据烟囱内径大小选用，如烟囱下部内径较大，可采用多孔竖井架设，而上部内径小可改用单孔竖井架。操作台应均匀提升，保持水平。在靠竖井架的里圈，应钉防护板，以免砖头掉落。

(2) 砖烟囱内井架升降式：在烟囱旁边架设一座矩形井架，并围绕烟囱筒身和井架，用架杆绑一个升降平台，台上铺设架板，用一台慢速卷扬机控制操作台升降。

(3) 砖烟囱提升式吊篮操作：在筒身内架设一座断面尺寸较小的单孔竖井架。在井架顶用倒链悬挂并提升由滑动套、挑梁和拉杆组成的提升架。

(4) 钢筋混凝土烟囱竖井架移置模板施工，将操作台悬挂在内井架上沿着井架向上移挂提升，竖井架承受工作台的全部施工荷载，并兼用于垂直运输。

电动井字脚手架：用于电梯安装和检修的脚手架，由于电梯井的缘故，脚手架常搭成井字形。

二、混凝土小型构件是指单件体积在 0.04m³ 以内，重量在 100kg 以内的各类小型构件。小型构件、半成品运输系指预制、加工场地取料中心至施工现场堆放使用中心距离的超出 150m 的运输。

[应用释义]　混凝土小型构件：在《全国统一市政工程预算定额》中规定，单体体积在 0.04m³ 以内，重量在 100kg 以内的小型构件。

小型构件、半成品运输：预制、加工场地取料中心至施工现场堆放使用中心距离超出 150m 的运输。

在脚手架工程中，通过人力或机械运输小型构件、半成品，主要途径是在脚手架上运输。

三、井点降水项目适用于地下水位较高的粉砂土、砂质粉土、黏质粉土或淤泥质夹薄层砂性土的地层。其他降水方法如深井降水、集水井排水等，各省、自治区、直辖市可自行补充。

[应用释义]　粉砂土：指颗粒的直径的级配以 0.005～0.075mm 的粒组为主，其工程性质介于黏性土和砂类土之间。

黏质粉土：指粒径大于 0.075mm 的颗粒含量不超过全重 50%，塑性指数却小于或等于 10 的土，且粒径小于 0.005mm 的颗粒含量超过全重 10%的粉土。

砂质粉土：指粒径小于 0.005mm 的颗粒含量不超过全重 10%的粉土。

淤泥质土：指在静水或缓慢的流水环境中沉积，并经生物化学作用形成，其天然含水量大于液限，当天然孔隙比小于 1.5 但大于或等于 1.0 时就称为淤泥质土。

人工降低地下水位，常采用井点排水方法，是沿基坑的四周或一侧埋入深于坑底的井点滤水管或管井，以总管连接抽水，使地下水低于基坑底，以便在无水条件下挖土。各种井点选用范围区别见表 2-57。

各种井点选用范围　　**表 2-57**

井点类型	土层渗透系数（m/d）	降低水位深度（m）
单层轻型井点	0.1～50	3～6
多层轻型井点	0.1～50	6～12
喷射井点	0.1～50	8～20
电渗井点	＜0.1	根据选用井点确定
深井井点	10～250	＞15
管井井点	20～200	3～5

轻型井点在各种人工降低地下水位的方法中，应用较为普通，下面作一简要介绍：

1. 轻型井点设备

轻型井点设备（如图 2-50）主要包括：井点管（下端为滤管）、集水总管和抽水设备等。井点管长 6m，滤管长 1.0～1.2m，井管与滤用螺钉套头连接。集水总管为内径 100～127m的无缝钢管，其节长 4m，其间用橡皮套管连接，并用钢箍箍紧，以防漏水，总管上装有与井点管连接的短接头，间距 0.8 或 1.2m，干式真空泵轻型井点和抽水设备由真空泵、离心泵和水气分离器组成。

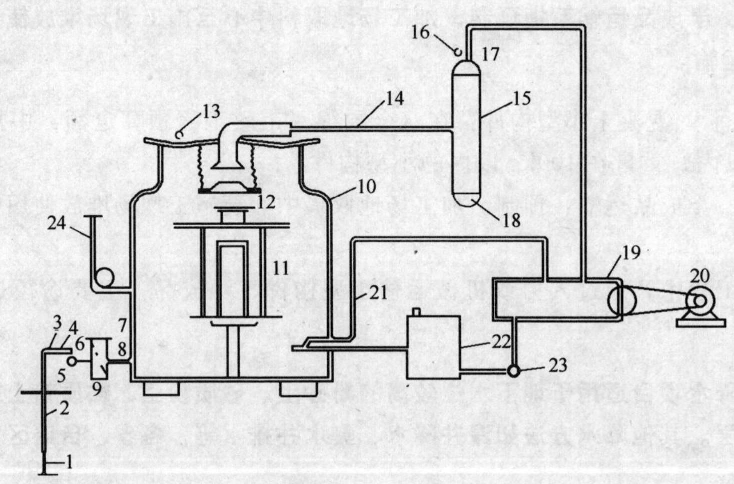

图 2-50　轻型井点设备主机原理图

1—滤管；2—井管；3—弯管；4—阀门；5—集水总管；6—集水总管的闸门；7—滤网；8—过滤室；9—掏砂孔；10—水气分离器；11—浮管；12 进气管阀门；13—真空计；14—进水管；15—真空计；16—副水气分离器；17—挡水板；18—放水口；19—真空泵；20 电动机；21—冷却水管；22—冷却水箱；23—冷却循环水泵；24—离心泵

抽水时，先开动真空泵 19，将水气分离器 10 内部抽成一定程度的真空。在真空吸力作用下，地下水经滤管 1、井点管 2 吸上，经弯管和阀门进入总管 5；由此再经过滤室 8 进入水气分离器 10，水气分离器中有一浮筒 11，沿中间导杆升降，当水气分离器内的水多起来时，浮筒 11 上升，此时即开动离心泵 24 将水气分离水和空气由两个方向流去，水经离心泵排出，空气集中在其上部由真空泵排出。

2. 轻型井点布置

根据基坑大小、深度、土质、地下水位高低与流向，降水要求等级而定。

(1) 平面布置

当槽、沟宽度小于6m，水位降低值小于5m时，可采用单排线状井点。沟槽宽度大于6m时，宜采用双排井点。面积较大的基坑宜用环状井点，井点管间距一般0.8～1.6m。采用多套抽水设备，井点系统要分段，各段长度应大致相等。

(2) 高程布置

轻型井点降水深度。考虑设备水头损失后不超过6m。

井点管的埋设深度 H（不包括滤管）按下式计算：

$$H \geqslant H_1 + h + IL \tag{2-95}$$

式中　H_1——井管埋设面至基坑底的距离，m；

h——基坑中心处坑底面（单排井点时，为远离井点一侧坑底边缘）至降低后地下水位的距离，一般为0.5～1.0m；

I——地下水落坡度，环状井点1/10，单排线状井点1/4；

L——井点管至其坑中心的水平距离，m，单排井点中为井点管至基坑另一侧的水平距离。如图2-51。

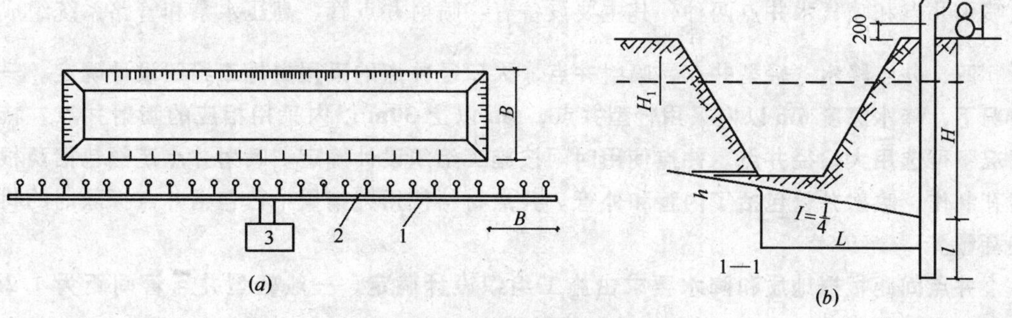

图2-51　单排井点布置简图

(a) 平面布置；(b) 高程布置

1—总管；2—井点管；3—抽水设备

3. 井点管埋深

一般应使井点管露出地面0.2m左右为宜。如果计算出的 H 值大于井点管长度，则应降低井点管的埋置面（但以不低于地下水位为准）以适应降水深度要求。在任何情况下，滤管必须埋设在透水层。为了充分利用抽吸能力，总管的布置标高宜接近地下水位线，水泵轴心标高宜与总管平行或略低于总管应具有0.25%～0.5%坡度（坡向水泵房）各段总管与滤管最好分别设在同一水平面内，不宜高低悬殊。

电渗井点：在饱和性黏土中，特别是在淤泥和淤泥质黏土中，由于土的渗透性差（渗透系数小于0.1m/d)，使用重力或真空作用的一般轻型井点排水，效果很差，此时宜用电渗排水。利用黏土中的电渗现象和电缘特性，对透水性差的土起疏干作用，从而使软土地基排水效率得以提高，一般与轻型井点或喷射井点结合使用。

电渗排水是利用井点管（轻型井或喷射井点管）本身作阳极，沿基坑外围布设，采用套管冲成孔埋设，以钢管（ϕ50～ϕ75）或钢筋（ϕ25 以上）作为阳极，埋设于井点管内侧。阳极埋设应垂直，严禁与相邻阴极相碰，一般阳极外露在地面上约 20～40cm，其入土深度比井点管深 50m 以保证水位能降到所要求的深度。阴阳极间间距一般为 0.8～1.0m（轻型井点）或 1.2～1.5m（采用喷射井点）并成平行交错排列。阴阳极的数量宜相等，必要时阳极数量可多于阴极数量，阴阳极应分别用电线或钢筋等连成线路，接到直流发电机的相应电级上。

电渗井点的布设：电渗井点布设，采用直流电源。电压不宜大于 60V，电流密度宜为 0.5～1.0A/m² 阳极参用直径 50～75mm 的钢管或直径小于 25mm 的钢筋；负极采用井点本身。正极和负极自成一列布置。

电渗井点施工与轻型井点相同。电渗井点安装完毕后，为避免大量电流从表面通过，降低电渗效果，减少电耗，通电前应将地面上金属或其他导电物处理干净，电路系统中应安装电流表和电压表，以便操作观察。电流必须设有接地线。电渗井点运行时，为减少电耗，应采取间歇通电，即通电 24h 后，停电 2～3h 再通电。

喷射井点：当基坑开挖较深，降水深度大于 6m 时，采用一般轻型井点常不能满足要求，而必须使用二级或多级轻型井点才能满足要求，这需要增加设备机具数量和基坑开挖面积、土方量、拖长工期，不够经济。此时宜采用喷射井点降水，降水深度可达 8～20m，在渗透系数为 3～50m/d 的砂土中应用较为有效。喷射井点根据使用液体或立体不同，分为喷水井点和喷气水井点两种，其主要设备有：喷射井点管、高压水泵和管路系统组成。

四、井点降水：轻型井点、喷射井点、大口径井点的采用由施工组织设计确定。一般情况下，降水深度 6m 以内采用轻型井点，6m 以上 30m 以内采用相应的喷射井点，特殊情况下可选用大口径井点。井点使用时间按施工组织设计确定。喷射井点定额包括两根观察孔制作，喷射井管包括了内管和外管。井点材料使用摊销量中已包括井点拆除时的材料损耗量。

井点间距根据地质和降水要求由施工组织设计确定，一般轻型井点管间距为 1.2m，喷射井点管间距为 2.5m，大口径井点管间距为 10m。

轻型井点井管（含滤水管）的成品价可按所需钢管的材料价乘以系数 2.40 计算。

［应用释义］　轻型井点降水：是沿基坑周围以一定的间距埋入井点管（下端为滤管），在地面上用集水总管将各井点管连接起来，并在一定位置设置抽水设备，利用真空泵和离心泵的真空吸力作用，使地下水经滤管进入井管，然后经总管排出，从而降低地下水位。

喷射井点：见第六章脚手架及其他工程第一节说明应用释义第三条。

大口径井点：适用土层渗透系数大（k＝10～250m/d），出水量（涌水量）大，所需降水深度很深（大于 15m），环境允许凿井、工期适当时。

下面介绍各种井点降水的适用范围：

轻型井点：适用于降水深度 6m 以内，6m 以内指的是小于或等于 6m。

喷射井点：适用于降水深度在 6m 以上 30m 以内。个别特殊情况采用大口径井点。

井点布置：布置单排、双排、单层、双层井点，主要是由涌水量计算结果、施工方法、设备能力、降水深度、沟槽宽度等实际情况决定。一般沟槽较窄、水量不大时，布置单排井点；沟槽较宽或涌水量较大时、布置双排井点；降水深度在 3～5m 时布置单层井点；降水深度在 6～8m 时，布置双层轻型井点；降水深度超过 8m 时，可布置喷射井点。

井点距槽上口边的距离：根据槽坡、土质确定，以不滑坡、不影响其空度为原则布置；无支撑的沟槽一般井点距槽边 1.0～1.5m 为宜；井点管距结构外缘大于或等于 1.5m。

1. 井点管长度

布置井点管顶和集水干管标度时应尽量考虑减小水泵吸程。当地下水位在地面以下深于 2m 时，应尽量先降低槽口或开二步槽，把集水干管布置在二层槽台上，且须注意保证冲点时的排泥出路。

井点管的实管（白管）长度 l_1 可按下式计算，但其长度不应大于 6m，而滤管（花管）顶端要在槽底以下超过 1.5m。

$$L_1=l_1+l_2+l_3+l_4 \tag{2-96}$$

式中　L_1——井点实管（白管）长管，m；

l_1——槽底以上的井点实管长度，m；

$$l_1=h_1-h_2$$

h_1——井点管顶的标高；

h_2——沟槽底标高；

l_2——开槽要求水位降至槽底以下的深度（0.5～0.8m）；

l_3——水位降落曲线差值；

$$l_3=\beta$$

β——槽底远点到井点管的距离，m；

$$\beta=b+b_1+b_2$$

b——槽底宽，m；

b_1——槽坡单面增加的槽上口宽度，m；

b_2——槽上口边至井点管的距离，m；

l_4——接头长度，一般为 0.2m。

井点管总长度可按下式计算：

$$L_0=L_1+l+l_5 \tag{2-97}$$

式中　L_0——井点管总长度，m；

L_1——井点实管（白管）长度，m；

l——滤管（花管）长度，m；

l_5——冲点管头长度，一般为 0.1～0.2m。

滤管长度 l 值，一般为 0.8～2.0m；有产型产品，自制常选 1.0 或 1.2m 选定 l 值应考虑使 $l\geqslant\frac{2}{3}H_l$（式中 H_l 为井水位以下有效透水层厚度）。

2. 井点管点距

井点管的点距经涌水量计算后选定，一般以 50 点为一组，结合机组效率、设备条件、管理经验、有效保证率选定。点距可按下式：

$$d=\frac{L}{n-1} \tag{2-98}$$

式中　L——计算排水段沟线长或井点组长度，m；

n——计算段的井点根数；

d——井点管点距。

3. 集水干管

集水干管布置在井点管外侧，以软管（最好是透明软管）与井点管连接，如无定型接头，而采用捆扎方法时须注意扎紧、不漏气。

集水管的坡度，一般设为 0.1%～0.2%，最高点设在机组进水口处，标高与水泵一致。

集水干管的直径，一般为 100～150mm。

4. 观测孔

一个井点组至少设置两个观测孔，为指导开挖和绘制降水漏斗曲线，应在槽侧和降水漏斗曲线变化处加设观测孔。观测孔的井管、滤管长度和结构以及冲点方式、填加滤料等均应与井点管一致。

当渗透系数 k=5～20m/d，影响半径 R=80～150m 时，可按表 2-58 布置观测井。

观测井与井点的距离（m）　　**表 2-58**

孔号 地下水状态	第一孔	第二孔	第三孔
承压水	3～5	6～8	10～15
潜水	2～3	4～6	8～12

机组（机房）

机组一般设置在所带动的井点组的中部，一个机组可带 50～100 根井点。安排机组时，要考虑查井方便。机房要防风、防雨、防火、防冻；室内布置要便于检查和修理、拆卸、更换、包括真空表、压力表及各闸阀都应便于观察和操作。泵体机座应安装平稳、牢固、不积水，出水管不回流、不回渗。

轻型井点井管的成品价按所需钢管的材料价乘以系数 2.40，以计算如滤水管的价格。

五、井点降水过程中，如需提供资料，则水位监测和资料整理费用另计。

［应用释义］　井点降水法定在基坑开挖之前，在基坑四周埋设一定数量的滤水管(井)，利用抽水设备抽水，使地下水位降落至基坑底以下，并在基坑开挖过程中仍不断抽水，使所挖的土始终保持干燥状态。

井点降水法改善了工作条件，防止了流沙发生，土方边坡也可陡一些，从而减少挖方量。

在市政工程中，在一些比较重要的工程中，必须提供当地的工程地质资料，以满足排水和降水的水位要求。则此时进行的水位监测和一些资料整理的费用，在《全国统一市政工程预算定额》中没有单独列项，只是要求按实际情况另外计算。

六、井点降水成孔过程中产生的泥水处理及挖沟排水工作应另行计算。遇有天然水源可用时，不计水费。

[应用释义]　在井点降水的各个步骤中，成孔是较为重要的一个环节。井点管的埋设方法主要有两种：用冲水管冲孔及直接利用井点管水冲下沉法。

用冲水管冲孔法是用冲水管冲孔后（亦可同时用压缩空气协助冲孔），沉没井点管。

冲管采用直径为70mm的钢管，其长度一般比井点管约长1.5m。冲管的下端装有圆锥形冲嘴，在冲嘴的圆锥面上钻有三个喷水小孔，各孔之间焊有三角形翼，以辅助水冲时扰动土层，便于冲嘴更快下沉。冲管的上端用胶皮管与高压水泵连接。为加快冲孔速度，减少用水量，有时还可在冲管两旁加装两根压缩空气管。

冲孔前先在井点管位置开挖小坑，以便冲孔时集水和埋管时灌砂，并用小沟渠将小坑连接起来，以便泄水。冲孔时，先将冲管吊起并插在井坑位内，然后开动高压水泵将土冲松，冲管边冲边沉，冲孔时应使孔洞保持垂直，上下孔径一致。冲孔直径一般为300mm，以保证管壁有一定厚度的砂滤层；冲孔深度一般比滤管底深0.5m左右，以防拔出冲管时部分土回落并使滤管底部有足够的砂层。

井冲孔成后，拔出冲器，立即插入井点管，并在井点管与孔壁之间填灌砂滤层。砂滤层所用的砂一般为粗砂，滤层厚度一般为60～100mm，充填高度至少要达到滤管顶以上1.0～1.5m，也可填到原地下水位线，以保证水流畅通。

直接用井点管水冲下沉法是在井点管的底端装上冲水设置（称为射水式井点管）来冲孔下沉井点管。

冲孔装置内装有球阀和环阀，用高压水冲孔时，球阀下落，高压水流在井点管底部喷出使土层形成孔洞，井点管像靠自重下沉，泥砂从井点管和土壁之间的空腔内随水流排出，较粗的砂粒则随井点管下沉，形成滤层的一部分。当井点管达到设计标高后，冲水停止，球阀上浮，可防止土进入井点管内，然后立即填砂。

上述过程中产生的泥水，处理用水和人工费应另外计算，在《全国统一市政工程预算定额》没有开辟子目，应另外计算处理。

挖沟排水指的是明沟排水法。就是在基坑挖到接近地下水位时，沿基坑四周（或中央）开挖有一定的坡度、沟底比挖土面约低0.3m（基坑宽度大还要深一些）的排水沟、每隔20～40m设置集水井（井底比挖土面低0.70～1.0m），使渗出的地下水顺排水沟汇入集水井，然后用水泵抽出基坑以外，可使基坑底面挖土为干作业。当基坑继续挖深时，排水沟和集水井均先期加深，直至挖到设计标高为止。排水沟底宽一般不得小于0.30m，纵坡不得小于3‰，集水井的直径或宽度一般为0.6～0.8m。排水沟和集水井最好能布置在基坑四周、基础范围以外，且位于地下水流的上游。当基坑开挖至设计标高后，集水井井底应低于坑底1～2m，井壁常用木板、竹笼加固，井底铺设0.10～0.20m厚的碎石、粗砂反滤层，防止抽水时井底的土被搅动、带走。抽水水泵常用离心泵或潜水电泵。集水井降水法，所需设备少、施工简便，是常用的降水方法，适用于碎石土、粗粒砂土和渗水量不大的黏性土，但对细砂、粉砂土易于发生流沙现象的情况下不宜使用。

在使用挖沟排水法中，挖沟的用工量不在定额中规定，应另行计算。

若有天然水源，则不计用水的费用。

七、井点降水必须保证连续供电，在电源无保证的情况下，使用备用电源的费用另计。

［应用释义］ 在市政工程的土方工程中，在施工过程中，是为了改善工作条件，防止流沙现象发生，土方边坡做陡些，从而减少挖方量。

施工排水和降低地下水位是土方工程施工的重要工作。土方开挖中的重大事故多半与水有关。一般情况下，施工排水和降低地下水位，涉及到的是地面水和浅层地下水（潜水）。潜水指地表以下第一个不透水层（隔水层）以上，是有自由水面的重力水，其自由水面的高程称为地下水位，地表至地下水位之差称为地下水埋深。

地下水就可能带走土体孔隙边上的粉粒、粉砂，形成流砂或管涌，以致土体掏空、边坡失稳，地面下沉，甚至使基坑开挖无法进行。因此必须采取措施，搞好施工排水、降低地下水位。地下水流量与基坑面积有关，流速与渗流系数和基坑深度有关，所以基坑愈深、面积愈大，地下水有补给来源时，施工排水和降低地下水位就愈困难。

在《全国统一市政工程预算定额》中规定井点降水是包括用电的费用，若不能保障连续供电，就必须提供备用电源，其费用应另外计算，这一点请在预算过程中给予重视。

八、沟槽、基坑排水定额由各省、自治区、直辖市自定。

［应用释义］ 由于各地区的差异太大，如地势，有平原丘陵、山区等，所造成的土质等特点各不相同。

沟槽：指槽底宽度在3m以内，且槽长大于槽宽的3倍的土方开挖工程。

基坑：当槽长小于槽宽3倍，底面积在20m^{2}以内，不包括加宽工作面的土方开挖工程。

由于我国地域辽阔，自然地理环境的不同，分布着多种多样的土类。某些土类（如湿陷性黄土、软土、膨胀土、红黏土和多年冻土等）还具有不同于一般土类的特殊性质。作为地基，必须针对其特性采取适当的工程措施。此外，建国以来，由于大量建设工程进入山区，还出现了许多山区常见的地基问题。因此，地基中的沟槽、基坑排水定额的发生和解决带有明显的区域性特征。考虑到所在地区不同，具体要求也不同。所以沟槽、基坑排水定额由各省、自治区、直辖市自己制定。

第二节 工程量计算规则应用释义

一、脚手架工程量按墙面水平边线长度乘以墙面砌筑高度以平方米计算。柱形砌体按图示柱结构外围周长另加3.6m乘以砌筑高度以平方米计算。浇混凝土用仓面脚手按仓面的水平面积以平方米计算。

［应用释义］ 脚手架按用途分为砌筑脚手架、装修用脚手架、支撑用脚手架；按搭设位置分为外脚手架、里脚手架；按材料划分为木脚手架、竹脚手架和金属脚手架；按结构形式划分有多立杆式、柜组式、碗扣式、桥式、挂式、挑式及其他工具式脚手架；按高度划分为高层脚手架、低层脚手架。

脚手架为周转使用性材料，预算定额中材料消耗量是使用一次的材料摊销量。定额按搭设种类来划分的，工作内容包括场内、外材料的搬运、搭设、拆除脚手架、上料平台，安全网、脚手板、脚手架拆除后材料的堆放。这所有的一切，都计入脚手架的定额费用之中。

图示柱结构：根据施工设计图纸上面准确标明柱结构的长和宽及高，以及在柱配筋图中的配筋情况。

脚手架工程量是按墙面水平边线长度乘以墙面砌筑高度，即 $A=b\times h$。b 为墙面水平边线长度，h 为墙面砌筑高度。

对于图示柱结构，采用的是外围周长另加 3.6m 再乘以砌筑高度，得到的结果是以平方米为单位的。

对于混凝土用仓面脚手，此时的工程量按仓面的水平面积，以平方米为单位。

二、轻型井点 50 根为一套；喷射井点 30 根为一套；大口径井点以 10 根为一套。井点使用定额单位为套天，累计根数不足一套者作一套计算，一天系按 24h 计算。井管的安装、拆除以“根”计算。

［应用释义］ 轻型井点：是沿基坑四周以一定间距埋入直径较小的井点管至地下蓄水层内，井点管上端通过弯联管与铺设在地面上的集水总管相连，利用抽水设备将地下水通过井点管不断抽出，使原有地下水位降至坑底以下。

喷射井点：当基坑较深而地下水又较高时，采用轻型井点要用多级井点。这样，不仅设备用量大，而且基坑挖土量加大，工期延长。在这种情况下采用喷射井点。喷射井点的降水深度可达 8～20m。

喷射井点设备由喷射井管、高压水泵及进水排水管路组成。喷射井管由内管和外管组成，在内管下端设有扬水器与滤管相连。高压水经外管与内管之间的环形空间，并经扬水器侧孔流向喷嘴，由于喷嘴处截面突然缩小，压力水经喷嘴以很高的流速喷入混合室，使该室压力下降造成一定的真空。此时，地下水被吸入混合室与高压水汇合流经扩散管，沿内管上升经排水管排出。每套喷射井点宜控制在 30 根左右。喷射井点的布置有单排布置（基坑宽小于 10m），双排布置（基坑宽大于 10m）及环形布置。

大口径井点：指的是用井点降水法中的一种方法。大口径，指开挖的井径比较大，比普通的井点降水井要大一些。

在《全国统一市政工程预算定额》中的井点降水子目中规定轻型井点 50 根为一套，喷射井点 30 根为一套；大口径井点以 10 根为一套。井点在使用定额单位为套天，累计根数不足一套的按一套计算，一天按 24h 计算。

在井管的安装、拆除时，以“根”计算。

第三节 定额应用释义

1. 脚手架

工作内容：清理场地、搭脚手架、挂安全网、拆除、堆放、材料场内运输。

定额编号 1-625～1-630 竹脚手架、钢管脚手架 P155

［应用释义］ 脚手架：墙体砌筑过程中堆材料和工人进行操作的临时设施。按材料分类有木、竹脚手架及金属脚手架；按搭设位置分为外脚手架、里脚手架及悬挂脚手架。

脚手架应有以下规定：

（1）有足够的面积、刚度及稳定性。在施工期间，在各种荷载作用下，脚手架不变形、不摇晃、不倾斜。脚手架的使用荷载，取脚手板上实际作用荷载，其控制值为均布荷载不超过 2700N/m^2。在脚手架上堆砖，只许单行侧摆三层。脚手架荷载变动性较大，一般在计算时按允许应力计算，取安全系数 $k=3$，脚手架所用材料的规格、质量应经过严格检查，符合有关规定；脚手架的构造合乎规定，搭设要牢固，有可靠的安全防护措施，并在使用过程中应经常检查。

（2）有足够的面积，能满足工作人员操作，材料堆放及运输的需要。脚手架的宽度一般为 2m 左右，最小不得小于 15m。

（3）脚手架应搭拆简单、搬运方便、能多次周转使用。

（4）因地制宜，就地取材，尽量节约材料。

单排：指的是单排脚手架仅在脚手架外侧设一排立杆，其小横杆一端与大横杆连接，另一端搁在墙上。一般地单排脚手架节约材料，但稳定性较差，且在墙上留有脚手眼，其搭设高度和使用范围也受一定的限制。

双排：指的是在脚手架的里外两侧均设有立杆，稳定性较好，但较单排脚手架费工费时。

竹篾：一般为竹脚手架的绑扎材料。用水竹或慈竹劈成，要求质地新鲜，坚韧带青，厚度在 0.6～0.8mm，宽度 5mm 左右，断腰、大节疤和受潮的竹篾均不得使用。竹篾在储运时不可遭雨水浸淋和粘着石灰、水泥，以免霉烂和失去韧性。使用前一天用水浸泡。

钢管脚手架：由钢管和扣件组成，特点是装拆方便、搭设灵活，能适应各种高度的变化，除用以搭设脚手架，还可用搭设井架、上料平台架、栈桥等；强度高，能搭设较高高度；坚固耐用。钢管脚手架也分单排和双排，构造形式与竹木脚手架大致相同。钢管脚手架型号为直径 4.8cm，长度为 3.5m。

竹脚手板：竹脚手板有竹笆板和竹片板两种。竹笆板长 2～2.5m，宽 0.8～1.2m；竹笆系用平竹片纵横编织，横竹片一正一反，边缘处纵横竹片交叉点用钢丝扎牢。用在斜道板时应将横竹片作纵筋，竹横向在上以防滑。

竹片板长 2、2.5、3m，宽 25cm，厚 5cm，用直径 8～10mm 螺栓将并列的竹片挤紧，螺栓间距 50～60cm，离板端 20～25cm。

扣件主要有以下三种形式：

（1）直角扣件：又称十字扣，用于两根呈垂直交叉钢管的连接。

（2）旋转扣件：又称回转扣，用于两根呈任意角度交叉钢管的连接。

（3）对接扣件：又称简扣、一字扣，用于两根钢管对接连接。

底座：扣件式钢管脚手架的底座用于承受脚手架立柱传递下来的荷载，用可锻铸铁制造的标准底座详见相关资料。底座亦可用厚 8mm，边长 150mm 的钢板作底板，外径 60mm，壁厚 3.5mm，长 150mm 的钢管作套筒焊接而成的。

安全网：指施工人员在高空进行施工，设备安装时，在其下或其侧的棕绳网或尼龙网，用以防止操作人员和材料坠下伤及路人。安全网是与工作层同步安装的。

安全网的挂设分两种形式：

挂式：沿建筑物脚手架外排沿垂直方向搭设。

挑出式：挑出一根斜杆，将安全网沿水平方向支开，来承接垂直方向上掉下的物体。

以确保下方行人安全。

挂网：安全网由网体、边绳、系绳和筋绳组成。网体由断裂能力为 1471～1961N 的网绳组成，边绳即网体四周的网绳，它的尺寸决定了安全网尺寸，系绳是固定安全网于支撑物的，筋绳是在网体之间用来增加安全网强度的。安全网的张挂就是将系绳系在脚手架、横杆或立杆上。

2. 浇混凝土用仓面脚手

工作内容：清理场地、搭脚手架、挂安全网、拆除、堆放、材料场内运输。

定额编号　1-631　支架高度在 1.5m 以内　P156

[应用释义]　仓面脚手：指的是在平面浇筑混凝土时所用的脚手架，其工程量按现浇混凝土摊铺面积计算。

1.5m 以内：指支架高度小于或等于 1.5m。

木脚手板：在挡脚板的边缘，用合页固定在上弦角钢上，可以放倒和撑开。使用时撑开用螺栓固定在桁架的竖杆上，不用时拆掉螺栓，使挡脚板平躺在桥架上。

浇混凝土：指混凝土浇灌时，自高处倾落的自由高度（自由下落高度）不应大于 2m，自由下落高度大于 2m 时，应使用溜槽或吊筒，以防混凝土产生离析现象。

安全网：一般是用直径 9mm 的麻、棕绳、尼龙绳编织的，宽约 3m，长约 6m，网眼 5cm 左右。安全网每平方米承受荷载能力应不低于 1.6kN。霉烂、腐朽、老化或有漏孔的网不得使用。

安全网的挂设方式：

(1) 里脚手架砌外墙：外墙四周必须挂安全网。当墙上有窗口时，在上下两窗口处的里外侧墙面各绑一道夹墙横杆，从下窗口伸出斜杆，斜杆顶部绑一道大横杆，把安全网挂在上窗口横杆与大横杆之间，斜杆下部绑在下窗口横杆上，再在每根斜杆顶上拉 1 根麻绳把网绷起。当山墙无窗口时，可事先在墙上留洞或预埋钢筋环，以支撑斜杆。斜杆间距不大于 4m。木杆、竹杆或钢管均可作斜杆用。安全网的里外口大绳要与大横杆和夹墙横杆绑牢。外口要比 里口高约 50cm。纵向网与网之间要相互搭接，用粗麻绳或棕绳连接牢固，转角处的网，搭接要拉紧。出入口处网内应加垫草垫。施工中严禁向安全网内扔物。安全网应随墙体操作层上升。

(2) 外脚手架砌墙，可利用外脚手架的立杆和上下大横杆挂设拦网和兜网，并随施工操作层上升。

木脚手板，长约 3～6m，宽 20～35m，厚 5cm，距板端 8cm 处，用 10 号钢丝箍绕 2～3圈，并用扒钉卡住或用薄钢板钉牢。

3. 人力运输小型构件

工作内容：装运、卸料、搭拆道板。

定额编号　1-632～1-637　人力运输　P157

[应用释义]　小型构件：指单体积在 0.04m^3 以内、重量在 100kg 以内的各类小型构件。

人力运输：指的用人力推双轮车、双轮杠杆车运输，或直接用人运输。

综合人工：人力运输综合工日是按《全国统一市政工程预算定额》计算而来的，其单位是工日，每一工日按 8h 计算。

双轮车运输：指用人工的方法推双轮车，运输混凝小构件或其他材料。

4. 汽车运输小型构件

工作内容：装、运输、卸。

定额编号　1-638～1-640　人力装卸　P158

［应用释义］　小型构件：指混凝土构件单体积在 $0.04m^3$ 以内，重量在 100kg 以内的各类小型构件。

汽车运输：此处指的是用人力装卸或机械装卸，用汽车运输的方法。

载重汽车 5t：指汽车的载重吨位为 5t。

汽车式起重机：汽车式起重机是将起重机构安装在普通载重汽车或专用汽车底盘上的一种自行式回转起重机，这种起重机的优点是运行速度快能迅速转移，对路面破坏性很小。但吊装作用时必须支腿，因而不能负荷行驶，但不适合松软或泥泞地面作业。

国产汽车起重机有：Q_2-8 型、Q_2-12 型、Q_2-16 型等，最大起重量分别为 8t、12t、16t。

国产重型汽车式起重机有 Q_2-32 型，起重臂长 30m，最大起重量 32t，可用于一般厂房的构件安装。

Q_3-100 型，起重臂长 12～60m，最大起重量为 100t。

5. 汽车运水

工作内容：灌水、运水、(洒) 放水。

定额编号　1-641～1-642　汽车运水　P159

［应用释义］　汽车运水：指用洒水汽车 4000L 运水，以供施工场地内行驶道路洒水养护以及作业环境的喷雾压空、降温作为主要求。

汽车运水还可用于生活、生产用水的运输以及消防等。

洒水汽车 4000L：洒水车以载重汽车底盘改装而成。在市政建设上，主要用于广场道路的洒水压尘、降温、生活、生产用水的运输，清洁、冲刷和绿地喷灌；洒水汽车 4000L 表示水罐容量为 4000L 的洒水汽车。

6. 双轮车场内运成型钢筋及水泥混凝土（熟料）

工作内容：装运、卸、分类堆放、搭拆道板。

定额编号　1-643～1-648　成型钢筋（10t）　P160

［应用释义］　成型钢筋：指钢筋混凝土中运用的Ⅱ、Ⅲ、Ⅳ级钢筋，均属低合金钢，外形为月牙纹带肋钢筋，带肋钢筋由钢筋表现凸出的肋与混凝土的机械咬合作用，粘结强度较高。Ⅱ级，Ⅲ级钢筋一般用作钢筋混凝土的机械咬合作用，在钢筋混凝土构件中的受力钢筋和预应力混凝土构件中的非预应力钢筋。Ⅳ级钢筋经冷拉后用于预应力混凝土构件中预应力钢筋。

水泥混凝土：指混凝土是由水泥、水、细骨料（砂）、粗骨料（卵石或碎石）和外加剂（减水剂或增塑剂），经搅拌、浇筑、成型后制定的人工石材，它是土木、建筑工程中应用极为广泛的一种建筑材料。

沥青混凝土：沥青是石油原油经蒸馏提炼出各种石油产品（如汽油、煤油、柴油、润滑油等）以后的残留物，再经加工而制得的产品，主要化学元素为碳和氢。碳为总质量的70%～85%，氢约为10%～15%，其余为少量氧、硫、氮等元素。沥青的胶体结构，其中分散相为沥青质胶粒，分散介质为油分。

在混凝土的配合中加入一些沥青，以改善混凝土的物理力学性能，提高混凝土的抗渗性和抗裂性。

7. 机动翻斗车运输混凝土

工作内容：机装、自卸、运输。

定额编号 1-649～1-652 水泥混凝土、沥青混凝土 P161

[应用释义] 机动翻斗车：指在施工现场用来运输（指水平和垂直运输）建筑材料、土方等的机械，其动力装置是柴油机等。

沥青混凝土：指在混凝土的配合过程中加入沥青材料，以改善混凝土的物理力学性能。

8. 井点降水

(1) 轻型井点

工作内容：安装：井管装配，地面试管，铺总管，装、拆水泵，钻机安、拆，钻孔沉管，灌砂封口、连接、试抽；

拆除：拔管，拆管，灌砂，清洗整理，堆放；

使用：抽水、井管堵漏。

定额编号 1-653～1-655 安装、拆除、使用 P162

[应用释义] 井点降水：见第六章脚手架及其他工程第一节说明应用释义第五条。

井点降水法所采用的井点类型有：轻型井点、喷射井点、电渗井点、管井井点及深井井点。施工时可根据土的渗透系数，要求降低水位的深度及设备条件等。

轻型井点：见第六章脚手架及其他工程第二节工程量计算规则应用释义第二条。

中粗砂：指粒径范围在0.25～2mm占总体重量的60%以上，一般用做混凝土的细骨料、易透水、当混入云母等杂质时透水性减小，而压缩性增加，无黏性，通水不膨胀，干燥时松散；至细水上升高度不大，随粒位变小而增大。

水泵：采用离心式水泵，一般每个管井装置一台，若因水泵吸水真空高度的限制，也可选用潜水泵。水泵的设置标高根据要求的降水深度和估计水泵最大真空吸水高度而定。一般为5～7m，高度不够，可设在基坑内。

轻型井点总管：总管一般采用直径为100～150mm钢管，每节长为4～6m，在总管的管壁上开孔并焊有直径与井管相同的短管，用于弯脱管与井管的连接。短管的间距应与井点布置间距相同，但由于不同土质，不同降水要求，所计算的井点间距不同。因此，在选购时应根据实际情况而定。

污泥泵：一般用离心式污水泵6PWL，式中6表示出口直径，P表示杂质泵，W表示污水，L表示立式。

喷射总管、喷射井点井管：高压水泵或空气压缩机把压力0.7～0.8MPa的水经过总管分别压入井点管中，使水流进入喷射器，使喷嘴处产生高速射流。

轻便钻机：由电机、齿轮减速器、密封装置，加上配套设备如钻孔台机、卷扬机、配电框、钻杆、钻头等组成。

(2) 喷射井点

工作内容：安装：井管装配，地面试管，铺总管，装拆水泵，钻机安拆，钻孔沉管，灌砂封口，连接，试抽；

拆除：拔管、拆管、灌砂、清洗整理、堆放；

使用：抽水，井管堵漏。

定额编号　1-656～1-661　井管深 10m、15m　P163

[应用释义]　喷射井点、当基坑较深而地下水位又较高时，采用轻型井点要用多级井点。这样，不仅设备用量大，而且基坑挖土量加大，工期延长，在这种情况下，可采取喷射井点。喷射井点的降水深度可达 8～20m。

喷射井点设备其相关内容见第六章脚手架及其他工程第二节工程量计算规则应用释义第二条。

电动空气压缩机：压缩空气，把水经过总管分别压入井点管中，使水经过内外管之间的环形空隙进入喷射器。

法兰：是工艺管道上起连接作用的一种部件。这种连接件形成的应用范围非常广泛，如管道与工艺设备连接，管道上法兰阀门及附件的连接。采用法兰连接，既有安装、拆卸的灵活性，又有可靠的密封性。

滤网管：为防止土颗粒进入滤水管，滤水管外壁应包有滤水网。滤水网的材料和网眼规格应根据含水层中土颗粒粒径和地下水水质而定。一般采用黄钢丝网、钢丝网、尼龙丝网、玻璃丝网等制成。滤网一般包两层，内层滤网网眼为 30～50 个/cm，外层滤网网眼为 3～10 个/cm。为防止滤孔淤塞，使水流畅通，在滤水管与滤网之间用 10 号钢丝袋成螺旋形将其隔开，滤网外面再围一层 6 号钢丝。

履带式起重机 10t：履带式起重机是一种自行 360°全回转的起重机，操作灵活，行驶方便，对地耐力要求不高，臂杆可以接长或更换。履带式起重 10t 系指最小起重半径时最大起重为 10t。

喷射总管：高压水泵或空气压缩机把压力为 0.7～0.8MPa 的水经过总管分别压入井点管中，使水流进入喷射器，使喷嘴处产生高压射流。

喷射器：即射流器，喷射井点管分外管和内管两部分，内管下端装有射流器，与滤管相接。工作时高压水泵把压力为 0.7～0.8MPa 的水经过总管分别压入井点管中，使水流进入喷射器，在喷嘴处产生高速射流，使混合室产生真空。

镀锌钢管：直径 25～32mm 钢管，钢管外表面镀锌防腐。

定额编号　1-662～1-667　井管深 20m　P164

[应用释义]　井管深 20m：指喷射井的井深为 20m。

多级离心泵：泵的种类很多，广泛用于工业、农业生产和生活，按其结构分为三大类：叶片泵、容积式泵、真空泵，泵的性能主要用流量和扬程表示，泵的分类如下图 2-52。

电动空气压缩机、喷射器：见定额编号 1-656～1-661 井管深 10m、15m 释义。

喷射井点井管：高压水泵或空气压缩机把压力为 0.7～0.8MPa 的水经过总管分别压入井点管中，使水流进入喷射器，在喷嘴处产生高速射流。

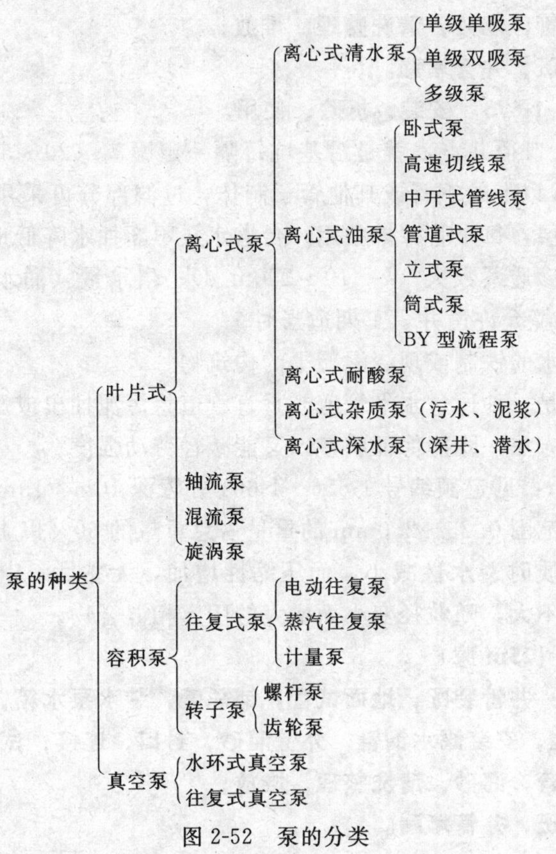

图 2-52 泵的分类

定额编号 1-668～1-670 井管深 30m P165

[应用释义] 人工降低地下水方法有：轻型井点、电渗井点、喷射井点、水平井点、深井井点等，各种方法的选用，视土的渗透系数、降低水位的深度、工程特点、设备条件及经济比较等具体条件而定。

喷射井点：见第六章脚手架及其他工程第二节工程量计算规则应用释义第二条。

滤网层：为防止土颗粒进入滤水管，滤水管外应包滤水网。滤水网的材料和网眼规格应根据含水层中土颗粒粒径和地下水水质而定。一般采用黄钢丝网、铁丝网、尼龙丝网、玻璃丝网等制成。滤网一般包两层，内层滤网网眼为 30～50 个/cm^2、外层滤网网眼为 3～10 个/cm^2。为避免滤孔淤塞，使水流畅通，在滤水管与滤网眼之间用 10 号钢丝绕成螺旋形将其隔开，滤网外面再围一层 6 号钢丝。

电动空气压缩机：见定额编号 1-656～1-661 井管深 10m、15m 释义。

履带式起重机 15t：履带式起重机是一种自行式 360°全回转的起重机，操作灵活，行驶方便，对地耐力要求不高，臂杆可以接长或更换。履带式起重机 15t 系指最小起重半径时最大起重为 15t。

连接件：用塑料透明管制成或胶皮管、钢管制成。

(3) 大口径井点 (15m 深)

工作内容：安装：井管装配，地面试管，铺总管，装水泵水箱，钻孔成管，清孔，卸 φ400 滤水钢管，定位，安装滤水钢管，外壁灌砂，封口，连接，试抽；

拆除：拔管，拆管，灌砂，清洗整理，堆放；

使用：抽水，值班，井管堵漏。

定额编号 1-671～1-673 安装、拆除、使用。

［应用释义］ 大口径井点：就是沿基坑每隔一定距离（20～50m）设一管井，管井一般用直径为200mm以上的钢管或其他管子制作，过滤部分可采用钢筋焊接骨架，外缠镀锌钢丝，并包滤网层，每个管井单独用一台潜水泵不断抽水降低地下水位。

一般适用于土层渗透系数大（k＝10～250m/d）、出水量（涌水量）大，所需降水深度很深（＞15m），环境允许凿井、工期适当时。

水箱：用于储存水的铁制或现浇混凝土的构筑物。

污泥泵：污泥泵是一种通过水平管道或垂直管道将污泥抽出或压出，也能将液体压到高处。采用泵送施工方法，既能保证质量，又能减轻劳动强度。

履带式起重机10t：见定额编号1-656～1-661井管深10m、15m释义。

中粗砂：按粒径范围0.25～2.0mm的重量占总重量的60％以上。中粗砂是一种易透水，当混入云母等杂质时透水性减小，而压缩性增加，无黏性，遇水不膨胀，干燥时松散，毛细水上升高度不大，随粒径变小而增大的固定相混合物。

（4）大口径井点（25m深）

工作内容：安装：井管装配，地面试管，铺总管，装水泵水箱，钻孔成管，清孔，卸Φ400滤水钢管，定位，安装滤水钢管，外壁灌砂，封口，连接，试抽；

拆除：拔管，拆管，灌砂，清洗整理，堆放；

使用：抽水，值班，井管堵漏。

定额编号 1-674～1-676 安装、拆除、使用 P167

［应用释义］ 大口径井点：见定额编号1-671～1-673安装、拆除、使用释义。

大口径井点降水适用于土层渗透系数大（k＝10～250m/d）、出水量（涌水量）大、所需降水深度很深（大于15m）、环境允许凿井、工期适当时。

水箱：见定额编号1-671～1-673安装、拆除、使用释义。

吸水器：用直径50～100mm的胶皮管或钢管，其底部装有底阀，吸水器进口应低于管井最低水位。

振动打拔桩机：主要由桩架、振动箱、卷扬机、加压装置和混凝土下料斗等组成桩身，施工操作简易安全，振动装置不但能沉桩和沉管，并能帮助卷扬机拔桩或拔管。

井管的拔出：井管使用完毕滤心井管可拔出重复使用。拔出方法是在井口周围挖深0.3m，用钢丝绳将管口套装，然后用人字拔杆借倒链式绞磨将井管徐徐拔出，孔洞用砂砾填实，上部50cm用黏土填充夯实。

履带式起重机10t：见定额编号1-656～1-661井管深10m、15m释义。

9. 纤维布施工护栏（高2.5m）

工作内容：材料运输、安装、拆除。

定额编号 1-677 纤维布施工围栏 P168

［应用释义］ 在市政工程的某些高空作业施工现场，是不允许闲杂人员进入，由于市政工程的规模较大，不可能砌筑围墙，所以一般采用比较便宜的纤维布，围护在施工现

场的外围，以防止闲杂人员进入施工现场，以免出现安全事故。

纤维布：只用化学纤维制成的小方格式的类似布料的网状物。

护栏：指用在施工现场的外围、防止闲杂人员进入现场的围护结构，以防出安全事故。

载重汽车 5t：指汽车的载重吨位为 5t。

钢管脚平架：指由钢管和扣件组成的，扣件为钢管与钢管之间的连接体，其基本形式有三种：直角扣件、对接扣件和回转扣件。用于钢管之间的直角连接，直线对接接长或成一角度的连接。

钢管扣件式脚手架主要构件有：立杆、大横杆、小横杆、斜杆或底座等，一般均采用外径 48mm、壁厚 3.5mm 的焊接钢管。立杆、大横杆、斜杆的钢管长度 4～6.5m，小横杆的钢管长度 2.1～2.3m。底座有两种，一种用厚 8mm，边长为 150mm 的钢板做底板，用外径 60mm，壁厚 3.5mm，长 150mm 的钢管做套管，二者焊接而成；另一种是用可锻铸铁铸成，底板厚 10mm，直径 150mm，插芯直径 36mm，高 150mm。

钢管扣件式脚手架的立杆间距、大横杆步距和小横杆间距可按下表选用，最下一个步距可放到 1.8m。剪力撑在脚手架两端部双跨内设置，并在脚手架中间部位每隔 30m 净距双跨设置。

钢管脚手架除用扣件连接以外，还可用螺栓连接或采用承插式方法连接。前者是用螺栓代替连接用的扣件，后者是在立杆上焊承插套管，在横杆上焊插栓，用承插方式组装而成。

10. 玻璃钢施工护栏

工作内容：封闭式护栏：平整场地，现浇混凝土或砌砖、粉刷，立杆制作，安装，玻璃钢安装，材料运输，拆除；

移动式护栏：护栏制作，安装，移动。

定额编号　1-678　封闭式（混凝土基础）高 2.5m　P169

［应用释义］　玻璃钢：用玻璃纤维及其织物和合成树脂胶合而成的一种材料，特性是不导电、机械强度高、耐腐蚀、坚韧而轻，可以代替金属做机械零件和汽车、船舶外壳等。

护栏：指用在施工现场的外围，防止闲杂人员进入施工现场的围护结构，以防出安全事故。

混凝土的组成材料是水泥、砂子、水和石子，一般砂石的含量占混凝土总体积的 80%以上，主要起骨架作用，故分别称为细骨料和粗骨料。水泥和水形成水泥浆，包裹在砂粒表面并填充砂粒间的空隙而形成水泥砂浆，水泥砂浆又包裹石子并填充石子间的空隙而形成水泥混凝土。

混凝土 C25：混凝土强度等级是按混凝土立方体抗压标准强度来划分的。混凝土强度等级采用符号 C 与立方体抗压强度标准值（以 MPa 计）表示。

机砖：指普通烧结砖。规格尺寸为 53mm×115mm×240mm，以黏土、页岩、煤矸石、粉煤灰等原料通过模型制成标准规格，经过焙烧而得到的砌筑砖。

乙炔气：有机化合物，炔的一种，分子式为 C_2H_2，无色有臭味的可燃气体，可由电石和水作用生成，用来合成有机物质，又用于照明、焊接和切割金属。

型钢：指的是Ⅱ、Ⅲ、Ⅳ级钢筋均属于低碳合金钢，外形为月牙形带肋钢筋。带肋钢筋由钢筋表面凸出的肋与混凝土的机械咬合作用，粘结强度高。Ⅱ级、Ⅲ级钢筋一般用作钢筋混凝土构件中的受力钢筋和预应力混凝土构件的非预应力钢筋，Ⅳ级钢筋经冷拉后用于预应力混凝土构件中的预应力钢筋。

板方材：指方形木材且截面宽是高的3倍或3倍以上的。

水泥砂浆：指由水泥、石灰、砂、水拌合而成的用于砌筑或抹面用的建筑材料。水泥的作用是胶体，把粗细骨料粘结起来。砂也应符合砂浆用砂的技术性质要求，由于砂浆层较薄，对于砂子最大粒径应有所限制，粒径不得大于2.5mm。砂的含泥量对砂浆的强度、变形性、稠度及耐久性影响较大。对M5以上的砂浆，砂中含泥量不应大于5%；M5以下的水泥混合砂浆，砂中含泥量大于5%，但不应超过10%。若采用人工砂、山砂、炉渣等作为骨料配制砂浆，应根据经验或试配而确定其技术指标。对于水，砂浆拌合水的技术要求与混凝土拌合水相同，应选用无杂质的洁净水来拌制砂浆。

黑铁管：是焊接钢管，若焊接钢管经过镀锌处理后，就称之为镀锌钢管俗称白铁管。

溶剂油：指苯、汽油等用来溶解油漆等的溶剂型物质。

水泥砂浆1∶2：指的是砂浆水泥与砂的体积配合比为1∶2。

混凝土基础：混凝土基础的抗弯和抗剪性能良好，可在竖向荷载较大，地基承载力不高以及承受水平力和力矩荷载等情况下使用。由于这类基础的高度不受台阶宽高比的限制，故适宜于需“宽基浅埋”的场合下使用。由于这类基础的高度不受台阶宽高比的限制，可在软土地基的表层具有一定厚度的所谓“硬壳层”、并拟利用该层作为持力层时，更可考虑采用这类基础型式。

砖基础：指用砖或毛石砌筑时，在地下水位以上可用混合砂浆，水下则用水泥砂浆，荷载较大，或要减少基础构造高度（H_0）时，可采用强度等级较低的混凝土基础，也可用毛石混凝土基础以节约水泥。我国华北和西北地区，环境比较干燥，还广泛采用灰土做基础。不配筋基础的材料都具有较好的抗压性能，但对抗拉、抗剪强度却不高，设计时必须保证发生在基础内的拉应力不超过相应的材料强度设计值。这种保证通常是通过对基础构造的限制来实现，即基础每个台阶的宽度与其高度之比都不得超过台阶宽度比的允许值。在这样的限制下，基础的相对高度都比较大，几乎不发生挠曲变形，所以无筋扩展基础习惯上称“刚性基础”。

薄钢板：指厚度小于15mm的钢板。

镀锌薄钢板：在铁或钢的表面电镀一层很薄的锌，以防止发生原电池的反应。

电动空气压缩机：压缩空气，把水经过总管分别压入井点管内，使水经过内外管之间的环形空隙进入喷射器。

交流电焊机30kVA：交流电焊机有两种：一种是焊接发电机，另一种是焊接整流器。焊接发电机与三相感电动机或内燃机拖动的电焊发电机组。工作时，它发出适合于焊接的交流电，具有引弧容易、飞溅少，电弧稳定，焊接质量高等优点。宜用于焊接各种碳钢、合金钢、不锈钢和有色金属。30kVA表示功率为30kW。

电焊条：电焊时熔化填充在焊接工件接合处的金属条，上面涂有焊药。

调合漆：质地均匀、稀稠适度、漆膜耐蚀、耐晒、经久不裂、遮盖力强，施工方便，适用于室内外钢铁、木材等材料表面。常用的有油性调合漆和滋性调合漆等品种。

红丹漆：指颜色为丹红色的油漆。

滚筒式混凝土搅拌机：是靠旋转的叶片对物料产生剪切、挤压、翻转和抛出等的组合作用进行拌合，其优点是搅拌强烈、均匀，生产率高，特别适合于硬性混凝土和轻质骨料混凝土的拌合。缺点是构造复杂，搅拌工作部件磨损快，功率消耗大，不适宜搅拌含有大骨料的混凝土。

第七章　护坡挡土墙

第一节　说明应用释义

一、本章适用于市政工程的护坡和挡土墙工程。

[应用释义]　护坡的滑动一般是指护坡在一定范围内整体沿某一滑动面向下和向外移动而丧失其稳定性。护坡的失稳常常是在外界不利因素影响下触发和加剧的，一般有以下几种原因：

(1) 护坡作用力发生变化：例如由于在坡顶堆放材料或建造建筑物使坡顶受荷。或由于打桩、车辆行驶、爆破、地震等引起和振动改变了原来的平衡状态。

(2) 土抗剪强度的降低：例如土体中含水量或孔隙水压力的增加。

(3) 静水力的作用：例如雨水或地面水流入护坡中的竖向缝隙，对护坡产生侧向压力，从而促进护坡的滑动。因此黏性土坡发生裂缝常是影响土坡稳定性的不利因素，也是滑坡的预兆之一。

(4) 地下水在土坝或基坑等边坡中渗流所引起的流渗力常是边坡失稳的重要因素。

挡土墙是防止土体坍塌的构筑物，在房屋建筑、水利工程、铁路工程以及桥梁中得到广泛应用，例如，支撑建筑物周围填土的挡土墙、地下室侧墙、桥台以及贮藏粒状材料的挡墙等。

挡土墙就其结构形式可分为重力式、悬臂式和扶壁式等，可用块石、砖、素混凝土和钢筋混凝土等材料建成。

土压力是指挡土墙后的填土因自重或外荷载作用对墙背产生的侧向压力。由于土压力是挡土墙的主要外荷载，因此，设计挡土墙时首先要确定土压力的性质、大小、方向和作用点。土压力的计算是个比较复杂的问题。他随挡土墙可能位移的方向分为主动土压力、被动土压力和静止土压力。土压力的大小还与墙后填土的性质、墙背倾斜方向等因素有关。

浅基础的地基承载力是指地基承受建筑物荷载的能力，地基在基础荷载作用下，如发生整体剪切破坏而丧失其稳定性，建筑物则有倾斜甚至倒塌的危险，因此，在地基计算中应验算地基的承载力。

土坡可分为天然土坡和人工土坡，由于某些外界不利因素，土坡可能发生局部土体滑动而失去稳定性，土坡的坍塌常造成严重的工程事故，并危及人身安全，因此，应算边坡的稳定性及采取适当的工程措施。

本章将分别讨论土压力、挡土墙设计、地基承载力和土坡稳定分析的问题。

1. 挡土墙上的土压力

挡土墙土压力的大小及其分布规律受到墙体可能的移动方向、墙后填土的种类、填土面的形式、墙的截面刚度和地基的变形等一系列因素的影响。根据墙的位移情况和墙后土体所处的应力状态，土压力可分为以下三种：

(1) 主动土压力：当挡土墙向离开土体方向偏移至土体达到极限平衡状态时，作用在墙上的土压力称为主动土压力，一般用 E_a 表示。

(2) 被动土压力：当挡土墙向土体方向偏移至土体达到极限平衡状态时，作用在挡土墙上的土压力称为被动土压力，用 E_p 表示，桥台受到桥上荷载推向土体时，土体对桥台产生的侧压力属被动土压力。

(3) 静止土压力：当挡土墙静止不动，土体处于弹性平衡状态时，土对墙的压力称为静止土压力，用 E_o 表示。

土压力的计算理论主要有古典的朗肯（Rankine，1857）理论和库伦（Coulomb，1773）理论。自从库伦理论发表以来，人们先后进行过多次多种的挡土墙模型实验、原型观测和理论研究。实验研究表明：在相同条件下，主动土压力小于静止土压力，而静止土压力又小于被动土压力，亦即

$$E_a < E_o < E_p$$

而且产生被动土压力所需的位移量 ΔP 大大超过产生主动土压力所需的位移量 Δ_a。

静止土压力可按以下所述方法计算。在填土表面上任意深度 Z 处取一微小单元体，其上作用着竖向的土自重应力 γZ，则该处的静止土压力强度可按下式计算：

$$\sigma_o = K_o \gamma Z \tag{2-99}$$

式中　K_o——土的侧压力系数或静止土压力系数，可近似按 $K_o = 1 - \sin\psi'$（ψ' 为土的有效内摩擦角）计算；

γ——墙后填土重度，kN/m^3。

由式 $\sigma_o = K_o \gamma Z$ 可知，静止土压力沿墙高为三角形分布。如果取单位墙长，则作用在墙上的静止土压力为：

$$E_o = \frac{1}{2}\gamma H^2 K_o \tag{2-100}$$

式中　H——挡土墙高度，其余符号同前；

E_o 的作用点在距墙底 $\frac{H}{3}$ 处。

2. 挡土墙的类型

挡土墙就其结构形式可分为以下三种主要类型：

(1) 重力式挡土墙

重力式挡土墙，墙面暴露于外，墙背可以做成倾斜和垂直的。墙基的前缘称为墙趾，而后缘叫做墙踵。重力式挡土墙通常由块石或素混凝土砌筑而成，因而墙体抗拉强度较小，作用于墙背的土压力所引起的倾覆力矩全靠墙身自重产生的抗倾覆力矩来平衡，因此，墙身必须做成厚而重的实体才能保证其稳定，这样，墙身的断面也就比较大。重力式挡土墙具有结构简单、施工方便、能够就地取材等优点，是工程中应用较广的一种形式。

重力式挡土墙的体型选择和构造措施

合理地选择墙型，对安全和经济地设计挡土墙具有重要意义。

① 墙背的倾斜形式

重力式挡土墙按墙背倾斜方向可分为仰斜、直立和俯斜三种形式。

对于墙背不同倾斜方向的挡土墙，如用相同的计算方法和计算指标进行计算，其主动土压力以仰斜为最小，直立居中，俯斜最大。因此，就墙背所受的主动土压力而言，仰斜墙背较为合理。

如在开挖临时边坡以后筑墙，采用仰斜墙背可与边坡紧密贴合，而俯斜墙则须在墙背回填土，因此仰斜墙比较合理。反之，如果在填土方地段筑墙，仰斜墙背填土的夯实比俯斜墙或直立墙困难，此时，俯斜墙和直立墙比较合理。

从墙前地形的陡缓看，当较为平坦时，用仰斜墙较为合理。如墙前地形较陡，则宜用直立墙，因为俯斜墙的土压力较大，而用俯斜墙时，为了保证墙趾与墙前土坡面之间保持一定距离，就要加高墙身，使砌筑工程量增加。

因此，墙背的倾斜型式应根据使用要求、地形和施工等情况综合考虑确定。

② 墙面坡度的选择

当墙前地面较陡时，墙面坡可取 1∶0.05～1∶0.2，亦可采用直立的截面。在墙前地形较为平坦时，对于中、高挡土墙，墙面坡度可较缓，但不宜缓于 1∶0.4，以免增高墙身或增加开挖宽度。仰斜墙背坡度愈缓，主动土压力愈小，但为了避免施工困难，仰斜墙背坡度一般不宜缓于 1∶0.25，墙面坡度应尽量与墙背坡平行。

③ 基底逆坡坡度

在墙体稳定性验算中，滑动稳定常比倾覆稳定不易满足要求，为了增加墙身的抗滑稳定性，将基底做成逆坡是一种有效方法。但是基底逆坡过大，可能使墙身连同基底下的一块三角形土体一起滑动，因此，一般土质地基的基底逆坡不宜大于 0.1∶1，对岩石地基一般不宜大于 0.2∶1。

④ 墙趾台阶和墙顶宽度

当墙高较大时，基底压力常常是控制截面的重要因素。为了使其底压力不超过地基承载力设计值，可加墙趾台阶，以便扩大基底宽度，这对墙的倾覆稳定也是有利的。墙趾台阶的高宽比可取 $h:a=2:1$，a 不得小于 20cm。此外，基底法向反力的偏心距应满足 $e\leqslant\frac{b_1}{4}$ 的条件（b_1 为无台阶时的基底宽度）。挡土墙的顶宽如无特殊要求，对于一般块石挡土墙不应小于 0.5m，对于混凝土挡土墙最小可为 0.2～0.4m。

⑤ 排水措施

挡土墙所在地段往往由于排水不良，大量雨水经墙后填土下渗，结果使墙后土的抗剪强度降低，重度增高，土压力增大，有的还受水的渗流或静水压力影响，在一定条件下，或因土压力过大，或因地基软化，结果造成挡土墙的破坏。据某地区挡土墙调查，仅 1996 年由于排水不良或未作排水处理而发生挡土墙破坏的有十多处，为当地发生事故的 70%～80%。

为使墙后积水易排出，通常在墙身布置适当数量的泄水孔，孔眼尺寸一般为 50mm×100mm、100mm×100mm、150mm×200mm 或直径为 50～100mm 的圆孔，孔眼间距为 2～3m。对于 12m 以上的高挡土墙，应在不同高度加设泄水孔。当墙后排水量较大或在集中水流处（如泉水等），为了减少挡土墙背后水分积聚的影响，应当增密泄水孔，加大泄水孔尺寸或增设纵向排水措施。泄水孔入口处应用易于渗水的粗颗粒材料（卵、碎石等）做滤水层以免淤塞。墙后地面宜铺筑黏土隔水层，为防止墙后积水渗入地基，应在最低泄水孔下部铺设黏土层并夯实。为防止墙前积水渗入地基，也应将墙前回填土分层夯实，并修筑散水沟。当墙后有山坡时，应在坡下设置截水沟。

⑥ 填土质量要求

挡土墙的回填土料应尽量选择透水性较大的土，例如砂土、砾石、碎石等，因为这类土的抗剪强度较稳定，易于排水。不应采用淤泥、耕植土、膨胀性黏土等作为填料。填土料中还不应杂有大的冻结土块、木块或其他杂物。

实际上所遇到的大多数回填土都多少含有一定的黏性土，这时应适当混以块石。对于重要的、高度较大的挡土墙，用黏土作回填土料是不合适的，因为黏性土的性能不稳定，在干燥时体积收缩，而在雨期时膨胀，由于回填土的交错收缩与膨胀可在挡土墙上产生较大的侧压力。这种侧压力在设计中往往无法考虑，其数值还可能比计算压力大许多倍，它可使挡土墙外移，甚至使挡土墙失去作用。在工程中曾有因黏性土作为填料而引起的事故。

填土压实质量是挡土墙施工中的一个关键问题。填土时应分层夯实。

(2) 悬臂式挡土墙

悬臂式挡土墙一般用钢筋混凝土建造，它由三个悬臂板组成，即立壁、墙趾悬臂和墙踵悬臂。墙的稳定主要靠墙踵底板上的土重，而墙体内的拉应力则由钢筋承担。因此，这类挡土墙的优点是能充分利用钢筋混凝土的受力特性，墙体截面较小。在市政工程以及厂矿贮库中广泛应用这种挡土墙。

(3) 扶壁式挡土墙

当墙后填土比较高时，为了增强悬臂式挡土墙中立壁的抗弯性能，常沿墙的纵向每隔一定距离设一道扶壁，故称为扶壁式挡土墙。

近十多年来，国内外在发展新型挡土结构方面，提出了不少新型结构，例如锚杆挡土墙、锚定板挡土墙和土工织物挡土墙等，锚定板挡土墙，一般由预制的钢筋混凝土墙面、钢拉杆和埋在填土中的锚定板组成，表示锚定板的抗拔能力大于或等于墙面所受荷载引起的土压力，就可使结构保持平衡。

3. 挡土墙的计算

挡土墙的截面一般按试算法确定，即先根据挡土墙所处的条件（工程地质、填土性质以及墙体材料和施工条件等）凭经验初步拟定截面尺寸，然后进行挡土墙的验算。如不满足要求，则应改变截面尺寸或采用其他措施。

挡土墙的计算通常包括以下内容：

(1) 稳定性验算，包括抗倾覆和抗滑移稳定验算；

(2) 地基的承载力验算；

(3) 墙身强度验算。

在以上计算内容中，地基的承载力验算，一般与偏心荷载作用下基础的计算方法相同，即要求同时满足基底平均应力 $p \leqslant f$ 和基底最大压应力 $P_{max} \leqslant 1.2f$（f 为持力层地基承载力设计值）。至于墙身强度验算应根据墙身材料分别按砌体结构、素混凝土结构或钢筋混凝土结构的有关计算方法进行。

挡土墙的稳定性破坏通常有两种形式，一种是在主动土压力作用下外倾，对此应进行倾覆稳定性验算，另一种是在土压力作用下沿基底外移，需进行滑动稳定性验算。

(1) 倾覆稳定性验算

一具有倾斜基底的挡土墙，设在挡土墙自重 G 和主动土压力 E_a 作用下，可能绕墙趾 O 点倾覆，抗倾覆力矩与倾覆力矩之比称为抗倾覆安全系数 K_t，应符合下式要求：

$$K_t=\frac{Gx_o+E_{az}X_5}{E_{ax}Z_f}\geqslant 1.5 \tag{2-101}$$

其中　$E_{az}=E_a\cos(a'-\delta)$；

$E_{ax}=E_a\sin(a'-\delta)$；

$x_f=b-Z\alpha'$；

$Z_f=Z-b\tan\alpha_o$。

上列各式中，E_{az}、E_{ax}——主动土压力 E_a 的垂直和水平分量，kN/m；

G——挡土墙每延米自重，kN/m；

x_o——挡土墙重心离墙趾的水平距离，m；

α'——挡土墙墙背与水平的倾角，度；

α_o——挡土墙基底的倾角，度；

δ——土对挡土墙墙背的摩擦角，度；

Z——土压力作用点离墙踵的高度，m；

b——基底的水平投影宽度，m；

Z_f——土压力作用点离 O 点的高度，m。

当地基软弱时，在倾覆的同时，墙趾可能陷入土中，因而力矩中心 O 点向内移动，抗倾覆安全系数就会降低，因此在运用式 $K_t=\frac{G_{加}+E_{az}x_f}{E_{ax}Z_f}\geqslant 1.5$ 时要注意地基土的压缩性。

(2) 滑动稳定性验算

在滑动稳定性验算中，将 G 和 E_a 都分解为垂直和平行于基底的分力，抗滑力与滑动之比称为抗滑安全系数 K_s，应符合下式要求：

$$K_s=\frac{(G_n+E_{an}\mu)}{E_{at}-G_t}\geqslant 1.3 \tag{2-102}$$

式中　G_n、G_t——挡土墙自重在垂直和平行于基底平面方向的分力，

$G_n=G\cdot\cos\alpha_o G_t=G\cdot\sin\alpha_o$，kN/m；

E_{an}、E_{at}——主动土压力 E_a 在垂直和平行于基底平面方向的分力，$E_{an}=E_a\cdot\cos(\alpha'-\alpha_o-\sigma)$，$E_{at}=E_a\cdot\sin(\alpha'-\alpha_o-\sigma)$，kN/m；

μ——土对挡土墙基底的摩擦系数，按表 2-59 确定。

例：某挡土墙高 $H=6$m，墙背直立（$\alpha=0°$），填土面水平（$\beta=0°$），墙背光滑（$\delta=0$），用毛石和 M2.5 水泥砂浆砌筑；砌体重度 $\gamma_k=22\text{kN/m}^3$，填土内摩擦角 $\psi=40°$，$C=0$，$\gamma=19\text{kN/m}^3$，基底摩擦系数 $\mu=0.5$，地基承载力设计值 $f=180$kPa，试设计此挡土墙。

土对挡土墙基底的摩擦系数 **表 2-59**

土的类别	摩擦系数 μ	
黏性土	可塑	0.25～0.30
	硬塑	0.30～0.35
	坚硬	0.35～0.45
粉土	$S_r \leqslant 0.5$	0.30～0.40
中砂、粗砂、砾砂		0.40～0.50
碎石土		0.40～0.60
软质岩石		0.40～0.80
表面粗糙的硬质岩石		0.65～0.75

注：1. 对易风化的软质岩石和塑性指数 I_p 大于 22 的黏性土，基底摩擦系数应通过试验确定；
2. 对碎石土，可根据其密实度、填充物状况、风化程度等确定。

解：① 挡土墙断面尺寸的选择。

重力式挡土墙的顶宽约为$\frac{1}{12}H$，底宽可取$\left(\frac{1}{2}\sim\frac{1}{3}\right)H$，初步选择顶宽度为 0.7m，底宽 $b=2.5$m。

② 土压力计算：

$$E_a=\frac{1}{2}\gamma H^2\tan^2\left(45°-\frac{\psi}{2}\right)$$

$$=\frac{1}{2}\times19\times6^2\times\tan^2\left(45°-\frac{40°}{2}\right)$$

$$=74.4\text{kN/m}$$

土压力作用点离墙底的距离为

$$Z=\frac{1}{3}H=\frac{1}{3}\times6=2\text{m}$$

③ 挡土墙自重及重心：

将挡土墙截面分成一个三角形和一个矩形，分别计算他们的自重：

$$G_1=\frac{1}{2}(2.5-0.7)\times6\times22=119\text{kN/m}$$

$$G_2=0.7\times6\times22=92.4\text{kN/m}$$

G_1 和 G_2 的作用点离 O 点的距离分别为：

$$a_1=\frac{2}{3}\times1.8=1.2\text{m}\qquad a_2=1.8+\frac{1}{2}\times0.7=2.15\text{m}$$

④ 倾覆稳定验算：

$$K_t=\frac{G_1a_1+G_2a_3}{E_aZ}=\frac{119\times1.2+92.4\times2.15}{74.4\times2}=2.29>1.5$$

⑤ 滑动稳定验算：

$$K_s=\frac{(G_1+G_2)\mu}{E_a}=\frac{(119+92.4)\times 0.5}{74.4}=1.42>1.3$$

⑥ 地基承载力验算：

作用在基底的总垂直力：

$$N=G_1+G_2=119+92.4=211.4\text{kN/m}$$

合力作用点离 O 点距离：

$$C=\frac{G_1a_1+G_2a_2-E_Z}{N}$$

$$=\frac{119\times 1.2+92.4\times 2.15-74.4\times 2}{211.4}=0.911\text{m}$$

偏心距　$e=\frac{b}{2}-C=\frac{2.5}{2}-0.915=0.335<\frac{b}{6}$

基底压力　$P=\frac{N}{b}=\frac{211.4}{2.5}=84.6\text{kPa}<f=180\text{kPa}$ 足够

$$P_{\min}^{\max}=\frac{N}{b}(1+\frac{be}{b})=\frac{211.4}{2.5}\left(1\pm\frac{b\times 0.335}{2.5}\right)$$

$$=84.6(1\pm 0.804)=\begin{matrix}152.8\\16.6\end{matrix}\text{kPa}$$

$$P_{\max}<1.2f(=1.2\times 180=216\text{kPa})\text{足够}$$

⑦ 墙身强度验算从略。

4. 挡墙的养护

(1) 挡土墙及护坡稳定和保护路基的构筑物，应定期检查，发现异常现象，应及时采取措施；

(2) 城市道路的挡土墙及护坡应达到坚固、耐用、整齐和美观的要求；

(3) 应及时清除挡土墙及护坡上滋生的杂草和树丛以防止损毁构筑物；

(4) 墙体及坡面出现裂缝或断缝，应先做稳定处理，再进行补缝；

(5) 砌体和混凝土类挡土墙，表层出现风化剥落时，应修复原有保护层。若表层剥落严重影响砌体安全，可用钢丝混凝土补强；

(6) 挡土墙出现严重渗水，应及时疏通堵塞的泄水孔，并可增设泄水孔或加做墙后排水设施；

(7) 挡土墙出现倾斜、鼓肚、滑动及下沉，应先消除侧压因素，然后进行整修加固。

二、挡土墙工程需搭脚手架的执行脚手架定额。

[应用释义]　《给排水、采暖、煤气工程》的脚手架搭拆费（限操作高度在 4.5m 以上的工程）按人工费的 8%，其中人工工资占 25%。

脚手架是为建筑工程服务的，属于周转摊销性质，因此，脚手架工程量及费用的计算有其可变性，不同于其他工程。

目前全国计算脚手架工程量有三种方式：

一是按建筑工程造价的百分比计算，不再计算脚手架工程量。二是按建筑面积以平方米计算。不计算建筑面积的架空层、设备管道层、人防通道。脚手架费用按围护结构水平投影面积套综合脚手架定额，单独列项计算。三是按工程构造及分部分项计算脚手架工程量。

以下介绍按工程构造分项和建筑面积计算脚手架工程量的方法（砌筑用脚手架）。

1. 凡砌体（包括内外墙、柱及围墙等）高度在 1.2m 以上者，均应计算脚手架。砌体高度系指设计室外地坪以上部分。各种基础砌体深度超过 1.5m 时（室外自然地面以下），应按相应的里脚手架定额计算，其面积为基础底至室外地面的垂直投影面积。

2. 外墙脚手架按外墙外围长度乘以设计室外地坪至沿口高度，以平方米计算，山墙部分以山墙的平均高度计算。带女儿墙的建筑物，其高度算至女儿墙顶。

3. 凡一层建筑物外砖墙沿高在 3.6m 以内者，按 3.6m 以内脚手架计算。超过 3.6m 者，分别按不同高度的外脚手架计算。

4. 地下室外墙及深基础，按地下室室内地坪面至地下室墙或基础的顶面高度计算。高度在 3.6m 以内者，按 3.6m 以内脚手架计算。高度在 3.6m 以上者，按不同高度的外脚手架计算。

5. 多层建筑物及檐高在 3.6m 以上的一层建筑物，凡遇下列情况之一者，可按双排外脚手架计算：

（1） 框架结构的砖墙；

（2） 外墙门窗洞口面积超过整个建筑物外墙面积的 40%以上者；

（3） 毛石外墙；

（4） 空心砖外墙、空斗外墙、填充外墙；

（5） 外墙裙以上的外墙面抹灰面积占整个建筑物外墙面积（包括门窗洞口面积在内）25%以上者。

6. 内砖墙高度在 3.6m 以内者，按墙高 3.6m 以内脚手架计算，高度超过 3.6m 时，分别不同高度按外墙单排脚手架计算。空斗墙、多孔砖墙、空心砖墙、填充墙、砌块墙，凡高度在 3.6m 以内者，均按 3.6m 以内脚手架计算，墙高超过 3.6m 者，按相应墙高双排外脚手架计算。脚手架工程量按内墙净长乘高度，以平方米计算（墙高系指设计室外地坪或楼板面至楼板底或梁底的高度）。

7. 计算内、外脚手架时，均不扣除门、窗洞口及穿过建筑物的车马通道的空洞面积。

8. 同一建筑物高度不同时，应分别按相应定额计算。

9. 凡墙厚在两砖以上（不包括两砖）的砖墙，其高度在 3.6m 以内者，按 3.6m 以内脚手架乘以系数 2 计算；高度在 3.6m 以上的外墙，其外面按相应外墙脚手架计算，内面按相应外墙单排脚手架计算；高度在 3.6m 以上的内墙，按相应外墙单排脚手架乘以系数 2 计算。

10. 突出屋面的房上烟囱，平均高度超过 1.2m 时，按外围周长加 3.6m 乘以平均高度，按 3.6m 以内脚手架计算。突出屋面的楼梯间，水箱间等高度在 3.6m 以内者，按

3.6m以内脚手架计算，超过3.6m时，按单排外脚手架计算。

11. 高度在3.6m以内的砖围墙，按3.6m以内脚手架计算，超过3.6m时，按单排外脚手架计算。其高度应从自然地坪至围墙顶面，长度按围墙中心线，不扣除围墙所占的面积，但门柱砌筑用脚手架也不增加。

12. 石围墙高度在3.6m以内者，按3.6m以内脚手架乘以系数2计算，计算方法与砖围墙脚手架相同。

三、块石如需冲洗时（利用旧料），每立方米块石增加：用工0.24工日，用水0.5m³。

［应用释义］　1. 浆砌块石挡土墙对材料的要求：

(1) 石料

石料应符合设计规定的类别和标号，石质应均匀、不易风化、无裂纹。石料强度等级为20cm×20cm×20cm含水饱和试件的极限抗压强度（MPa）。用较小试件时，应乘以下表2-60列的系数。

石料标号换算系数　　**表2-60**

试件尺寸	20×20×20	15×15×15	10×10×10	7.07×7.07×7.09	5×5×5
换算系数	1.0	0.9	0.8	0.7	0.6

(2) 片石

一般指用爆破或楔劈法开采的石块，厚度不应小于15cm（卵形或薄片者不得使用）。用作镶面的片石，应选择表面较平整、尺寸较大者，并应稍加修整。

(3) 碎石

应形状大致方正，上下面大致平整，厚度20～30cm，宽度约为厚度的1.0～1.5倍，长度约为厚度的1.5～3.0倍（如有锋棱锐角，应敲除）。块石用作镶面时，应由外露面四周向内稍加修凿；后部可不修凿，但应略小于修凿部分。

(4) 粗料石

是由岩层或大块石料开劈并经粗略修凿而成，应外形方正，成六面体，厚度20～30cm，宽度为厚度的1～1.5倍，长度为厚度的2.5～4倍，表面凹陷深度不应大于2cm。加工镶面粗料石时，丁石长度应比相邻顺石宽度至少大15cm，修凿面每10cm长须有錾路约4～5条，侧面修凿面应与外露面垂直，正面凹陷深度不应超过1.5cm，加工精度，镶面粗料石的外露面如带细凿边缘时，细凿边缘的宽度应为3～5cm。

2. 浆砌块（料）石挡土墙施工要点

(1) 一般要求

① 砌块在使用前必须浇水湿润，表面如有泥土、水锈，应清洗干净；

② 砌筑基础的第一层砌块时，如基底为岩层或混凝土基础，应先将基底表面清洗、湿润，再坐浆砌筑；如基底为土质，可直接坐浆砌筑；

③ 砌体应分层砌筑，砌体较长时可分段分层砌筑，但两相邻工作段的砌筑高差一般不宜超过1.2m；分段位置宜尽量设在沉降缝或伸缩缝处，各段水平砌缝应一致；

④ 各砌层应先砌外圈立位行列，然后砌筑里层，外圈砌块应与里层砌块交错连成一体。砌体外露面镶面种类应符合设计规定。

砌体里层应砌筑整齐，分层应与外圈一致，应先铺一层适当厚度的砂浆再安放砌块和填塞砌缝。

砌体外露面应进行勾缝，并应在砌筑时靠外露面预留深约 2cm 的空缝备作勾缝之用；砌体隐蔽面砌缝可随砌随刮平，不另勾缝。

⑤ 各砌层的砌块应安放稳固，砌块间应砂浆饱满，粘结牢固，不得直接贴靠或脱空。砌筑时，底浆应铺满，竖缝砂浆应先在已砌石块侧面铺放一部分，然后于石块放好后填满捣实。用小石子混凝土填塞竖缝时，应以扁钢捣实；

⑥ 砌筑上层砌块时，应避免振动下层砌块。砌筑工作中断后恢复砌筑时，已砌筑的砌层表面应加以清扫和湿润。

(2) 浆砌块石

① 石块应平砌，每层石料高度应大致一律。外圈定位行列和镶面石块，应丁顺相间或二顺一丁排列，砌缝宽度不应大于 3cm；上下层竖缝错开距离不应小于 8cm；

② 砌体里层平缝宽度不应大于 3cm；竖缝宽度不应大于 4cm；用小石子混凝土砌筑时不应大于 5cm。

(3) 浆砌粗料石和混凝土预制块

① 砌筑前，应先计算层数、选好料，砌筑时，应严格控制平面位置和高度；

② 镶面石应一顺一丁排列，砌缝应横平竖直；

③ 砌缝宽度，当为粗料石时不应大于 2cm，当为混凝土砌块时不应大于 1cm；

④ 上下层竖缝错开距离不应小于 10cm，同时在丁石的上层或下层不宜有竖缝；

⑤ 砌体里层为浆砌块石时，其要求同第三款。

为加强块石同砂浆的粘结力，首先必须把附属在上面的灰尘、泥土以及风化的混凝土粉末，冲洗干净，这样使粘结时，接触面积增大，粘结力增强，以达到合格的工程质量。特别是对旧料或被泥土包裹的块石，都必须加水冲洗。

第二节 工程量计算规则应用释义

一、块石护底、护坡以不同平面厚度按立方米计算。

[应用释义] 块石指由天然岩石或卵石所构成，从直径上区别，有别于表面光滑程度。碎石具有棱角、表面粗糙，而卵石多为圆形，表面光滑。

护底一般指保护河床的底部，护坡指保护斜坡，免受河流或雨水冲刷。

其计算工程量，以体积计算，主要是因为护底，护坡有不同厚度。面积乘厚度为定量体积。

石料应符合设计规定的类别和标号，石质应均匀、不易风化、无裂纹。石料标号为 20cm×20cm×20cm 含水饱和试件的极限抗压强度（MPa）。

块石：应形状大致方正，上下面大致平整，厚度 20～30cm，宽度约为厚度的 1.0～1.5 倍，长度约为厚度的 1.5～3.0 倍（如有锋棱锐角，应敲除）。块石用作镶面时，应由外露面四周向内稍加修凿；后部可不修凿，但应略小于修凿部分。

1. 桥台护坡和台背填土的一般要求：

(1) 在大孔土地区，应检查护坡基底及护坡附近有无陷穴，并彻底进行处理，保证护坡稳定。

(2) 锥体填土应按标高及坡度填足，砌筑片石厚度不够时再挖去土，不允许填土不足，临时边砌石，边补填土。护坡拉线时，坡顶应预先放高约 2～4cm，使护坡随同锥体填土沉陷后，坡度仍符合规定。

(3) 护坡基础与坡脚的连接面应与护坡坡度垂直，以防坡脚滑走。

(4) 砌石时拉线要紧，表面要平顺，护坡片石背后应按规定做碎石倒滤层，防止锥体土方被水浸蚀变形。

(5) 护坡与路肩或地面的连接必须平顺，以利排水，并避免砌体背后冲刷或渗透坍塌。

2. 砌筑要点：

(1) 石砌锥坡、护坡和河床铺砌层等工程，必须在坡面或基面夯实、整平后，方可开始铺砌。

(2) 片石护坡的外露面和坡顶、边口，应选用较大、较平整并略加修凿的石块。

(3) 浆砌片石护坡和河床铺砌，石块应互相咬接，砌缝砂浆饱满，砌缝宽度 4～7cm。浆砌卵石护坡和河床铺砌层，应采用栽砌法，砌块应互相咬接。

(4) 干砌片石护坡及河床铺砌时，铺砌应紧密、稳定、表面平顺，但不得用小石块塞垫或找平。干砌卵石河床铺砌时，应采用栽砌法。用于防护急流冲刷的护坡、河床铺砌层，其石块尺寸不得小于有关规定。

二、浆砌料石、预制块的体积按设计断面以立方米计算。

[应用释义]　浆砌料石中料石是由岩层或大块石料开劈异经粗略修凿而成，应外形大致方正，正六面体，厚度为 20～30cm，宽度为厚度的 1.0～1.5 倍。

预制块指由施工现场或预制工厂加工的混凝土块。

设计断面指由设计人员经过勘察现场经设计而成断面。

无论是浆砌料石或浆砌预制块，由于厚度不同，所处的位置不一样，计算时只能按其所占面积乘厚度得出体积以立方米计算。所占面积为设计断面面积，区别于护坡护底的上下表面，因为两者是不一样的。

浆砌料石、预制块指的是用于砌品的人造块石、板材、块材、外形多为直角六面体，也有各种异形的。砌料石、预制块系列中主规格的长度、宽度或高度有一项或多项分别大于 365mm、240mm 或 115mm。但高度不应大于长度或宽度的六倍，长度不超过高度的三倍。当系列中主规格的高度大于 115mm 而又小于 380mm 的砌块，简称小砌块。当系列中的主规格的高度为 380～980mm 的石块，称为中砌块；系列中主规格的高度大于 980mm 的砌块，称为大砌块。目前，我国以中小型砌块使用较多。

砌料石、预制块按其空心率大小为空心砌块和实心砌块两种。空心率小于 25%或无孔洞的砌块为实心砌块。空心率等于或大于 25%的砌块为空心砌块。

砌料石、预制块通常又可按其作用主要原料及生产工艺命名，如水泥混凝土砌块、粉煤灰硅酸盐混凝土砌块、多孔混凝土砌块、石膏砌块、烧结砌块等。

制作砌块能充分利用地方材料和工业废料，且制作工艺不复杂。砌块尺寸比砖大、施工方便，能有效提高劳动生产率，还可改善墙体功能。

几种有代表性砌块：

1. 混凝土小型空心砌块

混凝土小型空心砌块是由水泥、粗细骨料加水搅拌、经装模、振动（或加压振动或冲压）成型，并经养护而成。其粗细骨料可用普通碎石或卵石、砂子，也可用轻骨料（如陶粒、煤渣、煤矸石、火山渣、浮石等）及轻砂。

(1) 砌块的分类、产品等级及规格形状

混凝土小型空心砌体分为承重砌块和非承重砌块两类。按其外观质量分为一等品和二等品，两个产品等级。砌块的规格见表 2-61。

砌块规格　**表 2-61**

分类	规格	外形尺寸（mm）			每块质量（kg）
		长	宽	高	
承重	主规格	390	190	190	18～20
	辅助规格	290	190	190	14～15
		190	190	190	9～10
		90	190	190	6～7
非承重	主规格	390	90～190	190	10～12
	辅助规格	190	90～190	190	5～10
		90	90～190	190	4～7

(2) 砌块的强度等级

砌块的抗压强度是用砌块受压面的毛面积除以破坏荷载求得的。根据《普通混凝土小型空心砌块》（GB 8239—1997）中规定，按砌块的抗压强度分为 MU20.0、MU15.0、MU10.0、MU7.5、MU5.0、MU3.5 六个等级。具体指标见表 2-62。

砌块的抗压强度　**表 2-62**

强度等级	抗压强度（MPa）≥	
	平均值	单块最小值
MU3.5	3.5	2.8
MU5.0	5.0	4.0
MU7.5	7.5	6.0
MU10.0	10.0	8.0
MU15.0	15.0	12.0
MU20.0	20.0	16.0

注：非承重墙砌块在有试验数据的条件下，强度等级可降低到 2.8。

(3) 砌块的其他性能

砌块因失水而产生的收缩导致墙体开裂，为了控制砌体建筑的墙体裂缝，国家标准GB 8239—1997对砌块的相对含水率作了规定。

通常对用于承重墙和外墙的砌块干缩要求小于0.5‰，非承重和内墙的砌块干缩率应小于0.6‰。

砌块的抗渗性根据GB 4111—83所规定的方法试验。

混凝土砌块的导热系数随混凝土材料及孔型和空心率的不同而有差异。普通水泥混凝土小型空心砌块，空心率为50%时，其导热系数约为0.26W/（m·K）左右。

（4）砌块的应用

混凝土小型空心砌块可用于低层和中层建筑的内墙和外墙。使用砌块作为墙体材料时，应严格遵照有关部门所颁布的设计规范和施工规程。

这种砌块在砌筑时一般不宜浇水，但在气候特别干燥炎热时，可在砌筑前稍喷水润湿。砌筑时应尽量采用主规格砌块，并应先清除砌块表面污物和芯栓所用砌块孔洞的底部毛边。采用反砌（即砌块底面朝上），砌块之间应对孔错缝搭接。砌筑灰缝宽度应控制在8～12mm，所埋设的拉结钢筋或网片，必须放置在砂浆层中。承重墙不得用砌块和砖混合砌筑。

2. 粉煤灰硅酸盐中型砌块

粉煤灰硅酸盐砌块简称粉煤灰砌块。粉煤灰中型砌块是用以粉煤灰、石灰、石膏和骨料等为原料，经加水搅拌、振动成型、蒸汽养护而制成的密实砌块。通常采用炉渣作为砌体的骨料。粉煤灰砌块原材料组成间的互相作用及蒸汽养护而制成的密度砌体。通常采用炉渣作为砌块的骨料。粉煤灰砌块原材料组成间的互相作用及蒸养后所形成的主要水化产物等与粉煤灰蒸养砖相似。

（1）粉煤灰砌块主规格尺寸

880mm×380mm×240mm

880mm×430mm×240mm

砌块端面应加灌浆槽、坐浆面宜设计剪槽。

（2）砌块的主要技术性能指标

标准《粉煤灰砌块》（JC 238—91）中规定：砌块的强度等级按其立方体试件的抗压强度为10级和13级两个强度等级；砌块按其外观质量、尺寸偏差和干缩性能分为一等品（B）和合格品（C）两个产品等级。表2-63列出了砌块的性能指标。

粉煤灰砌块的立方体抗压强度、碳化后强度抗冻性能和密度　　表2-63

项　目	指　标	
	10级	13级
抗压强度（MPa）	3块试件平均值不应小于10.0 单块最小值8.0	3块试件平均值不应小于13.0 单块最小值10.5
人工碳化后强度1（MPa）	不应小于6.0	不应小于7.5
抗　冻　性	冻融循环结束后，外观无明显疏松、剥落或裂缝，强度损失不大于20%	
密度（kg/m³）	不超过设计密度10%	

粉煤灰硅酸盐砌块的表观密度随所用骨料而变，当用炉渣为骨料时，其表观密度约为1300～1550kg/m^3，导热系数为0.465～0.582W/（m·K）。粉煤灰硅酸盐砌块的干缩值（一等品≤0.75mm/m，合格品≤0.90mm/m）比水泥混凝土砌块大，弹性模量则低于同强度的水泥混凝土制品。

粉煤灰砌块可用于一般工业和民用建筑以及市政工程的墙体和基础。但不宜用于有酸性介质侵蚀的建筑部位，也不宜用于经常处于高温影响下的市政工程。砌块在砌筑前应消除表面的污物及黏土。常温施工时，砌块应提前浇水湿润，湿润程度以砌块表面呈水印为标准。冬期施工砌块不得浇水湿润，砌筑时砌块应错缝搭接，搭砌长度不得小于块高的1/3，也不应小于15cm。砌体的水平灰缝和垂直灰缝一般为15～20mm（不包括灌浆缝），当垂直灰缝宽度大于30mm时，应用C20细石混凝土灌实。粉煤灰砌块的墙体内外表面宜作粉刷或其他饰面，以改善隔热、隔声性能并防止外墙渗漏、提高耐久性。

3. 蒸压加气混凝土砌块

蒸压加气混凝土砌块是以钙质材料和硅质材料以及加气剂、少量调节剂、经配料、搅拌、浇筑成型、切割和蒸压养护而成的多孔轻质块体材料。原料中的钙质材料和硅质材料可分别采用石灰、水泥矿渣、粉煤灰、砂等。根据所采用的主要原料不同，加气混凝土砌块也相应有水泥—矿渣—水；水泥—石灰—砂；水泥—石灰—粉煤灰三种。

（1）砌块的规格（见表2-64）

砌块的规格尺寸（mm）　　表2-64

砌块公称尺寸			砌块制作尺寸		
长度 L	宽度 B	高度 H	长度 L_1	宽度 B_1	高度 H_1
	100				
	125				
	150	200			
	200				
600	250	250	$L-10$	B	$H-10$
	300				
	120	300			
	180				
	240				

（2）砌块的主要技术性质指标

根据《蒸压加气混凝土砌块》（GB/T 11968—1997）规定砌块按外观质量、尺寸偏差分为优等品（A），一等品（B）合格品（C）三个产品级别。按砌块抗压强度分A1.0，A2.0，A2.5，A3.5，A5.0，A7.5，A10七个级别；按体积密度分B03，B04，B05，B06，B07，B08六个级别。详见表2-65、表2-66、表2-67。

（3）砌料石、预制块的其他性质。

① 轻质：加气混凝土砌块的表观密度小，一般仅为黏土砖的1/3，作为墙体材料，可使建筑物自重减轻2/5～1/2，从而降低造价。由于地震时建筑物受力大小与建筑物的自重成正比，所以采用加气混凝土砌块等轻质墙体可提高市政工程抗震能力。

砌块的抗压强度（MPa） **表 2-65**

强度级别	立方体抗压强度		强度级别	立方体抗压强度	
	平均值不小于	单块最小值不小于		平均值不小于	单块最小值不小于
A1.0	1.0	0.8	A5.0	5.0	4.0
A2.0	2.0	1.6	A7.5	7.5	6.0
A3.0	2.5	2.0	A10.0	10.0	8.0
A4.0	3.5	2.8			

砌块的强度级别 **表 2-66**

体积密度级别		B03	B04	B05	B06	B07	B08
强度级别	优等品（A）	A1.0	A2.0	A3.5	A5.0	A7.5	A10.0
	优等品（B）			A3.5	A5.0	A7.5	A10.0
	优等品（C）			A2.5	A3.5	A5.0	A7.5

砌块的干体积密度（kg/m^3） **表 2-67**

体积密度级别		B03	B04	B05	B06	B07	B08
强度级别	优等品（A）≤	300	400	500	600	700	800
	优等品（B）≤	330	430	530	630	730	830
	优等品（C）≤	350	450	550	650	750	850

② 保温隔热：加气混凝土为多孔材料，其导热系数为0.14～0.28W/（m·K），保温隔热性能好。用作墙体可降低市政工程的采暖和制冷等使用能耗。

③ 隔声：用加气混凝土砌块砌筑150mm厚的墙时加双面抹灰，对100～3150Hz的平均隔声量为4.3dB。

④ 耐火：加气混凝土砌块是非燃烧材料，导热系数低，热量传递速度慢，其耐火性能好。

此外，加气混凝土砌块可用于一般市政工程的墙体，可作多层建筑的承重墙和非承重外墙及内隔墙，也可用于屋面保温。一般干体积密度为B05级，强度为B35号的砌块用于横墙承重的房屋时，其层数不得超过三层，总高度不超过10m；干体积密度为B07级，强度为50号的砌块不宜超过五层，总高度不超过16m，加气混凝土砌块不得用于基础和处于浸水，高潮和有化学侵蚀的环境（如强酸、强碱或高浓度二氧化碳）中，也不能用于承重制品表面温度高于80℃的建筑部位。

三、浆砌台阶以设计断面的实砌体积计算

［应用释义］ 浆砌台阶指用砂浆浆砌护坡以供人们上下通行的路径。浆砌成台阶而不用平面或斜面主要目的是防止滑坡及便于人们上下通行。浆指用水泥、砂、水拌合而成的浆砌用材料，其质量标准必须符合浆砌要求砂浆标准，区别于干砌块料面层。

其设计断面为工地实际发生浆砌断面，按实计算其体积。

四、砂、石、滤沟按尺寸以立方米计算

［应用释义］ 砂：一般为天然砂，它是岩石风化后所形的大小不等、由不同矿物散粒组成的混合物，一般有河砂、海砂及山砂。

石：指的是卵石和碎石，由天然岩石或卵石经破碎，筛分而得的，粒径大于5mm的岩石颗粒；岩石由于自然条件作用而形成的，粒径大于5mm的颗粒，称为卵石。

滤沟：指的是用来排水的沟，但是沟中是用砂石作为介质，防止水土流失出现滑坡，坍塌等事故，因此选好砂石对滤沟的造价意义重大。

1. 砂

(1) 砂粒形状及表面特征：山砂的颗粒多具有棱角，表面粗糙，河砂、海砂，其颗粒多呈圆形，表面光滑。

(2) 砂的颗粒级配及粗细程度：砂的颗粒级配，即表示砂大小颗粒的搭配情况。如果是同样粗细的砂，空隙最大；两种粒径的砂搭配起来，空隙就减小了；三种粒径的砂搭配，空隙就更小了。由此可见，要想减小砂粒间的空隙，就必须有大小不同的颗粒搭配。

砂的粗细程度，是指不同粒径的砂粒混合在一起后的总体的粗细程度，通常有粗砂、中砂与细砂之分。在相同质量条件下，细砂的总表面积较大，而粗砂的总表面积较小。

砂的颗粒级配和粗细程度，常用筛分析的方法进行测定。用级配区表示砂的颗粒级配，用细度模数表示砂的粗细。筛分析的方法，是用一套孔径（净尺寸）为5mm、2.50mm、1.25mm、0.63mm、0.315mm及0.16mm的标准筛，将500g的干砂试样由粗到细依次过筛，然后称得余留在各个筛上的砂的质量，并计算出各筛上的分计筛余百分率a_1、a_2、a_3、a_4、a_5和a_6（各筛上的筛余量占砂样总量的百分率）及累计筛余百分率A_1、A_2、A_3、A_4、A_5和A_6（各个筛和比该筛粗的所有分计筛余百分率相加在一起）。累计筛余与分计筛余的关系，见表2-68。

累计筛余与分计筛余的关系　　**表2-68**

筛孔尺寸（mm）	分计筛余（%）	累计筛余（%）
5	a_1	$A_1=a_1$
2.50	a_2	$A_2=a_1+a_2$
1.25	a_3	$A_3=a_1+a_2+a_3$
0.63	a_4	$A_4=a_1+a_2+a_3+a_4$
0.315	a_5	$A_5=a_1+a_2+a_3+a_4+a_5$
0.16	a_6	$A_6=a_1+a_2+a_3+a_4+a_5+a_6$

细度模数μf的公式：

$$细度模数(\mu f)=\frac{(A_2+A_3+A_4+A_5+A_6)-5A_1}{100-A_1}$$

细度模数（μf）愈大，表示砂愈粗。普通混凝土用砂的粗细程度按细度模数分为粗、中、细三级，其细度模数范围：μf在3.7～3.1为粗砂，μf在3.0～2.3为中砂，μf在2.2～1.6为细砂。

根据0.63mm筛孔的累计筛余量分成三个级配区（见表2-69）。混凝土用砂的颗粒级配，应处于表中的任何一个级配区以内。砂的实际颗粒级配与表中所列的累计筛余百分率相比，除5mm和0.63mm筛号外，允许有超出分区界线，但其总量百分率不应大于5%。以累计筛余百分率为纵坐标，以筛孔尺寸为横坐标，根据下表规定画出砂1、2、3级配区的筛分曲线。砂过粗（细度模数大于3.7）配成的混凝土，其拌合物的和易性不易控制，且内摩擦大，不易振捣成型；砂过细（细度模数小于 0.7）配成的混凝土既要增加较多的水泥用量，而且强度显著降低。所以这两种砂未包括在级配区内。

砂颗粒级配区　　**表 2-69**

筛孔尺寸（mm）	级配区		
	1 区	2 区	3 区
	累计筛余（按质量计）（%）		
10.000	0	0	0
5.00	10～0	10～0	10～0
2.50	35～5	25～0	15～0
1.25	65～35	50～10	25～0
0.63	85～71	70～41	40～16
0.315	95～80	92～70	85～55
0.16	100～90	100～90	100～90

注：1. 允许超出≤5%的总量，是指几个粒级累计筛余百分率超出的和，或只是某一粒级的超出百分率；

2. 砂的坚固性：砂的坚固性是指砂在气候、环境变化或其他物理因素作用下抵抗破裂的能力。按标准 JGJ 52—92 规定。

2. 碎石和卵石

由天然岩石或卵石经破碎、筛分而得的，粒径大于 5mm 的岩石颗粒，称为碎石或碎卵石。岩石由于自然条件作用而形成的，粒径大于 5mm 的颗粒，称为卵石。

（1）颗粒形状及表面特征

碎石具有棱角，表面粗糙，而卵石多为圆形，表面光滑。

（2）最大粒径及颗粒级配

粗骨料中公称粒级的上限称为该粒级的最大粒径。当骨料粒径增大时，其表面积随之减小。

石子的级配也通过筛分试验来确定，石子的标准筛有孔径为 2.5mm、5mm、10mm、16mm、20mm、25mm、31.5mm、40mm、50mm、63mm、80mm 及 100mm 等 12 个筛子。试样筛分所需筛号，应按表 2-70 中规定的级配要求选用。分计筛余百分率和累计筛余百分率计算均与砂的相同。

碎石或卵石的颗粒级配范围　　**表 2-70**

级配情况	公称粒级（mm）	累计筛余　按质量计（%）										
		筛孔尺寸（圆孔筛）（mm）										
		2.50	5.00	10.0	16.0	20.0	31.5	25.0	40.0	50.0	63.0	80.0
连续粒级	5～10	95～100	80～100	0～15	0	—	—	—	—	—	—	—
	5～16	95～100	90～100	30～60	0～10	0	—	—	—	—	—	—
	5～20	95～100	90～100	40～70	—	0～10	—	0	—	—	—	—
	5～25	95～100	90～100	—	30～70	—	0	0～5	—	—	—	—
	5～31.5	95～100	90～100	70～90	—	15～45	0～5	—	—	—	—	—
	5～40	—	95～100	75～90	—	30～65	—	—	0	0	—	—

续表

级配情况	公称粒级（mm）	累计筛余　按质量计（%）										
		筛孔尺寸（圆孔筛）（mm）										
		2.50	5.00	10.0	16.0	20.0	31.5	25.0	40.0	50.0	63.0	80.0
单粒级	10～20	—	95～100	85～100	—	0～15	—	0	—	—	—	—
	16～31.5	—	95～100	—	85～100	—	0～10	—	—	—	—	—
	20～40	—	—	95～100	—	80～100	—	—	0	0	—	—
	31.5～63	—	—	—	95～100	—	75～100	—	—	—	0～10	0
	40～80	—	—	—	—	95～100	—	—	—	—	30～60	0～10

注：公称粒级的上限为该粒级的最大粒径。单粒级一般用于组合成具有要求级配的连续粒级，它也可与连续级的碎石或卵石混合使用，以改善它们的级配或配成较大粒度的连续粒级。

第三节　定额应用释义

1. 砂石滤层、滤沟

工作内容：挖沟、清沟、配料、堆筑、铺设、场内材料运输。

定额编号　1-681～1-688　砂石滤沟、砂滤层、碎石滤层　P174

［应用释义］　砂石滤层：为了使挡土墙后积水容易排出，通常在墙身布置适当数量的泄水孔，孔眼尺寸一般为 50mm×100mm、100mm×100mm、150mm×200mm 或直径为 50～100mm 的圆孔。在泄水孔入口处应用易于渗水的粗颗粒材料（卵石或碎石等）做滤水层以防止淤塞泄水孔。

砂石滤沟：指在挡土墙前面，用来排掉从挡土墙后面排过来的水，以减少土对挡土墙的主动土压力，其中不过滤材料采用粒径较大的颗粒（如卵石、碎石等）。

碎石 40mm：指由天然岩石或卵石经破碎、筛分而得的、粒径大于 5mm 的岩石颗粒，40mm 指碎石粒径大于或等于 40mm。

中粗砂：指砂的粒径在 0.25～2.0mm 以内的砂子，是一种易透水，当混入云母等杂质时透水性减少，而压缩性增加，无黏性，如遇水不膨胀，干燥时松散，毛细水上升高度不大，随粒径变小而增大的砂。

挖沟：指用人工或机械开挖沟槽，此处的沟槽用来排挡土墙侧的积水。

2. 砌护坡、台阶

工作内容：选修石料、砌筑、养护、材料场内运输。

定额编号　1-689～1-694　干砌块石护坡　干砌块石护坡（灌浆）　P175

［应用释义］　护坡：指在河岸或路旁用石块、水泥等筑成的斜坡，用来防止河流或雨水冲刷。一般用下列方法对护坡进行加固：

(1) 植被被护分为铺条草皮和全铺方块草皮两类。前者用于填方护坡的地段，后者用于坡度陡于 1∶1.5 的挖方护坡上或坡长 8m 以上的填方护坡。

(2) 块石、卵石及预制块的铺砌方式分为干砌和浆砌两种。在地面径流流速小于

1.5m/s 的地段应采用干砌，其厚度不宜小于 200mm；地面径流流速大于 1.5m/s 或有风浪地段应用浆砌。

(3) 岩石开裂并有岸塌危险的边坡，或大于 1∶1.5 的护坡，可采用混凝土或钢筋混凝土铺筑。

(4) 岩石挖方受雨水侵蚀出现剥落或崩塌不稳定的地方，可用锚喷法加固。在加固范围内设置泄水孔，对涌水地段，应挖水平泄水沟避免喷射面内侧水回流。

(5) 路堑或路堤护坡高差大，且受条件限制，坡度达不到土的稳定要求时，应修筑挡土墙。

土质边沟的纵坡坡度不应小于 0.5%，平原地区排水困难的地段也不宜小于 0.2%；若土质为细砂质土及粉砂土且纵坡在 1%～2%时，或者是粉砂质黏土及砂质黏土且纵坡为 3%～4%，或流量大时，必须加固边沟。

对于护坡的排水应注意其排水是否符合某些规定：

(1) 边沟、排水沟和截水沟的淤积物应随时清除疏通，保持沟内流水畅通，断面完好；

(2) 对于沟型断面破损应及时保养或整修恢复；

(3) 为了便于经常养护维修，应每隔一定距离或在旁坡点及出口处用浆砌块料做成标准沟型断面，以挖制沟底高程和断面尺寸。

台阶：指护坡上用于供人们上下通行的路径，一个原因是为了防滑坡，另一个原因是便于人们上下通行方便。

干砌块石护坡：指用块石垒砌起来的护坡不用任何砂浆作为粘结材料。

干砌块石护坡（落浆）：指用块石垒砌起来的护坡不用砂浆作为粘结材料，但砌筑过程中留有灌砂浆的孔，在砌筑完墙体后，再用水泥砂浆灌孔，使其整体粘结。

水泥砂浆：指用水泥、砂、水拌合而成的砌筑用的材料，但所用的水泥、砂、水等材料质量标准宜符合混凝土工程相应材料的质量标准。

砂浆搅拌机：又称灰浆搅拌机，是将砂、水、胶合材料（如水泥、石灰等）均匀地搅拌成砂浆的一种机械。他是按强制式混凝土搅拌机的原理设计，在搅拌物料时，搅拌筒固定不动，而用固定在转轴上的拌叶的旋转来拌合物料。

砂浆搅拌机，按其生产状态可分为周期作用式和连续作用式；按其安装方式可分固定式和移动式；按出料方式可分为倾翻卸料式和活门卸料式。

目前常用的砂浆搅拌机，倾翻卸料式的有 HJ-150 型，HJ-200 型和活门卸料式 HJ-325 型等型号。

定额编号　1-695～1-699　浆砌块石护坡、浆砌预制块护坡　P176

［应用释义］　台阶：指护坡上用于供人们上下通行的路径，一个原因是为了防止滑坡，另一原因是便于人们上下通行方便。

护坡：见定额编号 1-689～1-694 干砌块石护坡、干砌块石护坡（灌浆）释义。

块石：指形状大致方正，上下面大致平整，厚度约为 20～30mm，宽度约为厚度的 1.0～1.5 倍，长度约为宽度的 1.5～3.0 倍（如有锋棱锐角，应敲除）。块石用作镶面时，应由外露面四周向内稍加修凿，后部可不修凿，但应略小于修凿部分。

水：此处的水指用于洗料石和砂浆配料内的水。

混凝土预制块：指在工厂或施工现场预制的料石，用来砌筑护坡的预制块。

定额编号　1-700～1-704　浆砌块石锥形坡、干砌块石锥形坡、浆砌块石台阶，浆砌料石台阶、浆砌预制块台阶　P177

［应用释义］　护坡：见定额编号 1-689～1-694 干砌块石护坡、干砌块石护坡（灌浆）释义。

块石：见定额编号 1-695～1-699 浆砌块石护坡、浆砌预制块护坡释义。

水泥砂浆：指用水泥、水、砂经拌合而成的粘结材料。

灰浆搅拌机：灰浆搅拌机是将砂水胶合材料（如水泥、石灰等）均匀地搅拌成砂浆的一种机械，因此又称之为砂浆搅拌机。他是按强制式混凝土搅拌机的原理设计的，在搅拌物料时，搅拌筒固定不动，而用固定在转轴上的拌叶的旋转来搅合物料。

灰浆搅拌机，按其生产状态可分周期作用式和连续作用式；按其安装方式可分为固定式和移动式；按出料方式可分为倾翻卸料式和活门卸料式。

目前常用的灰浆搅拌机，倾翻卸料式的有 HJ-150 型，HJ-200 型和活门 HJ-325 型等型号。

倾翻卸料式灰浆搅拌机：它由电动机、传动齿轮组、搅拌系统、机架和卸料装置组成，电动机驱动皮带轮，经过齿轮和蜗轮蜗杆减速，带动主轴转动。主轴上装有搅拌叶片，把加入拌筒内的混合料搅拌均匀成灰浆，然后倾翻拌筒卸出灰浆，待搅拌筒复位再加料，这样循环进行搅拌，这种机型无水箱和上料机构，上料和加水均由人工进行，构造简单，所以使用十分普遍。

活门卸料式灰浆搅拌机：它由装料斗、机架、水箱、搅拌系统和卸料门组成。电动机经三角皮带带动减速箱齿轮，由齿轮带动中轴转动，用固定在中轴上的拌叶强制搅拌物料。出料是操纵卸料口活门手柄，开启活门卸出拌合物。给水是操纵给水柄，使水箱放水。上箱是操纵上料手柄，使料斗提升，翻转将料斗中物料倒入搅拌筒。

水：此处指用在砂浆配合比中的水和用于清洗料石的水。

锥形坡：锥形护坡砌层等工程，必须在坡高或基面夯实、整平后，方可开始铺砌，以保证护坡稳定。锥坡填土应与台背填土同时进行，填土应按标高及坡度填足。桥涵台背、锥坡、护坡及拱上等各项填土、宜采用透水性土，不得采用含有泥草、腐殖物或冻土块的土。填土应在接近最佳含水量的情况下分层填筑和夯实，每层厚度不得超过 0.30m，密实度应达到路基规范要求。

护坡基础与坡脚的连接面应与护坡坡度垂直，以防止坡脚滑走。片石护坡的外露面和坡顶，边口，应选用较大，较平整并略加修凿的石块。

砌石时拉线要张紧，表面要平顺，护坡片石背后应按规定做碎石倒滤层，防止锥体土方被水浸蚀变形。护坡与路肩或地面的连接必须平顺，以利排水，并避免砌体背后冲刷或渗透坍塌。

砌体勾缝除设计有规定外，一般可采用凸缝或平缝，且宜待坡体土方稳定后进行。浆砌砌体，应在砂浆初凝后，覆盖养生 7%～14%。养护期间应避免碰撞、振动或承重。

3. 压顶

工作内容：调制砂浆、砌筑、制作，安拆模板，灌捣混凝土，养护，场内材料运输。

定额编号　1-705～1-708　浆砌料石，浆砌预制块，现浇混凝土，现浇混凝土模板 P178

［应用释义］　压顶：是悬臂式挡土墙中所组成的一部分，它由三个悬臂板组成，即立壁、墙趾悬臂和墙踵悬臂。此时墙的稳定由墙踵底板上的土重压住，这种用土压住的做法叫压顶。一般这类墙体截面较小，在市政工程以及厂矿贮库中都有广泛应用。

料石：是由岩层或大块石料开劈并经粗略修凿而成，应外形方正，正六面体，厚度20～30cm，宽度为厚度的1.0～1.5倍，长度为厚度的2.5～4.0倍，表面凹陷深度不应大于2cm。加工镶面粗料石时，丁石长度应比相邻顺石宽度至少大15cm，修凿面每10cm长须有錾路约4～5条，侧面修凿面应与外露面垂直，正面凹陷深不应超过1.5cm，加工精度应符合有关标准。镶面料石的外露面如带细凿边缘时，细凿边缘的宽度应为3～5cm。

料石应符合设计规定的类别和型号，石质应均匀，不易风化、无裂纹。料石强度等级为20cm×20cm×20cm含水饱和试件的极限抗压强度（MPa）。用较小的试件时应乘以表2-71中所示的系数，以修正其值。

料石标号换算系数　　表2-71

试件尺寸（cm）	20×20×20	15×15×15	10×10×10	7.07×7.07×7.07	5×5×5
换算系数	1.0	0.9	0.8	0.7	0.6

板方木：指木材的截面为方形，且宽是厚的3倍或3倍以上。

预制块：指在施工现场或工厂预制的块料，以供做挡土墙、护坡的材料。

水：指用作砂浆配料的水或用来冲洗料石的所需用水量。

草袋：指在现浇混凝土时采用外面覆盖的草袋，以混凝土充分养护，以达到其强度标准。

镀锌钢丝：指钢丝的表面镀一层锌，以防止生锈，镀锌钢丝现在基本改称钢丝。

灰浆搅拌机、灰浆搅拌机：见定额编号1-700～1-704浆砌块石锥形坡、干砌块石锥形坡、浆砌块石台阶、浆砌料石台阶、浆砌预制块台阶释义。

目前常用的灰浆搅拌机，倾翻卸料式的有HJ-150型、HJ-200型和活门卸料式的HJ-345型等型号。

上述各种灰浆搅拌机应配备专人操作，使用时要注意：待转速正常时才能按规定的数量加水，加料；严禁用棍棒等拔弄拌筒中的物料；砂子应过筛，筛除石块、杂物，以免卡住拌叶；各密封处应密封完好，如有不密封现象应及时处理；注意轴承与电机的温度应符合规定要求；如中途停电或因故停机，应将拌筒内的灰浆清除，以免再起动时荷载太大，损坏电机；工作完毕应进行全面清洗和日常保养工作。

混凝土：指用粗细骨料和水、胶合材料，经过搅拌而成的可塑性建筑材料。

4. 挡土墙

工作内容：选修石料，砌筑，安拆模板、灌捣养护，材料场内运输

定额编号　1-709～1-712　浆砌块石，浆砌预制块，现浇混凝土，现浇混凝土模板 P179

［应用释义］　挡土墙是用来挡住土坡，防止滑坡，以免引起坍塌等安全事故。

挡土墙：是防止土体坍塌的构筑物，在房屋建筑、水利工程、铁路工程以及桥梁中得到广泛应用，例如，支撑建筑物四周填土的挡土墙、地下室侧墙、桥台以及贮藏粒状材料的挡墙等。

挡土墙就其结构形式可分为重力式、悬臂式和扶壁式，可用块石、砖、素混凝土和钢筋混凝土等材料建成。

土压力是指挡土墙后的填土因自重或外荷载作用对墙背产生侧向压力。由于土压力是挡土墙的主要外荷载，因此，设计挡土墙时首先要确定土压力的性质、大小、方向和作用点。土压力的计算是个比较复杂的问题。它随挡土墙可能位移的方向分为主动土压力、被动土压力、静止土压力。土压力的大小还与墙后填土的性质、墙背倾斜方向等因素有关。

浅基础的地基承载力是指地基承受建筑物荷载的能力，地基在基础荷载作用下，如发生剪切破坏而丧失其稳定性，建筑物则有倾斜甚至倒塌的危险，因此，在地基计算中应验算地基的承载力。

砌筑：砌体主要由块材和砂浆组成，其中砂浆作为胶结材料结合成整体，以满足正常使用要求及承受结构的各种荷载。砌筑用砖分为实心砖和空心砖两种。根据使用材料和制作方法的不同，实心砖又分为烧结普通砖、蒸压灰砂砖、粉煤灰砖和炉渣砖等。砖在砌筑前应提前 1～2d 浇水湿润，以使砂浆和砖能很好地粘结。严禁砌筑前临时浇水，以免因砖表面存有水膜而影响砌体质量。烧结普通砖和多孔砖的含水率宜为 10%～15%，灰砂砖和粉煤灰砖的含水率宜为 5%～8%。检查含水率的最简易方法是现场断砖，砖截面周围融水深度 15～20mm 视为符合要求。

5. 勾缝

工作内容：调制砂浆、清扫石面、勾缝、养护、场内材料运输。

定额编号　1-713～1-717　干砌块石面勾平缝浆砌块石面勾平缝，浆砌料石勾平缝、浆砌预制块面勾平缝，干砌块石面勾凸缝。　P180

［应用释义］　勾缝：是为了保护墙体，防止风雨侵入墙体内部；并使墙面清洁、整齐美观。勾缝的方法有两种：一种是原浆勾缝，即利用砌墙的砂浆随砌随勾缝；另一种是加浆勾缝，清水墙砌完后，另拌砂浆勾缝。原浆勾缝一般用于内墙面或要求不太高的外墙面。北方地区墙体较厚，原浆勾缝较困难；或墙面美观要求较高时，多采用加浆勾缝。

勾缝的形式有四种：

(1) 平缝：操作简便、勾缝后墙面平整、不易剥落和积污，防雨水渗透好，但墙面较为单调，平缝一般有深浅两种做法，深的约凹进墙面 3～5mm。

(2) 凹缝：凹缝凹进墙面 5～8mm，凹面可做成半圆形，勾凹缝的墙面有立体感。

(3) 斜缝：斜缝是把灰缝的上口压进墙面 3～4mm，下口与墙面平，使其成为斜向上的缝，斜缝泻水方便。

(4) 凸缝：凸缝是在灰缝面做成一个半圆形的凸线，凸出墙面约 5mm 左右。凸缝墙面线条明显、清晰、外表美观，但操作过程却费工。

勾缝砂浆一般使用稠度为 4～5mm 的 1∶1 水泥砂浆；水泥用 32.5 级即可，砂要经

3mm 筛孔的筛过筛；砂浆用量不多时，一般用人工拌制。勾缝前要补好脚手眼，修整墙面，必须做到以下几点：

(1) 将脚手眼清理干净、洒水湿润，再用与原墙相同的砖补砌严密。

(2) 把门窗框周围的勾缝用 1∶3 水泥砂堵严巅实，深浅要一致。

(3) 碰掉、碰坏的外墙等补砌好。

(4) 整理灰缝，偏斜的灰缝用钢凿剔凿；缺损处用 1∶2 水泥砂浆加氧化铁红调成与墙面相似的颜色修补（俗称假砖）；对于抠挖不深的灰缝要用钢凿剔深，最后将墙面粘结的泥浆、砂浆、污物清扫干净。

(5) 勾缝前一天应将墙面浇水洇透，勾顺的顺序为从上而下，先勾横缝，后勾竖缝；勾好的平缝与竖缝应深浅一致，交圈对口；一段墙勾好后要用笤帚清扫墙面；勾好的灰缝不应有搭搓、毛疵、舌头灰等毛病；墙面的阴角处水平缝转角要方正，阴角的竖缝要勾成弓形缝，左右分明，不要从上到下勾成一条直线，影响美观。砖碳勾缝要勾立面和底面；虎头砖要勾三面。

草袋：为了让砂浆有充分的养护湿度，而用浸湿的草袋覆盖。

水：此处的水是用配制砂浆用的水和清洗料石所用的水。

定额编号 1-718～1-721 浆砌块石面，浆砌料石面、浆砌预制块面 P181

[应用释义] 块石：指形状大致方正，上下面大致平整，厚度 20～30cm，宽度约为厚度的 1.0～1.5 倍，长度约为厚度的 1.5～3.0 倍（如有锋棱锐角，应敲除）。块石用作镶面时，应由外露面四周向内稍加修凿；后部可不修凿，但应略小于修凿部分。

料石：指加工成形状方正的六面体，外露表面凹凸深度不应大于 10mm，砌结面表面凹入深度小于或等于 15mm，厚度、宽度和长度尺寸分别大于或等于 20cm，20cm，80cm。常用墙身、台阶、地坪、拱石、桥墩、外部饰面石料等，外观质量要求应满足以下各条件：

(1) 外观要求石质一致，无裂纹、风化等现象。

(2) 重要部位使用应做强度试验，抗压强度不得低于 10MPa。

(3) 料石加工的允许偏差：细料石、半细料石宽度、厚度为±3mm，长度为±5mm；粗料石宽度、厚度为±5mm，长度为±7mm；毛料石宽度、厚度为±10mm，长度为±15mm。

(4) −15℃以下严寒地区使用应做抗冻性试验，要求石材经 15、25 或 50 次冻融试验后，无贯穿裂缝，重量损失不超过 5%，强度降低不大于 25%的为合格。

水泥砂浆：指用水泥、砂、水经拌合均匀而成的一种粘结性建筑材料。

水：此处的水的是用于配砂浆的配料和清洗、湿润料石的水的总和。

第二分部　全国统一市政工程预算定额交底资料

第一章　1988 年版定额交底资料

1. 人工工日如何计算?

答: (1) 人工用量主要采用"1985 年《全国市政工程统一劳动定额》",包括基本人工和其他用工,并结合市政工程特点,综合计算了人工幅度差。

(2) 人工工日=基本用工×(1+人工幅度差%)+超运距用工。人工幅度差为 15%,水平运距为 150m。

(3) 定额平均人工等级按劳动定额平均等级增加 0.1 级计算。

2. 材料用量如何计算?

答: 打拔工具桩、围堰、支撑、井点降水等采用合理的设计和施工方案,按照有关规定在定额内计算了合理的摊销量,其中包括损耗在内。

材料场内运输及操作损耗率、压实系数、周转材料使用次数和耐用期限见各章说明。

3. 机械如何取定?

答: 凡劳动定额已确定了台班产量的,一律以台班产量计算;劳动定额没有确定台班产量的,以合理的劳动组合按小组产量计算,个别的根据现行定额取定。

4. 周转材料的场外运输如何取定?

答: 因各地情况不同,通用项目定额未计算周转材料的场外运输,周转材料的场外运输,可按各地规定处理。

5. 定额中所有填土(包括松填、夯填、碾压)均是按就近 5m 内取土考虑的,超过 5m 按什么办法计算?

答: (1) 就地取余松土或堆积土回填者,除按填方定额执行外,另按运土方定额计算。

(2) 外借土者,应另按挖运土定额计算。

6. 打拔工具桩水上和陆上作业有什么区分?

答: 打拔工具桩水上和陆上作业的区分:距岸线 1.5m,是指自岸线向水面方向延伸 1.5m。距岸线 1.5m 以外时均为水上作业;距岸线 1.5m 以内时,水深 1m 以内为陆上作业,水深 1m 以上、2m 以内按水陆各 50%计算,水深 2m 以上为水上作业。水深以施工期间最高水位为准。

7. 土石方工程总土方量包括哪些内容?人工、机械怎样计算?

答: 工程总土方量包括挖方和填方。总土方量少于 2000m^3 或平整场地面积少于 5000m^2 的小型土石方工程,人工和机械乘以系数 1.10,其他不变。

8. 各种挖土机械综合比例如何取定？

答：机械综合比例是根据各省、市市政企业现有装备、现行定额水平综合取定的。

（1）推土机：58.84kW 以内 20%，73.55kW 以内 30%，88.26kW 以内 20%，102.97～117.68kW 以内 15%，132.39kW 以内 15%。

（2）拖式铲运机：$3m^3$10%，6～$8m^3$80%，8～$10m^3$5%，10～$12m^3$5%。

（3）自行式铲运机：8～$10m^3$100%。

（4）挖掘机：$0.5m^3$20%，按劳动定额挖土高度 1.5m 以内 8%、1.5m 以外 12%；$0.75m^3$10%，挖土高度 2.5m 以内 4%、2.5m 以外 6%；$1m^3$70%，挖土高度 3.5m 以内 28%、3.5m 以外 42%。

（5）装载机：$0.6m^3$10%，$1m^3$30%，$1.2m^3$20%，$1.7m^3$20%，$2m^3$20%。

（6）自卸汽车：4t20%，8t60%，12t10%，15t10%。

（7）压路机：10～12t70%，12～15t20%，18～20t10%。

9. $0.2m^3$ 抓斗挖土机挖土按什么换算？

答：$0.2m^3$ 抓斗挖土机挖土按劳动定额 $0.5m^3$ 杠杆操作抓铲挖土机产量换算。换算系数按斗容量大小比较计算为 2.5，挖流沙、淤泥再乘以 1.25 的系数。

10. 辅助机械的配备如何取定？

答：机械挖土需配备一定数量的辅助机械，工作内容包括推平自卸汽车卸下的土堆，堆积施工余土。辅助机械统一按推土机配备，铲运机、挖掘机、装载机、压路机按主机的15%取定，挖掘机挖土、自卸汽车运土按挖掘机台班的 85%取定。

为保障文明施工，保护环境，减少污染，延长机械使用年限，保障工程质量，对部分机械土方配备了洒水汽车。

（1）拖式铲运机铲运土方。设 1 个工地配 4 台 6～$8m^3$ 铲运机，运距 300m，每工日配 0.3 台班洒水车，按一、二类土计算，每 $100m^3$ 土方需配洒水车：

$$洒水车台班数=\frac{100}{160\times4}\times0.3=0.047，取 0.05 台班。$$

（2）自行式铲运机铲运土方。设 1 个工地配 4 台铲运机，运距 800m，每工日配 0.3 台班洒水车，按一、二类土计算，每 $100m^3$ 需配洒水车：

$$洒水车台班数=\frac{100}{196\times4}\times0.3=0.038 台班，取 0.04 台班。$$

（3）挖掘机挖土、装载机装土，自卸汽车配合：

按 $1m^3$ 挖、装高 3.5m 以上计算台班，每工日配 0.3 台班洒水车，则每 $100m^3$ 土方需配洒水车：

$$洒水车台班数=\frac{100}{(586+499+401)\div3}\times0.3=0.06 台班。$$

（4）填土碾压。取天然土容量 1800kg，最佳含水量 18%，设天然含水量为 16%，则每 $100m^3$ 需洒水量用下式计算：

$$干土重=\frac{1800}{1+0.16}=1552kg/m^3$$

$$洒水量=1552\times(0.18-0.16)=31kg/m^3$$

即 $100m^3$ 需加水 3.1t，按碾压土方的$\frac{1}{2}$洒水计算，实需洒水 1.55t。洒水车每台班洒水 20t，洒水车台班取定为 0.08 台班。

按上述配备的洒水车均不计算幅度差。

11. 辅助工如何计算?

答：为保障机械正常作业，需人工配合清除铲斗、刀片和车箱内的积土，养护现场道路，配合洒水车洒水，辅助用工统一按主机每台班 2 人计算，不另计人工幅度差。填土碾压按 $100m^3$ 另增加辅平、打碎土块及清理用工 3 个，抓斗挖土机每台班配 4 人，其中协助机械抓土 3 人、卸土 1 人。

12. 岩石以普氏系数如何划分? 以强度系数 *f* 如何表示?

答：岩石以普氏系数划分为松石、次坚石、普坚石和特坚石，以强度系数 f 表示：松石：f1.5～4，次坚石：f4～8，普坚台 f8～12，特坚石：f12～16。

土石方工程定额未考虑 f16 以上的岩石开挖，若发生时需另行处理。

13. 人工凿石有关数据的取定?

答：人工凿石用工根据各省市现行定额对比分析，各类岩石用工级差取定为 1.52，以松石为 1，则次坚石 1.52，普坚石 2.31，特坚石 3.51。松石用工采用湖南省 1980 年市政劳动定额，每立方米 0.82 个工，其他各类岩石乘以上述系数，另按湖南省市政劳动定额，每立方米增加 0.293 个运输工作为人工清渣等辅助用工。

14. 根据对甘肃、湖北、安徽、江西 4 省现行预算定额对比分析，各类岩石的用工数级差关系如何取定?

答：其关系取定见表 2-72。

用工数级差关系　　**表 2-72**

岩石分类 / 省份	松石	次坚石	普坚石	特坚石
甘肃	1	2.54	5.32	8.79
湖北	1	1.41	2.58	3.18
安徽	1	1.49	2.13	2.62
江西	1	1.41	2.03	4.86
平均	1	1.71	3.02	4.86
取定	1	1.70	2.72	4.08

15. 土石方工程中辅助工包括哪些内容? 每 $100m^3$ 用工数如何取定?

答：辅助工包括安全警戒、危石处理和爆破材料现场 2km 内的领运用工，辅助用工同机械石方，每 $100m^3$ 用工数见表 2-73。

每 $100m^3$ 用工数　　**表 2-73**

岩石分类 / 开挖	松石	次坚石	普坚石	特坚石
一般开挖	2.28	2.46	2.72	3.05
沟槽开挖	4.46	4.96	5.65	6.44
基坑开挖	4.66	5.87	8.30	8.44

16. 土石方工程中人工幅度差是多少?

答：人工幅度差取15%。

17. 土石方工程中材料有关内容如何取定?

答：(1) 雷管、炸药和导火索同机械石方。

(2) 实心钢钎。实心钢钎按进尺1m消耗量乘以炮孔总长度计算。进尺1m消耗量：松石为0.04kg，次坚石为0.05kg，普坚石为0.065kg，特坚石为0.08kg。炮孔总长度同机械打眼爆破石方。

18. 机械打眼爆破石方工程中一般开挖、沟槽开挖和基坑开挖的有关数据如何取定?

答：(1) 一般开挖。本定额已综合了坡面开挖在内。炮孔深度综合比例一般开挖占90%，其中孔深1m内10%、2m内45%、3m内35%；坡面开挖10%，其中孔深2m内5%、3m内5%。

(2) 沟槽开挖。底宽大于1m，小于7m的沟槽按劳动定额综合，综合比例：底宽2m以内40%、4m以内40%、7m以内20%（孔深2m10%、3m10%）。底宽小于1m乘以系数2.7。

(3) 基坑开挖。基坑底面积按劳动定额上开口面积$2m^2$15%、$6m^2$25%、$15m^2$30%、$100m^2$30%综合。

$100m^2$套底宽7m的沟槽劳动定额，其中孔深2m的15%、孔深3m的15%。

19. 改炮和找平量占开挖工程量的比例如何取定?

答：一般开挖11%；沟槽、基坑开挖：松石、次坚石7%，普坚石、特坚石8%。

20. 土石方工程中人工如何计算?

答：凿岩工和爆破工按劳动定额计算，人工运石按《全国市政劳动定额》运片块石、碎砾石综合换算，其中片块石70%、碎石30%。因劳动定额是按虚方计算的，故按原方乘以松散系数1.47。1t机动翻斗车运石装碴按现行建安劳动定额计算。其他工计算如下：

(1) 爆破材料2km内领运工按100kg炸药需3.5工日计算。

(2) 安全警戒、危石处理按每$100m^3$石方一般开挖1.5挖工日、槽坑2.5工日计算。

(3) 机械出碴按主机每台班2人配备，工作内容包括道路养护、排水沟维修等。

(4) 凿岩工幅度差43%，其他工幅度差15%。

21. 土石方工程中材料如何计算?

答：(1) 雷管。按劳动定额编制说明计算孔数，每孔1个。

(2) 炸药。按劳动定额计算平均孔深和孔数，乘以装药比例计算。每孔装药长度占孔深比例：松石为35%，次坚石为38%，普坚石为41%，特坚石为45%。炸药按直径32mm标准药卷计算，每米药卷重0.78kg。

(3) 导火索。一般开挖每个雷管2m，槽坑每个雷管1.5m。

(4) 合金钻头。按每个钻头钻不同岩石的进尺量计算摊销量。每个钻头进尺，松石为50m，次坚石为40m，普坚石为32m，特坚石为25m。

(5) 空心钢。每消耗1个钻头耗1.5kg空心钢。

(6) 高压胶皮风管。每台凿岩机配34m，按300个台班摊销，每台班0.11m。

(7) 高压胶皮水管。每台凿岩机配54m，按300个台班摊销，每台班0.18m。

(8) 用水量。每台凿岩机每小时耗水$0.3m^3$，每台班作业6h，漏水系数1.1，每台班用水1.98t。

(9) 其他材料费。按材料费的2%计，包括接线用的胶布、炮杆、水管接头等。

(10) 各种材料损耗率。炸药为1%，雷管为3%，导火索为6%，合金钻头为0.1%，空心钢为6%，水为5%，风管水管为2%。

22. 土石方工程中机械台班如何计算？

答：(1) 凿岩机。按凿岩工每2人配1台。

(2) 锻钎机。消耗10kg空心钢为0.2个台班。

(3) 磨钻机台班=7（每消耗1个钻头所磨的次数）×定额消耗用钻头数÷60（磨钻机每台班磨钻头次数）。

(4) 自卸汽车、推土机、挖土机综合比例同土方。自卸汽车运石方按劳动定额岩石综合比例 $f1.5\sim8$ 占30%、$f8\sim14$ 占40%、$f14\sim16$ 占30%计算。挖土机挖装碴台班按建安劳动定额综合，$0.5m^3$ 40%，$1m^3$ 60%。

23. 简易打桩架如何取定？

答：简易打桩架按木制考虑。根据上海市常用简易打桩架计算，使用500kg桩锤，1.2t卷扬机。

24. 简易拔桩架如何取定？

答：简易拔桩架按木制考虑。根据上海市常用人字扒杆计算，起重量30t，选用5t卷扬机。

25. 简易打拔桩机由什么组成？组装1架打拔桩机的材料和摊销数，其材料摊销量如何取定？

答：简易打拔桩机分别由1台卷扬机和1架简易打拔桩架组成。按统一机械台班费用定额，打拔桩架卷扬机台班费按组装1架打拔桩架的材料摊销费计算。组装1架打拔桩机的材料和摊销数见表2-74和表2-75。

简易打桩架使用材料摊销量　　　　**表2-74**

材料名称	规格	单位	数量	摊销次数	摊销量
圆木	ϕ20 (cm) ×10m×2根	m^3	0.874	20	0.044
圆木	ϕ20 (cm) ×2m×4根	m^3	0.072	20	0.004
锯材		m^3	1.613	20	0.081
槽钢	8号	kg	160.800	20	8.040
钢丝绳	1/2″	kg	163.980	20	8.199
钢丝绳	3/8″	kg	15.225	20	0.761
轧头	1/2″	只	27	20	1.350
轧头	3/8″	只	6	20	0.300
卸克	$1\frac{1}{2}$″	只	1	20	0.050
圆钉	3～6″	kg	2.188	1	2.188
扒钉	ϕ12 (mm)	kg	2.262	20	0.113
双门滑轮	8″	只	2		
圆滑轮	8″	只	1		
开口	8″	只	1		

简易拔桩架使用材料摊销量 表 2-75

材料名称	规格	单位	数量	摊销次数	摊销量
圆木	ϕ16（cm）×4.5m×2根	m^3	0.448	20	0.022
圆木	ϕ10（cm）×2m×4根	m^3	0.072	20	0.004
锯材		m^3	1.670	20	0.084
钢丝绳	3/8″	kg	32.886	20	1.644
钢丝绳	1/2″	kg	101.746	20	5.087
钢丝绳	5/8″	kg	136.158	20	6.808
轧头	3/8″	只	30	20	1.500
轧头	1/2″	只	36	20	1.800
轧头	5/8″	只	42	20	2.100
卸克	$1\frac{1}{2}$″	只	1	20	0.050
卸克	1″	只	4	20	0.200
圆钉	3～6″	kg	0.352	1	0.352
扒钉	ϕ12（mm）	kg	8.525	20	0.426
双门滑轮	8″	只	2		
双门滑轮	6″	只	4		
四门滑轮	10″	只	2		
开口	10″	只	1		
起重焊接链条	ϕ28（mm）	kg	84.700		

26. 桩有哪些规格?

答:（1）木板桩，按湖南省永乐大桥2号墩使用木板桩0.06m×0.20m的断面尺寸计算。

（2）圆木桩，小头稍径ϕ20，表示圆木桩小头稍径为20cm。

（3）钢制桩，按[30c槽钢计算δ=11.5mm，43.81kg/m。

27. 桩的长度如何取定?

答: 见表2-76。

桩的长度取定 表 2-76

桩名称	5m以内		8m以内		8m以上		8m以内		12m以内		12m以上	
	长度（m）	体积（m^3）	长度（m）	体积（m^3）	长度（m）	体积（m^3）	长度（m）	重量（kg）	长度（m）	重量（kg）	长度（m）	重量（kg）
木板桩	5	0.066	7	0.092								
圆木桩	4	0.160	7	0.321	10	0.519						
陆上钢制桩							6	262.86	10	438.10		
水上钢制桩							7	306.67	10	438.10	14	613.39

28. 每打 $10m^3$ 或 10t 桩所需的根数如何取定？

答：以选用的长度全部计算，见表 2-77。

所需根数 **表 2-77**

作业分类	桩名	5m 以内		8m 以内		8m 以上		8m 以内		12m 以内		12m 以上	
		长度（m）	$10m^3$ 数量（根）	长度（m）	$10m^3$ 数量（根）	长度（m）	$10m^3$ 数量（根）	长度（m）	10t 数量（根）	长度（m）	10t 数量（根）	长度（m）	10t 数量（根）
陆上	木板桩	5	151.52	7	108.70								
	圆木桩	4	62.50	7	31.15	10	19.27						
	钢制桩							6	38.04	10	22.83		
水上	木板桩	5	151.52	7	108.70								
	圆木桩	4	62.50	7	31.15	10	19.27						
	钢制桩							7	32.61	10	22.83	14	16.30

29. 打桩入土深度如何取定？

答：入土深度见表 2-78。

打桩入土深度 **表 2-78**

作业分类	桩名	5m 以内		8m 以内		8m 以上		8m 以内		12m 以内		12m 以上	
		选用长度	入土深度	选用长度	入土深度	选用长度	入土深度	选用长度	入土深度	选用长度	入土深度	选用长度	入土深度
陆上	木板桩	5	4	7	6								
	圆木桩	4	4	7	7	10	10						
	钢制桩							6	6	10	10		
水上	木板桩	5	2	7	4								
	圆木桩	4	2	7	4	10	6						
	钢制桩							7	4	10	6	14	8

30. 每打 $10m^3$ 木制桩或 10t 钢制桩单排距离如何取定？

答：见表 2-79。

桩单排距离 **表 2-79**

桩名		5m 以内		8m 以内		8m 以上		8m 以内		12m 以内		12m 以上	
		长度（m）	距离（m）	长度（m）	距离（m）	长度（m）	距离（m）	长度（m）	距离（m）	长度（m）	距离（m）	长度（m）	距离（m）
木桩板		5	30.30	7	21.47								
圆木桩		4	62.50	7	31.35	10	19.27						
钢制桩	陆上							6	9.12	10	5.47		
	水上							7	7.82	10	5.47	14	3.91

(1) 木板桩采用密打。

(2) 圆木桩采用疏打，中心距离隔1m。

(3) 钢制桩采用咬口密打，每打1m距离为4.17根。

31. 关于陆上打桩具体情况应如何取定?

答：(1) 陆上打桩以每打50m单排距离计算一次90°调面，水上打桩不计。

(2) 陆上打桩架以每打50m单排距离计算一次超运距移动，水上打桩不计。

(3) 陆上打桩以每打30m单排距离计算一次打、拔缆风桩2根，选用ϕ10的小圆木，长2m。水上打桩不计。采用柴油打桩机架者，不计算缆风桩。

(4) 陆上打桩均需用地垅固定打、拔桩机械或拖运柴油打桩机架。地垅埋置深度为1.5m，并以每打50m单排距离计算一次。

32. 地垅选用的有关材料的数据如何取定?

答：(1) 卷扬机打桩的地垅：1/2″钢丝绳10m (0.5412kg/m，捆卷扬机用)；1/2″轧头，两端各用3只，共6只；5/8″钢丝绳10m (0.8457kg/m，攀地垅用)；5/8″轧头，两端各用3只，共6只；1″卸克1只；ϕ10×2m圆木桩2根；0.078m×0.15m×2m木板2块；0.075m×0.15m×2m木板2块（垫卷扬机用）。

(2) 0.6t柴油打桩机拖运的地垅：5/8″钢丝绳10m；5/8″轧头6只；1″卸克1只；ϕ10×2m圆木桩2根；0.10m×0.20m×2m木板2块。

33. 走道板如何铺设，其有关数据如何取定?

答：走道板，按打各种不同桩的单排距离全部铺设。简易打桩架走道板采用[20c槽钢（δ=9mm，25.77kg/m）2条，其架轮在槽钢内拖运，并且加4只木楔作临时固定。木楔选用(0.075×0.15)÷2的三角块，每只木楔为0.0014m^3。

34. 桩靴的有关数据如何取定?

答：凡打入乙级土的圆木桩均加桩靴1只，每只重2.77kg。

35. 水上打桩如何操作，如何计算?

答：水上打桩均按在30t的2只木船捆扎后的船台上操作，因此不计走道板、地垅、缆风桩等设施。但另加固定船只的缆绳，前后缆共4根，每根缆绳用1/2″钢丝绳50m计，共200m。每根缆绳两端各用3只1/2″的轧头，共24只。并以每100m（打桩距离）移动一次计算。

36. 拔桩地垅选用的材料的有关数据如何取定?

答：拔桩地垅选用的材料：1/2″钢丝绳10m (0.8457kg/m；5/8″轧头6只；1″卸克1只；ϕ10×2m圆木桩2根；0.075m×0.15m×2m木板2块（垫卷扬机用)；0.10m×0.20m×2m木板2块；扒钉20只。

37. 陆上拔除的各种桩如何计算?

答：陆上拔除的各种桩均需用砂填充，水上拔除不填砂。

(1) 陆上拔除木板桩、圆木桩按填砂10m^{3}计算。

(2) 陆上拔除8m以内钢制桩以入土6m考虑，填砂13.855m^3（净用量)。钢制桩本身体积：[0.30+(0.089×2)]×0.115×6×38.04=12.546m^3。

钢制桩出土带土以20%考虑：9.12×0.119×6×20%=1.302m^3。

(3) 陆上拔除8m以上钢制桩入土以10m考虑，填砂13.851m^3（净用量)。钢制桩本

身体积：[0.30+(0.089×2)]×0.115×10×22.83=12.549m^3

钢制桩出土带出土以20%考虑：5.47×0.119×6×20%=0.781m^3

38. 打拔工具桩中人工计算套用“上海市补充定额”的有哪些？

答：套用“上海市补充定额”的有：

(1) 运1.2t卷扬机套用多级泵定额。

(2) 运5t卷扬机套用运砂浆拌和机定额。

39. 陆上打、拔木板桩，每根定额如何取定？

答：陆上打、拔木板桩，每根定额：7m按4m定额的产量下降85%计算，见表2-80。

陆上打、拔木板桩每根定额的取定 **表2-80**

项目	甲级土入土深度	
	4m以内	7m以内
简易打桩架	$\frac{0.198}{5.04}$	$\frac{0.333}{3}$
电动卷扬机（拔）	$\frac{0.452}{2.21}$	$\frac{0.518}{1.93}$
编号	161	163换

40. 船排上打、拔木板桩，每根定额如何取定？

答：见表2-81。

船排上打、拔木板桩每根定额的取定 **表2-81**

项目	甲级土入土深度	
	2m以内	4m以内
简易打桩架	$\frac{0.156}{6.394}$	$\frac{0.297}{3.363}$
电动卷扬机（拔）	$\frac{0.38}{2.63}$	$\frac{0.758}{1.32}$
编号	169	171

41. 陆上打、拔圆木桩定额如何取定？

答：陆上打、拔圆木桩定额按上一档次定额换算而定，见表2-82。

陆上打、拔圆木桩定额的取定 **表2-82**

项目		甲级土			乙级土		
		入土深度（m以内）					
		4	7	10	4	7	10
打桩稍径在20cm内	简易电动自由落锤	$\frac{0.33}{3.03}$	$\frac{0.518}{1.93}$	$\frac{0.87}{1.15}$	$\frac{0.472}{2.12}$	$\frac{0.741}{1.35}$	$\frac{1.247}{0.80}$
	柴油打桩机	$\frac{0.222}{4.51}$	$\frac{0.338}{2.96}$	$\frac{0.543}{1.84}$	$\frac{0.316}{3.16}$	$\frac{0.481}{2.08}$	$\frac{0.773}{1.293}$
拔	电动卷扬机	$\frac{0.334}{2.99}$	$\frac{0.465}{2.15}$	$\frac{0.654}{1.528}$	$\frac{0.478}{2.09}$	$\frac{0.664}{1.505}$	$\frac{0.933}{1.072}$
编号		175	176换	177换	179	180换	181换

42. 打拔工具桩使用的材料摊销次数及损耗系数如何取定?

答: 见表2-83。

材料摊销次数及损耗系数 表2-83

名称	规格	摊销次数	损耗系数
槽钢	[30c	50	1.064
槽钢	[20c	50	1.064
槽钢	[8c	50	1.064
木板桩	0.06×0.22	10	1.053
圆木	φ16	15	1.053
圆木	φ12	15	1.053
圆木	φ10	15	1.053
圆木桩	φ20 甲级土	15	1.053
圆木桩	φ20 乙级土	10	1.053
缆风桩	φ10×2m	3	1.053
锯材	0.4×0.2	50	1.053
锯材	0.25×0.25	50	1.053
锯材	0.075×0.15	10	1.053
锯材	0.1×0.2	10	1.053
木楔	0.075×0.15÷2	10	1.053
砂	中、粗		1.042
桩靴	φ25	5	
圆钉		2	1.020
钢丝	8号		1.030
扒钉	φ12×0.40	5	1.010
铁件			1.010
带帽螺栓			1.020
纱绳	3/4″		

43. 围堰工程定额中人工工日是如何计算的?

答: (1) 由于各种围堰的用料情况、断面、高度不一，因此人工工日的计算根据劳动定额综合取定，详见表2-84。

人工工日计算的劳动定额取定　表 2-84

<table>
<tr><th colspan="2">项 目 名 称</th><th>取定方法及综合比例</th></tr>
<tr><td rowspan="4">土、草围堰</td><td>筑土围堰</td><td>土围堰高 1m　§8-1-1（一）　10%；
土围堰高 2m　§8-1-2（二）　50%；
土围堰高 3m　§8-1-3（一）　40%</td></tr>
<tr><td>草、土围堰</td><td>按草袋围堰：
堰高 3m 以内　§8-1-5（一）×1.1　50%；
堰高 4m 以内　§8-1-6（一）×1.1　50%</td></tr>
<tr><td>草袋围堰</td><td>草袋围堰高 2m 以内　§8-1-4（一）　10%；
草袋围堰高 3m 以内　§8-1-5（一）　50%；
草袋围堰高 4m 以内　§8-1-6（一）　40%</td></tr>
<tr><td>土、石混合围堰</td><td>人力取土：三、四类土各 50%；
取定模板看模工按混凝土体积每立方米 0.05 工日；
模板刷脱模剂用工每立方米 0.01 工日；
混凝土养护用工每立方米 0.1 工日</td></tr>
<tr><td></td><td>有桩围堰</td><td>木板、钢板桩围堰，按全国市政劳动定额取定，筑土围堰 90%，草袋围堰 10%；
圆木桩、钢桩围堰按全国市政劳动定额的木桩、槽钢桩围堰的相应项目取定；
围堰高度超过劳动定额高度者，每高 1m 乘以系数 1.1</td></tr>
</table>

44. 土、草围堰工程中材料消耗量是如何计算的？

答：根据甘肃省市政定额编制说明提供的草土围堰资料，每平方米每次需铺麦（禾）草捆 2 层，每层 8.7kg，故每次铺草 8.7×2＝17.4kg，每高 1m 的草土围堰需铺草 4～5 次，取 4 次，草、土的流失量为 15%。

每立方米堰体需用麦（禾）草用量为 17.4×4×1.15＝80.04kg。

每立方米堰体麦（禾）草的压缩体积为 35%，故 100m^3 堰体的黏土用量为 65×1.15＝74.75m^3。

麻绳捆扎每立方米需用 3kg（甘肃调查资料），钢丝按每 100m^3 堰体耗用 10kg 计算。

45. 土、石混合围堰工程定额中材料耗用量是如何计算的？

答：模板按接触面积厚 30mm，每立方米接触面积 25m^2；支撑按 ϕ120，长 5m 的圆木，按 8 次摊销计量。

混凝土养护用水：按照每平方米露明面面积用水 0.04m^3，养护 7d。

草袋子的摊销量：5 次摊销，搭接量 10%，故养护面积＝$\frac{25\times(1+10\%)}{5}$＝5.5$m^2$。

草袋规格：0.6×0.8＝0.48m^2/个，故每 100m^2 土、石堰体需用草袋 5.5×0.48＝2.64 个。

石碴：按 20%碎石、80%块石综合取定。

刷脱膜剂：按每平方米涂刷 0.1kg，每千克脱膜剂按市场价 2 元计算；钢钉按 7.5cm 取定 250 个，每个重 0.00612kg，0.00612×250＝1.53kg；10cm 钢钉取定 125 个，每个重 0.0126kg，0.0126×125＝1.58kg，共重 3.11kg。

46. 有桩围堰工程定额中材料耗用量是如何计算的？

答：有桩围堰包括木板桩、圆木桩、钢板桩、钢桩。有桩围堰断面及桩的入土深度、桩长的取定，见表 2-85。

有桩围堰断面及桩的入土深度、桩长的取定　　表 2-85

有桩围堰	堰顶宽度（m）	桩的入土深度（m）	桩　长（m）	备　注
堰高 3m 以内	2.0	4	7	入土桩长按 60%计算
堰高 4m 以内	2.5	6	10	
堰高 5m 以内	2.5	7	12	
堰高 6m 以内	3.0	8	14	

材料规格：圆木桩用 20cm 尾径的圆木，中距 1m；木板桩按厚 6～8cm，宽 25cm 密排，并配以中距 2m，双向 20cm 直径的导向柱、10cm 直径的横夹木。

钢板桩：[30a 槽钢密排，每米重 34.45kg。

47. 双层竹笼围堰工程中材料耗用量是如何取定的？

答：立式竹笼规格：ϕ1.2m×1.5m，展开周长 L=1.2×3.142=3.77m，每个竹笼需用 2.64 根直径 8cm、长 5m 的毛竹。竹笼相接部位需加固，故每个竹笼耗用毛竹 3 根。每个竹笼耗用 12 号钢丝 15m，15×0.042=0.63kg。毛石，黏土流失量按 15%计算。其他材料包括麻绳，按每个竹笼耗用 5m，每 40m 按 1kg 计量。

48. 木笼围堰工程中材料耗用量是如何取定的？

答：木笼规格：2.4m×3m×4m=28.8m^3，利用 12mm 尾径的圆木制作，12mm 直径 300mm 长的铁螺栓固定，临水面订双层 2.5cm 厚的企口板。每个木笼耗用圆木 1.45m^3，企口板 0.756m^3，ϕ12 铁螺栓 14.26kg，8 号钢丝 66.68kg，钢钉 3.4kg，块石用量为堰体的 60%，压实系数 1.3。黏土用量为堰体的 40%，流失量为 15%。

49. 筑岛填心的材料耗用量如何计算？

答：夯填土按相对密度 95%的填土计算，松填土按 1.185 压缩系数的自然方折合填方计算，故松填自然方与填土的关系式$=\frac{1}{1.185}=0.844$。

砂的压缩系数为 1.25。

50. 围堰工程定额中机械台班耗用量是如何计算的？

答：(1) 蛙式打夯机。按市政劳动定额小型机械夯土 §1-15－246，夯土的相对密实度为 95%，每台班需 2 人组合。故蛙式打夯机的台班产量=10.10×2=20.20m^3。

(2) 400L 混凝土搅拌机。根据市政劳动定额 §8－44－304（二）每工产量 1.54m^3，劳动组合：二～1，三～8，四～3，共 12 人，故 400L 混凝土搅拌机的台班产量=1.54×12=18.48m^3。

(3) 平板式振动器。取市政劳动定额 §8－16－126（二），每 2 人 1 台平板式振动器，劳动组合每班 10 人。故台班产量=3.38÷2×10=16.9m^3。

(4) 4t 载重汽车。装载系数 0.7，每台班按装运 2 次计算。故台班产量=4×0.7×2=5.6t。

(5) 50t 的驳泥船。人工装卸土方，土方的密度 1400kg/m³，装载系数 0.8，利用系数 0.7，每台班按 8h 计算，50t 驳船每台班的装土量$=\frac{50\times0.8\times0.7}{1.4}=20t$。

(6) 圆锯机。参照建安劳动定额 §7－18－284 计算，每台班劳动组合为 36 个，每工产量 1.11m³。故圆锯机的台班产量＝36×1.11＝39.96m³。

51. 支撑工程定额中有关数据是如何取定的?

答：有关数据的取定见表 2-86。

支撑工程定额中有关数据　　表 2-86

计 算 单 位	100m²
选用槽杭宽度 (m)	4.100
选用槽坑深度 (m)	5.500
折合双面槽坑长 (m)	9.100
以 4m 计算一档 (档)	2.275
上下支撑数 (道)	4
共计支撑数 (根)	31.850
槽钢档土板支撑数 (道)	3
槽钢档土板共计数 (根)	13.650

52. 支撑工程定额中每 100m² 木挡土板用量是如何取定的?

答：每 100m² 木挡土板用量见表 2-87。

每 100m² 木档土板用量　　表 2-87

名 称 规 格		单 位	数 量 (块)	用 量 (m³)
密 撑	木板 0.075×0.15×4	块/m³	166.83	7.507
疏 撑	木板 0.075×0.15×4	块/m³	95.55	4.300
	砖 240×115×53	千块		0.182 (千块)

53. 每 100m² 竹挡土板用量如何计算?

答：见表 2-88。

每 100m² 竹档土板用量　　表 2-88

名 称 规 格		单 位	数 量 (块)	用 量 (m²)
密 撑	竹板 0.30×4	块/m³	83.40	100.000
疏 撑	竹板 0.30×4	块/m³	59.15	71.000
	砖 240×115×53	千块		0.127 (千块)

54. 每100m² 钢挡土板用量如何取定?

答:见表2-89。

每100m² 钢挡土板用量 表2-89

名称规格		单位	数量(块)	用量(kg)
密撑	钢板0.20×4	块/kg	125.125	4504.500
疏撑	钢板0.20×4	块/kg	81.900	2948.400
	砖240×115×53	千块		0.155(千块)

55. 每100m² 木挡土板、竹挡土板、钢挡土板的木撑用量是如何取定的?

答:木撑用量取定见表2-90。

每100m² 木撑用量 表2-90

名称规格	单位	数量(块)	用量(m^3)
立竖板0.075×0.15×2	块/m^3	18.20	0.410
立竖板0.10×0.20×4	块/m^3	9.10	0.728
圆木ϕ20×3.60	块/m^3	31.85	4.300
木楔0.075×0.15×0.25/2	块/m^3	63.70	0.090
扒钉ϕ12×0.40	只/kg	127.40	45.250
纱绳3/4″	m/kg	56.00	14.700

56. 每100m² 木挡土板、竹挡土板、钢挡土板的铁撑用量如何计算?

答:铁撑用量见表2-91。

每100m² 铁撑用量 表2-91

名称规格		单位	数量(块)	用量(m^3)
立竖板	0.075×0.15×2	块/m^3	18.20	0.410
	0.075×0.15×4	块/m^3	9.10	0.728
钢套管	ϕ70×5×3000	块/m^3	31.85	765.356
铁撑脚	大号	只/kg	63.70	955.500
扒钉ϕ12×0.40		只/kg	127.40	45.250
纱绳3/4″		m/kg	56.00	14.700

注:钢支撑增加黄油2kg、废机油1kg、回丝0.5kg。

57. 槽钢挡土板支撑用量如何取定?

答:槽钢挡土板支撑用量见表2-92。

槽钢挡土板支撑用量 **表 2-92**

名称规格	单位	木支撑数量	钢支撑数量
槽钢[20c	m/t	54.60/1.407	54.60/1.407
钢套管 ϕ70×5×3000	m/t		13.65/328.010
铁撑脚(大号)	只/kg		27.30/409.540
圆木 ϕ20×3.60	根/m^3	13.65/1.843	
木模板 0.075×0.15	m/m^3	54.60/0.614	54.60/0.614
木楔 0.075×0.15×0.25/2	只/m^3	27.30/0.038	
钢丝 8 号	m/kg	223.20/22.100	223.20/22.100
扒钉 ϕ12×0.4	只/kg	54.60/19.394	54.60/19.394
纱绳 3/4″	m/kg	56.00/14.700	56.00/14.700
黄油	kg		2.00
废机油	kg		1.00
回丝	kg		0.50

58. 支撑工程使用材料的摊销次数及损耗系数是如何取定的?

答: 摊销次数及损耗系数见表 2-93。

摊销次数及损耗系数 **表 2-93**

名称	规格	摊销次数	损耗系数
槽钢	[20c	50	1.064
钢板	0.20×4	50	1.020
钢套管	ϕ70×5×3000	50	1.020
铁撑脚	大号	50	1.010
圆木	ϕ20×3.60	20	1.053
竹挡土板	0.30×4	20	1.031
砖	240×115×53		1.053
扒钉	ϕ12×0.40	5	1.010
木板	0.075×0.15	20	1.053
木板	0.10×0.20	20	1.053

59. 拆除工程是如何进行计算的?

答: 根据市政工程的特点及文明施工的要求，拆除废旧材料应清理干净，就近堆放整齐待运。如需运至指定地点，另行处理。

(1) 道路面层和底层拆除。拆除钢筋混凝土路面的时间定额，采用相应厚度混凝土路面的时间定额，乘以系数 1.18；拆除矿（炉）渣路，均以拆除多合土路相应厚度的时间定额乘以系数1.11；拆除钢渣路，按挖四类土的时间定额，乘以系数2.50。

（2）混凝土预制板规格繁多，各地采用不一，因此用综合计算的办法按比例取定，计算见表2-94所示。

混凝土预制板综合时间定额　　**表2-94**

混凝土板规格	时间定额百分比	综合时间定额
25×25×5	0.208×60%	0.125
30×30×6	0.192×5%	0.010
40×40×7	0.179×10%	0.018
50×50×8	0.167×25%	0.042
		Σ=0.195

道板平均厚度为6cm，垫层按3cm计算。

（3）侧缘石、侧平石工程数量的计算均取部分城市现行规格的综合平均值，其垫层以3cm厚计算。

（4）拆除均不包括挖土方，土方应按第一章相应项目计算。

①管道拆除均不包括混凝土基础及垫层在内，如拆除混凝土基础及垫层，则分别按拆除混凝土障碍物或其他砌体构筑物计算。

②人工拆除金属管道配合简易机具导链起吊，用2根圆木横放于槽口作垫木，以利拆除管滚运。

（5）检查井、雨水井的拆除考虑了掘松井体外围四周的少量土方。井体工程量以《全国通用给水排水标准图集》S2合订本圆形砖井、雨水井计算，拆除石砌检查井人工乘以1.09系数，拆除石砌雨水井人工乘以1.10系数；拆除石砌体构筑物，其人工乘以1.17系数。

（6）路面凿毛。人工凿毛套用1984年山东省市政工程预算定额7－11-1868“沥青混凝土路面凿毛”。混凝土路面凿毛按沥青混凝土路面凿毛的时间定额，乘以1.8系数计算。机械凿毛套用1981年上海市市政工程预算定额1-10～9-10，减去人工幅度差5%计算，见表2-95。

路面凿毛的时间定额　　**表2-95**

项　目	沥青混凝土路面凿毛		混凝土路面凿毛	
	人　工	机　械	人　工	机　械
路面凿毛（平均3.5级）	$\frac{3.48}{0.287}$	$\frac{1.69}{0.592}$	$\frac{6.49}{0.154}$	$\frac{3.61}{0.316}$

60. 拆除工程定额中机械台班用量是如何计算的？

答：（1）机械拆除项目均包括人机配合作业。道路面层、底层拆除考虑到旧路基道面，经机械碾压达到了较高的密实度，形成了坚固的整体，破除时，用带镐推土机豁松、集渣。

（2）空压机、风镐凿毛沥青混凝土路面、混凝土路面，套用上海市市政工程预算定额进行补充，路面凿毛机械台班消耗量，见表2-96。

路面凿毛机械台班消耗量

单位：台班　　**表2-96**

项　目	单　位	空压机0.6m^3	风　镐
沥青混凝土路面凿毛	100m^2	0.76	0.76
混凝土路面凿毛	100m^2	0.83	0.83

（3）人机配合拆除混凝土管道吊车台班根据拆除混凝土给水管道的小组成员（按4人一组）的产量配备。

61. 脚手架及其他工程定额中有关数据是如何取定的？

答：（1）脚手架。

① 周转材料摊销量的计算方法：

$$钢管摊销量=一次使用量\times\frac{架子施工期}{钢管耐用期}\times(1-残值\%)；$$

$$脚手杆=一次使用量\times\frac{架子施工期}{脚手杆耐用期}\times(1-残值\%)；$$

$$小圆木=一次使用量\times\frac{架子施工期}{小圆木耐用期}\times(1-残值\%)；$$

$$竹（木）脚手板摊销量=一次使用量\times\frac{架子施工期}{脚手板耐用期}\times(1-残值\%)；$$

$$扣件摊销量=一次使用量\times\frac{架子施工期}{扣件耐用期}\times(1-残值\%)；$$

$$底座摊销量=一次使用量\times\frac{架子施工期}{底座耐用期}\times(1-残值\%)；$$

$$安全网摊销量=一次使用量\times\frac{施工期}{安全网耐用期}；$$

脚手钢丝摊销量＝一次使用量×[1－(回收率×残值)]；

竹篾摊销量＝一次使用量。

② 脚手架材料耐用期、施工期和回收残值的取定，见表2-97。

残值的取定　　**表2-97**

名　称	耐用期限（月）	回收率	残值（%）
脚手板（木）	42		10
脚手板（竹）	24		5
脚手杆（木）	96		10
脚手杆（竹）	48		5
钢管（附扣件）	180		10
安全网	48		
钢　丝	1（次）	80	40

注：架子施工期为3个月。安全网为1.5个月。

③ 脚手架有关尺寸的取定，见表2-98。

有关尺寸的取定　　表 2-98

项目	木制 (m)	钢管 (m)	竹制 (m)	备注
杆距	1.50	2.00	1.50	① 立杆离樯 1.4m；
步高	1.20	1.20	1.20	② 钢管脚手：
双排横向间距	1.40	1.50	1.30	第一步 1.8m；
小横杆间距		2.00	1.50	③ 木脚手架 8m 内立杆搭节
操作层间隔		0.67	0.75	1.5m，按杆长 3.6m

注：双排钢管脚手架操作层间距 4m、8m 内为 1m，6m 内为 1.1m。

④ 脚手架材料各杆直径、长度、规格见表 2-99。

各杆直径、长度、规格的取定　　表 2-99

材料名称	木杆				毛竹		钢管	
	大头直径	小头直径	平均取值	长度	稍径	长度	规格	长度
立杆	17	7	12	600	7.5	600	ϕ4.8×0.35	600
大横杆	17	8	12	600	7.5	600	ϕ4.8×0.35	600
小横杆			10	200	9.0	200	ϕ4.8×0.35	200
剪刀撑			12	600	7.5	600	ϕ4.8×0.35	200

注：1. 双排木脚手架小横杆取 2.4m 长，中径取 10cm；

2. 竹脚手架中顶撑、抛撑直径及长度同立杆。

⑤ 脚手板的面积及每 100m² 需用量见表 2-100。

脚手板的面积及每 100m² 需用量　　表 2-100

材料名称	每块面积 (m²)	每 100m 长脚手架需用块数	每 100m 脚手架需用量	备注
木脚手板	3.2×0.25＝0.8	(100/3＋1)×4 ＝137	0.04×137 ＝5.48m²	① 木脚手板厚度 50mm； ② 脚手板按 2 个间距 1 块；
竹脚手板	3.0×0.25＝0.75	(100/3＋1)×5 ＝172	0.75×172 ＝129m²	③ 未包括斜道平台用量，但计算方法同

注：双排钢管脚手块数为（100/3＋1）×6＝204 块。

⑥ 步数及高度见表 2-101。

步数及高度　　表 2-101

项目	木制		钢管		竹制	
	步数	取定高度 (m)	步数	取定高度 (m)	步数	取定高度 (m)
高 4m 内脚手架、斜道、平台	2	3.6	2	3.6	2	3.6
高 6m 内脚手架、斜道、平台			3	6.0		
高 8m 内脚手架、斜道、平台	5	7.0	5	7.0	5	7.0

⑦ 每 100m² 的一次需用量见表 2-102。

每 100m² 的一次需用量 **表 2-102**

名称	单位	单排				双排					
		4m 内		8m 内		4m 内			8m 内		
		木	钢管	木	钢管	木	钢管	竹	木	钢管	竹
立杆	根	68	51	68	102	136	102	136	136	204	172
大横杆	根	60	51	120	102	100	85	125	220	187	275
剪刀撑	根	16	8	32	16	16	8	16	32	16	32
小横杆	根	136	202	340	354	136	152	202	340	305	406
木脚手板	块	136		136		136			136		
竹脚手板	块		170		170		204	170		204	170
钢丝 8 号	kg	73.2		189.31		122.42			312.4		
安全网	m²	300	300	300	300	300	300	300	300	300	300
直角扣件	个		355		660		559			1171	
回转扣件	个		24		48		24			48	
对接扣件	个		51		222		85			289	
底座	个		51		51		102			102	
竹篾	把							1042			2346
顶撑								136			340
抛撑											11

注：1. 竹篾每个接点 2 根，每把 6 根；

2. 顶撑 1 根分 2 次。

⑧ 斜道及拐弯平台的搭设。考虑人员上、下脚手架，需搭设斜道和拐弯平台。按 100m 长脚手架设 1 座考虑，3 步以下搭“一”字形斜道，宽取 1.5m，坡度 1∶3，斜道拐弯平台 1.5m×1.5m 或 2m；3 步以上采用“之”字形斜道，宽取 1.5m，坡度 1∶3，拐弯平台取 3m×2m。

⑨“脚手架”一节的人工幅度差为 10%。

(2) 混凝土小型构件运输。人力运输按市政劳动定额运输 100kg 以外的构件计算。

汽车运输，按建安劳动定额（1985 年版）二、三类路面各 50%，台班产量乘以系数 0.85，装载系数 0.88，台班产量＝44.5÷2.4×0.85×0.88＝13.87m³；人力装卸按单台车运输，随车装卸，每台班配 6 人计算；机械装卸按汽车台班 1∶0.6 配 5t 汽车吊，每台吊车另配 2 个工人。人工装卸需相应增加待装待卸时间，台班产量按机械装卸乘以 0.85 计算，即 13.87×0.85＝11.79m³/台班产量。

材料运距均以取料中心至堆放或使用中心距离为准，人力运输均考虑了运输道路 15%以内的坡度，如超过时另行处理。

构件运输每增步距所增加人工、机械的计算方法按插入法同第一章人力运土方计算公式。

62. 脚手架及其他工程定额中各类井点摊销量是如何取定的?

答：各类井点摊销量见表 2-103、表 2-104。

各类井点摊销量表 表2-103

定额编号						
项目		单位	数量	实用期限(d)	每天摊销量	计算公式
总管	轻型井点	根	60	1000	0.060	$\frac{1}{1000}\times60$
	喷射井点	m	180	1300	0.138	$\frac{1}{1300}\times180$
	大口径井点	m	180	1300	0.138	$\frac{1}{1300}\times180$
	水平井点	m	120	1000	0.120	$\frac{1}{1000}\times120$
井管	轻型井点(包括滤网)	根	50	300	0.177	$\frac{1}{300}\times1.064\times50$
	喷射井点10m	根	32	365	0.093	$\frac{1}{365}\times32\times1.064$
	喷射井点15m	根	32	300	0.113	$\frac{1}{300}\times32\times1.064$
	喷射井点20m	根	32	240	0.142	$\frac{1}{240}\times32\times1.064$
	喷射井点30m	根	32	150	0.230	$\frac{1}{150}\times32\times1.064$
	大口径井点15m	根	10	1000	0.010	$\frac{1}{1000}\times10\times1.064$
	水平井点25m	根	10	500	0.020	$\frac{1}{500}\times10\times1.064$
喷射井点	滤网10m	只	32	300	0.114	$\frac{1}{300}\times32\times1.064$
	滤网15m	只	32	250	0.136	$\frac{1}{250}\times32\times1.064$
	滤网20m	只	32	210	0.162	$\frac{1}{210}\times32\times1.064$
	滤网30m	只	32	120	0.283	$\frac{1}{120}\times32\times1.064$
	喷射器10m	只	30	210	0.152	$\frac{1}{210}\times30\times1.064$
	喷射器15m	只	30	180	0.177	$\frac{1}{180}\times30\times1.064$
	喷射器20m	只	30	150	0.213	$\frac{1}{150}\times30\times1.064$
	喷射器30m	只	30	80	0.399	$\frac{1}{80}\times30\times1.064$
	腰子法兰	副	30	750	0.042	$\frac{1}{750}\times30\times1.053$
	连接件10m	副	30	450	0.070	$\frac{1}{450}\times30\times1.053$
	连接件15m	副	30	430	0.073	$\frac{1}{430}\times30\times1.053$
	连接件20m	副	30	400	0.080	$\frac{1}{400}\times30\times1.053$
	连接件30m	副	30	350	0.090	$\frac{1}{350}\times30\times1.053$
	水箱	kg	800	750	1.120	$\frac{1}{750}\times800\times1.053$
	大口径井点水箱	kg	800	750	1.120	$\frac{1}{750}\times800\times1.053$
	大口径井点吸水器	只	10	250	0.043	$\frac{1}{250}\times10\times1.064$
	阳极	t	10.59	90	0.130	$10.59\div90\times1.064$
	橡皮铝芯线	m	210.60	700	0.317	$210.6\times700\times1.053$

井点配件半成品单价　　表 2-104

定额编号						
项目			单价（元）	其中		
				人工费	材料费	机械费
总管	轻型井点	m	32.93	1.10	30.13	1.70
	喷射井点	m	84.18	1.72	78.74	3.72
	大口径井点	m	39.68	0.62	37.47	1.59
	水平井点	m	24.56	0.59	23.52	0.45
井管	轻型井点 7m	根	98.13	14.84	69.86	13.44
	喷射井点 10m	根	127.71	4.76	122.95	
	喷射井点 15m	根	190.18	6.23	183.95	
	喷射井点 20m	根	274.52	10.24	264.28	
	喷射井点 30m	根	428.80	18.08	410.72	
	大口径井点 15m	根	1382.72	58.41	1171.98	152.20
	水平井点 25m	根	4060.56	281.73	3365.80	413.03
喷射井点	滤网	只	63.54	10.47	39.26	13.81
	喷射器	只	312.36			
	腰子法兰	副	21.01	5.45	9.38	6.18
	连接件	副	96.20	11.76	77.45	6.99
	水箱	只	1008.37	25.78	928.60	53.99
大口径水箱		只	905.40	26.38	841.91	37.11
大口径井点吸水器		只	675.55	9.88	656.99	8.68
电渗井点阳极		根	126.60	0.57	119.82	6.21

第二章　1999年版定额交底资料

编　制　说　明

一、编制依据及参考资料

1.《全国统一市政工程预算定额》(试行);

2.《全国统一建筑工程基础定额》;

3.《全国统一安装工程基础定额》;

4.《全国市政工程统一劳动定额》;

5. 现行的设计、施工验收规范、安全操作规程、质量评定标准;

6. 现行的标准图集和具有代表性的工程设计图纸;

7. 各省、自治区、直辖市的补充定额及有关资料。

二、适用范围

本定额是市政工程预算定额的第一册，通用于《全国统一市政工程预算定额》其他专业册（专业册中指明不适用本定额的除外），适用于市政新建、扩建工程，不适用于市政的修理和维护工程。

三、编制中有关数据的取定

(一) 人工工日的计算

1. 由于修编定额时，《1997年全国市政工程劳动定额》尚未颁布执行，人工用量主要采用《1985年全国市政工程统一劳动定额》，包括基本人工和其他用工，并结合市政工程特点，综合计算了人工幅度差。

2. 人工幅度差＝Σ（基本用工＋超运距用工）×人工幅度差率。人工幅度差率为10%，水平运距为150m。

3. 综合工日＝基本用工＋超运距用工＋人工幅度差＋辅助用工。

(二) 材料用量的计算

打拔工具桩、围堰、支撑、井点降水等采用合理的设计和施工方案，按照有关规定在定额内计算了合理的摊销量，其中包括损耗。

(三) 机械

凡劳动定额已确定了台班产量的，一律以台班产量计算；劳动定额没有确定台班产量的，以合理的劳动组合按小组产量计算，个别的根据现行定额取定。根据建设部统一要求，取消了定额中的其他机械费和价值在2000元以下的机械台班费。

（四）周转材料的场外运输

因各地情况不同，本定额不包括周转材料的场外运输。周转材料的场外运输，可按各地规定处理。

四、其他有关主要问题的说明

1. 土石方体积均以天然密实体积（自然方）计算，回填土按碾压后的体积（实方）计算。新定额给出了土方体积换算表。有的地区存在大孔隙土，利用大孔隙土挖方作填方时，其挖方量的系数应增加，数值可由各地定额管理部门确定。

2. 新定额中管道作业坑和沿线各种井室（包括沿线的检查井、雨水井、阀门井和雨水进水口等）所需增加开挖的土方量按有关规定如实计算。

3. 定额中所有填土（包括松填、夯填、碾压）均是按就近5m内取土考虑的，超过5m按以下办法计算：

(1) 就地取余松土或堆积土回填者，除按填方定额执行外，另按运土方定额计算土方费用。

(2) 外购土者，应按实计算土方费用。

4. 打拔工具桩水上和陆上作业的区分。距岸线1.5m，是指自岸线向水面方向延伸1.5m。距岸线1.5m以外时均为水上作业；距岸线1.5m以内时，水深1m以内为陆上作业，水深1m以上、2m以内按水陆各50%计算，水深2m以上为水上作业。水深以施工期间最高水位为准。

5. 侧石、缘石、侧缘石的概念按全国市政工程统一劳动定额附图解释，其拆除水平是按全国统一市政工程劳动定额计算的。

6. 定额中的工料机消耗水平是按劳动定额、施工验收规范、合理的施工组织设计以及多数施工企业现有的施工机械装备水平，根据有关规定计算的，在执行中不得因工程的施工方法和工、料、机等用量与定额有出入而调整定额（定额中规定允许调整的除外）。

第一节 土石方工程

一、土方

（一）人工土方

本节定额把劳动定额中的一、二类土设1个子目，取一类土5%、二类土95%，将砂性淤泥和黏性淤泥综合设一个子目，取砂性淤泥10%、黏性淤泥90%。

1. 挖土方。定额用工数按劳动定额计算。

2. 沟槽土方。沟槽宽度按劳动定额综合，取底宽1.5m内50%，3m内45%，7m内5%，深度按劳动定额每米分层定额取算术平均值。

3. 基坑土方。基坑底面积按劳动定额综合，取$5m^2$内30%，$10m^2$内30%，$20m^2$内15%，$50m^2$内15%，$100m^2$内10%。深度按劳动定额每米分层定额取算术平均值。

4. 开挖冻土按第五章拆除混凝土障碍物子目乘0.8系数。

5. 人工运土。按劳动定额计算。

6. 平整场地、填土夯实。平整场地用工按劳动定额一、二类土，三类土，四类土综合，各取1/3。填土夯实密实度综合比例为85%、90%、95%，各取1/3。

7. 土的含水量超过25%以上时，由于土的表观密度增加和对机具的粘附作用，挖运土方时，人工和机械乘以系数1.18，土方工程量按计算规则计算。

（二）机械土方

1. 机械土石方项目划分主要是依据机械的作业性能划分。土方调运应按调运距离短、调运量少、调运费最低的原则编制施工组织设计。

机械台班预算定额数量的计算公式为：

机械台班数量＝1000m^3÷劳动定额台班产量×幅度差系数

2. 推土机、铲运机

55kW以内推土机推土距离到40m止，75kW以上的推土机推土、石推距到80m止。推距接近或超过最大推距，则工效降低、费用增加，应采取铲运机调运土方。拖式3m^{3}铲运机调运土方，调运距离到500m止。拖式6～8m^{3}铲运机调运土方距离调到800m止。拖式8～10m^3、10～12m^{3}铲运机调运土距离调到800m止。自行式铲运机调运土方距离调到1800m止。

拖式及自行式铲运机，均按主机台班数的10%配推土机作辅机，以完成推开工作面、修整边坡等工作。

3. 挖掘机

(1) 以挖掘机挖斗容量划分，并考虑正铲、反铲、拉铲挖掘形式，分装车和不装车编制定额项目。挖掘机挖土（石）的台班产量，按劳动定额中挖掘深（高）度综合计算台班产量，再换算为预算定额中机械台班数。

(2) 辅助机械以75kW推土机配备，并随主机的工作条件选定配置台班数如下：配合挖掘机挖土不装车按主机台班量的10%配置；配合挖掘机挖土装车按主机台班量的90%配置；配合挖掘机挖渣不装车按主机台班量的100%配置；配合挖掘机挖渣装车按主机台班量的140%配置。

4. 装载机装运土方。定额中分轮胎式装载机装松散土（装车）和自装自运土方的项目。装载机在装松散土装车前，如系原状土，则应由推土机破土，编制预算时增加推土机推土一项。

5. 自卸汽车运土。定额中自卸汽车运土，适合配挖掘机各种铲斗和装载机，也适合配人工装车。自卸汽车车型分为4.5t、6.5t、8t、10t、12t、15t，运输距离分为1km、3km、5km、7km、10km、13km、16km、20km、25km、30km。

自卸汽车运输道路条件按一、二、三类道路各占1/3综合计算。自卸汽车运输中对路面清扫和降低装载量（防止满载时的泼洒）的因素，在施工时应结合当地情况按各市定额管理部门规定作适当调整。

6. 抓铲挖掘机挖土、淤泥、流沙。抓铲挖掘机挖土、淤泥、流沙按抓斗0.5m^3、1.0m^{3}选配机型，若采用0.2m^{3}的机型则按0.5m^{3}定额台班量乘2.5系数计算。并考虑了装车、不装车因素按深6m以内、6m以外编制。辅助工按4人/台班（协助抓土3人，卸土或装车1人）配备，挖淤泥、流沙的湿度系数为1.25，难度系数为1.5。

机械台班数量＝1000m³÷劳动定额台班产量×幅度差系数×湿度系数×难度系数

7. 液压岩石破碎机破碎岩石、混凝土和钢筋混凝土。本补充定额根据南京市土石方施工单位常用的日本进口EX系列挖掘机配G系列液压岩石破碎机的有关技术参数，并考虑到目前施工队伍的实际工效编制。EX－200主机配HB20G破碎机，EX－300主机配HB30G破碎机，EX－400主机配HB40G破碎机。该机械的台班费用由各省自行补充。

8. 有关辅助工工日的计算。机械土石方施工中，必不可缺少辅助人工，其工作内容为：工作面内排水，机械行走道路的养护，配合洒水汽车洒水，清除车、铲斗内积土，现场机械工作时的看护。

根据《全国统一建筑工程基础定额》，推土、铲土、装载、挖填土方，按每1000m³配6工日。

9. 洒水汽车及水量。为保障土石方工程施工人员的健康和保障施工质量及安全行车，根据《全国统一建筑工程基础定额》，综合考虑了洒水汽车台班及水量。

10. 机械幅度差系数按建设部统一规定：土方1.25、石方为1.33，内容包括：

(1) 施工中工序之间间隔、机械转移、配套机械之间相互的影响；

(2) 施工初期与结束的工作条件造成的工效差；

(3) 工程质量、安全生产的检查发生的影响；

(4) 正常条件下，施工机械排除故障的影响。

11. 定额中土、岩石的划分，详见“土及岩石（普氏）分类表”。

二、石方

岩石以普氏系数划分为松石、次坚石、普坚石和特坚石，以强度系数 f 表示。松石 f：1.5～4；次坚石 f：4～8；普坚石 f：8～12；特坚石 f：12～16。

本章定额未考虑 f16以上的岩石开挖，若发生时需另行处理。

（一）人工凿石

人工凿石用工根据各省市现行定额对比分析，各类岩石用工级差取定为1.52，以松石为1，则次坚石1.52，普坚石2.31，特坚石3.51。松石用工采用湖南省1980年市政劳动定额，每立方米0.82个工日，其他各类岩石乘以上述系数，另按湖南省市政劳动定额，每立方米增加0.293个运输工作为人工清渣等辅助用工。

（二）人工打眼爆破

人工打眼爆破采用《全国统一建筑工程基础定额》的相应子目。

（三）机械打眼爆破

机械打眼爆破石方采用《全国统一建筑工程基础定额》的相应子目。

第二节 打拔工具桩

一、打拔桩架

1. 简易打桩架按木制考虑。

2. 简易拔桩架按木制考虑。

3. 简易打拔桩架包括卷扬机。打拔桩架台班费由各省补充。

新定额在竖、拆打拔桩架子目中取消了机械中的人字扒杆名称，将其所用圆木与材料中的圆木合并计算。

二、打桩

本定额考虑到保护森林、保护环境的要求，取消了木板桩定额子目。陆上柴油打桩机打圆木桩、钢板桩定额材料中均取消了槽钢消耗量，垫在打桩机下的槽钢在全国统一机械台班定额的机械安装费中已经考虑了。

1. 桩的规格

（1）圆木桩，小头稍径 ϕ20cm。

（2）钢制桩，按[30c 槽钢计算，δ=11.5mm，43.81 kg/m。

2. 每打 $10m^3$ 或 10t 桩所需的根数（以选用的长度全部计算）见表 2-105：

所需根数　　**表 2-105**

桩　名	5m 以内		8m 以内		8m 以上	
	长度（m）	根/$10m^3$	长度（m）	根/$10m^3$	长度（m）	根/$10m^3$
圆木桩	4	62.50	7	31.15	10	19.27

桩　名	8m 以内		12m 以内		12m 以上	
	长度（m）	根/10t	长度（m）	根/10t	长度（m）	根/10t
陆上钢制桩	6	38.04	10	22.38		
水上钢制桩	7	32.61	10	22.83	14	16.30

3. 入土深度见表 2-106：

入土深度　　**表 2-106**

桩　名	5m 以内		8m 以内		8m 以上	
	长度（m）	深度（m）	长度（m）	深度（m）	长度（m）	深度（m）
陆上圆木桩	4	4	7	7	10	10
水上圆木桩	4	2	7	4	10	6

桩　名	8m 以内		12m 以内		12m 以上	
	长度（m）	深度（m）	长度（m）	深度（m）	长度（m）	深度（m）
陆上钢制桩	6	6	10	10		
水上钢制桩	7	4	10	6	14	8

4. 每打 $10m^3$ 木制桩或 10t 钢制桩单排距离见表 2-107：

单排距离　　**表 2-107**

桩　名	5m 以内		8m 以内		8m 以上	
	长度（m）	距离（m）	长度（m）	距离（m）	长度（m）	距离（m）
圆木桩	4	62.50	7	31.15	10	19.27

桩　名	8m 以内		12m 以内		12m 以上	
	长度（m）	距离（m）	长度（m）	距离（m）	长度（m）	距离（m）
陆上钢制桩	6	9.12	10	5.47		
水上钢制桩	7	7.82	10	5.47	14	3.91

（1）圆木桩采用疏打，中心距间隔 1m。

（2）钢制桩采用咬口密打，每打 1m 距离为 4.17 根。

5. 定额中陆上打桩综合考虑了每打 50m 单排距离计算一次 90°调面，每打 50m 单排距离计算一次超运距移动，每打 30m 计算一次打拔缆风桩 2 根，用柴油打桩机者不计算缆风桩。水上打桩则上述均不计。

6. 走道板，按打各种不同桩的单排距离全部铺设。简易打桩架走道板采用[20 槽钢（δ=9mm，25.77kg/m）2 条，其架轮在槽钢内拖运，并且加 4 只木楔作临时固定。木楔选用（0.075×0.15）÷2 的三角块，每只木楔为 0.0014m^3。

7. 桩靴。凡打入乙级上的圆木桩均加桩靴 1 只，每只重 2.77kg。

8. 水上打桩均按在 30t 的 2 艘驳船捆扎后的船台上操作，新定额将原定额中驳船台班数量直接调整为 2 艘的数量。加固定船只的缆绳，前后缆共 4 根，每根缆绳用钢丝绳 50m 计，共 200m。每根缆绳两端各用 3 只轧头，共 24 只。并以每 10m（打桩距离）移动一次计算。钢丝绳及轧头的费用编入了其他材料费。

三、拔桩

拔桩用的机具材料按每拔 10m^3 或 10t 为单位计。拔桩的单排距离打、拔缆风桩及走道板的铺设等均同打桩。

陆上拔除的各种桩均需用砂填充，水上拔除不填砂。原拔钢板桩定额中粗（中）砂计算有误，将槽钢厚度 1.15cm 误算为 11.5cm。新定额对此进行了调整。钢制桩本身体积：

$$[0.3+(0.089\times2)]\times0.0115\times6\times38.04=1.25m^3$$

钢制桩出土带土以 20%考虑，砂的损耗率为 4%，则需回填砂的体积为：

$$1.31\times1.2\times1.04=1.63m^3$$

四、人工计算

本章人工按全国市政工程统一劳动定额计算。少数项目套用“上海市补充定额”。

五、材料摊销次数及损耗系数

本章使用的材料摊销次数及损耗系数，见表 2-108：

材料摊销次数及损耗系数 表 2-108

名称	规格	摊销次数	损耗系数
槽钢	[8～[30c	50	1.064
圆木	ϕ10～ϕ20	15	1.053
缆风桩	ϕ10×2m	3	1.053
板方材	0.4×0.2	50	1.053
板方材	0.25×0.25	50	1.053
板方材	0.075×0.15	10	1.053
板方材	0.1×0.2	10	1.053
木楔	0.075×0.15/2	10	1.053
砂	中、粗		1.042
桩靴	ϕ25	5	
圆钉		2	1.020
钢丝	8号		1.030
扒钉	ϕ12×0.40	5	1.010
铁件			1.010
带帽螺栓			1.020

第三节　围　堰　工　程

本节定额适用于市政工程进行围堰施工的项目。新定额明确了各种围堰的尺寸，考虑到保护森林、保护环境的要求，取消了木板桩围堰和木笼围堰。

一、人工工日的计算

1. 由于各种围堰的用料情况以及断面、高度不一，因此人工工日的计算根据劳动定额综合取定，见表2-109：

人工工日计算的劳动定额综合取定　表2-109

项目名称	取定方法及综合比例
筑土围堰	高1m　§8—1—1（一）10%； 高2m　§8—1—2（二）50%； 高3m　§8—1—3（三）40%
草土围堰	按草袋围堰 高3m以内　§8—1—5（一）×1.1　50%； 高4m以内　§8—1—6（一）×1.1　50%
草袋围堰	高2m以内　§8—1—4（一）10%； 高3m以内　§8—1—5（一）50%； 高4m以内　§8—1—6（一）40%
土石混合围堰	人力取土：三、四类土各50%； 取定模板看模工按混凝土体积每立方米0.05工日； 模板刷脱模剂用工每平方米0.01工日； 混凝土养护用工每立方米0.1工日
有桩围堰	钢板桩围堰按全国市政劳动定额取定，土筑围堰90%，草袋围堰10%； 圆木桩、钢桩围堰按全国市政劳动定额的木桩、槽钢桩围堰的相应项目取定； 围堰高度超过劳动定额高度者，每高1m乘以系数1.1

2. 竹笼编织的工作内容包括人工操作的选料、破竹、编竹笼，50m内的取料，成品运送堆放。原双层竹笼围堰计算未考虑材料场内运输的人工，新定额对其人工数量进行了调整。

二、材料消耗量的计算

材料耗用量分别按下列情况考虑：

1. 土、草围堰

（1）筑土围堰。土方的流失量按15%计算，土围堰养护按每100m^3堰体养护用草袋：（100÷4）÷0.6＝41.67，取定42个。

（2）草、土围堰。根据甘肃省市政定额编制说明提供的草土围堰资料，每平方米每次需铺麦（禾）草捆2层，每层8.7kg，故每次铺草8.7×2＝17.4kg，每高1m的草土围堰需铺草4～5次，取4次计算，草、土的流失量为15%。

每立方米堰体需用麦（禾）草用量＝17.4×4×1.15＝80.04kg。

每立方米堰体麦（禾）草的压缩体积为35%，故100m³ 堰体的黏土用量为：65×1.15=74.75m³。

麻绳捆扎按每立方米需用3kg计算（甘肃调查资料），钢丝按每100m³ 堰体耗用10kg计算。

(3) 草袋围堰。草袋规格及装土体积见表2-110：

草袋规格及装土体积　　**表2-110**

规　格	长度（cm）	宽度（cm）	厚度（cm）	有效体积（m³）
草袋标准尺寸	80	60	3	0.0144
装　土　量	70	50	16	0.0560

草袋装土后的膨胀系数：$K=0.056/0.0144=3.89$

草袋堆码的空隙率为10%，故每立方米堰体需用的草袋数量：

$$n=(1-0.1)/0.056=16.07\ 个/m^3$$

草袋围堰黏土用量的计算：

草袋体积：16.07×0.0144=0.2314m³，故每立方米草袋围堰的黏土用量为：

$$1-0.2314=0.7684m^3$$

封口麻绳每个麻袋按1m计算，每米重0.0054kg，每立方米堰体：

16.07×1×1.15×0.0054=0.1kg，每100m³×0.1=10kg，列入其他材料费。

2. 土、石混合围堰

模板按接触面积厚30mm，每立方米接触面积25m²；支撑按ϕ120mm，长5m的圆木，按8次摊销计量。

混凝土养护用水：按照每平方米露明面面积用水0.04m³，养护7d。

草袋子的摊销量：5次摊销，搭接量10%，故：

养护面积=［25×（1+10%）］/5=5.5m²

草袋规格：0.6×0.8=0.48m²/个，故每100m³ 土、石堰体需用草袋：

$$5.5\times0.48=2.64\ 个$$

石碴：按20%碎石、80%块石综合取定。其他材料包括：刷脱模剂按每平方米涂刷0.1kg，钢钉按7.5cm取定250个，每个重0.00612kg，0.00612×250=1.53kg；10cm钢钉取定125个，每个重0.0126kg，0.0126×125=1.58kg，共重3.11kg。

3. 有桩围堰

有桩围堰包括圆木桩、钢板桩、钢桩。有桩围堰断面及桩的入土深度、桩长的取定，见表2-111：

有桩围堰断面及桩的入土深度、桩长的取定　　**表2-111**

有桩围堰	堰顶宽度（m）	桩入土深度（m）	桩　长（m）	备　注
堰高3m以内	2.0	4	7	入土桩长度按60%计算
堰高4m以内	2.5	6	10	
堰高5m以内	2.5	7	12	
堰高6m以内	3.0	8	14	

材料规格：圆木桩用小头稍径 $\phi 20$ 的圆木，中距 1m。

钢板桩：[30a 槽钢密排，重 34.45kg/m。

钢桩为 30a 工字钢，中距 1m，重 48kg/m。

圆木桩、钢桩桩柱间用木材或竹篱编织，并挂草帘挡土，均按垂直的投影面积计算。

桩头用 4～6 股钢丝拉连，河床较软弱时，可在贴河床处加联钢丝一道加固。其他材料包括麻绳、扒钉、钢钉。

4. 双层竹笼围堰。立式竹笼规格：$\phi 1.2\text{m} \times 1.5\text{m}$，展开周长 $L = 1.2 \times 3.142 = 3.77\text{m}$，每个竹笼需用 2.64 根 $\phi 8$、长 5m 的毛竹。竹笼相接部位需加固，故每个竹笼耗用毛竹 3 根。每个竹笼耗用 12 号钢丝 15m，$15 \times 0.042 = 0.63\text{kg}$。毛石、黏土流失量按 15％计算。其他材料包括麻绳，按每个竹笼耗用 5m、每 40m/kg 计量。

5. 钢板桩围堰。原定额钢板桩按 50 次计摊销费，一个钢板桩围堰不论使用时间长短均收一次钢板桩摊销费，这不利于企业固定资产折旧费的提取，也不利于企业租赁钢板桩时计算费用。新定额给出了钢板桩的一次使用量，作为租赁钢板桩的数量依据。规定钢板桩按 10 年摊销，在定额中考虑了钢板桩的使用费。

6. 筑岛填心。夯填土按相对密度 95％的填土计算，松填土按 1.185 压缩系数的自然方折合填方计算，故松填自然方与填土的关系式＝1/1.185＝0.844，砂的压缩系数为 1.25。

三、机械台班耗用量的计算

根据建设部统一要求取消价值在 2000 元以下机械的台班费，故新定额中取消了平板式振动器。其余机械台班耗用量均移植原全国统一市政定额。

四、有关问题的说明

1. 各种有桩围堰项目中的打拔圆木桩、钢桩、钢板桩，均套本册第二章水中打拔工具桩的相应定额项目。

2. 围堰高出临水面的高度按 $H \geqslant 0.5 \sim 0.7\text{m}$ 考虑。一般不允许堰体顶过水，如遇洪水漫顶威胁时，需采取特殊措施加固，除过水围堰外，加固措施费用应另行计算。

3. 各种围堰定额均是按正常情况考虑的，如遇潮汛、洪汛，每过 1 次潮汛、洪汛，除执行围堰定额外，应按各地情况增加养护费用。

4. 围堰围筑。包括 50m 以内的挖、运、填土。如超出 50m 范围以外的取土，应另行处理，可按商品价格计价，也可按相应的挖、运、填土项目定额执行。

第四节　支　撑　工　程

支撑工程适用于沟槽、基坑、工作坑及检查井的支撑。

1. 有关数据的取定，见表 2-112。

2. 每 100m² 木挡土板用量，见表 2-113。

3. 每 100m² 竹挡土板用量，见表 2-114。

4. 每 100m² 钢挡土板用量，见表 2-115。

5. 每 100m² 木挡土板、竹挡土板、钢挡土板的木支撑用量，见表 2-116。

有关数据的规定 **表 2-112**

计 算 单 位	$100m^2$
选用槽坑宽度（m）	4.100
选用槽坑深度（m）	5.500
折合双面槽坑长（m）	9.100
以4m计算一档（档）	2.275
上下支撑数（道）	4.00
共计支撑数（根）	31.850
槽钢挡土板支撑数（道）	3.00
槽钢挡土板共计数（根）	13.650

每 $100m^2$ 木挡土板用量 **表 2-113**

名 称 规 格		单 位	数量（块）	用量（m^2）
密 撑	木板 0.075×0.15×4（m）	块/m^3	166.83	7.507
疏 撑	木板 0.075×0.15×4（m）	块/m^3	95.55	4.30
	砖 240×115×53	千块		0.182（千块）

每 $100m^2$ 木挡土板用量 **表 2-114**

名 称 规 格		单 位	数量（块）	用量（m^2）
密 撑	竹板 0.3×4（m）	块/m^2	83.40	100.000
疏 撑	竹板 0.3×4（m）	块/m^2	59.15	71.000
	砖 240×115×53	千块		0.127（千块）

每 $100m^2$ 钢挡土板用量 **表 2-115**

名 称 规 格		单 位	数量（块）	用量（kg）
密 撑	钢板 0.2×4（m）	块/kg	125.125	4504.500
疏 撑	钢板 0.2×4（m）	块/kg	81.900	2948.400
	砖 240×115×53	千块		0.155（千块）

木支撑用量 **表 2-116**

名 称 规 格	单 位	数量（块）	用量（m^3）
立竖板 0.075×0.15×2（m）	块/m^3	18.20	0.410
立竖板 0.10×0.20×4（m）	块/m^3	9.10	0.728
圆木 ϕ20×3.60	块/m^3	31.85	4.300
木楔 0.075×0.15×0.25/2	块/m^3	63.70	0.090
扒钉 ϕ12×0.40	只/kg	127.40	45.250
纱 绳	m/kg	56.00	14.700

6. 每100m² 木挡土板、竹挡土板、钢挡土板的铁支撑用量，见表2-117。

铁支撑用量 表2-117

名称规格		单位	数量（块）	用量（m³）
立竖板	0.075×0.15×2（m）	块/m³	18.20	0.410
	0.075×0.15×4（m）	块/m³	9.10	0.728
钢套管	φ70×5×3000	块/m³	31.85	765.356
铁撑脚	大号	只/kg	63.70	955.500
扒钉 φ12×0.40		只/kg	127.40	45.250
纱绳		m/kg	56.00	14.700

注：钢支撑增加黄油2kg、废机油1kg、回丝0.5kg。

7. 槽钢挡土板支撑用量，见表2-118。

槽钢挡土板支撑用量 表2-118

名称规格	单位	木支撑数量	钢支撑数量
槽钢[20c	m/t	54.60/1.407	54.60/1.407
钢套管 φ70×5×3000	m/t		13.65/328.010
铁撑脚（大号）	只/kg		27.30/409.540
圆木 φ20×3.6	根/m³	13.65/1.843	
木模板 0.075×0.15	m/m³	54.60/0.614	54.60/0.614
木楔 0.075×0.15×0.25/2	只/m³	27.30/0.038	
钢丝8号	m/kg	223.20/22.100	223.20/22.100
扒钉 φ12×0.4	只/kg	54.60/19.394	54.60/19.394
纱绳	m/kg	56.00/14.700	56.00/14.700
黄油	kg		2.00
废机油	kg		1.00
回丝	kg		0.50

8. 本节的人工工日。本章人工工日按“全国市政工程统一劳动定额”编制。

9. 本节使用材料的摊销次数及损耗系数，见表2-119。

摊销次数及损耗系数 表2-119

名称	规格	摊销次数	损耗系数
槽钢	[20c	50	1.064
钢板	0.20×4（m）	50	1.020
钢套管	φ70×5×3000	50	1.020
铁撑脚	大号	50	1.010
圆木	φ20×3.6	20	1.053
竹挡土板	0.30×4（m）	20	1.031
砖	240×115×53		1.053
扒钉	φ12×0.4	5	1.010
木板	0.075×0.15（m）	20	1.053
木板	0.10×0.20（m）	20	1.053

第五节　拆　除　工　程

拆除工程均不包括挖土方，挖土方按本册第一节有关子目执行。

一、编制依据

本节编制的主要依据是全国市政工程统一劳动定额及山东、上海等省市市政工程预算定额，全国通用给水排水标准图集。

二、计算方法

根据市政工程的特点及文明施工的要求，拆除废旧材料应清理干净，就近堆放整齐待运。如需运至指定地点，则另行处理。

1. 道路面层和底层拆除。拆除钢筋混凝土路面的时间定额，采用相应厚度混凝土路面的时间定额，乘以系数 1.18；拆除矿（炉）渣，均以拆除多合土路相应厚度的时间定额，乘以系数 1.11；拆除钢渣路，按挖四类土的时间定额，乘以系数 2.50。

2. 混凝土预制板规格较多，各地采用不一，因此用综合计算的办法按比例取定。综合时间定额为 0.195。道板平均厚度为 6cm，垫层按 3cm 计算。

3. 侧缘石、侧平石工程数量的计算均取部分城市现行规格的综合平均值，其垫层以 3cm 厚计算。

4. 拆除均不包括挖土方，土方应按第一节相应项目计算。

（1）管道拆除均不包括混凝土基础及垫层在内，如拆除混凝土基础及垫层，则分别按拆除混凝土障碍物或其他砌体构筑物计算。

（2）人工拆除金属管道配合简易机具捯链起吊，用 2 根圆木横放于槽口作垫木，以利拆除管滚运。

5. 检查井、雨水井的拆除考虑了掘松井体外围四周的少量土方。井体工程量以《全国通用给水排水标准图集》S2 合订本圆形砖砌检查井、雨水井计算，拆除石砌检查井人工乘以 1.09 系数，拆除石砌雨水井人工乘以 1.10 系数；拆除石砌体构筑物，其人工乘以 1.17 系数。

6. 路面凿毛。人工凿毛套用 1984 年山东省市政工程预算定额 7－11－1868“沥青混凝土路面凿毛”。混凝土路面凿毛按沥青混凝土路面凿毛的时间定额，乘以 1.8 系数计算。机械凿毛套用 1981 年上海市市政工程预算定额 1-10-9-10，减去人工幅度差 5%计算。

7. 路面铣刨机铣刨沥青路面。新定额根据镇江路面机械制造总厂生产的沥青路面铣刨机 LX50 型的主要技术参数，考虑到机械移动、必要的施工间隙、工人清渣的间隙、铣刨路面的区域较分散，按实际满负荷工作时间 4h/台班计算。人工按原江苏省市政小修保养定额 5.6 工日/1000m^2 取定，机械幅度差取 1.33，铣刨厚度＞50mm 时应分层铣刨。

8. 新定额根据江苏省市政定额估价表补充了拆除混凝土管道、机械拆除金属管道、镀锌管拆除子目。

三、机械台班用量计算

1. 机械拆除道路基层、底层，考虑到旧路基路面，经机械碾压达到了较高的密实度，形成了坚固的整体，破除时常采用液压岩石破碎机，故本定额规定按第一节液压岩石破碎机破碎岩石子目执行。

2. 空压机、风镐凿毛沥青混凝土路面、混凝土路面，套用上海市市政工程预算定额进行补充。

3. 人机配合拆除混凝土管道吊车台班根据拆除混凝土给水管道的小组成员（按4人一组）的产量配备。新定额根据起重机的起重性能和管道自重，调整了原定额管道拆除中的机械配置，提高了安全系数。

第六节　脚手架及其他工程

一、有关数据的取定

1. 脚手架

(1) 周转材料摊销量的计算方法：

钢管摊销量＝一次使用量×（架子施工期/钢管耐用期）×（1－残值%）

脚手杆＝一次使用量×（架子施工期/脚手杆耐用期）×（1－残值%）

小圆木＝一次使用量×（架子施工期/小圆木耐用期）×（1－残值%）

竹（木）脚手板摊销量＝一次使用量×（架子施工期/脚手板耐用期）×（1－残值%）

扣件摊销量＝一次使用量×（架子施工期/扣件耐用期）×（1－残值%）

底座摊销量＝一次使用量×（架子施工期/底座耐用期）×（1－残值%）

安全网摊销量＝一次使用量×（施工期/安全网耐用期）

脚手钢丝摊销量＝一次使用量×［1－（回收率×残值）］

竹篾摊销量＝一次使用量

(2) 脚手架材料耐用期、施工期和回收残值的取定，见表2-120：

材料耐用期，施工期和回收残值的取定　　表2-120

名　称	耐用期限（月）	回　收　率	残　值（%）
脚手板（木）	42		10
脚手板（竹）	24		5
脚手杆（木）	96		10
脚手杆（竹）	48		5
钢管（附扣件）	180		10
安　全　网	48		
钢　　丝	1（次）	80	40

注：架子施工期为3个月，安全网为1.5个月。

(3) 脚手板的面积及每$100m^2$需用量，见表2-121：

脚手板的面积及每 100m² 需用量　　**表 2-121**

材料名称	每块面积（m²）	每 100m 需用块数	每 100m 需用量（m²）
木脚手板	0.8	136	5.44
竹脚手板	0.75	170	127.5

注：双排钢管脚手块数为 204 块。

（4）每 100m² 的一次需用量，见表 2-122。

每 100m² 的一次需用量　　**表 2-122**

名称	单位	单排				双排					
		4m 内		8m 内		4m 内			8m 内		
		木	钢管	木	钢管	木	钢管	竹	木	钢管	竹
立杆	根	68	51	68	102	136	102	136	136	204	172
大横杆	根	60	51	120	102	100	85	125	220	187	275
剪刀撑	根	16	8	32	16	16	8	16	32	16	32
小横杆	根	136	202	340	354	136	152	202	340	305	406
木脚手板	块	136		136		136			136		
竹脚手板	块		170		170		204	170		204	170
钢丝 8 号	kg	73		189		122			312		
安全网	m²	300	300	300	300	300	300	300	300	300	300
直角扣件	个		355		660		559			1171	
回转扣件	个		24		48		24			48	
对接扣件	个		51		222		85			289	
底座	个		51		51		102			102	
竹篾	把							1042			2346
顶撑								136			340
抛撑											11

注：1. 竹篾每个接点 2 根，每把 6 根；
　　2. 顶撑 1 根分 2 次。

（5）斜道及拐弯平台的搭设。考虑人员上、下脚手架，需搭设斜道和拐弯平台。按 100m 长脚手架设 1 座考虑，3 步以下搭“一”字形斜道，宽取 1.5m，坡度 1∶3，斜道拐弯平台 1.5m×1.5m 或 2m；3 步以上采用“之”字形斜道，宽取 1.5m，坡度 1∶3，拐弯平台取 3m×2m。

2. 混凝土小型构件运输。新定额根据建设部的要求对小型构件的标准进行了修改：混凝土构件单件体积在 0.04m³ 以内，金属构件单件重在 100kg 以内。

汽车运输，按建安劳动定额（1985 年版）二、三类路面各 50%，台班产量乘以系数 0.85，装载系数 0.88，台班产量＝44.5÷2.4×0.85×0.88＝13.87m³；人力装卸按单台车运输，随车装卸，每台班配 6 人计算；机械装卸，按汽车台班 1∶0.6 配 5t 汽车吊，每台吊车另配 2 个工人。人工装卸需相应增加待装待卸时间，台班产量按机械装卸乘以

0.85计算，即 $13.87\times0.85=11.79m^3$/台班产量。

材料运距均以取料中心至堆放或使用中心距离为准，人力运输均考虑了运输道路15%以内的坡度，超过时另行处理。

构件运输每增步距所增加人工、机械的计算方法按插入法同第一节人力运土方计算。

3. 新定额根据部编市政补充定额补充了汽车运水子目，根据宁夏造价管理站提供的资料补充了纤维布施工护栏子目，根据上海市政定额站提供的资料补充了玻璃钢施工护栏子目。

二、井点降水

原定额水平较低，机械配置不大合理，材料摊销时间太短，施工方案陈旧。新定额对井点降水定额进行了较大的修改：

(1) 轻型井点连接件改用高压软管（吸引胶管）。

(2) 轻型井点打、拔取消了履带式起重机，打井点采用轻便钻机XJ－100，台班数为0.57。

(3) 轻型井点井管的摊销时间由300d延长为450d。其他井点井管的摊销时间均延长为1500d。

(4) 喷射井点中吊车台班量与钻机台班量一致。

(5) 喷射井点采用G2A钻机，大口径井点采用SPJ-300型钻机。

(6) 明确了在井点材料使用摊销量中已包括了井点材料拆除时的损耗量。

(7) 大口径井点考虑到原配置一台泥浆泵其排浆速度跟不上造浆速度，故调整为2台泥浆泵。

(8) 删除了电渗井点与水平井点项目。

定额中已考虑了下列内容：井管的内容中包括了滤网，安装的内容中包括总管铺设及水泵安装。喷射井点的内容中包括2根观察孔，未包括冲孔后的泥水处理及排水管的挖沟槽工程量。

第七节　护坡、挡土墙

根据建设部与水利部新的职能划分，新的市政定额中取消了防洪堤防册，防洪堤防工程执行水利工程定额，而将原防洪堤防册中的下列项目纳入本节，作为通用项目。

(1) 砂石滤层、滤沟；

(2) 砌护坡、台阶；

(3) 压顶；

(4) 挡土墙；

(5) 勾缝。

一、人工计算

人工主要采用《全国市政工程统一劳动定额》，部分项目参照各省市现行劳动定额及《武汉地区市政工程劳动定额》。

二、材料用量计算

1. 砌、浆砌块石基础数据的取定

块石相对密度 2500kg/m^3，块石密度 1700kg/m^3，块石损耗率 2%，砌筑砂浆损耗率 2.5%，干砌块石孔隙率 28%。

浆砌块石每立方米用量取定为 1.13m^3（不包括损耗）。由于干砌块石的石料用量中已包括嵌隙料，所以不再列嵌隙料。

2. 现浇混凝土定额根据建设部关于钢筋、混凝土、模板三分开的要求，将原定额中的模板从现浇混凝土子目中拆分开。混凝土用钢筋混凝土模板面积及一次投入量，见表 2-123：

模板面积及一次投入量　　**表 2-123**

项　目	单　位	种　类	模板面积		一次投入量						
			接触面积 (m^2)	露明面积 (m^2)	木模板材 (m^3)	钢模板 (kg)	钢模卡具 (kg)	钢钉 (kg)	钢管 (kg)	扣件 (kg)	钢丝 (kg)
压　顶	10m^3	木	40.00	43.64	3.255			3.40			3.20
挡土墙	10m^3	钢	23.56	6.06	0.165	799.3	101.8	0.10	485.4	47.1	0.50

3. 养护混凝土的草袋用量计算

草袋摊销量（个）＝混凝土露明面积/（草袋有效使用面积×周转次数）

周转次数为 5 次，有效使用面积按 0.42m^2 计算。

草袋摊销量（10m^3 混凝土体积的露明面积）＝每个草袋有效面积/周转次数

4. 模板等周转材料、摊销量的计算方法：

木模摊销量＝一次使用量×（1＋损耗率）/周转次数

钢模摊销量＝一次使用量/耐用期（50）

钢模卡具摊销量＝一次使用量/耐用期（12）

钢模支撑摊销量＝一次使用量×支撑施工期×（1－残值%）/支撑耐用期

5. 混凝土用水量的计算：

（1）洗石子用水量，每 10m^3 混凝土按 5m^3 水量计算。

（2）清洗模板用水量，按每 10m^3 混凝土模板接触面积用 0.05m^3 的水量计算。

（3）混凝土养护用水量。水平面的混凝土构件按其露明面积，每平方米用水 0.004m^3，每天 5 次，按养护 7d 计算。有侧面的混凝土构件，按其侧面面积每平方米用水 0.004m^3，每天 2 次，按养护 7d 计算。

（4）冲机用水＝搅拌机台班×2.2m^3。2.2m^3 为每 10m^3 混凝土冲洗搅拌机用水量，搅拌混凝土的用水量列入混凝土配合比内。

三、机械台班

机械台班消耗量均按原《全国统一市政工程预算定额》执行。

第 三 部 分

定额预算与工程量清单计价编制实例及对照应用实例

例：推土机推运土方上坡斜长距离 20m，坡度为 12%，已知坡度在 15%以内其系数为 2。该推土机推土运距应为多少？（见图 3-1）

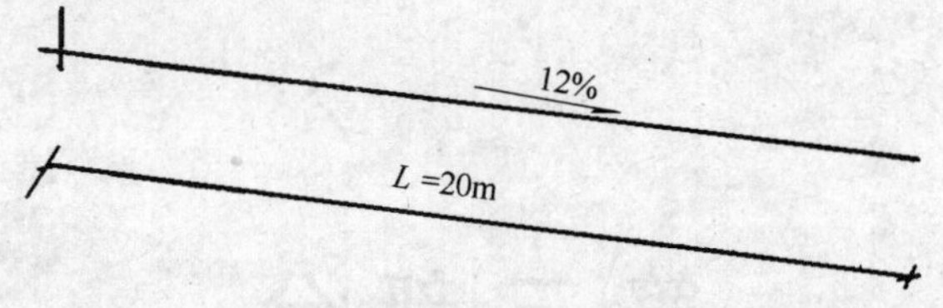

图 3-1　斜坡长度及坡度

解：推土机推土运距＝20×2＝40m

例：如图 3-2 人力垂直运输土方深度 3m，另加水平距离 5m，采用人力垂直运输土、石方，垂直深度每米折合水平运距 7m 计算。计算其运距。

解：人力运土运距＝3×7＋5＝26m

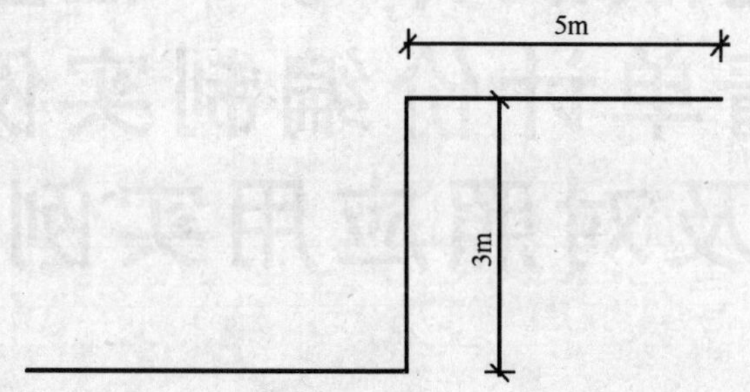

图 3-2　人力垂直运输土方示意图

例：某构筑物外形尺寸为长 20m，宽 15m，计算其场地平整面积。

解：场地平整系指厚度在 30cm 以内就地挖填找平的土方，其适用于需要由施工单位完成的平整场地的桥涵，给排水构筑物（泵站、池类等）可按其外形，每边各加宽 2m 后计算面积，一般道路和排水管道工程不计算场地平整费用。

场地平整面积＝(20＋2×2)×(15＋2×2)

$$=24\times19=456\text{m}^2$$

例：某排水工程沟槽底宽 3m，槽深 4m，放坡系数为 1∶1，有淤泥部分长度为 20m，计算其淤泥数量及定额基价费用，见图 3-3。

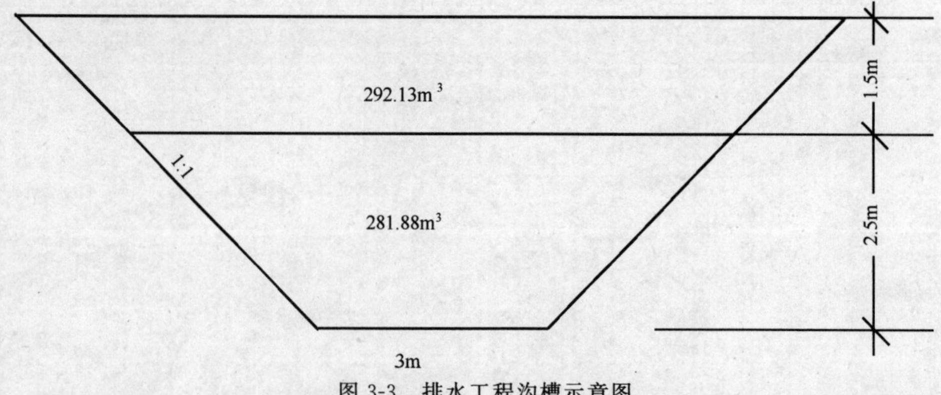

图 3-3　排水工程沟槽示意图

解：人工挖淤泥、流沙、深度超过 1.5m 时，超过部分工程量按垂直深度每米折合成水平运距 7m 增加工日，深度按全高计算。

上面 1.5m 深部分 $=\frac{11+8}{2}\times1.5\times20\times1.025=292.13m^3$

下面 2.5m 深部分 $=\frac{8+3}{2}\times2.5\times20\times1.025=281.88m^3$

全部合计 $=292.13+281.88=574.01m^3$

折合水平运距 $=7\times4=28m$

定额计价方式下的工程预算表见表 3-1，工程量清单计价方式下，预算表与清单项目之间关系分析对照表见表 3-2，分部分项工程量清单计价表见表 3-3，分部分项工程量清单综合单价分析表见表 3-4。

市政工程施工图预算表　　表 3-1

工程名称：　　第　页　共　页

序号	定额编号	分项工程名称	定额单位	工程量	单价	其中		
						人工费	材料费	机械费
1	1-50	人工挖淤泥	$100m^3$	5.74	2255.76	2255.76	—	—
2	1—51	人工运淤泥（20m 以内）	$100m^3$	5.74	698.14	698.14	—	—
3	1—52	人工运淤泥（增 8m）	$100m^3$	5.74	337.50	337.50	—	—

定额预（结）算表（直接费部分）与清单项目之间关系分析对照表　　表 3-2

工程名称：　　　　　　　　　　　　　　　　　　　　　　第　页　共　页

序号	项目编码	项 目 名 称	清单主项在定额预（结）算表中的序号	清单综合的工程内容在定额预结算表中的序号
1	040101006001	挖淤泥，深 4m，人工	1	2+3

分部分项工程量清单计价表　　表 3-3

工程名称：　　　　　　　　　　　　　　　　　　　　　　第　页　共　页

序号	项目编码	项 目 名 称	计量单位	工程数量	金额（元）	
					综合单价	合价
1	040101006001	挖淤泥，深 4m，人工	m^3	240	19.47	4673.79

分部分项工程量清单综合单价分析表　　表 3-4

工程名称：　　　　第　页共　页

序号	项目编码	项目名称	定额编号	工程内容	单位	数量	其中（元）					综合单位	合价
							人工费	材料费	机械费	管理费	利润		
1	040101006001	挖淤泥			m^3	240						19.47	4673.79
			1－50	人工挖淤泥	$100m^3$	5.74	2255.76	—	—	766.96	180.46		3203.18
			1－51	人工运淤泥（20m 以内）	$100m^3$	5.74	698.14	—	—	237.37	55.85		991.36
			1－52	人工运淤泥增 8m	$100m^3$	5.74	337.50	—	—	114.75	27		479.25

例：某工程沟槽采用一侧支密撑木挡土板，其支撑高度为 1.5m，长度 40m，计算其工程量的定额基价及工料分析。

解：基价表中挡土板支撑按槽坑两侧同时支撑挡土板考虑，支撑面积为两侧挡土板面积之和。如槽坑一侧支挡土板时，按一侧的面积计算，工日数乘以 1.33，除挡土板外，其他材料乘以系数 2。

单面支撑挡土板工程量：1.5×40＝$60m^2$

1－227 单面木支撑挡土板单价换算：

916.68＋262.88×0.33＋(0.226×768＋0.065×952＋37.97)

＝916.68＋86.75＋273.42＝1276.85 元/$100m^2$

定额基价：0.6×1276.85＝766 元

工料分析：（$60m^2$ 单面木挡土板人工、材料消耗量）

人工：0.6×21.39×1.33＝17.07 工日

原木：0.6×0.226×2＝$0.271m^3$

锯材：0.6×0.065×2＝$0.078m^3$

木挡土板：0.6×0.395＝$0.237m^3$

其他材料费：0.6×37.97×2＝45.56 元

例：某市道路工程（二类）直接费为 8484652 元，试计算其工程造价，无贷款利息。

解：1. 直接工程费

直接费＝8484652 元

其他直接费＝直接费×其他直接费费率＝8484652×5％＝424233 元

现场经费＝直接费×现场经费费率＝8484652×7.33％＝621925 元

直接工程费＝直接费＋其他直接费＋现场经费

＝8484652＋424233＋621925

＝9530810 元

2. 间接费

间接费＝直接工程费×间接费费率＝9530810×5.87％＝559459 元

3. 差别利润

差别利润＝(直接工程费＋间接费＋贷款利息)×差别利润率

＝(9530810＋559459＋0)×9％

＝908124 元

4. 税金

税金＝(直接工程费＋间接费＋差别利润＋贷款利息)×税率

＝(9530810＋559459＋908124＋0)×3.51％

＝386044 元

5. 工程造价

工程造价＝直接工程费＋间接费＋差别利润＋税金＋贷款利息

＝(9530810＋559459＋908124＋386044＋0)

＝11384437 元

例：某机械出厂价 20 万元。运杂费和供销部门手续费共 5％，残值率为 1％，使用年限 15 年，每月工作台班 22 个，求该机械台班折旧费。

解：$台班折旧费=\frac{机械预算价格\times(1-残值率)}{使用总台班}$

$$=\frac{200000\times1.05(1-1\%)}{22\times12\times15}=\frac{207900}{3960}=52.5\ 元/台班$$

答：该机械台班折旧费为 52.5 元。

例：以上机械 3 年大修一次，每次大修费用 3 万元，求台班大修理费。

解：$台班大修理费=\frac{一次大修理费用\times大修理次数}{使用总台班}=\frac{30000\times\ (15\div3-1)}{3960}$

$$=\frac{120000}{3960}=30.30\ 元/台班$$

答：该机械台班大修理费为 30.30 元。

例：4t 自卸汽车养路费 202.40 元/（t·m），每个月 22 个工作台班，计算其台班养路费。

解：$台班养路费=\frac{载重量或核定吨位\times养路费\times12}{年工作台班}$

$$=\frac{4\times202.40\times12}{22\times12}=36.80\ 元$$

答：4t 自卸汽车台班养路费为 36.80 元。

例：某地区，基本建设工程所需碎石由甲采石场供应60%，单价为18元/m^3，由乙采石场供应25%，单价为21元/m^3，由丙采石场供应15%，单价为22元/m^3，计算其材料原价。

解：同一种材料，因价格不同，应根据材料供应的数量及价格，采用加权平均方法计算其原价。

某地区材料原价＝18×60%＋21×25%＋22×15%＝19.35元/m^3

例：32.5级普通水泥的供应价为300元/t，运杂费为35元/t，采保费率为2%，包装品回收价值1元/t，计算其预算价格。

解：32.5级普通水泥预算价格＝(材料原价＋供销部门手续费＋包装费＋运杂费)×(1＋采保费率)－包装品回收价值＝(300＋35)×1.02－1＝341.7－1＝340.7元/t

例：ϕ12钢筋出厂价（原价）为2800元/t，供销部门手续费率为4%，运杂费为30元/吨，采保费率2%，计算其预算价格。

解：ϕ12钢筋预算价格＝(供应价＋二次运杂费)×(1＋采保费率)－包装品回收价值＝(2800×1.04＋30)×1.02＝2942×1.02＝3000.84元/t

例：市区内某工程，用32.5级普通水泥247t，市场购买价为430元/t，运杂费为35元/t，包装品回收价值2元/t。该材料预算价为428元/t，其中含采保费8元/t。用ϕ10以外钢筋41t，市场购买价为3700元/t，运杂费45元/t，材料预算价为3500元/t。其中含采保费69元/t。计算该工程材料价差全部费用。

解：开口价材料价差＝(议价材料购买价＋运杂费＋该项材料预算价格中的采保费－包装品回收价值－该项材料预算价格)

价差金额＝开口价材料数量×开口价材料价差

价差利息＝价差金额×5%

营业税＝(价差金额＋价差利息费)×税率

开口价材料价差合计＝价差金额＋价差利息费＋营业税

32.5级普通水泥价差＝[(430＋35＋8－2)－428]×247＝43×247＝10621元

ϕ10以外钢筋价差＝[(3700＋45＋69)－3500]×41＝314×41＝12874元

价差管理费＝(10621＋12874)×5%＝23495×0.05＝1175元

营业税＝(23495＋1175)×3.41%＝24670×0.0341＝841元

材料价差合计＝10621＋12874＋1175＋841＝25511元

答：该工程材料价差全部费用为25511元。

例：某工程使用轻型井点，使用井管50根，使用天数为20d，计算其定额基价费用。

解：1－347 井管安装 669.42×5＝3347元

1－348 井管拆除 87.45×5＝437元

1－349 井点使用20d 383.34×20＝7667元

定额基价＝3347＋437＋7667＝11451元

例：有一长22m，宽2m，深1.5m普通土地槽，地下水位在地面下1m深处，试计算挖土方工程量，并计算预算基价。

解：(1) 人工挖干土土方量为：

$22\times2\times1=44m^3$（长×宽×干土厚）

$=0.44/100m^3$

由地槽全深为 1.5m 套用定额则预算值（即直接费）：

0.44×661.45＝291.04 元

（2）人工挖湿土土方量为：

$22\times2\times0.5=22m^3$（长×宽×湿土厚）

$=0.22(100m^3)$

仍套用定额，则预算基价：

0.22×1.18×661.45（工程量×系数×定额基价）

＝171.71 元

例：设有一基础地槽，槽底尺寸为 1.2m，槽深为 3m，土类别为三类土，施工组织设计规定该地槽施工面为 30cm，地槽长度为 30m，试计算该地槽挖土方工程量，如图 3-4。

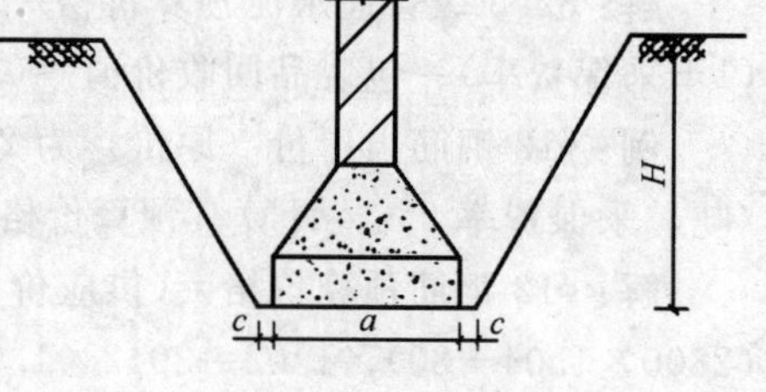

图 3-4　基础地槽

解：依据地槽放坡计算公式有：

$V=(a+2c+KH)HL$

式中依题已知有：

$a=1.2m$　$H=3m$　$c=0.30m$　$K=0.33$（图纸无放坡规定说明，接定额说明规定取用），则：

$V=3\times(1.20+2\times0.30+3\times0.33)\times30$

$=3\times2.79\times30=251.10m^3$

采用工程量清单计价，则挖土方量为：$1.2\times3\times30=108m^3$

例：如图 3-5，求挖沟槽支挡土板土方工程量（二类土）。

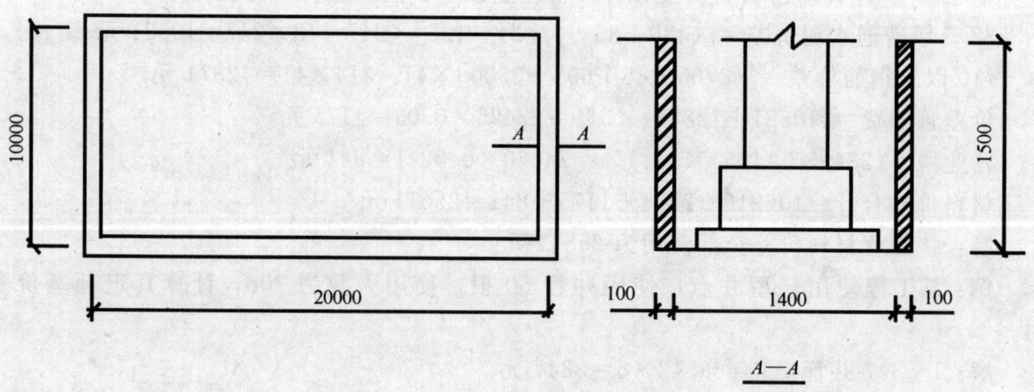

图 3-5　支挡土板沟槽平面示意图

解：

（1）套用基础定额，挖土方工程量＝$(1.4+0.1\times2)\times1.5\times(20+10)\times2$

$=1.6\times1.5\times60$

$=144.00m^3$

采用工程量清单计价，则挖土方量为：$1.2\times1.5\times60=108\text{m}^3$（假设基础垫层宽1200mm）

(2) 套用基础定额，挡土板工程量$=1.5\times2\times(20+10)\times2$

$$=3\times60$$

$$=180\text{m}^2$$

例：如图 3-6 所示，求其工程量（已知槽长为 45m）。

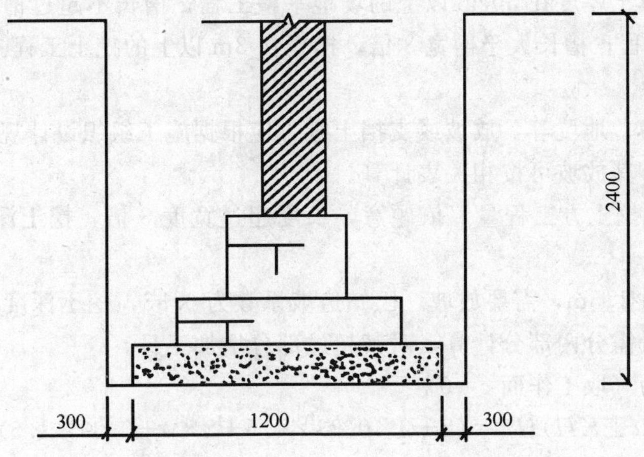

图 3-6　某沟槽不需要放坡剖面图（四类土）

解：套用基础定额，工程量$=(1.2+0.3\times2)\times2.4\times45$

$$=194.40\text{m}^3$$

采用工程量清单计价，则挖土方量为：$1.2\times2.4\times45=129.6\text{m}^3$

例：挖方形地坑见图 3-7。

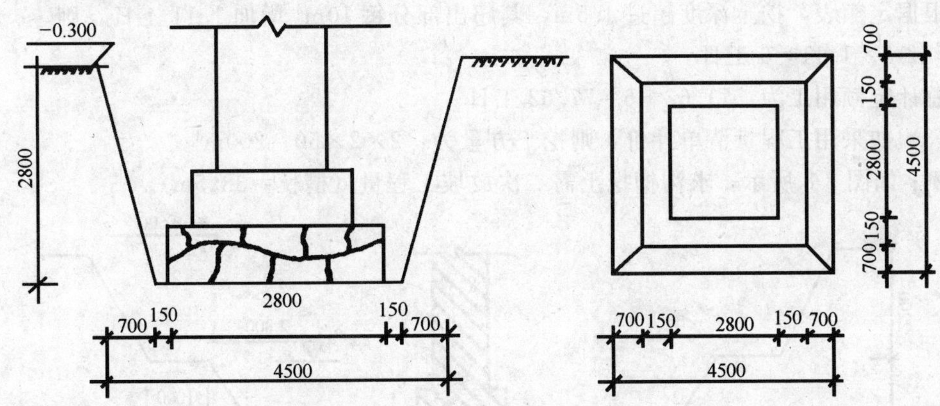

图 3-7　方形地坑开挖放坡示意图

工作面宽度 $c=150$，放坡系数 1∶0.25，四类土。

解：坑深 2.8m，放坡系数 1.25 时，查表角锥体积为 0.46m^3。

$V=(2.8+0.3+0.25\times2.8)^2\times2.8+0.46=40.89\text{m}^3$

采用工程量清单计价，则挖土方量为：$2.8\times2.8\times2.8=21.95\text{m}^3$

例：设有一挖土工程，全长 50m，宽 2m，深 2m，边坡系数为 0.33，土质为三类黏土，用人工将土运至地面，试计算挖土工程量及定额用工。

相关知识

(1) 挖土方、挖土槽、挖地坑

挖地槽：指槽底宽度在 3m 以内，槽长大于槽宽 3 倍。

挖地坑：坑底面积小于 $20m^2$，长宽倍数小于 3 倍。

挖土方：挖填土厚度在 30cm 以上的场地平整工程；槽长不超过槽宽 3 倍，底面积大于 $20m^2$ 的挖土工程；槽长大于槽宽 3 倍，槽宽在 3m 以上的挖土工程。

(2) 放坡系数

挖土方、土槽、地坑等，放坡或支挡土板，应根据施工组织设计规定计算，如无施工组织设计规定时，其放坡可按相关表计算。

解：(1) 计算挖土方工程量。依题意，长度超过宽度 3 倍，挖土深度小于 3m，故属挖地槽。

挖土深度超过 1.5m，需要放坡，已知边坡系数为 0.33，挖土深度超过定额规定基本挖土深度，工程量需分两部分计算，对其超过部分增加工日。

基本工作量为（取工作面 $c=0$）：

$$V=(a+2c+KH)HL=(2+2\times0.33\times0.5+2\times0+0.33\times1.5)\times1.5\times50$$
$$=211.88m^3$$

超过部分工程量为：

$$V=(2+2\times0+0.33\times0.5)\times0.5\times50=54.13m^3$$

(2) 计算定额用工。查定额，地槽深在 1.5m 以内，上口宽在 3m 以内，每 $1m^3$ 的时间定额为 0.338 工日，则

211.88×0.338＝71.62 工日

根据定额表，挖土深度超过 1.5m，其超出部分每 $10m^3$ 增加 1.11 工日，则

5.413×1.11＝6 工日

总计定额用工为：71.62＋6＝77.62 工日

(3) 如采用工程量清单计价，则挖土方量为：$2\times2\times50=200m^3$

例：如图 3-8 所示，求沟槽挖土需二次放坡工程量（槽长＝38.5m）。

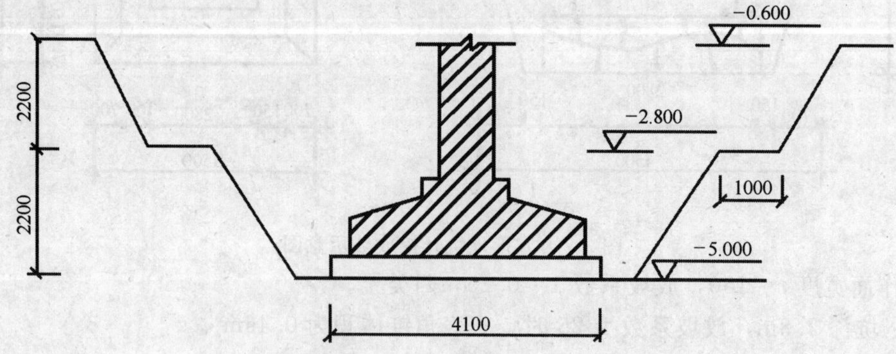

图 3-8　某基础二次放坡示意图（混凝土垫层支模板）

解：套用基础定额，工程量$=V_1+V_2(a_1+2c_1+K_1H_1)H_1L_1+(a_2+2c_2+K_2H_2)H_2L_2$

$=2.2\times(4.1+0.3\times2+0.33\times2.2)\times38.5+2.2\times(6.152+0.33\times2.2)\times38.5$

$=1042.15m^3$

如采用工程量清单计价，则土方挖方量为：$4.1\times4.4\times38.5=694.54m^3$

基础挖土方系数表　　表 3-5

基础类型	系数
砖基础	2
砖基础带垫层	2
毛石基础	1.9
砂基础	1
桩基础	6.7
杯形基础	9.3
灰土基础	1
基础梁	2.45

注：已知各类基础砌体中工程量乘表中系数，即得挖土方工程量。

例：砌毛石基础工程量为 $120m^3$，求土方工程量。

解：土方量查表 3-1 得系数 1.90，则土方工程量为：$120\times1.90=228m^3$

例：某工程施工现场为普通岩石，外墙地槽开挖（图 3-9）长度为 100m，计算工程量。

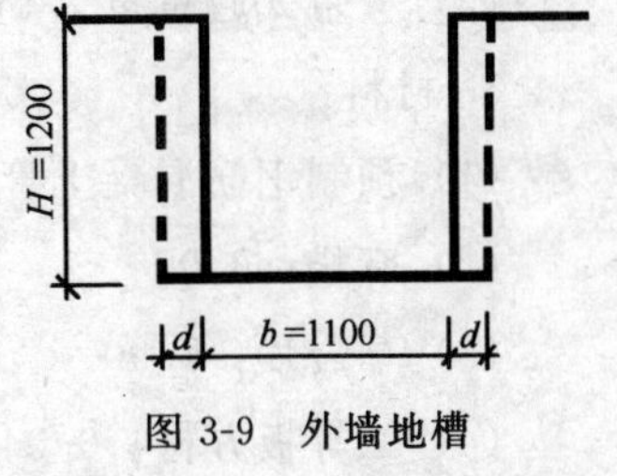

图 3-9　外墙地槽

解：$V=H\times(b+2d)\times L=1.20\times(1.10+2\times0.2)\times100$

$=180m^3$

例：打一根 12m 长，横截面为 0.5m×0.4m 的预制钢筋混凝土桩，用焊接的方式，有 3 个接头，采用包角钢，柴油机打桩，轨道式柴油打桩机锤 2.5t，覆带式起重机 15t，试计算其基础定额。

解：1. 计算工程量：$12\times0.4\times0.5=2.4m^3$

2. 查基础定额

(1) 人工工日：11.44÷10×2.4＝2.75

(2) 材料：

① 预制钢筋混凝土方桩：10.10÷10×2.4＝2.42

② 麻袋：2.5÷10×2.4＝0.6

③ 草袋片：4.5÷10×2.4＝1.08

④ 二等板方材：0.02÷10×2.4＝0.0048

⑤ 金属周转材料推销：2.19÷10×2.4＝0.53

3. 另外，还要查预制钢筋混凝土接桩工程

(1) 人工工日：18.35÷10×3＝0.505

(2) 材料

① 角钢：80.00÷10×3＝24

② 电焊条：6.50÷10×3＝1.95

③ 垫铁：1.05÷10×3＝0.315

(3) 机械：

① 柴油打桩机：1.53÷10×3＝0.459

② 交流电焊机 40kVA：3.04÷10×3＝0.912

③ 覆带式起重机 15t：1.53÷10×3＝0.459

例：在地坪上打坑槽深度为 2m 的坑槽桩时，采用覆带式柴油打桩机打 12m 的桩，一级土，工程量为 10m³，求其基础定额。

解：查定额

1. 人工：人工工日 9.44×1.11＝10.48

2. 机械：

(1) 覆带式柴油打桩机锤重 3.5t：0.94×1.11＝1.04

(2) 覆带式起重机 2.5t：0.94×1.11＝1.04

3. 材料：

(1) 预制钢筋混凝土管桩：10.10

(2) 麻袋：3.00

(3) 草袋片：7.90

(4) 二等板方材：0.04

(5) 金属周转材料摊销：2.89

例：直径为 7m，高度为 20m 的烟囱脚手架人工定额为 49.27，那么相同直径、相同高度的水塔脚手架的人工定额是多少？

解：在定额表格中，烟囱脚手架依照高度和底部直径分为多个定额子目，不同的高度、直径套用不同的定额。水塔脚手架按相应的烟囱脚手架计算，则为当烟囱脚手架与水塔脚手架规格一致，即底部直径和搭设高度一致，烟囱脚手架定额中人工乘以 1.11 加上机械、材料的费用定额就是水塔脚手架的费用定额。其脚手架的人工定额是 49.27×1.11＝54.69。

水塔脚手架费用计算用与烟囱脚手架类似，以座为工程量单位，套用不同直径和高度的定额，查出基价，然后两者相乘，即可求得脚手架费用。

例：某建筑物外墙如图 3-10 所示，脚手架步高 1.2m，柱距 1.5m，立杆离墙 1.2m 取定脚手架架设高度 11m，求该建筑物搭设脚手架费用。

解：先计算外脚手架的搭设面积即工程量：（50＋15）×2×11＝1430m^2＝14.30（100m^2）

套用定额可查高度为11m的外脚手架定额为256.60元。可计算脚手架费用：14.30×256.60＝3669.38元

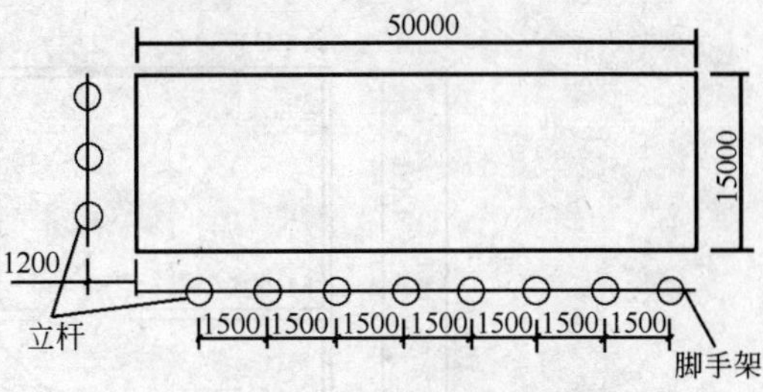

图 3-10　建筑物外墙边线图

例：当上例室外地坪至檐口即脚手架的搭设高度为16m，建筑物的长和宽依旧不变，或门窗及装饰面积为外墙面积的60％，高度依旧，该如何求得脚手架搭设费用。

解：依照规则，沿墙外搭设的为双排脚手架，可计算脚手架搭设面积：

(50＋15)×2×16＝2080m^2＝20.8(100m^2)

套用定额可查双排脚手架基价为471.22元

则费用可得：20.8×471.22＝9801.38元

计算工程量与上例的相同为14.30（100m^2）

套用定额取基价471.22元。

即得脚手架费用：14.30×471.22＝6738.45元

例：高度为3.6m房屋的进深和开间分别为8m和10m，计算内脚手架的搭设费用。如果砌筑高度为4m时，又该如何计算。

解：里脚手架工程量计算以墙面垂直投影面积。墙面垂直投影面积就是房间的开间和进深。即脚手架搭设面积为：

(10＋8)×3.6×2＝129.6m^2＝1.30(100m^2)

套用定额里脚手架查得基价84.76元

可得脚手架费用：84.76×1.30＝110.19元

当里脚手架砌筑高度为4.0m＞3.6m时，按照规则，应采用单排脚手架搭设面积依旧为1.30（100m^2）

套用定额里脚手架子目查得基价206.34元

即得脚手架费用：206.34×1.30＝268.24元

例：如图3-11所示，求建筑物的内墙脚手架工程量。

注：计算内外墙脚手架时，均不扣除门、窗洞口、空圈洞口等所占的面积，同一建筑物高度不同时，应按不同高度分别计算。

解：(1) 内墙脚手架：

套用基础定额，单排脚手架工程量：＝[(6－0.24)＋(3.6×2－0.24)×2＋(4.2－0.24)]×4.8

＝(5.76＋13.92＋3.96)×4.8

＝113.47m^2

(2) 里脚手架：

套用基础定额，里脚手架工程量＝5.76×3.6＝20.74m^2

例：如图3-12所示，已知挡土墙长30m，求砌筑脚手架工程量。

解：套用基础定额，挡土墙外脚手架工程量计算如下：

工程量＝30.00×6.00＝180.00m^2

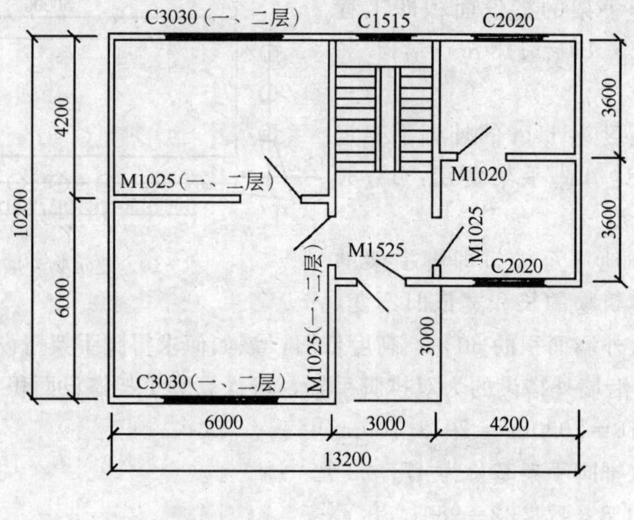

(a)

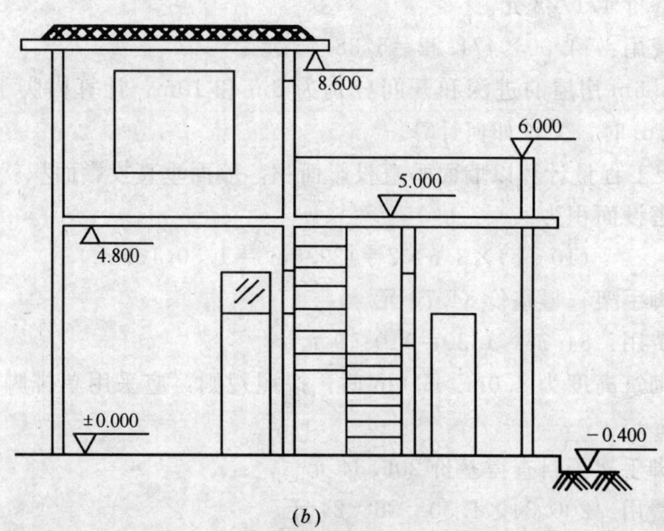

(b)

图 3-11 某建筑示意图

(a) 平面图；(b) 剖面图

例：如图 3-13 所示，求现浇混凝土框架柱脚手架工程量。

注：现浇混凝土柱，按图示周长尺寸另加 3.6m，乘以柱高以平方米计算。

解：套用基础定额：双排柱脚手架工程量计算如下：

工程量＝[(0.3＋0.3)×2＋3.6]×(5.5＋0.6)＝29.28m²

例：如图 3-14 所示，求现浇混凝土框架梁脚手架工程量。

解：套用基础定额双排框架梁脚手架工程量计算如下：

工程量＝[(6.0－0.4)＋(6－0.4)＋(2.0－0.2)]×3.9

＝50.7m²

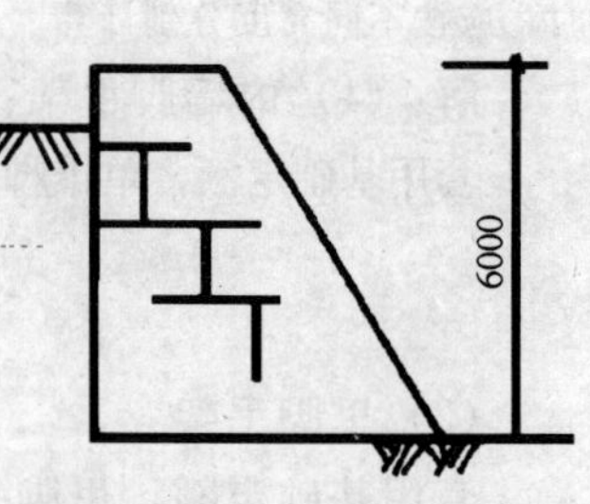

图 3-12 挡土墙示意图

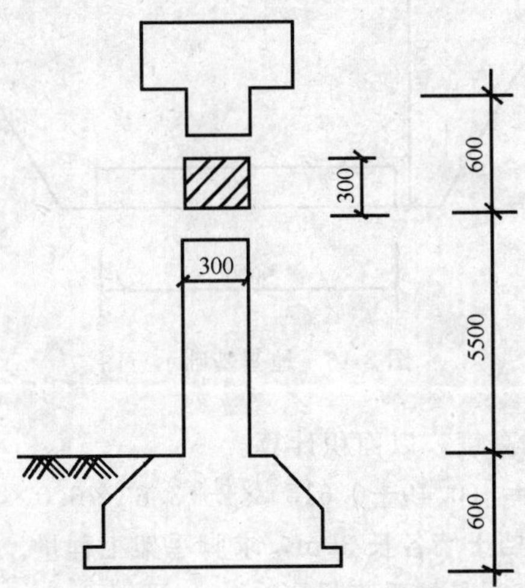

图 3-13　现浇框架柱示意图

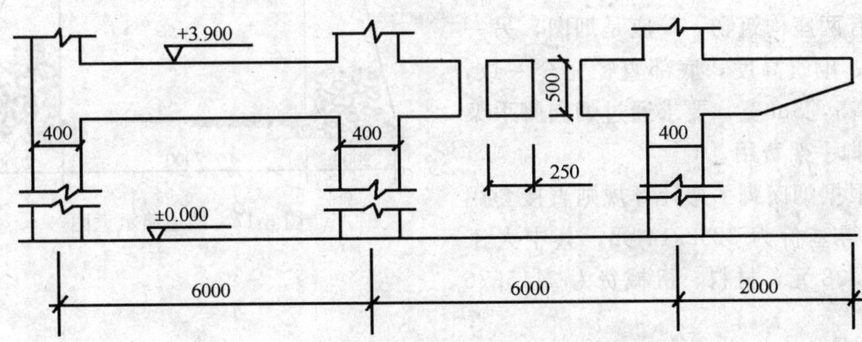

图 3-14　现浇混凝土框架梁示意图

例： 砖砌围墙脚手架见图 3-15。围墙长 50m，求脚手架工程量计算和应用定额。

解： 脚手架工程量 $=3\times50=150\text{m}^2$

套用定额子目，工具式脚手架每 100m^2 基价为 119.85 元

工程直接费：$1.5\times119.85=179.78$ 元

例： 如图 3-16 所示，求脚手架工程量（已知基础长＝20m）。

解： 套用基础定额基础满堂脚手架工程＝$9\times20.0=180\text{m}^2$

例： 两个断面为 $2\times2\dfrac{1}{2}$砖、高 6m 的砖柱，求砌筑脚手架的工程量。

解： 独立柱砌筑脚手架的工程量按柱断面外围周

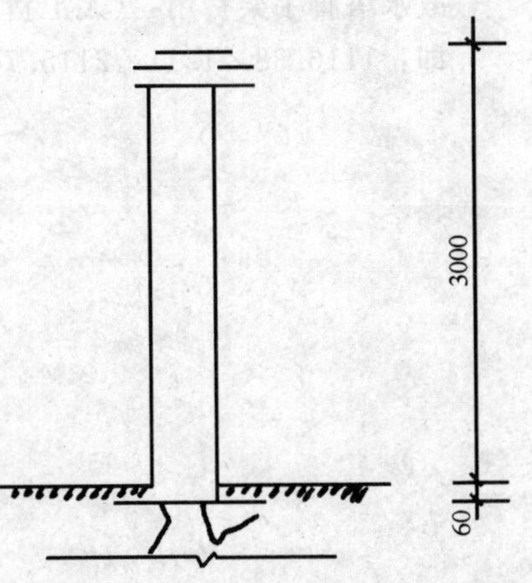

图 3-15　砖砌围墙示意图

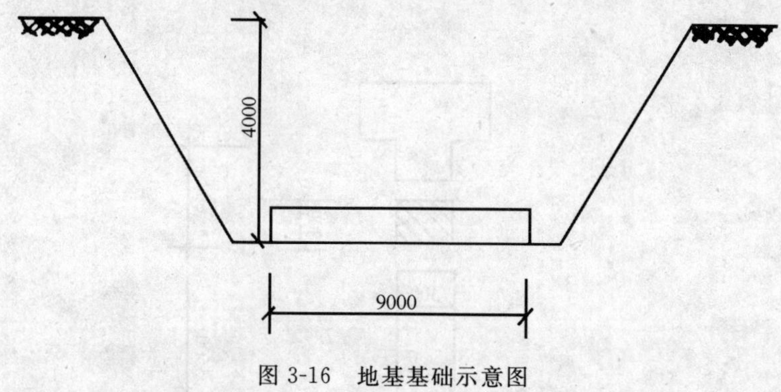

图 3-16 地基基础示意图

长加上 3.6m，然后乘柱的高度，以面积计算。

$$工程量=[(0.49+0.615)\times2+3.6]\times6.0\times2=70m^2$$

例：如图 3-17，两道挡土墙各长 30m，求脚手架工程量。

解：挡土墙脚手架的工程量按垂直投影面积计算。

工程量$=30\times6.5\times2=390m^2$

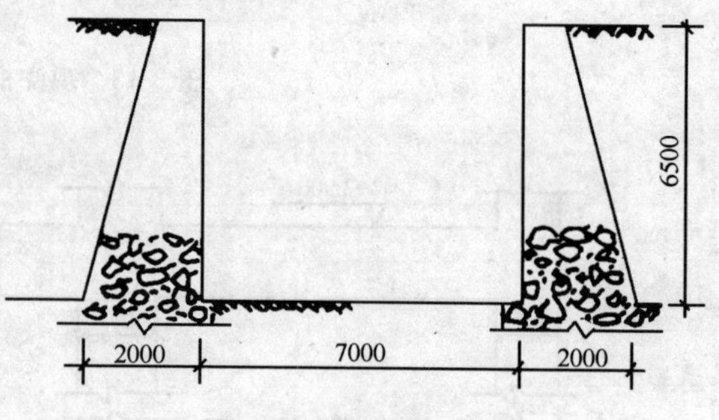

图 3-17 挡土墙示意图

例：有两座构筑物，一座是烟囱，另一座为水塔，砌筑高度，底部直径完全一致，都为 25m 高，5m 宽，要求通过烟囱脚手架来求水塔脚手架费用。

解：根据烟囱脚手架计算规则直接套用定额子目得基价为 3232.14 元，其中人工费占 1116.38 元，材料、机械费为 2115.76 元。

烟囱脚手架费用：3232.14 元/座×1 座＝3232.14 元

又由于水塔脚手架人工费在高与直径相同情况下为烟囱脚手架的 1.11 倍，而其他费用不变。

故水塔脚手架费用：(人工费×1.11＋材料费和机械费)×1

即：1116.38×1.11＋2115.76＝3354.94 元

【例】××地区场地平整土方工程

施工图预算

工程总造价

¥1730303元

××机械化公司

××××年×月×日

大型土方、场平工程量计算式

序号	区号	填方（m^3）	挖方（m^3）		
1	1	33400		总挖方量 113843m^3	
2	2	20450	570		其中：运 100m 33200m^3
3	3	490	6870	6380m^3 运 100m	150m 4020m^3
4	4	1460	421		200m 27124m^2
5	5	31080			300m 31000m^3
6	6	8110	4090		本区内调配
7	7	15220	1100		运 30m 18480m^3
8	8	880	11903	10023m^3 运 100m	差土 76657m^3
9	9	32040			运距 3000m
10	10	16540	3920		
11	11	1310	24450	16756m^3 运 100m 4020m^3 运 150m 2364m^3 200m	
12	12		16260	16260m^3 运 300m	
13	13	24780	20		
14	14	4340	4290		
15	15	400	32490	50m^3 运 100m 24760m^3 运 200m 7280m^3 运 300m	
16	16		7459	7459m^3运 300m	
17	Σ	190500	113843	差 76657$m^3$3km 运来	

预 算 编 制 说 明

本工程施工图预算是根据《××地区场地平整工程施工图》、《全国市政工程预算定额湖北省统一基价表》、鄂建（1992）150号文、〔1994〕101号文、鄂建定字〔1994〕05号文、鄂建定字〔1994〕第23号文；采用加系数包干形式编制。

本预算未计算挖草皮、挖淤泥。图中每方格内的土方调配按30m考虑。土方运距在30m内按推土机、300m内按铲运机、3km按反铲挖土自卸汽车运土分别计算。

本预算未计算主要材料、人工、机械、辅助材料价差。

大型机械安拆费、场外运输费按湖北省机械台班定额附表一、二计列。

本预算未计算平抑物价基金。

定额计价方式下的预算表与清单项目之间关系分析对照表见表3-6所示，预算表与清单项目之间关系分析对照表见表3-7，分部分项工程量清单计价表见表3-8，分部分项工程量清单综合单价分析表见表3-9。

××机械化公司

××××年×月××日

大型土方、场平工程施工图预算 表 3-6

序号	定额编号	工程或费用名称	计量单位	数量	单价	总价
1	1－50＋1－52	推土机推土 30m	$100m^3$	184.9	147.55	27282
2	1－54	拖式铲运机运土 200m 内	$100m^3$	643.53	339.92	218749
3	1－54＋1－56×2	拖式铲运机运土 300m	$100m^3$	310	435.78	135092
4	1－71＋1－74×2	反铲挖土自卸汽车运 3km	$100m^3$	766.57	997.07	764324
5	1－81	填土碾压	$100m^3$	190.50	284.47	54192
6	1－79	挖方区碾压	$100m^2$	800	5.92	4736
7	附表-1	大型机械安拆费推土机	台次	2	630.78	1262
8	参照附表-2	大型机械安拆费铲运机	台次	4	939.27	3757
9	附表二 2	大型机械场外运费推土机	台次	2	1745.70	3491
10	参照附表二 3	大型机械场外运费铲运机	台次	4	2719.49	10878
11	附表二 20	大型机械场外运费压路机	台次	2	1189.91	2380
一		定额直接费				1226143
二		其他直接费		一×2.2%		26974
三		施工图预算包干费		一×4%		49046
四		施工管理费		一×15.85%		194343
五		临时设施费		一×2.5%		30654
六		劳动保险基金		一×4.8%		58855
七		直接费与间接费之和		一～六之和		158615
八		技术装备费		七×3%		47580
九		法定利润		七×2.5%		39650
十		主要材料价差		省略		—
十一		人工、机械、辅助材料价差		一×系数		—
十二		价差利息		十、十一之和×	5%	—
十三		不含税工程造价		七～十二之和		1673245
十四		税金		十三×3.41%		57058
十五		工程总造价		十三＋十四		1730303

定额预（结）算表（直接费部分）与清单项目之间关系分析对照表　　**表 3-7**

工程名称：　　　　　　　　　　　　　　　　　　　　　　　　　　　　第　页共　页

序号	项目编码	项　目　名　称	清单主项在定额预（结）算表中的序号	清单综合的工程内容在定额预（结）算表中的序号
1	040103001001	填方，压实	5	无
2	040103003001	缺方内运，运距 3km，反铲挖土，自卸汽车运土	4	无
3	040101001001	挖一般土方，弃土运距 30m 内，推土机推土	1	6
4	040101001002	挖一般土方，弃土运距 200m 内，拖式铲运机运土	2	6
5	040101001003	挖一般土方，弃土运距 300m 内，拖式铲运机运土	3	6

分部分项工程量清单计价表　　**表 3-8**

工程名称：　　　　　　　　　　　　　　　　　　　　　　　　　　　　第　页共　页

序号	项目编码	项　目　名　称	计量单位	工程数量	金额（元）	
					综合单价	合价
1	040103001001	填方，压实，三类土	m^3	190500	1.62	308610
2	040103003001	缺方内运，运距 3km，反铲挖土，自卸汽车运土	m^3	76657	14.92	1143372.44
3	040101001001	挖一般土方，弃土运距 30m 内，推土机推土	m^3	18480	9.27	171309.6
4	040101001002	挖一般土方，弃土运距 200m 内，拖式铲运机运土	m^3	64353	7.97	512893.41
5	040101001003	挖一般土方，弃土运距 300m 内，拖式铲运机运土	m^3	31000	8.17	253270

分部分项工程量清单综合单价分析表

表 3-9

工程名称：

第 页 共 页

序号	项目编码	项目名称	定额编号	工程内容	单位	数量	其中（元）					综合单价	合价
							人工费	材料费	机械费	管理费	利润		
1	040103001001	填方			m^3	190500						1.62	308942.10
			1－360	填土碾压（内燃压路机 15t 内）	$1000m^2$	69.5	134.82	6.75	2988.86	1064.35	250.43		4445.21×69.5
2	040103003001	缺方内运			m^3	76657						14.92	1143362.44
			1－243	反铲挖掘机挖土（装车）	$1000m^3$	76.66	138.42	—	3165.16	1121.99	264.00		4685.97×76.66
			1－281	自卸汽车运土（载重 6.5t 以内，运距 3km）	$1000m^3$	76.66	—	5.4	7198.23	2449.23	576.29		10228.75×76.66
3	040101001001	挖一般土方			m^3	18480						9.27	171338.43
			1－66	55kW 内推土机推土	$1000m^3$	18.48	134.82	—	2532.58	906.92	213.39		3787.71×18.48
			1－360	填土碾压	$1000m^3$	22.8	134.82	6.75	2988.86	1064.35	250.43		4445.21×22.8
4	040101001002	挖一般土方			m^3	64353						7.97	512867.93
			1－132	拖式铲运机运土 200m 以内	$1000m^3$	64.35	134.82	2.25	3325.39	1177.24	277.00		4916.7×64.35
			1－360	填土碾压	$1000m^3$	44.2	134.82	6.75	2988.86	1064.35	250.43		4445.21×44.2
5	040101001003	挖一般土方			m^3	31000						8.17	253202.74
			1－123	拖式铲运机运土 300m 以内	$1000m^3$	31	134.82	2.25	4302.16	1509.34	355.14		6303.71×31
			1－360	填土碾压	$1000m^3$	13	134.82	6.75	2988.86	1064.35	250.43		4445.21×13

后　记

本书在编写过程中，参考了大量的同行业图书及有关数据资料，以使本手册中的数据具有广泛性、权威性、实用性、操作性。由于参考量大而广，由于种种原因未与原作者取得联系，在此表示谦意和谢意，如有其他问题原书作者见本书后可与本书作者联系。